応用動物遺伝学

東條英昭
佐々木義之
国枝哲夫
[編集]

朝倉書店

執筆者 （執筆順）

向山 明孝（むこうやま はるたか）	日本獣医生命科学大学教授
東條 英昭（とうじょう ひであき）	東京大学名誉教授
国枝 哲夫（くにえだ てつお）	岡山大学教授
丸山 公明（まるやま きみあき）	明治大学教授
佐々木 義之（ささき よしゆき）	京都大学名誉教授
山本 義雄（やまもと よしお）	広島大学名誉教授
祝前 博明（いわいさき ひろあき）	京都大学教授
和田 康彦（わだ やすひこ）	佐賀大学教授
小川 博之（おがわ ひろゆき）	東京大学名誉教授

序

　分子遺伝学と集団遺伝学／統計遺伝学とは，ともに遺伝現象を対象とする学問にもかかわらず，これまで十分に連携しながら発展・体系化されてきたとはいえません．近年，各種生物のゲノム解析の進展は目覚ましく，2003年にヒトゲノムの解読が終了したのをはじめ，現在各種家畜のゲノムも急速な勢いで解読されつつあります．今後，ゲノム解析の成果を家畜の育種に応用するためには，新たな理論的ならびに技術的体系の構築が必要です．そのためには，分子遺伝学と集団遺伝学／統計遺伝学とが有機的に統合し，新しい動物遺伝育種学の展開が望まれます．これまでのところ，両者を直接結ぶ糸（学問）は，未だ登場しておりませんが，現在，バイオテクノロジーをはじめとする実験科学とITとの融合が急速に進められており，バイオインフォマティクス（生命情報科学）の進展と活用が，その役割を果たすものと期待されます．

　将来，このような新たな学問の展開に対応できる学部学生や大学院学生を育成するためには，分子遺伝学領域と集団遺伝学／統計遺伝学領域における最新の知見が網羅され，かつ相互の関連が把握でき，さらに新しい動物遺伝育種学の方向と将来の展望が十分に読み取れる教科書の出版が望まれます．

　本書の刊行は，以上のような情況を踏まえて企画したものです．本書の内容は，メンデル遺伝学を中心とする従来の遺伝学と新しい分子遺伝学との関連，ゲノム科学と集団遺伝学／統計遺伝学との関連，また，在来家畜を含む動物遺伝資源の新たな活用や遺伝学を応用した最新の知見，さらには，将来バイオインフォマティクスが動物遺伝育種学にどのように関わってくるかを1冊の本から読み取れるように構成しました．一方では，本書の内容は盛り沢山であり，すべての内容を動物遺伝育種関係の講義（2単位または4単位）に取り入れることは時間的にも，また講義を担当する教員にとっても困難です．したがって，各大学の特色と独自性を踏まえて，本書の内容のなかから適宜選択してもらい，それぞれの講義内容を構成するのに役立てていただければ幸いです．また，本書の出版が動物遺伝育種学の将来の方向性を示す一助になれば望外です．

　なお，本書では，本文中の各所に"Box"欄を設け，文中の内容についてより詳しく説明したり，最新の知見を記述しました．また，本書には多くの専門用語が出てきますが，それらのすべてに解説を付けることは不可能であるので，『動物遺伝育種学事典』（朝倉書店，2001年刊）を本書と合わせて参考にしていただきたい．

　最後に，本書の出版に当たり多大なご尽力を頂いた朝倉書店編集部に深謝いたします．

2007年3月吉日

編　　者

目　　次

I. 基礎編

1. ゲノムの基礎　　　　　　　　　　　　　　　　　　　　　　　　2
 1.1　DNA と RNA……………………………………………〔向山明孝〕…2
  1.1.1　DNA の構造……………………………………………………2
  1.1.2　DNA の働き……………………………………………………4
  1.1.3　RNA の構造……………………………………………………5
  1.1.4　RNA の働き……………………………………………………5
 1.2　遺伝子の構造と発現……………………………………〔東條英昭〕…6
  1.2.1　遺伝子の構造……………………………………………………6
  1.2.2　遺伝子の発現と調節……………………………………………6
  1.2.3　遺伝子発現の制御………………………………………………12
 1.3　ゲノムの構造……………………………………………〔東條英昭〕…15
  1.3.1　サテライト DNA………………………………………………18
  1.3.2　遺伝子構成の特異な例…………………………………………18
 1.4　ミトコンドリア DNA…………………………………〔向山明孝〕…19
  1.4.1　mtDNA の構造…………………………………………………20
  1.4.2　mtDNA の特徴…………………………………………………20

2. 遺伝のしくみ　　　　　　　　　　　　　　　　　　　　　　　　22
 2.1　メンデル遺伝とその拡張………………………………〔国枝哲夫〕…22
  2.1.1　メンデルの法則…………………………………………………22
  2.1.2　メンデルの法則の拡張…………………………………………23
  2.1.3　質的形質の遺伝…………………………………………………27
 2.2　染　色　体………………………………………………〔東條英昭〕…30
  2.2.1　染色体の構造と核型……………………………………………30
  2.2.2　染色体とゲノム…………………………………………………31
  2.2.3　X 染色体不活性化………………………………………………32
 2.3　哺乳類の性の決定………………………………………〔東條英昭〕…32
  2.3.1　鳥類の性決定……………………………………………………34
  2.3.2　間　性……………………………………………………………34
  2.3.3　伴性遺伝…………………………………………………………34
  2.3.4　限性遺伝…………………………………………………………36
  2.3.5　従性遺伝…………………………………………………………36
 2.4　突然変異と多型…………………………………………〔国枝哲夫〕…37

目次

- 2.4.1 染色体レベルの変異 … 37
- 2.4.2 DNAレベルでの変異 … 38
- 2.5 連鎖と染色体地図 … 〔国枝哲夫〕… 43
  - 2.5.1 連鎖 … 43
  - 2.5.2 連鎖地図の作製 … 44

3. 遺伝子操作の基礎 — 48
- 3.1 DNA組換え技術 … 〔丸山公明〕… 48
  - 3.1.1 DNAの宿主への導入 … 48
  - 3.1.2 宿主 … 48
  - 3.1.3 クローニングベクター … 49
  - 3.1.4 プラスミドとλファージベクターの比較 … 51
- 3.2 遺伝子のクローニング … 〔丸山公明〕… 52
  - 3.2.1 ゲノムライブラリー … 52
  - 3.2.2 コンティグ … 53
  - 3.2.3 cDNAライブラリー … 54
  - 3.2.4 EST … 54
- 3.3 遺伝子の解析 … 〔東條英昭〕… 54
  - 3.3.1 遺伝子の構造解析 … 54
  - 3.3.2 遺伝子産物の解析 … 57
  - 3.3.3 遺伝子の機能解析 … 57

4. 統計遺伝 — 〔佐々木義之〕— 64
- 4.1 遺伝子の作用 … 64
  - 4.1.1 相加的遺伝子効果 … 64
  - 4.1.2 非相加的効果 … 65
- 4.2 遺伝子頻度と遺伝子型頻度 … 66
  - 4.2.1 遺伝子型頻度 … 66
  - 4.2.2 遺伝子頻度 … 66
  - 4.2.3 遺伝子頻度と遺伝子型頻度との間の関係 … 67
  - 4.2.4 ハーディー–ワインベルグの法則 … 68
  - 4.2.5 ハーディー–ワインベルグの法則の適用 … 68
- 4.3 表現型値の構成 … 69
  - 4.3.1 遺伝子型値と集団平均 … 70
  - 4.3.2 遺伝子型効果の構成 … 71
  - 4.3.3 量的形質の遺伝 … 71
  - 4.3.4 表現型値の構成 … 74
  - 4.3.5 環境効果 … 74
  - 4.3.6 遺伝子型と環境との間の相互作用 … 75
- 4.4 遺伝的パラメーター … 76
  - 4.4.1 分散と共分散 … 76

		4.4.2	表現型分散の分割	76
		4.4.3	遺伝率	78
		4.4.4	遺伝相関係数	80
	4.5	育種価の予測		82
		4.5.1	最良予測式	82
		4.5.2	最良線形予測式	83
		4.5.3	最良線形不偏予測式	83
		4.5.4	分散共分散の推定	83

II. 応 用 編

5. 動物遺伝資源 〔山本義雄〕—86

- 5.1 家 畜 化 86
  - 5.1.1 動物遺伝資源と家畜 86
  - 5.1.2 家畜化 86
  - 5.1.3 家畜化の要因 87
  - 5.1.4 動物遺伝資源の分類 88
  - 5.1.5 品種と系統 88
  - 5.1.6 在来種 88
- 5.2 動物遺伝資源の品種と分類 89
  - 5.2.1 農用動物の品種 90
  - 5.2.2 実験動物 96
  - 5.2.3 伴侶動物 96
- 5.3 動物遺伝資源の評価 96
  - 5.3.1 サンプリングについて 96
  - 5.3.2 遺伝的構成の変化 97
  - 5.3.3 集団の遺伝的変異性 98
  - 5.3.4 集団の遺伝的分化 100
  - 5.3.5 系統樹 102
- 5.4 動物遺伝資源の保存 105
  - 5.4.1 保存が必要な家畜集団の優先度 105
  - 5.4.2 家畜品種の絶滅に関する危険度の基準 105
  - 5.4.3 集団の有効な大きさ 106

6. 選 抜 108

- 6.1 質的形質の選抜 〔東條英昭, 佐々木義之〕 108
  - 6.1.1 表現型に基づく個体選抜 109
  - 6.1.2 後代検定による選抜 109
  - 6.1.3 DNA診断による選抜 110
- 6.2 遺伝的改良量の予測 〔佐々木義之〕 111
  - 6.2.1 選抜差 111

6.2.2	遺伝的改良量	111
6.2.3	相関反応	113

6.3 選　抜　基　準 〔佐々木義之〕…114
   6.3.1　体型審査 115
   6.3.2　能力検定 116
   6.3.3　複数の形質を考慮した選抜法 119
   6.3.4　同期比較法からBLUP法へ 121

6.4 育　種　計　画 〔佐々木義之〕…123
   6.4.1　育種計画 124
   6.4.2　選抜育種における最適化 125
   6.4.3　育種計画の検証 127

7. 交　配　〔佐々木義之〕—132

7.1 交　配　様　式 132
   7.1.1　基本分類 132
   7.1.2　無作為交配 133
   7.1.3　内交配 133
   7.1.4　計画交配 136

7.2 集団に対する近交係数上昇の影響と近交回避 137
   7.2.1　近交係数上昇の影響 137
   7.2.2　近交回避 139

7.3 交　　　雑 140
   7.3.1　交雑のねらい 140
   7.3.2　交雑の種類 143
   7.3.3　特定組み合わせ能力の選抜 146

III. 新しい展開編

8. 責任遺伝子の探索と同定 ——150

8.1 QTL 解析 〔祝前博明〕…150
   8.1.1　QTL解析における実験デザインと家系 150
   8.1.2　QTL解析における分析法 151
   8.1.3　コストの低廉化と検出力の向上を図るための実験デザイン 155
   8.1.4　QTL領域の特定と解析の精度 156
   8.1.5　遺伝子発現情報を利用するQTL解析 157

8.2 責任遺伝子の検索と同定 〔国枝哲夫〕…158
   8.2.1　責任遺伝子のクローニング 159
   8.2.2　ポジショナルクローニングのための連鎖解析 159
   8.2.3　その他のクローニング方法 164
   8.2.4　遺伝子変異の同定と検出法の確立 165

8.3 マーカーアシスト選抜 〔祝前博明〕…168

8.3.1 マーカーとQTLとの連鎖不平衡とその利用･････････････････････････････169
8.3.2 遺伝的改良計画におけるMASの利用領域･･･････････････････････････170
8.3.3 量的形質のMASの展望･･･176

9. バイオインフォマティクス ―――――――――――――――――――――178
9.1 ゲノムデータベース･････････････････････････････････････〔東條英昭〕･･･179
9.2 配列アライメント･･･････････････････････････････････････〔和田康彦〕･･･181
　　9.2.1 アライメントの方法･･･182
9.3 遺伝子探索と機能予測･･･････････････････････････････････〔和田康彦〕･･･183
9.4 タンパク質の立体構造予測･･･････････････････････････････〔和田康彦〕･･･179
9.5 マイクロアレイ解析とプロテオーム解析支援･･･････････････〔和田康彦〕･･･185
　　9.5.1 マイクロアレイ解析･･･185
　　9.5.2 プロテオーム解析支援･･･185
9.6 パスウェイ解析と細胞シミュレーション･･･････････････････〔和田康彦〕･･･186
　　9.6.1 パスウェイ解析･･･186
　　9.6.2 細胞シミュレーション･･･186
9.7 遺伝子重複と多重進化･･･････････････････････････････････〔和田康彦〕･･･186

10. 動物遺伝学の挑戦 ―――――――――――――――――――――――192
10.1 発生の遺伝学･･〔丸山公明〕･･･192
　　10.1.1 動物のパターン形成とホメオティック遺伝子･････････････････････193
　　10.1.2 ホメオボックスと Hox 遺伝子群････････････････････････････････193
　　10.1.3 Hox 遺伝子群とボディプラン（体の設計）･･･････････････････････194
　　10.1.4 発生における転写因子とシグナル伝達の役割･････････････････････196
　　10.1.5 発生を制御する遺伝子転写調節･････････････････････････････････196
10.2 免疫の遺伝学･･〔国枝哲夫〕･･･197
　　10.2.1 抗体の多様性獲得機構･･･198
　　10.2.2 主要組織適合抗原遺伝子複合体の多様性･････････････････････････201
10.3 疾患と遺伝学･･〔小川博之〕･･･204
　　10.3.1 動物医療における遺伝性疾患･･･････････････････････････････････205
　　10.3.2 遺伝性疾患への対応･･･205
10.4 バイオテクノロジーの応用････････････････････････････････〔東條英昭〕･･･214
　　10.4.1 雌雄の生み分け･･･214
　　10.4.2 発生工学的技術の利用･･･215
　　10.4.3 遺伝子改変技術の利用･･･216
　　10.4.4 ランダムミュータジェネシスの利用･････････････････････････････223

参 考 文 献･･225

索　　　引･･228

I. 基礎編

　よく20世紀は遺伝学の世紀といわれる．すなわち，この世紀は1900年のコレンス，ド・フリース，チェルマックによるメンデルの法則の再発見の翌年に始まり，2000年のヒトゲノムのドラフト配列の決定に終わっている．また，その中間点には1954年のワトソンとクリックによるDNAの二重らせん構造の発見がある．生物学の重要な一分野としての近代遺伝学が確立され，大きく発展した世紀といっていいだろう．一方，21世紀の始まりにある現在，私たちに求められているのは，この20世紀の遺伝学の成果をどのように農業や医療などの現代社会に応用していくかではないかと思う．したがって，これまでの遺伝学の成果をしっかり把握することは，これからの遺伝学の応用にあたって不可欠であろう．基礎編ではそのような観点のもと，メンデル遺伝学，分子遺伝学そして統計遺伝学の基礎について概説してある．基礎編を十分把握したうえで，応用編，新しい展開編に進まれることを望む．

1. ゲノムの基礎

動物の形質に関する遺伝情報を内部的に規定しているのが遺伝子（gene）であり，遺伝子は正確に自己複製してそれらの遺伝情報を次世代に伝える．この遺伝子を構成し，自己複製している物質がデオキシリボ核酸（deoxyribonucleic acid, DNA）[1]であり，また遺伝情報を転写し，タンパク質への翻訳を担っているのがリボ核酸（ribonucleic acid, RNA）である．

なお，さまざまな形質をもつ動物の個体がその生命を維持し，また個体の形質を発現するのに必要とされる遺伝情報DNAの総称をゲノム（genome）という．通常父方と母方のそれぞれから1セットのゲノムを受け継ぎ，この2セットのゲノムが機能することによって，その個体の生命活動が営まれている．

1.1 DNAとRNA

1.1.1 DNAの構造

DNAは，アデニン（adenine, A），チミン（thymine, T），グアニン（guanine, G），シトシン（cytosine, C）の4種類の塩基（base）[2]で構成されている．これらの塩基は，プリン誘導体（purines）からなるアデニンとグアニン，またピリミジン誘導体（pyrimidines）からなるシトシンとチミンに分類される（図1.1）．

この4種類の塩基のうち，アデニンとチミン，グアニンとシトシンとがそれぞれ対合して塩基対（base pair, bp）を形成するが，この対合の関係を塩基の相補性（complementation）という．

また，4種類の塩基は，それぞれ環状の五炭糖であるデオキシリボース（deoxyribose）の1'の位置に結合してヌクレオシド（nucleoside）となるが，この塩基とデオキシリボースとの結合を

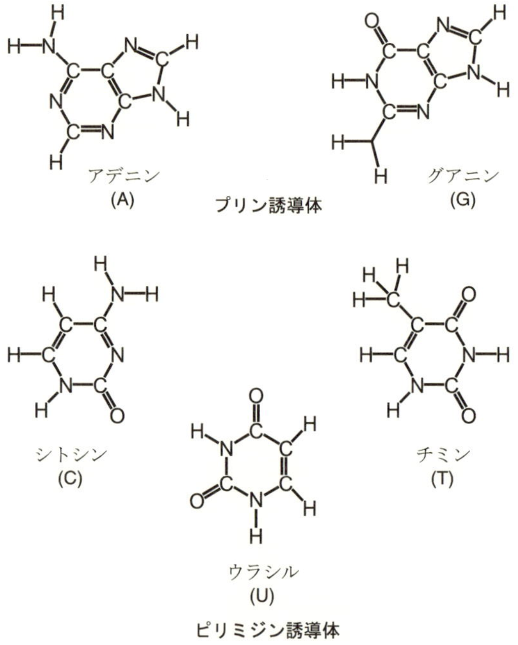

図1.1 DNAとRNAにおける塩基の種類
DNAの塩基はアデニン（A），チミン（T），グアニン（G），シトシン（C）の4種類，およびRNAの塩基はアデニン（A），ウラシル（U），グアニン（G），シトシン（C）の4種類で構成されている．

N-グリコシド結合（N-glycoside linkage）という．さらにこのヌクレオシド構造体のデオキシリボースのもう一方の5'の位置にリン酸基がエステル結合したものがヌクレオチド（nucleotide）であり，DNAの最小単位となっている．

また，ヌクレオチドのリン酸基はホスホジエステル結合（phosphodiester linkage）によって次のヌクレオチド中のデオキシリボースと3'の位置で結合するが，この連続的なホスホジエステル結合によってポリヌクレオチド構造の一本鎖DNAが形成されている（図1.2）．この場合，DNA鎖の一方の端はデオキシリボースの5'の位

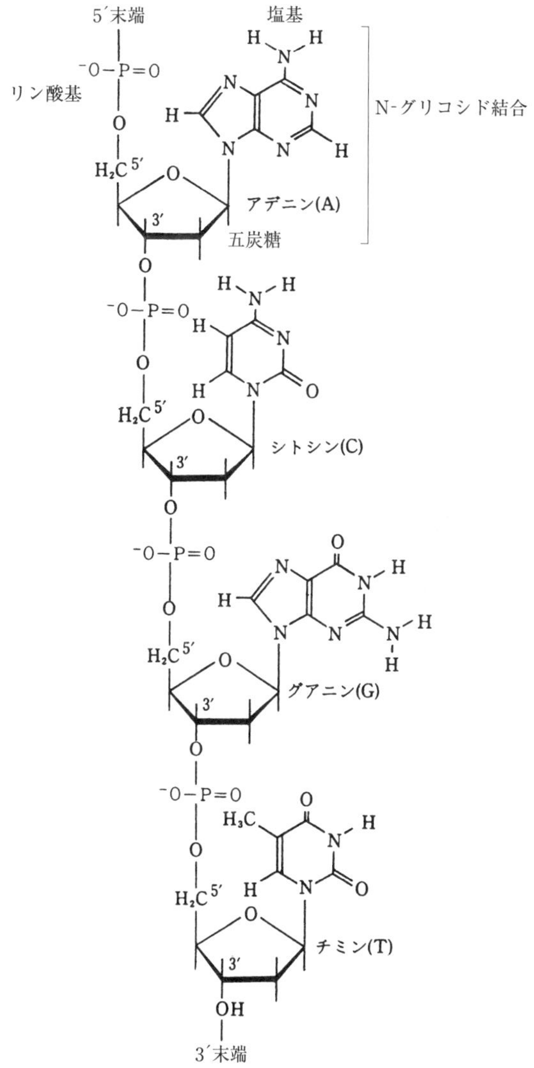

1.1 DNA と RNA

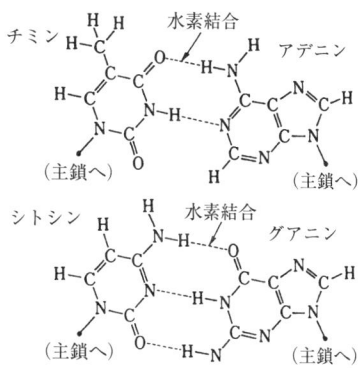

図1.3 水素結合によるA-T, G-C間の相補的な塩基対形成

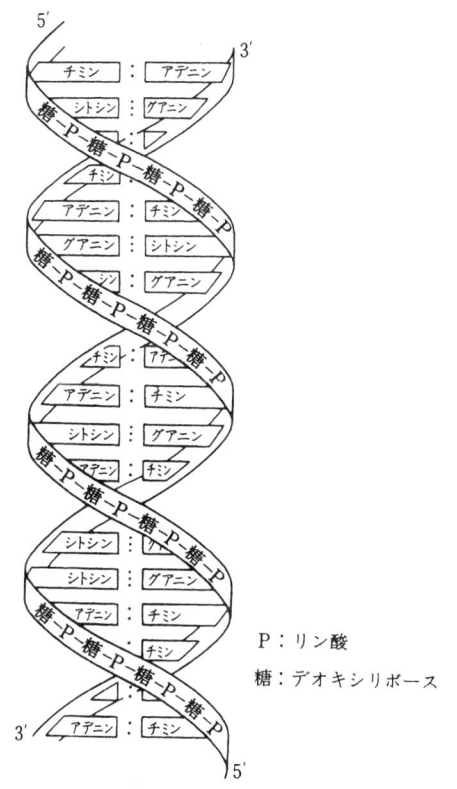

図1.2 N-グリコシド結合とポリヌクレオチド構造の一本鎖DNAの形成

図1.4 DNAの二重らせん構造

置にリン酸基をつけて遊離しているので5′末端,一方の3′の端には-OHをつけているので3′末端と名付けている.

DNAはほとんどの場合,二本鎖(一部のウイルスゲノムは一本鎖)である.この二本鎖DNAは,一本鎖のDNAどうしが5′→3′と3′→5′の逆向きの方向でプリン塩基とピリミジン塩基が相補的な対合,すなわちアデニンとチミンは2つの水素結合およびグアニンとシトシンは3つの水素結合(図1.3)によって相補的に結合している.2本のポリヌクレオチド鎖が同じ軸のまわりを一定の幅(20Å)をもって規則正しい右巻きらせん状に回転(Watson-Crick (1953)[3]のDNAモデル)して,安定した二重らせん構造(double helix stracture of DNA)を形成し,立体的な

DNA分子を構成している（図1.4）．

1.1.2 DNAの働き

遺伝子の本体であるDNAは，①細胞分裂のためのDNAの自己複製を行うこと，②遺伝暗号を保存し，細胞質内でのタンパク質合成の指令を伝達することの2つの主要な働きをもっている．

第1の働きは，一般に生物の個々の細胞は2つに分裂して増えていくが，親細胞のDNAは新たに分裂してできる娘細胞に等しくDNAを分与するため，親細胞の分裂に先立ち二本鎖のDNAのそれぞれを鋳型（テンプレート）として2倍量に増やす必要がある．この親細胞がDNA量を2倍に複製することを自己複製あるいは半保存的複製（semiconservative replication）という[4]．

Box 1.1　DNA複製

DNA複製のメカニズムはMeselsonとStahl（1958）[4]の実験によって明らかにされた．すなわち，親細胞の二本鎖DNAの複製起点と呼ばれる特定の領域において，DNA鎖がDNAヘリカーゼにより1本ずつ離れ，次いでDNAポリメラーゼと特殊なプライマーゼによって生じたRNAプライマーをもとにして，その一本鎖ごとに新しいDNAがアデニン(A)-チミン(T)およびグアニン(G)-シトシン(C)と相補結合しながら，複製制御単位であるレプリコン（replicon）ごとにDNAポリメラーゼにより$5' \to 3'$鎖（leading strand, リーディング鎖）では連続的あるいは$3' \to 5'$鎖（lagging strand, ラギング鎖）では不連続的に複製されてそれらがDNAリガーゼにより複製される．なお，DNAポリメラーゼは$5' \to 3'$の方向にしかポリヌクレオチド鎖を合成しないため，連結したのち，自己と全く同じ遺伝情報をもつ新しいDNAによって二重らせん構造ができあがっていく（図1.5）．

なお，ラギング鎖での不連続的複製にともなって形成されるDNA断片を岡崎フラグメントという．

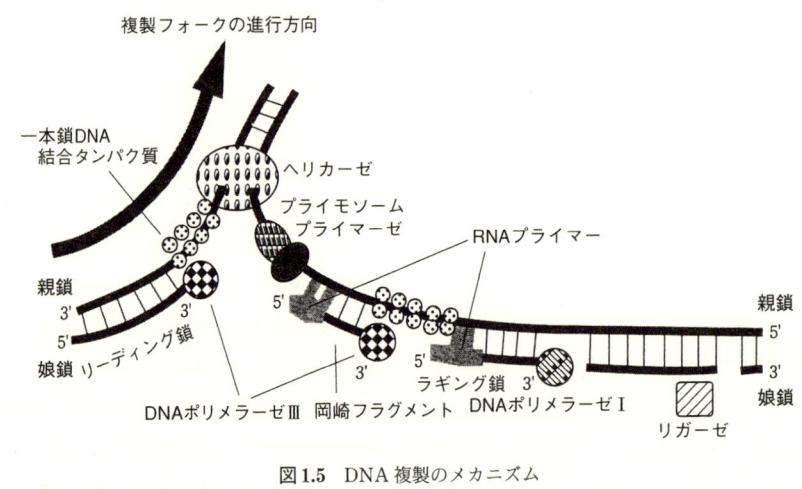

図1.5　DNA複製のメカニズム

DNA自己複製における親細胞の1本ずつを親鎖（旧鎖），新しくつくられたものを娘鎖（新鎖）と呼んでいる．そして，この遺伝情報をもつ2つのDNA鎖は細胞分裂を通じてそれぞれの娘細胞に分与される．

第2の働きは，DNAに保存されている遺伝情報をRNAに伝達して，細胞質内のリボソームにおいて翻訳し，タンパク質をつくらせることである．そのメカニズムは大きく分けて転写と翻訳の2段階がある．まず，二本鎖DNAの転写予定の遺伝子のプロモーター部にDNA依存性RNAポリメラーゼが結合して，その二重らせんの一部を

巻き戻しながらほぐしていく．このほぐれた二本鎖DNAのうち，決まった一方のDNA鎖（anti-coding strand，アンチコード鎖）のA，C，G，Tの各塩基に対して，新たにウラシル（uracil, U），G，C，Aの各塩基が相補的に結合して，一本鎖のメッセンジャーRNA（伝令RNA, mRNA）を合成していき，終止コドンで合成を終了する．このmRNAはDNAの遺伝情報を逆向きの形で写し取っており，これを暗号の転写と呼んでいる．次に，mRNAとリボソーム，それにトランスファーRNA（転移RNA, transfer RNA, tRNA）によって翻訳とペプチド合成が起こり，タンパク質の合成が行われる．

1.1.3 RNAの構造

RNAは，DNAとは異なり，ヌクレオチドを構成する糖残基としてデオキシリボースの代わりにリボース（ribose）を有し，また4種類の塩基の1つであるチミンの代わりにウラシル（U）（図1.1）をもつことである．すなわち，RNAの構造の単位であるヌクレオチドは，塩基としてプリン塩基のアデニン（A），グアニン（G），ピリミジン塩基のシトシン（C），ウラシル（U）を含み，ペントース（五単糖）はリボース（$C_5H_{10}O_5$）で，それにリン酸がエステル結合している．

RNAの構造の特徴はそのほとんどが一本鎖で存在しているので，DNAのような相補的な鎖を見つけて結合するのではなく，中性の溶液中ではRNAの塩基どうしで，A-UあるいはG-Cの水素結合を形成して分子内二本鎖となっている箇所が多数ある（1 RNA分子当たり1/2〜2/3に相当する残基が塩基対をつくっている）．すなわち，RNAではヘアピン構造やステムループ構造のような特殊な塩基配列構造を多くの場所にもち，分子内二本鎖を形成した部分が点在するため，これにより複雑な高次構造を形成していることが多い．

1.1.4 RNAの働き

RNAは，前述のようにDNAからRNAポリメラーゼ（RNA polymerase）活性によって遺伝情報を転写（transcription）したのち，タンパク質への翻訳（translation）を担っている核酸であり，遺伝情報の発現には不可欠である．このDNA情報の転写からタンパク質合成までの1つの流れであるセントラルドグマ（central dogma）[5]において，さまざまな仲介役として働くために，RNAの種類には，DNAの暗号を転写したmRNA，リボソームに含まれるリボソームRNA（ribosomal RNA, rRNA），アミノ酸を運搬するtRNAがある．

なお，RNAの働きの詳細については，後出の「翻訳」のところで説明する． 　　　（向山明孝）

引用文献

1) Avery OT, MacLeod CM, *et al.*：Studies on the chemical nature of the substance inducing transformation of *pneumonococcus* types. *J Exp Med*, **79**：137-158, 1944.
2) Chargaff E：Structure and function of nucleic acids as cell constituents. *Fed Proc*, **10**：654-659, 1951.
3) Watson JD, Crick FHC：Molecular structure of nucleic acid：A structure for deoxyribose nucleic acid. *Nature*, **171**：737-738, 1953.
4) Meselson M, Stahl FW：The replication of DNA in *E. coli. Proc Nat Acad Sci USA*, **44**：671-682, 1958.
5) Crick FHC：On protein synthesis. *Symp Soc Exp Biol*, **12**：548-555, 1958.

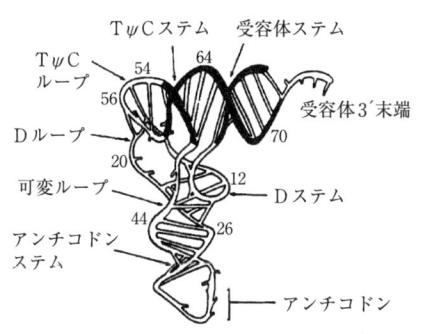

図1.6　tRNAの3次元構造

1.2 遺伝子の構造と発現

1.2.1 遺伝子の構造

哺乳類における遺伝子の一般的な構造を図1.7に示した．遺伝子の機能単位は，タンパク質をコードしている領域（翻訳領域，open reading frame, ORFとも呼ばれる）とその上流および下流側に存在する非翻訳領域ならびに5′および3′隣接領域から構成されている．動物遺伝子の多くは，エキソンがイントロンで分断された構造になっている．エキソンは，その数も長さもさまざまであり，たとえば，β-グロビン遺伝子は3つのエキソンと2つのイントロンからなる1400塩基対の大きさで，146個のアミノ酸をコードしている．これに対して，筋ジストロフィー症（筋萎縮症）の原因遺伝子であるジストロフィン遺伝子は240万塩基対からなり，79個のエキソンをもち，3685個のアミノ酸をコードしている．翻訳領域の両側には，mRNAに転写されるが翻訳されない非翻訳領域があり，また，5′非翻訳領域の5′末端はキャップ（cap）部位と呼ばれる．一方，3′非翻訳領域の3′末端近くはポリ（A）付加部位がある．5′隣接領域には，遺伝子発現に必須のプロモーターを含むさまざまなシスエレメントが存在し，また，3′隣接領域にも転写に関与するエレメントの存在が確認されている．

1.2.2 遺伝子の発現と調節
a. 遺伝子の発現

DNAの情報は，核内のさまざまな転写調節因子と遺伝子DNA上のシスエレメントとの複雑な相互作用により（後出の図1.18参照），RNAポリメラーゼIIがプロモーター領域に結合し，二本鎖DNAの一方のアンチコード鎖（anticoding strand）を鋳型に1本鎖RNAが合成される．その後RNAの5′側にcap構造，3′側にポリ（A）が付加されたのち，核外に移動したmRNAがリボソームに結合し，mRNAをもとにタンパク質へ翻訳される．タンパク質の種類によっては，その後，ペプチド鎖の切断や糖鎖の付加などの翻訳後修飾を受け立体構造をとる．その他にも，特定アミノ酸部位でリン酸化やアセチル化などの修飾を受けて活性型の（糖）タンパク質が合成される（図1.8）．

1) **転写** 遺伝子発現の第1段階は，

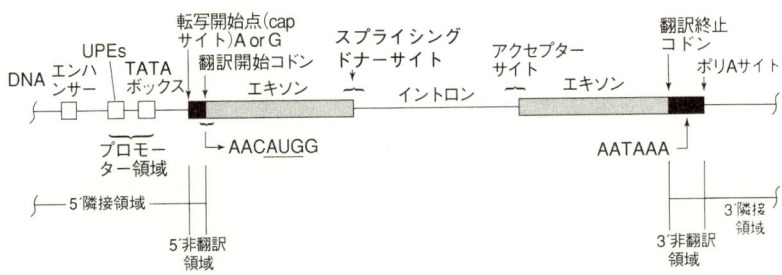

図1.7 哺乳類遺伝子の一般的な構造

真核生物のほとんどの遺伝子の構造遺伝子はエキソンとイントロンで構成されているが，イントロンをもたない遺伝子（例：Sry遺伝子）も存在する．TATAボックス：転写開始点上流20～30塩基に位置し種々のタンパク質因子が結合し，DNA-タンパク質複合体を形成する．さらにRNAポリメラーゼIIが結合し転写が開始する．スプライシングドナーサイト，アクセプターサイト：RNAスプライシングの際に認識される切断部位．転写後，RNAスプライシングでエキソンとイントロンが切断され，エキソンどうしが結合するスプライスドナー部位とスプライスアクセプター部位（イントロンとエキソンとの連結部位）は，それぞれ，A/CAG↓GTA/GAGTと(Y)₆NC/TAG↓GG/Tの共通配列をもつ．A/CはAまたはCを示し，Nは特定の塩基の必要がなく，Yはピリジン塩基（TまたはC）である．↓は切断部位，下線はよく保存されている塩基配列を示す．UPEs（upstream promoter elements）：転写効率に関与し，多くの遺伝子ではCCAATボックスが存在する．その他にもCCGCCCあるいはGGGCGGからなるCGボックスが存在する場合がある．エンハンサー：転写開始点からの距離や方向に関係なく，遺伝子の転写をシス（cis）に促進する領域で，(G)TGGAAA(G)配列が多くみられる．黒く塗りつぶした部分は非翻訳領域．

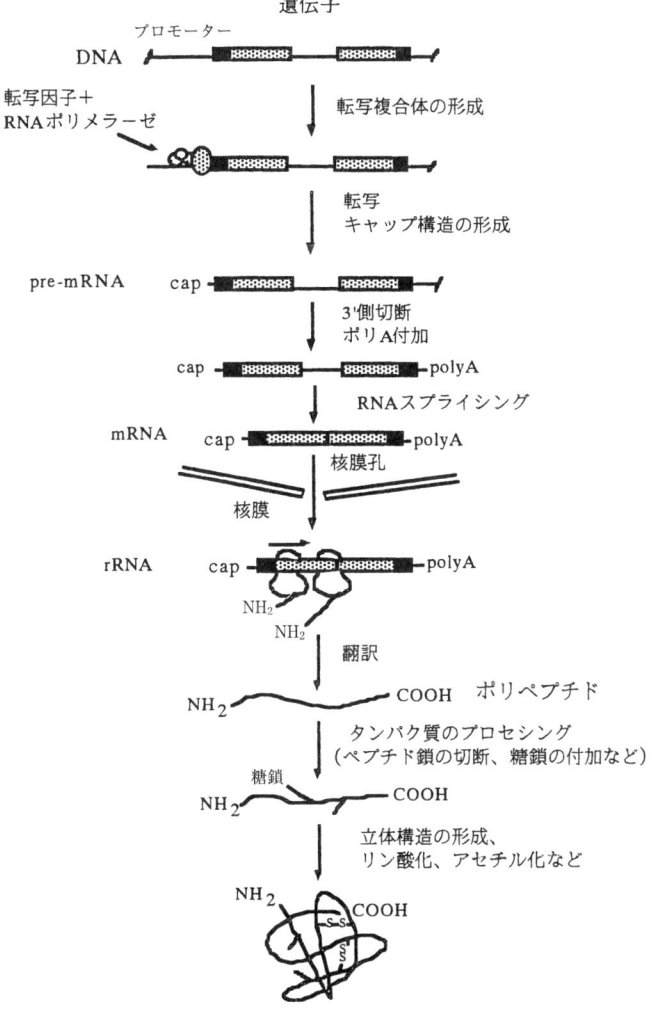

図1.8 遺伝子の転写から機能をもつタンパク質合成の過程
黒く塗りつぶした部分は非翻訳領域，cap：Me7Gppp，S-S：ジスルフィド結合．

RNAが合成される転写（transcription）である．タンパク質をコードする転写産物の場合にはmRNAと呼ばれ，タンパク質へ翻訳される．タンパク質をコードしないRNAには，rRNAやtRNAがあり，翻訳されない．最近の研究から，真核生物にはさまざまな翻訳されない低分子RNAが存在し，次の3種類に分類される．核内低分子RNA（small nuclear RNA, snRNA），核小体低分子RNA（small nucleolar RNA, snoRNA）および細胞質低分子RNA（small cytoplasmic RNA, scRNA）である（図1.9）．

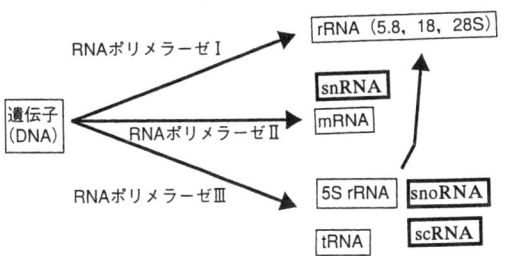

図1.9 真核生物の遺伝子発現に必須な3種類のRNA転写とプロセシング
機能的なrRNA, mRNA, tRNAは，それぞれの前駆体がさまざまなプロセシングを経て合成される．

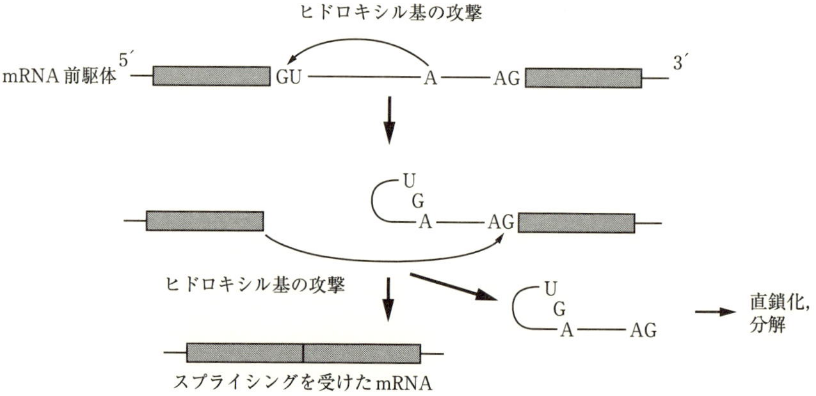

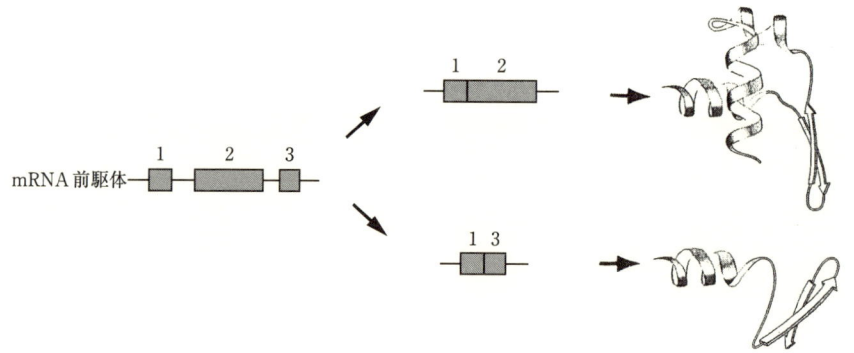

図1.10 RNAスプライシングの過程（文献[1]を改変）
イントロン配列内のアデノシンヌクレオチドの2′-炭素(C)に付いたヒドロキシル基によって，5′切断部位の切断が促進され，投げ縄構造が形成される．つづいて，上流エキソンの3′OH基が3′切断部位の切断を誘導し，2つのエキソンが連結される．イントロンは遊離し，線状になり分解される．

図1.11 選択的スプライシングによる異なった2種類のタンパク質の生産（文献[1]を改変）
1～3はエキソン．

snRNAとsnoRNAは，他のRNA分子のプロセシングに関与している．また，scRNAは，それ自身さまざまな機能をもつ多様な分子群であり，すべての真核生物に存在しているわけではない．

真核生物の核内遺伝子の転写には，3種類のRNAポリメラーゼ（RNA合成酵素）が関与している（図1.9）．それらは，RNAポリメラーゼI，RNAポリメラーゼIIおよびRNAポリメラーゼIIIである．これらのRNAポリメラーゼは，お互い構造的に類似しているが，それぞれ異なった機能をもち，異なったグループの遺伝子に作用する．RNAポリメラーゼIは，大部分のrRNA遺伝子の転写に，また，RNAポリメラーゼIIは，タンパク質をコードする遺伝子のmRNAやRNAのプロセシングに関与するsnRNAの転写に働く．さらに，RNAポリメラーゼIIIはtRNA，5SrRNA，snoRNA，scRNAの転写に働く（図1.9）．

2) RNAのプロセシング 一次転写物（未成熟RNAまたはRNA前駆体）は核内で，イントロンの部位が切断され，エキソンのみからなるRNAスプライシング（RNA splicing）を経て成熟mRNAとなる．mRNA前駆体の大部分のイントロンは，5′-GU-3′配列で始まり，5′-AG-3′の配列で終わり，GU-AGイントロンと呼ばれている．これらのコンセンサス配列（共通配列）

1.2 遺伝子の構造と発現

は，真核生物の種類によって異なるが，脊椎動物では，以下の配列である．

5′切断部位は 5′-AG↓GUAAGU-3′ であり，3′切断部位は 5′-pypypypypypyNCAG↓ 3′ である．py はピリジン塩基（U または C），N はいずれかの塩基，↓はエキソンとイントロンとの境界を示す．5′切断部位はドナーサイト（donor site，供与部位），3′切断部位はアクセプターサイト（acceptor site，受容部位）という．その他にも AU-AC イントロンなどが知られているが，

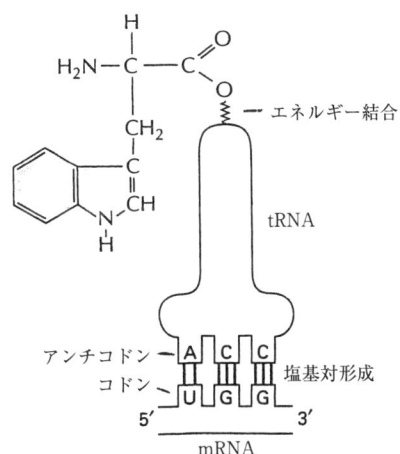

図1.12 アミノアシル tRNA（tRNA とアミノ酸との複合体）のアンチコドンと mRNA のコドンとの共有結合（文献[1]を改変）

アミノアシル tRNA 合成酵素（標的のアミノ酸ごとに異なる）の作用により，tRNA と適合する特定のアミノ酸が結合する（アミノアシル tRNA の合成）．次いで，アミノアシル tRNA のアンチコドンが mRNA の対応するコドンに結合する．

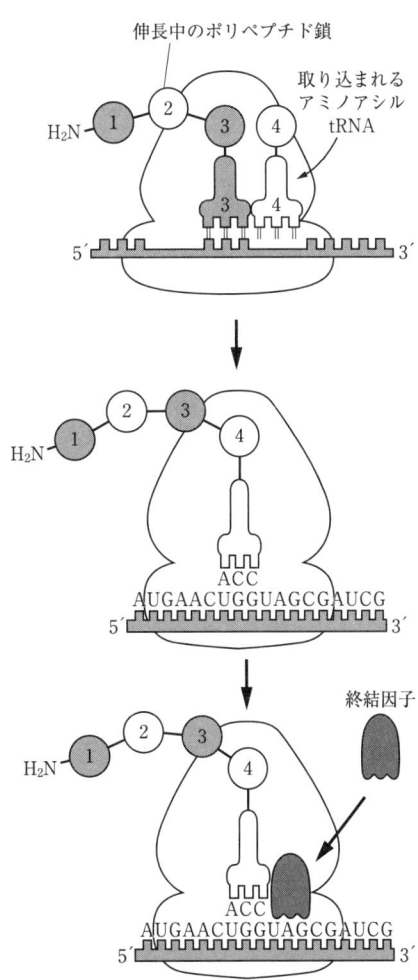

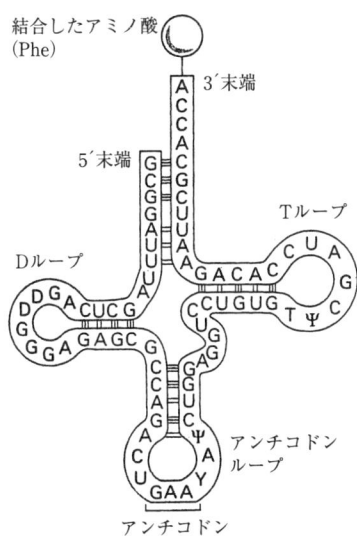

図1.13 アミノアシル tRNA 分子の構造（tRNA とアミノ酸の複合体）（文献[1]を改変）

コドン/アンチコドンに適合したアミノ酸が tRNA（クローバー葉構造）の 3′末端のヌクレオチド（つねにアデニン）に結合する．ヌクレオチド 3 個の配列からなるアンチコドンは，mRNA のコドンと塩基対を形成する．tRNA には特殊な塩基（ψ, D, Y）が含まれているが，tRNA 分子が合成されてから化学修飾により生じたものである．

図1.14 リボソーム上でのポリペプチド鎖の合成過程（文献[1]を改変）

各ステップの詳細は省略している．最初のアミノアシル tRNA（tRNA とアミノ酸の複合体）に結合しているアミノ酸は，つねにメチオニンである．翻訳終了後は，ポリペプチド鎖はリボソームから放出され，さらに，各分子はすべて解離する．

高等真核生物には存在しない．スプライシングの過程には，さまざまな因子が関与し非常に複雑であることが明らかにされている（図1.10）．

遺伝子の種類によっては，mRNAのプロセシングにいくつかの変化が生ずる場合がある．これを選択的スプライシング（alternative splicing）と呼ぶ．たとえば，RNAの編集によって単一のmRNA前駆体が異なるタンパク質を指令する2種類のmRNAに変換されることがある．また，選択的スプライシングの結果，エキソンが異なった組み合わせで集合し，1つのmRNA前駆体から2種類以上のmRNAが生じる場合がある（図1.11）．

3）翻訳 翻訳（translation）は，遺伝子の塩基配列をmRNAを介してタンパク質のアミノ酸配列に変換する過程であり，開始（initiation），伸長（elongation），および終結（termination）の3つのステップを経る．翻訳は，遺伝暗号（genetic code，遺伝コードともいう）の法則に従って行われる．mRNA分子の塩基配列は，3個のヌクレオチドが連結したトリプレット（codon，コドン）として読み取られる．RNAは，4種類のヌクレオチドが直線的に並んだ構造なので，3個のヌクレオチドの組み合わせは，$4 \times 4 \times 4 = 64$通りとなる．しかし，通常のタンパク質を構成しているアミノ酸は20種類しか存在しないので，1種類のアミノ酸を複数のコドンが指定している．また，3種類のコドンが翻訳の終了を指定するのに使用されている（終止コドン，または停止コドンともいう）．この遺伝暗号は，ミトコンドリアDNAを除けば，すべての生物で共通している（表1.1）．

翻訳の開始は，まず，mRNAがリボソームに結合し，次に，tRNAの3個のヌクレチドからなるアンチコドン（anticodon）と相補的なmRNA分子のコドンとが塩基対を形成する（図1.12）．なお，アミノアシルtRNA合成酵素（標的アミノ酸ごとに種類が異なる）の作用により，特定のアミノ酸は，それぞれに対応するtRNA群に共有結合されている（図1.13）．さらに，伸長中のポリペプチド鎖のカルボキシル基が，tRNAに取り込まれたアミノ酸のアミノ基と結合する．このような反応が繰り返されてポリペプチド鎖が伸長する．最後に，伸長反応が終止コドンに到達すると，それに終結因子が結合して翻訳が終了する（図1.14）．完成したポリペプチド鎖はリボソームから放出され，さらに，翻訳に関与した分子のすべてが解離する．なお，リボソームは，50種類以上のタンパク質と，数種類のrRNAからなる触媒作用をもつ複合体である．

4）翻訳後修飾 リボソーム上でmRNAが翻訳されてポリペプチド鎖（タンパク質）が合成されるが（図1.15），この段階のポリペプチドは不活性で，種々の翻訳後修飾を経て活性型になる（図1.16）．第1は，タンパク質の"折りたたみ（protein folding）"で，正しく3次構造に折りたたまれて活性型となる．第2は，プロテアーゼによるタンパク質分解による切断で，ポリペプチドの一端あるいは両端から断片が除去され，タンパク質が短くなったり，複数の断片に切断され，それぞれが活性型となる．その他にも，ポリペプチド内のアミノ酸に新たな化学基が結合したり，また，RNAスプライシングに似た修飾で，タンパク質内に存在する介在配列であるインテイン（intein）が除去され，さらにエクステイン（exstein）が連結されて活性型になる．これらのプロセシングは，しばしば同時に起こり，ポリペプチドは折りたたまれると同時に切断され，化学修飾される（図1.8参照）．

b．転写を調節するエレメント

遺伝子の5′隣接領域および3′隣接領域にはプロモーター（promoter）をはじめ，エンハンサー（enhancer），サイレンサー（silencer），インスレーター（insulator），LCR（locus control region，遺伝子座調節領域），MARs（matrix attachment regions，マトリックス付着領域），SARs（scaffold attachment regions，足場付着領域）など，さまざまな遺伝子発現調節領域が存在する．これらはシスエレメント（*cis*-elements）と呼ばれている．そのうち，プロモーターは遺伝子が正確にかつ効率よく転写されるための不可欠な領域であり，通常，転写開始点より上

1.2 遺伝子の構造と発現

表1.1 mRNAの遺伝暗号（コドン）と対応するアミノ酸

2番目の塩基

1番目の塩基（5′末端）	U	C	A	G	3番目の塩基（3′末端）
U	UUU, UUC フェニルアラニン (Phe) UUA, UUG ロイシン (Leu)	UCU, UCC, UCA, UCG セリン (Ser)	UAU, UAC チロシン (Tyr) UAA, UAG 終止	UGU, UGC システイン (Cys) UGA 終止 UGG トリプトファン (Try)	U C A G
C	CUU, CUC, CUA, CUG ロイシン (Leu)	CCU, CCC, CCA, CCG プロリン (Pro)	CAU, CAC ヒスチジン (His) CAA, CAG グルタミン (Gln)	CGU, CGC, CGA, CGG アルギニン (Arg)	U C A G
A	AUU, AUC, AUA イソロイシン (Ile) メチオニン (Met) AUG 開始	ACU, ACC, ACA, ACG トレオニン (Thr)	AAU, AAC アスパラギン (Asn) AAA, AAG リジン (Lys)	AGU, AGC セリン (Ser) AGA, AGG アルギニン (Arg)	U C A G
G	GUU, GUC, GUA バリン (Val) GUG 開始	GCU, GCC, GCA, GCG アラニン (Ala)	GAU, GAC アスパラギン酸 (Asp) GAA, GAG グルタミン酸 (Glu)	GGU, GGC, GGA, GGG グリシン (Gly)	U C A G

アミノ酸の省略記号

アミノ酸	3文字	1文字
アラニン	Ala	A
アルギニン	Arg	R
アスパラギン	Asn	N
アスパラギン酸	Asp	D
システイン	Cys	C
グルタミン酸	Glu	E
グルタミン	Gln	Q
グリシン	Gly	G
ヒスチジン	His	H
イソロイシン	Ile	I
ロイシン	Leu	L
リシン	Lys	K
メチオニン	Met	M
フェニルアラニン	Phe	F
プロリン	Pro	P
セリン	Ser	S
トレオニン	Thr	T
トリプトファン	Trp	W
チロシン	Tyr	Y
バリン	Val	V

AUGとGUGはタンパク質鎖の開始以外の場所では，メチオニンとバリンを指定する．3つの塩基の集合をトリプレットと呼ぶ．DNAではUはTとなる．61種類のコドンはアミノ酸を表す．トリプトファンとメチオニン以外のすべてのアミノ酸には2種類以上のコドンが対応する．コドンの塩基は5′から3′の方向に記してある．

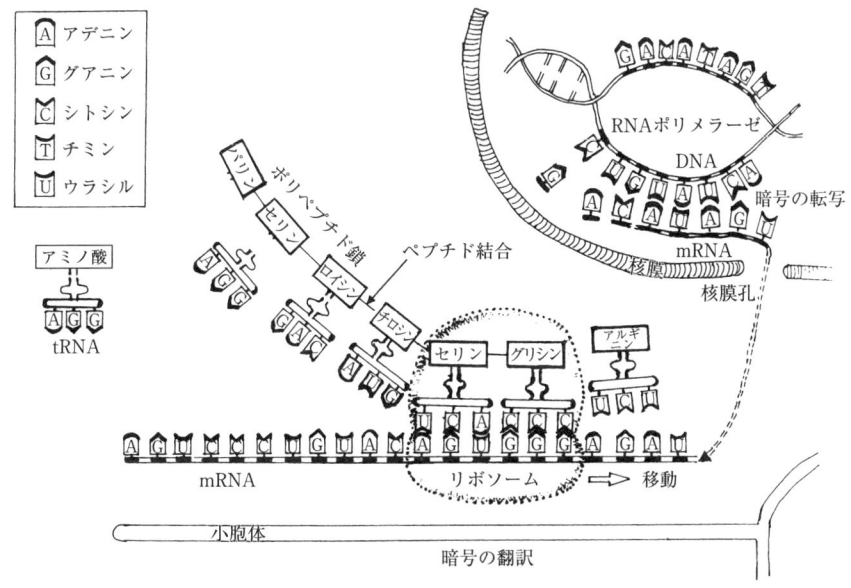

図1.15 DNAの転写と翻訳（向山原図）

流110塩基内に位置している．ヒトなどの真核生物の遺伝子のプロモーターは，通常2つの領域から構成されている．1つは転写開始点の上流25〜30塩基に位置するTATAボックスであり，転写開始部位の決定に関与している．遺伝子が転写される際には，このTATAボックス（コンセンサス配列は5′-TATAWAW-3′，WはAまたはT）にTFIIDをはじめさまざまな転写調節タンパク質（*trans*-elements，トランスエレメント）が順次結合し，形成されたDNA-タンパク質複合体にさらにRNAポリメラーゼIIが結合し，正確な転写が開始される．もう1つは，転写

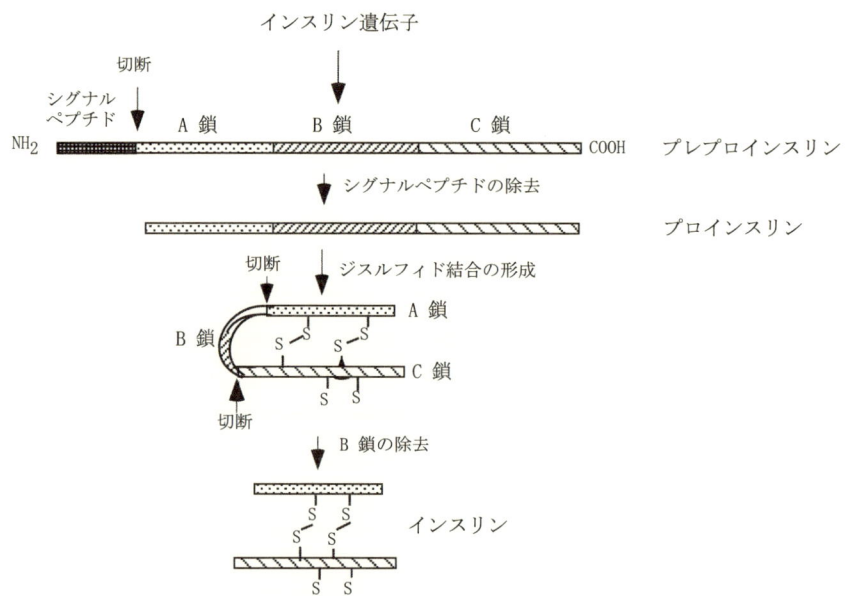

図 1.16 活性型のインスリンが合成されるまでの過程（翻訳後修飾）

開始点の上流 80 塩基付近に存在する upstream promoter elements（UPEs，多くは CCAAT ボックス）である．さらに，転写の効率に関与する転写調節エレメントと呼ばれる配列がそれぞれの遺伝子に特異的に存在する．そのうち，エンハンサーやサイレンサーは，転写開始点からの距離や方向に関係なく，遺伝子の転写をシスに促進あるいは抑制するエレメントである．エンハンサーは，(G) TGGAAA (C) という共通の配列をもち，多くは転写開始点より上流に位置するが，構造遺伝子内に存在することもあり，その数も遺伝子の種類によりさまざまである．また，インスレーターは遺伝子の 5′ 上流側のプロモーターと隣接する他の遺伝子の発現調節領域との間に位置し，隣接遺伝子の機能を分断するエレメントである（後出の図 1.20 を参照）．MARs や SARs は細胞核の核マトリックスに付着する領域（A や T に富んでいる）で，同じく隣接する遺伝子間の機能を分断する役割をもっている．さらに，LCR はヒト β-グロビン遺伝子の研究の過程ではじめて発見され，発生過程の特定の時期に活性化する β-グロビン遺伝子群（クラスター）全体の発現に関与している（図 1.17）．その他にも，転写の活性や抑制に関与する転写調節エレメントが多数存在する．これらのシスエレメントにさまざまな転写因子が結合することにより遺伝子の組織特異的・時期特異的な発現が複雑に調節されていると考えられている（図 1.18）．最近の研究から，翻訳されない小さな活性型 RNA（miRNA）が遺伝子の調節領域に結合し，遺伝子の発現を調節していることが明らかになりつつある．

1.2.3　遺伝子発現の制御
a. DNA のメチル化

真核生物の染色体 DNA 分子のシトシン塩基（C）は，5′-メチルシトシンに変化していることがあり，これは DNA メチルトランスフェラーゼ（DNA methyl transferase）の作用によりシトシンにメチル基が付加されたものである（図 1.19 (a)）．脊椎動物ではゲノム DNA の約 10% のシトシンがメチル化されている．メチル化は 5′-CG-3′ 配列中の特定のシトシンに限られており，遺伝子活性の抑制に関与している．DNA のメチル化には，メチル化 CpG 結合タンパク質（methyl-CpG-binding protein, MeCP）が関与しており，MeCP が CpG アイランド（CpG

(Ⅰ)
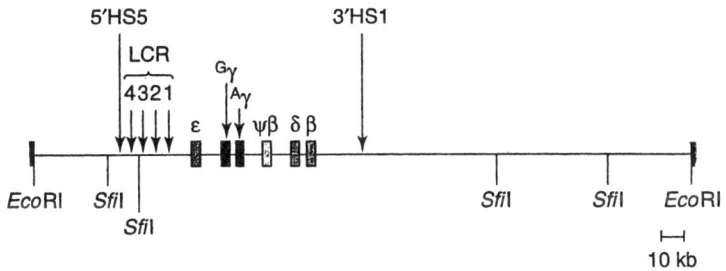

(Ⅱ)
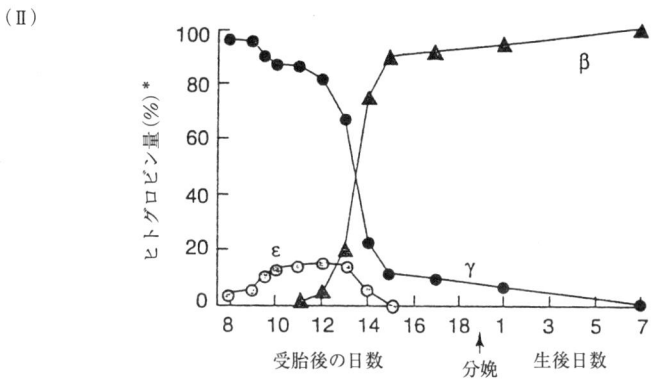

図1.17 LCRを連結したヒトβ鎖グロビン遺伝子群（Ⅰ）を導入したトランスジェニックマウスにおける各グロビン遺伝子の発現（Ⅱ）[2]

HS1, HS5：DNase I hypersensitive sites（DNase I 高感受性部位），LCR：locus control region．＊ヒトグロビン遺伝子群の発現総量に対する各グロビン遺伝子の発現量（％）．この結果から，LCRがβ鎖グロビン遺伝子群における個々のグロビン遺伝子の組織特異的ならびに発生時期特異的な発現を制御していることが判明した．

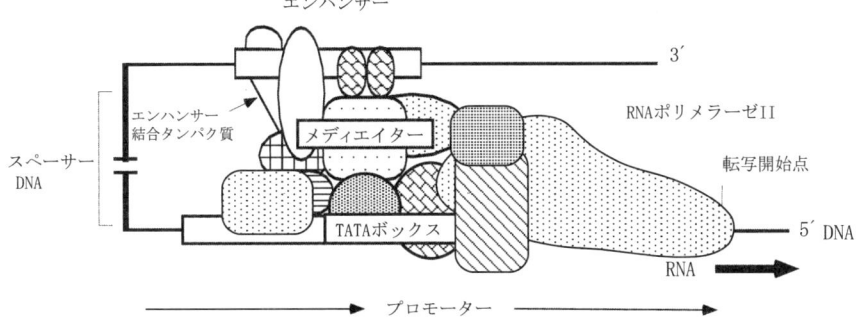

図1.18 真核生物の遺伝子発現（転写）を調節するさまざまな結合因子

転写される際には，さまざまな転写調節因子がプロモーター領域に結合する．RNAポリメラーゼⅡと複合体を形成する転写因子の結合の状態や数は適当に示してある．結合因子には，C/EBP, SP1, TBP, TFIIATFIIB, TFIID, TFIIE, TFIIF, TFIIHなどが同定されている．

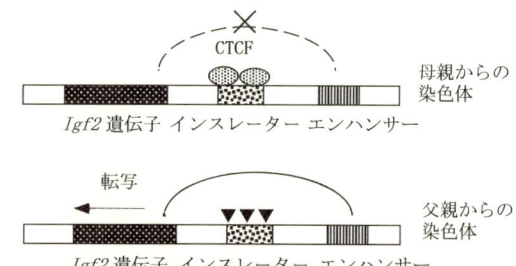

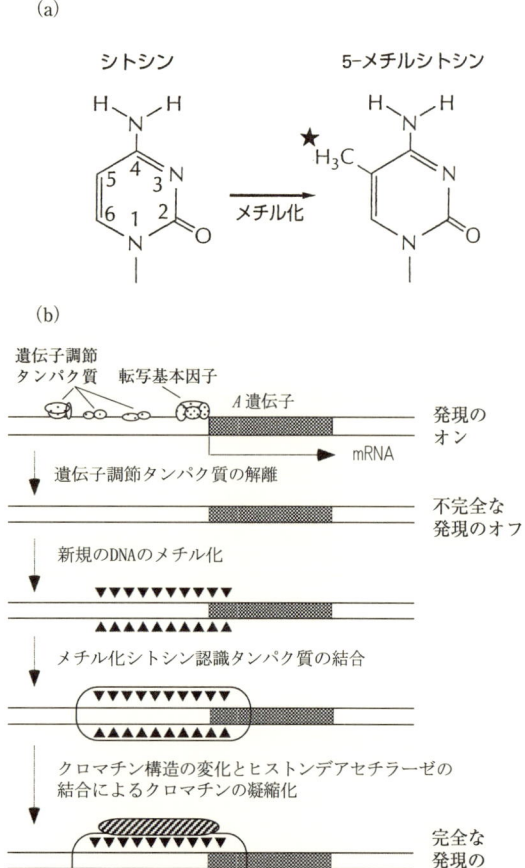

図1.20 マウス *Igf2* 遺伝子のインプリンティング機構[1]
母親（卵子）から受け継いだ染色体では，CTCFタンパク質がインスレーターに結合し，エンハンサーと *Igf2* 遺伝子間の情報伝達が阻止される．その結果，*Igf2* 遺伝子は発現しない．一方，父親（精子）から受け継いだ染色体のインスレーターは，メチル化（▼）されているので，インスレーターは不活性である．そのため，CTCFのインスレーターへの結合が阻止され，*Igf2* 遺伝子は発現する．

図1.19 DNAのメチル化による遺伝子の不活性化機構
(a)シトシン塩基（C）のメチル化．メチル化（★）は，CG配列のシトシンヌクレオチドに限定される．(b)メチル化によるA遺伝子の不活性化．遺伝子調節タンパク質と転写基本因子の複合体がメチル化酵素のプロモーター領域への結合を妨げる．

表1.2 生物のゲノムの大きさ

生 物	Mb (1000 kb)
原核生物	
マイコプラズマ	0.58
大腸菌	4.64
無脊椎動物	
線 虫	100
ショウジョウバエ	140
バッタ	5000
脊椎動物	
フ グ	400
サンショウウオ	90000
マウス	3300
ヒ ト	3000

island，CG配列の富む領域）に結合することにより，遺伝子発現を不活性化する（図1.19 (b)）．DNAメチル化パターンは，細胞分裂に際して正確に娘細胞に伝えられる．ヒトでは，約56%の遺伝子の転写がCpGアイランドのすぐ下流から始まることが判明している．DNAメチル化は遺伝子の組織特異的ならびに時期特異的な発現，ゲノムインプリンティングやX染色体の不活性化に関与している．

b. ゲノムインプリンティング

哺乳類細胞の染色体は，父親（精子）から受け継いだ染色体と母親（卵子）から受け継いだ染色体から構成される二倍体（diploid, $2n$）である．通常，対立遺伝子は父母のどちらに由来したかに関係なく，両遺伝子座で等しく発現する．しかし，染色体上に存在する遺伝子の種類によっては，どちらの親から受け継いだかによって，その発現が異なり，この現象を"ゲノムインプリンティング（genomic imprinting，ゲノム刷り込み）"という（図1.21）．このゲノムインプリンティングにはDNAメチル化が関与している．これまでのところ，60以上のインプリント遺伝子が存在すると推定されている．

c. 個体発生とゲノムインプリンティング

ゲノムインプリンティング現象の発見は，1984年以後のマウスを用いた単為発生の実験結果がき

1.3 ゲノムの構造

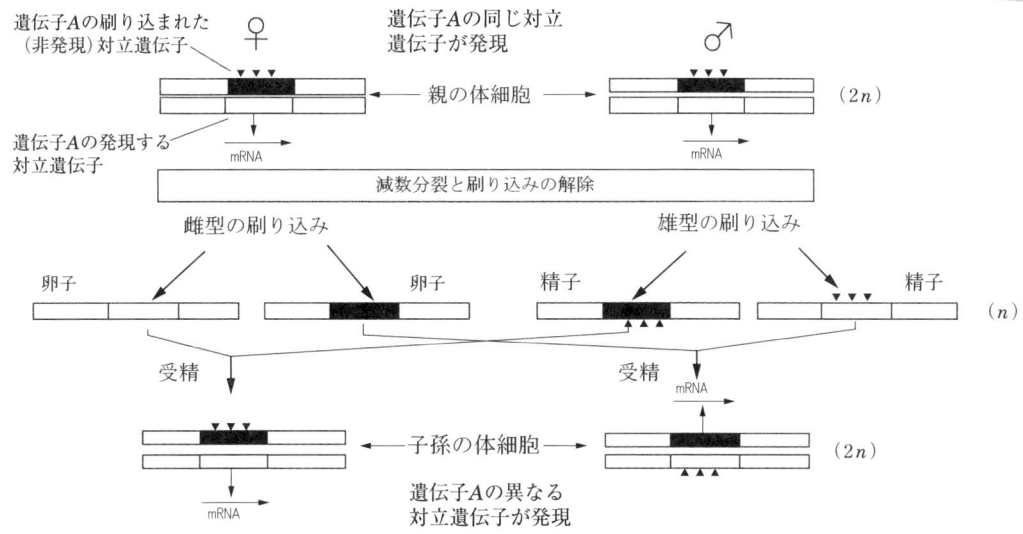

図 1.21 哺乳類におけるゲノムインプリンティング（刷り込み）
減数分裂と生殖細胞の形成過程で，刷り込みがいったん解除されるが，再度刷り込みが起こる．卵子では，遺伝子 A の両対立遺伝子座ともにメチル化されていない．精子では，遺伝子 A の両座位がメチル化されている．受精の際に，どちらの染色体（遺伝子 A）を受け継ぐかで，子孫細胞では，刷り込みパターンの違いにより，表現型（遺伝子 A の発現）が異なる．このような一部のインプリント遺伝子の刷り込みにより，メンデルの法則から外れた表現型が現れる場合がある．

っかけとなった．すなわち，受精卵の一方の前核を除去し，別の受精卵の前核を移植して作製した雄性発生胚や雌性発生胚は，いずれも着床後の胎児や胎児胎盤の形成が異常となり，正常に子マウスが生まれない．この事実から，哺乳類の個体発生には，父親由来と母親由来の両方の染色体（遺伝子）の揃うことが必須であることが判明した（Box 1.2）．インスリン様成長因子-2（insulin-like growth factor-2, $Igf2$）遺伝子は，胎生期の胎児や胎児胎盤の成長に重要である．$Igf2$ が発現しないと正常マウスの半分の大きさの子が生まれる．ゲノムインプリンティング現象により父親由来の $Igf2$ のみが発現するため，もし，父親由来の $Igf2$ 遺伝子に欠損が生じた場合には，発育が阻害される．しかし，母親由来の $Igf2$ 遺伝子に欠損があっても，胎児は正常に発育する．Kono ら (2004)[4] は，インプリント遺伝子の1つである H19 を欠損させ，一方，父親染色体で発現していない $Igf2$ 遺伝子を発現するように遺伝子操作した未成熟卵子を用いて，雌性発生胚を構築し，仮親に移植して単偽発生の子マウスを誕生させることに成功している．

1.3 ゲノムの構造

真核生物の細胞内には，2種類のゲノムが存在する．第1は，ゲノムの大部分が染色体に存在する核ゲノム（nuclear genome）であり，その大きさは生物種により大きく異なる（表 1.2）．ゲノムの大きさ（塩基対数）と生物の複雑さとは，ほぼ一致しているが，脊椎動物どうし，たとえば，サンショウウオとヒトを比較すると両者の関連が一致しない場合がある．また，ゲノムの大きさは染色体数とも比例しない．これを P 値のパラドックスという．第2は，ミトコンドリアゲノム（mitochondrial genome）であり，ミトコンドリアと呼ばれる細胞小器官に多数のコピーが存在する（1.4節を参照）．なお，植物では葉緑体のゲノムが存在する．

動物のゲノムは，構造的な特徴から次のように分類できる．すなわちタンパク質をコードしエキソンとイントロンからなる遺伝子，偽遺伝子（pseudogene），ゲノム全体に散在する散在性反復配列（repeated sequences），ゲノム中特定の

Box 1.2 マウスにおけるエピジェネティックス再プログラムの周期

　エピジェネティックスな修飾は，ライフサイクルの過程で2段階のステップを経る．第1は，生殖細胞（卵子や精子）の形成過程と着床前の胚発生過程での遺伝子の再プログラムである．生殖細胞は，体組織から由来し，成熟生殖細胞へ発達する．それらのゲノムのなかのインプリント遺伝子では，胎齢11.5日〜12.5日の胎児においてDNAの脱メチル化が起こる，脱メチル化に続いて，生殖細胞のゲノムは，新たにメチル化され，刷り込まれる．この過程は，胎齢18.5日まで生殖細胞で継続する．特に，卵子では，排卵前までメチル化は進行する．受精が引き金となり，着床前の胚発生における第2の再プログラムが起こる．父親のゲノムは，脱メチル化され，最初は修飾されていない状態のヒストンタンパク質が雄性前核に存在する．胚のゲノムは，胚盤胞形成前の胚発生の過程で受動的にDNAが脱メチル化される．このゲノムの脱メチル化にもかかわらず，インプリント遺伝子は，メチル化状態が着床前の再プログラムを通して維持される．胚盤胞がICMとTEへ分化するのに伴って，新規のメチル化が起こり，ICMではTEに比べ高度なメチル化が起こる．このような初期胚における分化は，それらの胚体細胞と胎盤細胞におけるDNAのメチル化状態を引き起こす．ヒストンの修飾は，このDNAメチル化の同期化を反映していると考えられている．

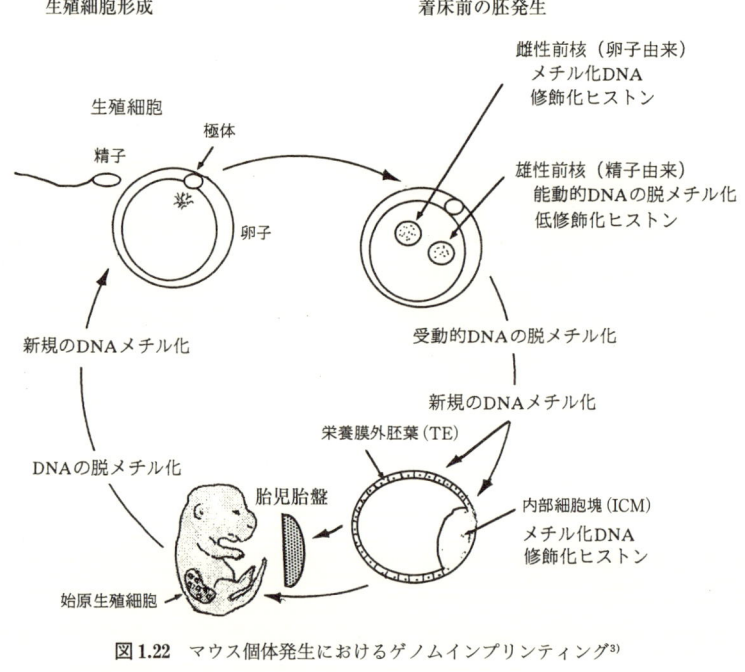

図1.22　マウス個体発生におけるゲノムインプリンティング[3]

場所に縦列に繰り返して存在する縦列反復配列，さらに，無規則な配列（junk）が存在する（図1.23）．ゲノム全体に分布する反復配列としては，短い反復配列をもつSINE (short interspersed nuclear element)，長い反復配列をもつLINE (long interspersed nuclear element)，末端反復配列をもつLTR (long terminal repeat)，さらに，DNA分子上のある位置から別な位置へ動く遺伝因子であるDNA型トランスポゾンの"化石 (retrotransposon, レトロトランスポゾン)"の4種類が知られている（図1.22）．タンパク質をコードする遺伝子にも，同一または類似の配列が1つの遺伝子群 (gene family, 例：リボソームRNA) を構成したり，クラスター (gene clus-

1.3　ゲノムの構造

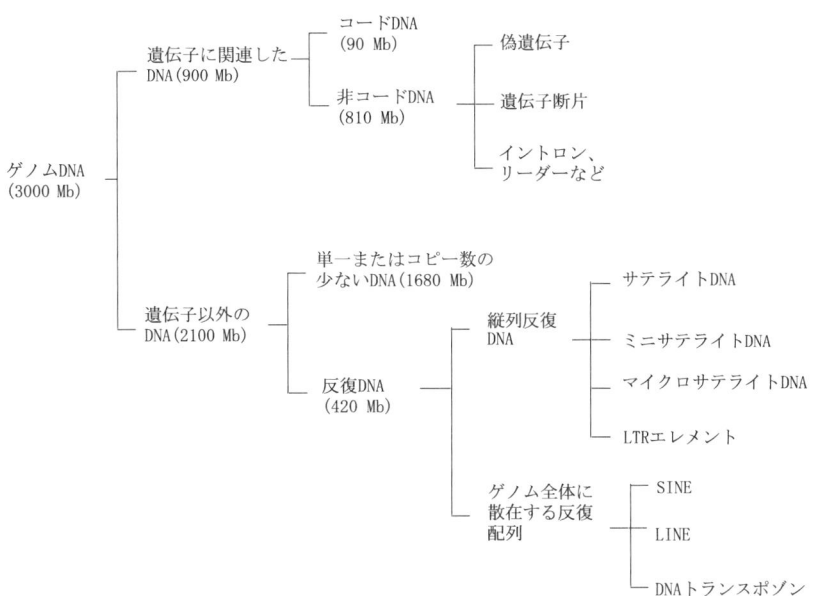

図1.23　ヒトゲノムの構成[1]
LTR：long terminal repeat（長い末端反復配列），SINE：short interspersed nuclear element（短い分散型核内反復配列），LINE：long interspersed nuclear element（長い分散型核内反復配列）.

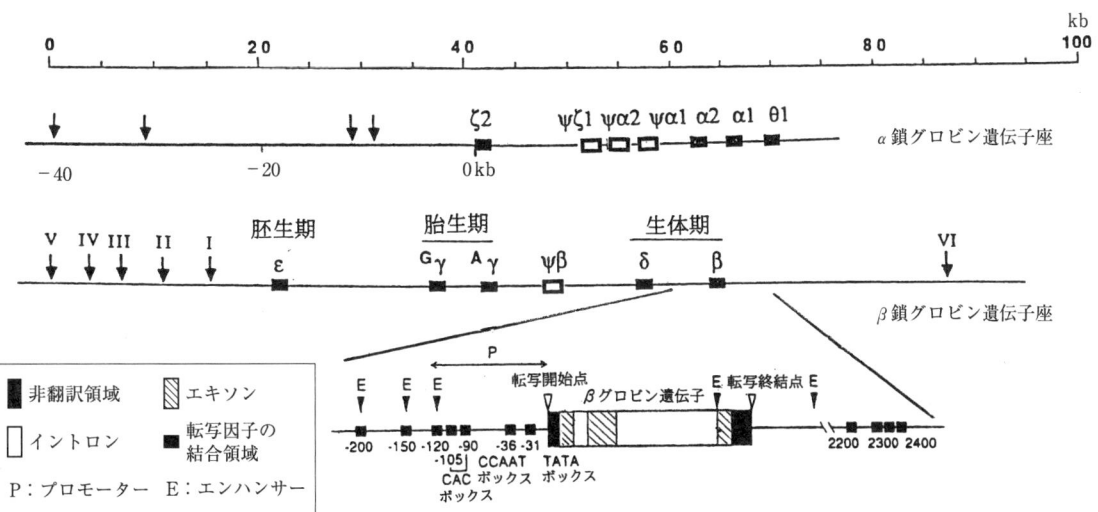

図1.24　遺伝子クラスターを構成するヒトグロビン鎖遺伝子座とDNase I 高感受性部位
I～Vならびに矢印：locus control region（LCR）における DNase I 高感受性部位（HS）．個々のグロビン遺伝子は固有のプロモーター領域をもつ（最下段）．LCRの調節により個々のグロビン遺伝子は，左側から順次，発生時期特異的および組織特異的（卵黄嚢→胎児肝臓→骨髄）に発現がスイッチオンおよびスイッチオフされる．ψ：偽遺伝子．

ter，例：グロビン遺伝子群）を形成している場合がある．特に，グロビン遺伝子群の場合には，1つの祖先遺伝子から進化したと考えられており，遺伝子スーパーファミリー（gene superfamily）を形成している（図1.24）．縦列反復には，数百ヌクレオチドの単位とするサテライト

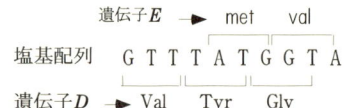

図1.25 重なり合った遺伝子の例（バクテリオファージ φX174 遺伝子）
高等生物の核ゲノムにはきわめて少ないが、ヒトを含むいくつかの動物のミトコンドリアゲノムに存在する．

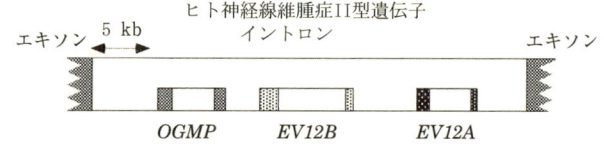

図1.26 遺伝子内遺伝子の例[1]
OGMP，EV12B，EV12A 遺伝子はそれぞれエキソンとイントロンから構成されている．

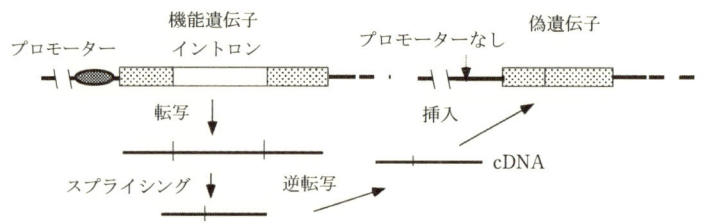

図1.27 偽遺伝子のできる例
通常の偽遺伝子は，機能遺伝子が変異の蓄積により不活性化したものである．一方，機能遺伝子の mRNA が逆転写され，cDNA の状態でゲノム上に挿入された偽遺伝子も存在する．

DNA，基本となる単位が2, 3あるいは4ヌクレオチドからなるマイクロサテライト配列 (microsatellite sequences)，反復配列の1単位が数ヌクレオチドからなり，ゲノム全体に一様に分布せず，主に染色体の端部に多く存在するミニサテライト (minisatellite)，などが知られている．

1.3.1 サテライトDNA

サテライトDNAとは，染色体の動原体付近などに見られるヘテロクロマチンに存在し，数百ヌクレオチドを単位として 10^6 以上反復している配列であり，哺乳類ゲノムの1〜10%を占めている．その特異なGC含量から，密度勾配超遠心法により，ゲノムの主要なDNAとは異なったバンド（これをサテライトバンドとする）を形成することから，この名前がつけられている．

ミニサテライトとマイクロサテライトを総称して単配列長多型 (simple sequence length polymorphism, SSLP) という．ミニサテライトはクラスターを形成しており，25塩基対以下の反復単位からなり，クラスターの長さは20 kbにもなる．ミニサテライトDNAクラスターの多数は，染色体の末端（テロメア）近くに存在する．

一方，マイクロサテライトは，通常 4 bp かそれ以下の反復単位であり，クラスターの長さは通常 150 bp 以下である．マイクロサテライトはゲノム全体に散在する反復配列である．たとえばヒトでは，全染色体の 2335 ヶ所に 5264 個存在する（解析技術の限界からサテライト数が場所数を上回っている）．そのうち，5′-ACACACACACAC-3′ 配列をもつ AC/TG 型マイクロサテライトは，すべての染色体上に 1 Mb（メガベース＝1000 kb）ごとに 5〜6 個と高密度に散在し，しかも，5〜6種類の対立遺伝子が存在する．これらのサテライトDNAの機能については，よくわかっていないが，豊富な多型が連鎖解析における DNA マーカーとして利用されている（8.3節参照）．

1.3.2 遺伝子構成の特異な例
a. 重なり合った遺伝子

大腸菌のバクテリオファージ φX 174 の D 遺伝子と E 遺伝子は，mRNA が異なった読み枠で翻訳され，両者のタンパク質のアミノ酸配列は異なる（図1.25）．動物の遺伝子では，ミトコンドリアゲノムでその存在が確認されている．

b. 遺伝子内遺伝子

ある遺伝子が他の遺伝子のイントロン内に存在することがある（図1.26）。このような遺伝子を遺伝子内遺伝子といい，核ゲノム内で比較的よく見られる。

c. 偽遺伝子

偽遺伝子は，機能（発現）していない遺伝子コピーで，それが生じるメカニズムには2通りある。第1は，機能する遺伝子内に回復不能な変異が蓄積され不活性化した場合である。第2は，機能遺伝子のmRNAが逆転写されて生じたcDNAがゲノムに挿入され，上流や下流にプロモーター等の転写単位の配列が存在しないために発現しない場合である（図1.27）。　〔東條英昭〕

引用文献

1) Brown TA（著），村松 實（監訳）：ゲノム，メディカル・サイエンス・インターナショナル，2000.
2) Peterson KR, Clegg CH, et al.：Production of transgenic mice with yeast artificial chromosomes. *Trends Genet*, **13**：61-66, 1997.
3) Morgan HD, Santos F, et al.：Epigenetic reprogramming in mammals. *Human Mol Genet*, **14**：47-58, 2005.
4) Kono T, Obata Y, et al.：Birth of parthenogenetic mice that can develop to adulthood. *Nature*, **428**：860-864, 2004.

1.4 ミトコンドリアDNA

ミトコンドリアDNA（mitochondrial DNA, mtDNA）は，細胞核のDNAとは異なり，細胞質内にあるオルガネラの1つであり，細胞のエネルギーとなるATPの生産に携わっているミトコンドリア（mitochondria）中に存在する。すなわち，1個のミトコンドリア中には複数のミトコンドリア核が存在し，その核の1つには1～2個

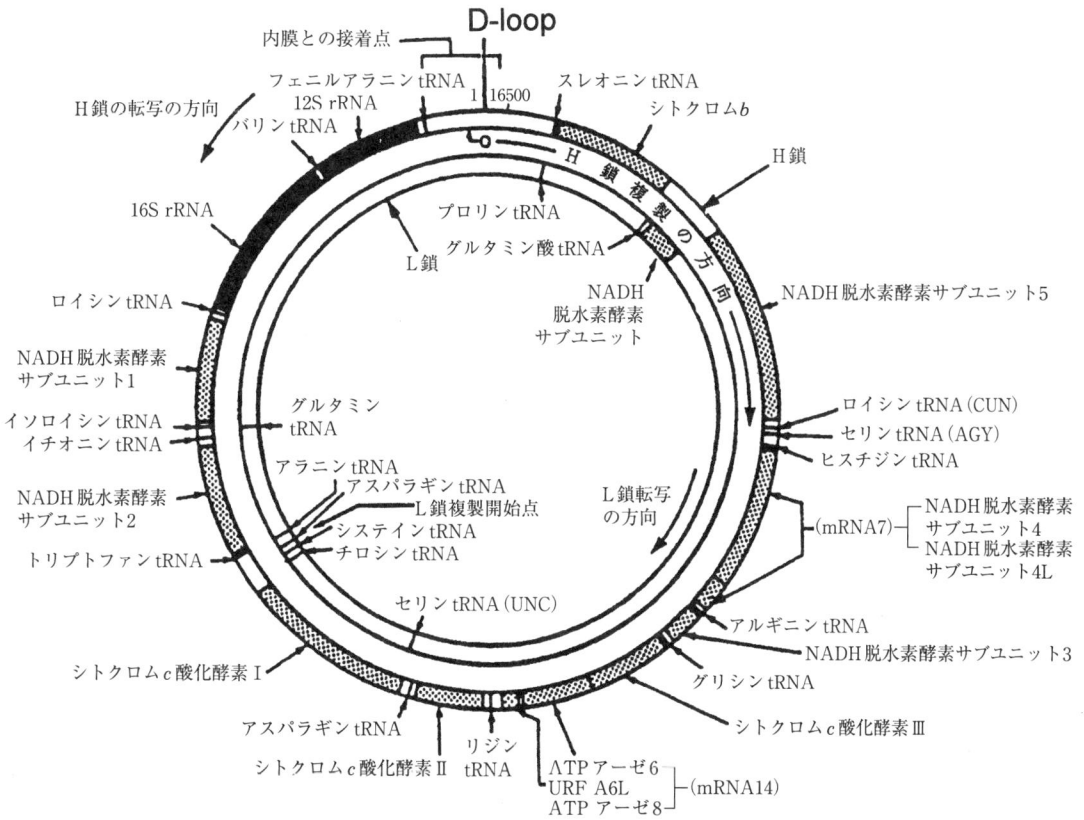

図1.28　ミトコンドリアDNAの遺伝子地図（ヒトの場合，16569塩基対）

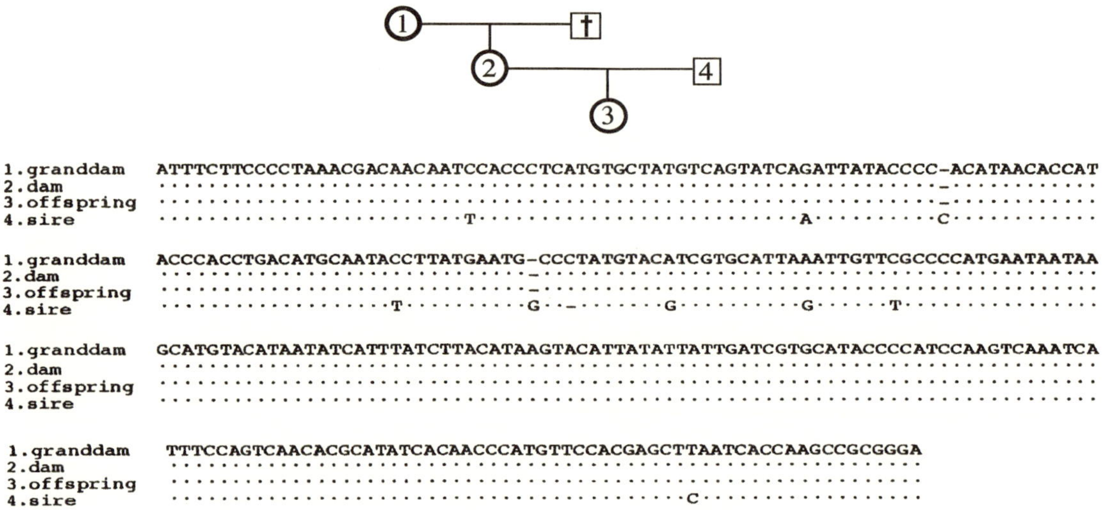

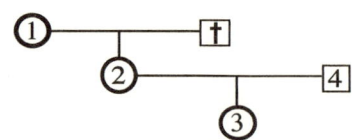

```
               ATTTCTTCCCCTAAACGACAACAATCCACCCTCATGTGCTATGTCAGTATCAGATTATACCCC-ACATAACACCAT
1.granddam
2.dam          ............................................................................
3.offspring    .........................................................................-..
4.sire         ......................T..............................A............C........

               ACCCACCTGACATGCAATACCTTATGAATG-CCCTATGTACATCGTGCATTAAATTGTTCGCCCATGAATAATAA
1.granddam
2.dam          ..............................................................................
3.offspring    ............................-...............................................
4.sire         ............T............G..-...G...........G.......T.......................

               GCATGTACATAATATCATTTATCTTACATAAGTACATTATATTATTGATCGTGCATACCCCATCCAAGTCAAATCA
1.granddam
2.dam          ...........................................................................
3.offspring    ...........................................................................
4.sire         ...........................................................................

               TTTCCAGTCAACACGCATATCACAACCCATGTTCCACGAGCTTAATCACCAAGCCGCGGGA
1.granddam
2.dam          ............................................................
3.offspring    ............................................................
4.sire         ........................................C...................
```

図1.29 ウマにおけるミトコンドリアDNAの母性遺伝[7]

のmtDNAを含んでいる．なお，mtDNAは，動物の祖先（真核生物）にバクテリアの一種が10億年以上前に入り込んで細胞内共生を図り，そのバクテリアの酸素呼吸に関わる遺伝子とrRNA・tRNA遺伝子のみが残存したものと考えられている[1]．

1.4.1 mtDNAの構造

哺乳類におけるmtDNAは，塩基総数が約1.6kbの環状二本鎖（H鎖とL鎖）の構造を有しており，その塩基鎖には13種類のmRNAとその翻訳に必要な2種類のrRNAおよび22種類のtRNAの遺伝子が存在し，さらにmtDNAの複製と転写の制御を担っているDループ（displacement loop, D-loop）領域も含まれている（図1.28）[2,3]．前述のmtDNAにおける遺伝子の配列順序は，いずれの動物種においてもほぼ同一であるが，核のDNAとは異なり，各遺伝子をつなぐイントロンやスペーサーが存在しないため，どの遺伝子も非常に接近して配列しており，遺伝子の翻訳領域がフレームをずらして重なっているものもある．

1.4.2 mtDNAの特徴

mtDNAにおける遺伝子の転写は，D-loop領

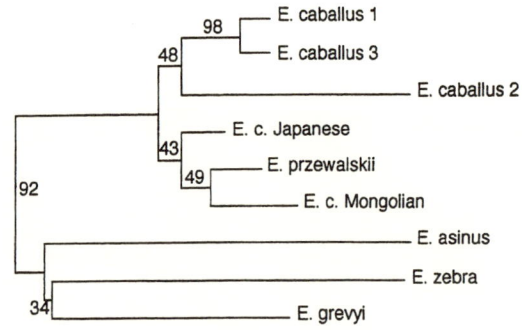

図1.30 ミトコンドリアDNA・D-loopの塩基配列を用いて作成されたウマ科の近隣結合系統樹[7]

域の両端から開始され，H鎖とL鎖からそれぞれ一続きの塩基として転写されたRNA分子は，tRNA遺伝子を句読点としてプロセッシング酵素により切断されたのち，各種の修飾（たとえば，mRNAへのポリ（A）付加，tRNA 3′末端へのCCA付加など）がなされる．この転写された遺伝子情報を翻訳する場合，mtDNAにおいては固有のtRNAをもっているため，核における遺伝暗号（コドン）とは異なる例が多く見出されている[4]．すなわち，mtDNAでは開始コドンはATA，また終止コドンは少数ではあるがUAG，AGA，AGGなどが使われている．逆に，核における終止コドンのUGAがトリプトファン

(Trp),AUA がメチオニン(Met)をコードしている.

一方,mtDNA の親から子への遺伝は,生殖細胞のうち卵子の細胞質中の mtDNA のみが子どもに伝わるため,母性遺伝(maternal inheritance)し[5],組換えは起こさない(図1.29).また,mtDNA における突然変異は,細胞核の DNA と比べて 10 倍程度早い.これは,mtDNA は核膜に包まれておらず,またエネルギーをつくり出すミトコンドリアでは活性酸素が生じやすいため DNA が傷つけられやすいこと,さらにトランジション(transition)による点突然変異例が多く,細胞核のように生じた突然変異を修復することが厳密に行われないために,一度生じた突然変異が残り次世代以降に伝えられていくことによると考えられている.特に,遺伝子をコードしていない D-loop 領域においては突然変異が蓄積しやすく,塩基置換や短い配列の挿入や欠失が多く見られる超可変部(hyper variable region)が見出されている.この mtDNA の超可変部の突然変異率は,核ゲノム DNA に比較して 10~100 倍であり,1000 年から 1 万年単位の進化を測定することが可能[6]であることから,動物やその化石などにおける進化速度の解析に多用されている(図1.30).

(向山明孝)

引用文献

1) Gray MW:Origin and evolution of mitochondrial DNA. *Annu Rev Cell Biol*, **5**:25-50, 1989.
2) Anderson S, Bankier AT, *et al.*:Sequence and organization of the human mitochondrial genome. *Nature*, **290**:457-465, 1981.
3) Attardi G:Animal mitochondrial DNA:An extreme example of genetic economy. *Internatil Rev Cytol*, **93**:93-145, 1985.
4) Battey J, Clayton DA:The transcription map of human mitochondrial DNA implicates transfer RNA excision as a major processing event. *J Biol Chem*, **255**:11599-11606, 1980.
5) Hutchison CA Jr, Newbold JE, *et al.*:Maternal inheritance of mammarian mitochondrial DNA. *Nature*, **251**:536-538, 1974.
6) Horai S, Gojobori T, *et al.*:Distinct clustering of mitochondrial DNA types among Japanese, Caucasians and Negrose. *Jpn J Genet*, **61**:271-275, 1986.
7) Ishida N, Oyunsurem T, *et al.*:Mitochondrial sequneces of various species of the genus *Equus* with special reference to the phylogenetic relationship between Przewalskii's wild horse and domestic horse. *J Mol Evol*, **41**:180-188, 1995.

2. 遺伝のしくみ

2.1 メンデル遺伝とその拡張

2.1.1 メンデルの法則

メンデルの遺伝の法則（Mendel's law of heredity）は，1866年にオーストリア（現在はチェコ）のブルノーの修道士であるメンデル（Gregor Johann Mendel, 1822-1884）により発表された論文"Versuche uber Pflangen-Hybriden（植物雑種の実験）"に基づいている．メンデルはこの論文でエンドウを実験材料として用いて，種子が丸いかしわがあるか，子葉が黄色か緑色かなどの7つの不連続な形質を選び，これらの形質をもつ純系の間の交雑により得られた子孫におけるこれら形質の分布を調べた．その結果，メンデルはこれらの形質の分布にある法則があることを見出した．すなわち，①異なった形質をもつ両親の間の雑種第1代（first filial generation, F_1）はどちらか一方の形質のみをもつこと，②F_1どうしの交配により得られる雑種第2代（F_2）では，両親の形質が3：1に分離すること，③2つの異なった形質であっても，それぞれの形質は他の形質の影響を受けずに独立して分離すること，である．この論文は公表当時あまり注目されることがなかったが，34年後の1900年にコレンス（Carl Correns），チェルマック（Erich von Tschermak），ド・フリース（Hugo De Vries）の3人によって，メンデルが見出した遺伝の法則が"再発見"され，現在のメンデル遺伝学（Mendelism）の基礎が確立された．メンデルの発見したこれらの法則はそれぞれ，①優劣の法則（law of dominance），②分離の法則（law of segregation），③独立の法則（law of independence）と名付けられ，現在では以下のように説

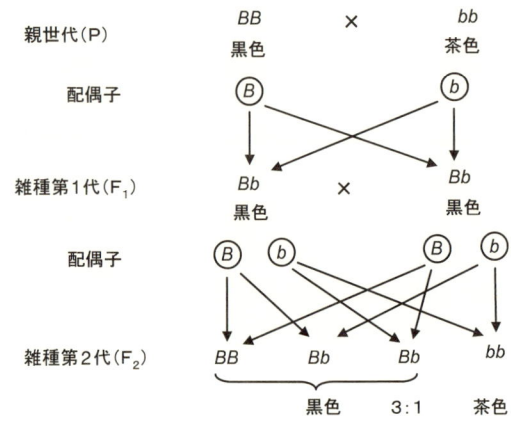

図2.1 優劣の法則，分離の法則
黒色と茶色のマウスの交配により得られたF_1世代はすべて黒色となり（優劣の法則），F_1どうしの交配により得られたF_2では黒色と茶色が3：1となる（分離の法則）．

明されている．

染色体上の特定の位置に存在する遺伝子座（locus）にはそれぞれの相同染色体に1つずつの対立遺伝子（allele）をもつことから，それぞれの対立遺伝子をA, a, とすると遺伝的に均一な純系の親ではAA, aaのように同じ対立遺伝子の組み合わせとなる．このように同じ対立遺伝子よりなるものをホモ接合体（homozygote）という．また，このような対立遺伝子の組み合わせを遺伝子型（genotype）といい，この遺伝子型によって決まる形質（属性）を表現型（phenotype）といい，A, aのように表す（遺伝子型はAA, aaのように斜体で，表現型はA, aのように立体で表すことに注意）．図2.1に示すように遺伝子型がAAおよびaaの個体がつくる配偶子はAおよびaをもち，これらの配偶子の受精により得られたF_1は遺伝子型がAaとなる．このように異なった対立遺伝子をもつ個体をヘテロ接合体（heterozygote）という．ヘテロ接合体では，ど

2.1 メンデル遺伝とその拡張

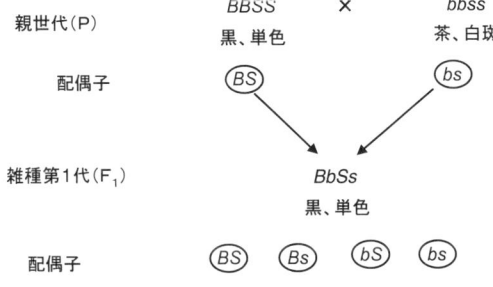

図2.2 独立の法則
F₂世代での分離比は黒，単色：黒，白斑：茶，単色：茶，白斑が9:3:3:1となるが，黒：茶，単色：白斑はそれぞれ3:1であり，b遺伝子座とs遺伝子座は独立して分離している．

ちらか一方の親の表現型（この場合A）のみが発現し，発現する形質を優性の形質（dominant trait），発現しない形質を劣性の形質（recessive trait）という（優劣の法則）．さらにこのF₁がつくる配偶子はAとaが1:1となるため，図2.1に示すようにF₁どうしの交配により得られるF₂はその組み合わせにより，$AA:Aa:aa$が1:2:1の比で分離し，優劣の法則から表現型の分離比はA:a=3:1となる（分離の法則）．さらに，AとBの2つの遺伝子座が存在する場合，各遺伝子座の対立遺伝子の分離は他の遺伝子座には影響を受けず，遺伝子型が$AaBb$のF₁個体からつくられる配偶子の遺伝子型はAB, Ab, aB, abが1:1:1:1となり，F₂世代での表現型の分離比はAB:Ab:aB:abが9:3:3:1となることから，A:aおよびB:bはそれぞれ独立して3:1に分離する（独立の法則，図2.2）．ただし，独立の法則が成り立つためには，後述のように（2.1.2項c参照）各遺伝子座が異なった染色体に存在するか，同一の染色体でも十分に離れた位置に存在していることが必要である．なお，対立遺伝子の表記法は，遺伝子記号（gene symbol）で表し，上記のように優性形質の対立遺伝子を大文字で，劣性形質の対立遺伝子を小文字で表す場合と，その生物の本来もつ表現型を野生型（wild type）として＋で表し，野生型とは異なる表現型が生じたものを突然変異体（mutant）とし，その特徴を表す略号（たとえば，マウスの小眼球症（microphthalmia）はmi）で表す場合がある．

2.1.2 メンデルの法則の拡張

メンデルが選んだエンドウの7つ形質は偶然，上記の3法則に完全に合致するものであったが，現在ではこれらの法則に完全には合致しない形質も多数知られている．しかし，これはメンデルの法則が不完全なためではなく，基本的にはメンデルの法則の解釈を拡張することで説明可能なものである．

a. 優劣の法則の例外

優劣の法則には，不完全優性，共優性等の多くの例外がある．優劣の法則が成り立つ場合には，F₁は両親のどちらかの形質（属性）のみを示すが，不完全優性の形質では，F₁は両親の中間的な表現型を示し，共優性の形質ではF₁は両親の

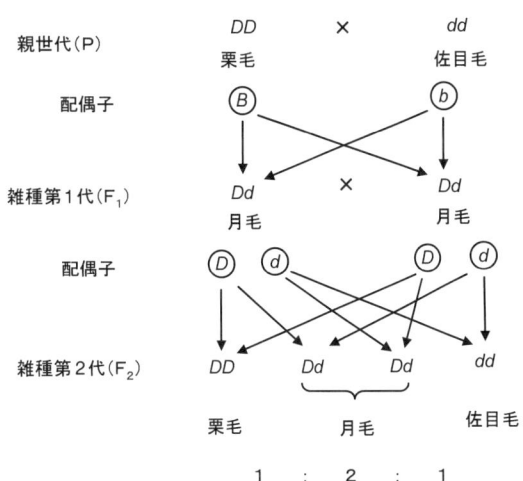

図2.3 ウマの毛色にみられる不完全優性の遺伝様式
ヘテロ接合体の月毛（Dd）はホモ接合体である栗毛（DD）と佐目毛（dd）の中間の毛色となる．

形質をともに示す．たとえば，ウマのpalomino（月毛）は黄金色の毛色であるが，これは図2.3に示すようにdilute（淡色）遺伝子座が Dd のヘテロ接合体の場合であり，DD の場合には通常chestnut（栗毛），dd の場合には白色に近いcremello（佐目毛）となる．したがって，Dd は DD と dd の中間の毛色となり，これらの形質は不完全優性の遺伝様式をとることになる．また，ヒトのABO式血液型においては A 対立遺伝子と B 対立遺伝子のヘテロ接合体は両方の形質示すAB型となることから，この形質は共優性ということができる．なお，ABO式血液型では A，B，O の3対立遺伝子が存在し，複対立遺伝子という遺伝様式をとる（2.1.2項b）．まれではあるが，超優性という遺伝様式をとる形質も知られている．これは2つの対立遺伝子のヘテロ接合体が，両対立遺伝子のいずれのホモ接合体よりも顕著な表現型を呈する場合である．ヒツジの筋過形成であるキャリピージ（callipyge）という形質では，ヘテロ接合体のみが筋過形成を呈し，超優性の遺伝様式をとることが知られている．

b. 分離の法則の例外

分離の法則に従わない遺伝様式の典型的な例は伴性遺伝である．モルガン（Thomas Hunt Morgan, 1866-1945）はショウジョウバエの白眼突然変異体の雄と野生型である赤眼の雌との間の F_1 どうしの交配により得られた F_2 個体では，雌はすべて赤眼となり，雄では赤眼：白眼が1：1に分離することを観察した．また，逆に赤眼の雄と白眼の雌の交配により得られた F_2 個体では，雄，雌ともに赤眼：白眼が1：1に分離した．このような分離様式は，メンデルの分離の法則とは矛盾するが，図2.4に示すように白眼の遺伝子が性染色体であるX染色体上に存在すると考えれば説明がつく．すなわち，ショウジョウバエは哺乳類と同じように，雌ではX染色体を2本もつのに対し雄ではX染色体は1本しかもたず，このX染色体は必ず母親から伝達される．したがって，図に示すように母親が白眼遺伝子のヘテロ接合体であるときは，父親が白眼遺伝子をもたなくても，生まれてくる雄の半分は白眼の遺伝子を

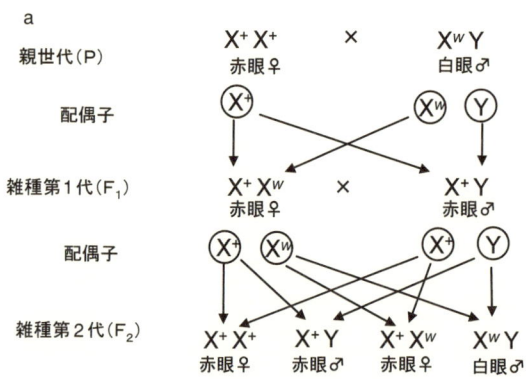

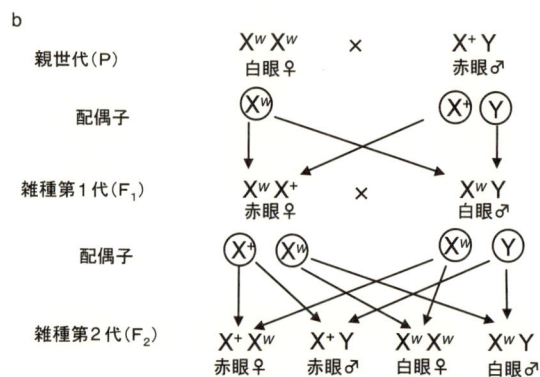

図2.4 伴性遺伝の遺伝様式
伴性遺伝では，親世代の雌雄の組み合わせにより，F_2 世代の表現型の分離比が異なることになる．aとbはいずれも赤眼と白眼の交配だが雌雄の組み合わせが異なる．

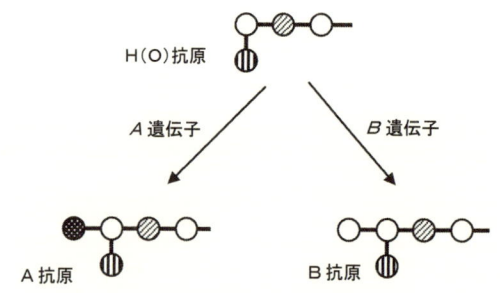

図2.5 ABO式血液型における糖鎖の構造
A 遺伝子は N-アセチルガルクトサミンを，B 遺伝子は D-ガラクトースを赤血球表面の糖鎖に付加し，O 遺伝子は何も付加しないため，抗原性が異なってくる．

表 2.1 ヒト ABO 式血液の特性

血液型	遺伝子型	付加される糖	血球の抗原性	血清中の抗体	A 型血清との反応	B 型血清との反応
A 型	AA, AO	Galnac	A	抗 B	−	＋
B 型	BB, BO	Gal	B	抗 A	＋	−
O 型	OO	なし	なし	抗 A, 抗 B	−	−
AB 型	AB	Galnac, Gal	A, B	なし	＋	＋

Galnac：N-アセチルガラクトサミン，Gal：ガラクトース．

もつことになる．このように性染色体上に存在する遺伝子の遺伝様式を伴性遺伝（sex linked inheritance）といい，また，雄の X 染色体上の遺伝子のように対立遺伝子を 1 つしかもたない場合をヘミ接合体（hemizygote）という．哺乳類では X 染色体上にも多数の遺伝子が存在するため，伴性遺伝の様式をとる形質は，ヒトの血友病など多数知られている（2.3.3 項参照）．

ヒトの ABO 式血液型のような複対立遺伝子も厳密な意味では分離の法則に従わない．ABO 式血液型では，A，B，O の 3 つの対立遺伝子が存在し，A および B はともに O に対して優性である（共優性）ため，表 2.1 に示すように，これら 3 つの対立遺伝子の組み合わせにより，A 型，B 型，AB 型，O 型の 4 種類の血液型が生じることになる．なお，これらの対立遺伝子は赤血球表面のムコ多糖の糖鎖の末端に糖を付加する酵素の遺伝子の変異に起因し，図 2.5 に示すように A 対立遺伝子では N-アセチルガラクトサミンを，B 対立遺伝子ではガラクトースを付加し，O 対立遺伝子ではいずれの糖も付加しない．その結果これらの糖鎖は異なった抗原性をもつことになる．さらに A 型の抗原をもたない B 型，O 型の人の血清は抗 A 抗体をもち，B 型の抗原をもたない A 型，O 型の人の血清は抗 B 抗体をもち，両方の抗原をもつ AB 型の人の血清はいずれの抗体ももたないことから，血球と血清の間で表 2.1 に示すような免疫反応を示すことになる．

また，ホモ個体が胎生期で死亡するような致死遺伝子の場合にも，生まれてくる個体の表現型の分離比は分離の法則とは大きく異なってくる．たとえばマウスの毛色遺伝子座の 1 つであるアグーチ遺伝子座（A）には致死性黄色（A^y）という優性形質の対立遺伝子が存在する．この対立遺伝

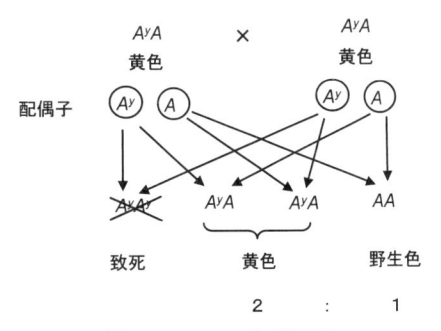

図 2.6 マウスの致死遺伝子
毛色を黄色にする A^y はホモで致死となるため，黄色個体どうしの交配では，黄色と野生色の比が 2：1 となる．

子のヘテロ接合体は毛色が黄色となり，同時に肥満を呈する．しかし，ホモ接合体は胎生の初期に致死となるために生まれてくることはない．したがってヘテロ接合体どうしの交配により得られる個体では，図 2.6 に示すように黄色の個体と野生色の個体が 2：1 に分離し，分離の法則の 3：1 とは異なる分離比となる．また，浸透度（penetrance）が低い形質の場合にも，表現型の分離比は分離の法則に従わない．浸透度とは特定の遺伝子型により決定される表現型が，実際にその遺伝子型をもつ個体にどの程度の割合で出現するかを示す値であり，分離の法則に従う形質の場合には浸透度は 100％ になる．しかし，たとえばヒトの遺伝性疾患等では遺伝子型は疾患発症型であっても，その他の遺伝的要因や環境要因により実際には疾患を呈さない場合があることも知られており，このような場合には浸透度は低いことになる．

c．独立の法則の例外

メンデルの遺伝の法則の再発見以後，ベーツソン（William Beteson）らにより，スイートピーの花色と花粉の形に関する遺伝子の間で独立の法則が成り立たないことが見出された．その後，モ

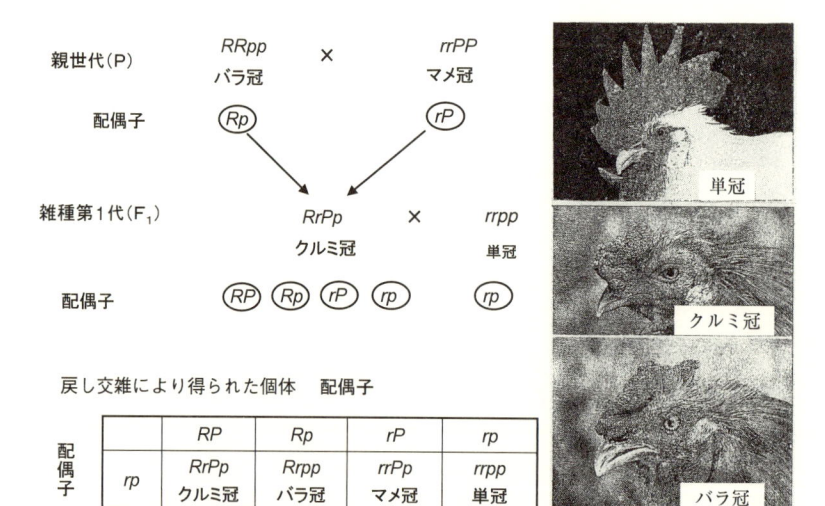

図 2.7 ニワトリの冠型にみられる遺伝子の相互作用
冠型は R と P の2つの遺伝子により決定され，野生型である単冠に対し，R が存在するとバラ冠，P が存在するとマメ冠となり，両者が存在する場合にはクルミ冠となる．したがって，戻し交雑個体の分離比はクルミ冠：バラ冠：マメ冠：単冠が 1：1：1：1 となる．

ルガンによりショウジョウバエのX染色体上に存在する遺伝子の分離比から，同一の染色体に存在する遺伝子座の対立遺伝子は組となってともに子孫に伝わる傾向があることが明らかにされ，このような現象は連鎖（linkage）と名付けられた．連鎖は配偶子形成における遺伝子の分配が染色体を単位としていること，および，同一染色体上であっても組換えが生じることから説明される（詳しくは2.5節参照）．したがって，2つの遺伝子の間に独立の法則が成り立つのは，実際には2つの遺伝子が別個の染色体上に存在するか，同一の染色体上でも十分に離れている場合に限られることになる．メンデルの実験で用いた7つの形質は，偶然すべてこれらの条件に合致していたために，いずれも独立の法則に従っていた．

d. 遺伝子の相互作用（エピスタシス）

特定の表現型の出現に複数の遺伝子が関与している場合も知られている．たとえばニワトリの冠型（とさか）には単冠，マメ冠，クルミ冠，バラ冠の4種類が知られているが，これらの形質の発現には2つの遺伝子座が関与し，野生型である単冠（$pprr$）に対してマメ冠を出現させる優性の P，バラ冠を出現させる優性の R の2つの遺伝子が存在し，さらに P と R の両方が作用したときにクルミ冠となる．したがって，図2.7に示すようにクルミ冠の個体（$PpRr$）に単冠の個体（$pprr$）を交配すると，クルミ冠，マメ冠，バラ冠，単冠が 1：1：1：1 で出現することになる．なおこのように劣性ホモの個体を交配することを検定交雑といい，表現型の分離比が相手の配偶子の遺伝子型の分離比と同じとなるため，交配相手の遺伝子型を正確に知ることができる．複数の遺伝子の相互作用には，その他に補足遺伝子，重複遺伝子，変更遺伝子などと名付けられたものが知られている．このような異なった遺伝子座にある複数の遺伝子間の非加法的相互作用を一般にエピスタシスと呼んでいる．

なお，本来の意味でのエピスタシス（epistasis，上位性）とは，遺伝子間の相互作用の一種であり，ある遺伝子の発現が他の遺伝子に依存している場合を指している．たとえば，マウスの毛色の遺伝子の1つに黒色か茶色かを決める b 遺伝子座がある．BB あるいは Bb は黒色となり，bb は茶色となる．しかしこのように黒色あるいは茶色となるのは，毛色が有色であることが前提であり，色素が合成されずに全身白色となるアルビノでは，B あるいは b 対立遺伝子の作用は全く発現しない．このような場合，有色かアルビノ

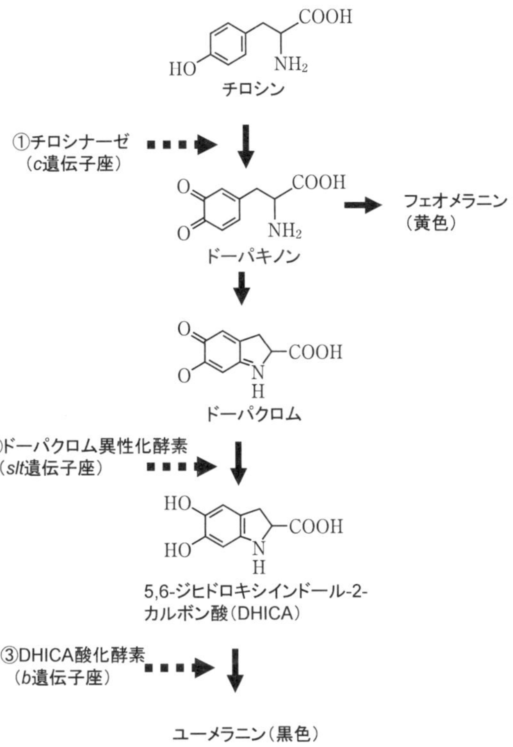

e. その他の非メンデル遺伝

真核細胞生物の遺伝子の圧倒的多数は核内の染色体上に存在し，メンデルの遺伝の法則にしたがって子孫に伝達するが，例外的な少数の遺伝子は核外に存在し，核内の遺伝子とは異なり母性遺伝の遺伝様式をとる．すなわち，細胞内小器官であるミトコンドリアや葉緑体は，その内部に環状のDNA分子をもち（1.4節参照），これら細胞内小器官の機能に関するいくつかの遺伝子がこの環状DNA上に存在している．配偶子の受精に際して染色体上の遺伝子は精子と卵から均等に由来するのに対し，細胞質中に存在するミトコンドリア等の遺伝子は卵のみに由来し，その結果母性遺伝（maternal inheritance）することになる．ミトコンドリアの遺伝子の変異により引き起こされる形質として，いくつかのヒトの遺伝性疾患が知られている．

ゲノムインプリンティング（genomic imprinting，刷り込み）とは，哺乳類の一部の遺伝子において，父親あるいは母親のいずれから受け継がれたかによって遺伝子の発現様式が異なる現象を指す（図1.21参照）．したがって，インプリンティング遺伝子に生じた突然変異では，その変異遺伝子が母親あるいは父親から受け継がれた場合のみにその形質を発現することから，非メンデル遺伝の様式となる．

2.1.3 質的形質の遺伝
a. 質的形質の遺伝様式

生物の形質には，個体間で連続的な分布を示す量的形質（quantitative trait）と，不連続分布をする質的形質（qualitative trait）がある．量的形質は多数の遺伝子や環境的要因などの多くの因子によって決定される形質であり，乳量，肉質，増体などの連続的変異を示す家畜の主要な生産形質は量的形質に分類される．一方，質的形質は単一あるいは少数の遺伝子に決定される場合が多く，基本的にメンデルの遺伝の法則に従い，その表現型は特定の遺伝子座の遺伝子型によって決定

図2.8 チロシンよりメラニン色素の合成経路

哺乳類の毛色はアミノ酸であるチロシンから，いくつかの反応を経て合成される黒色のユーメラニンと黄色のフェオメラニンにより決定される．ユーメラニンとフェオメラニンの合成に共通の酵素①が欠損すれば，色素は形成されず白色（アルビノ）となるが，ユーメラニンのみの経路にある酵素②，③の欠損では，フェオメラニンは合成されるので，茶色あるいは黄色となる．また経路の上流に存在する酵素①が欠損すれば，下流の酵素②，③の作用は現れない．

かを決めているc遺伝子座はb遺伝子座に対して上位であり，b遺伝子座は下位であるといわれる．哺乳類の毛色は色素細胞においてアミノ酸のチロシンから一連の酵素反応を経て合成されるメラニン色素により決定されている．図2.8に示すようにc遺伝子座はこの反応の初期のチロシンからドーパキノンの生成に関与する酵素チロシナーゼの遺伝子であり，b遺伝子座はその後のDHICAから黒色のユーメラニンの生成に関与するDHICA酸化酵素の遺伝子である．同様にドーパクロムからDHICAに関わるドーパクロム異性化酵素のslt遺伝子座もc遺伝子座の下位にある．このようにエピスタシスの関係にある遺伝子はある形質の発現に関する一連の生化学的反応経路の中で異なった位置に存在する酵素の遺伝子である場合が多い．

表2.2 原因となる遺伝子が同定されている動物の遺伝形質

種類	形質名	表現型	動物種	同定されている原因遺伝子
生産形質	ダブルマッスル	筋過形成，肉量の増大	ウシ	MSTN/GDF8
	テキセル	筋過形成，肉量の増大	ヒツジ	MSTN/GDF8
	キャリピージ	筋過形成，肉量の増大	ヒツジ	DLK1-GTL2 region
	ブールーラ	多胎，産子数増加	ヒツジ	BMPR-1B
	インバーデール	多胎，産子数増加	ヒツジ	BMP15
	RN	肉のpH，保水性低下等	ブタ	PRKAG3
	乳質（乳脂肪率）	乳脂肪率上昇	ウシ	DGAT1
	成長速度	筋成長率の増大	ブタ	IGF2
	PSE豚肉	ふけ肉	ブタ	RYR1
	異臭乳	牛乳の魚臭	ウシ	FMO3
遺伝性疾患	チェディアック-ヒガシ症候群	出血傾向，毛色の淡色化	ウシ	LYST
	軟骨異形成性矮小体躯症	四肢の短小化，関節異常	ウシ	LIMBIN
	尿細管形成不全症	腎機能不全，過長蹄	ウシ	CL16/PCLN1
	白血球粘着不全症	免疫不全	イヌ，ウシ	ITGB2
	複合脊椎形成不全	脊椎形成異常，死産	ウシ	SLC35A3
	球状赤血球症	溶血性貧血	ウシ	SLC4A1
	ウリジン酸合成酵素欠損症	胎生致死	ウシ	UMPS
	悪性高熱症	高体温，筋硬直	ウマ，イヌ，ブタ	RYR1
	高コレステロール血症	血中脂質濃度上昇	ブタ	LDLR
	糖原病 I, II, IV, V, VII 型	低血糖，肝腫大	イヌ，ウシ，ウマ，ヒツジ	G6PC, GAA, GBE1, PYGM, PFKM
	白色致死症候群	全身の白色化，巨大結腸症	ウマ	EDNRB
	血友病	血液凝固不全	イヌ，ウシ，ヒツジ，ネコ	F8, F9
	筋ジストロフィー	進行性筋萎縮	イヌ，ネコ	DMD
	ナルコレプシー	睡眠発作	イヌ	HCRTR2
	重症複合免疫不全症	免疫不全	イヌ，ウマ	PRKDC1, IL2RG
	マンノース症	骨格異常，神経症状	ウシ，ネコ	MAN2B1 MANBA
	ガングリオシド症	発達遅滞，麻痺	イヌ，ネコ	GLB1
	ムコ多糖症 I, III, VI, VII 型	ムコ多糖の蓄積，骨格異常	イヌ，ネコ	IDUA, SGSH, ARSB, GUSB
	セロイドリポフスチン症	視力障害，行動異常	イヌ，ウシ，ヒツジ	NCL
	単趾症	趾数の減少	ウシ	MEGF7/LRP4

上記は家畜等で知られている形質に関する遺伝子の代表的なものだけを挙げている．詳しくはOMIAデータベース（http://omia.angis.org.au/）参照．

されている．動物における質的形質には，毛色，血液型等の生産性には直接影響を及ぼさないもの，ヒツジの多胎（booroola, inverdale），ウシの筋肉倍増形質（double muscle）など家畜の生産形質に好ましい影響を与えるものも知られているが，動物において単一遺伝子に支配される質的形質で最も多いのは遺伝性疾患である．質的形質の変化は，特定の遺伝子に生じた突然変異に起因するものであり，突然変異は多くの場合，個体の生理機能に必要な遺伝子の機能の欠損を引き起こすことを考えれば，これは当然といえる．このように正常な遺伝子の機能が失われる突然変異を機能消失型変異（loss-of-function mutation）といい，多くの場合は劣性の形質となる．ヘテロ個体では2つの対立遺伝子のうち片方が欠損しても，もう一方の対立遺伝子が正常に機能しているため個体レベルでの表現型の変化につながらないためである．一方，片方の正常な対立遺伝子のみでは個体レベルでの正常な機能を維持するには十分でなく，ヘテロ個体で表現型に変化が現れる場合をハプロ不全（haploinsufficiency）という．この場合は優性の形質となる．また，突然変異により生じた遺伝子産物（タンパク質）が正常な遺伝子産物の機能を阻害するような場合も知られている．たとえば，遺伝子産物が多量体を構成するタンパク質であるような場合，正常なタンパク質が

表 2.3　マウスの毛色に関する遺伝子

遺伝子座	毛　色	遺伝子	遺伝子産物の機能
c	アルビノ	Tyr	メラニン色素合成に関わるチロシナーゼ
b	茶色	Tyrp1	メラニン色素合成に関わる DHICA 酸化酵素
slt	スレート色	Dct	メラニン色素合成に関わるドーパクロム異性化酵素
cht	淡色化（チョコレート）	Rab38	Tyrp 1 の細胞内移動に関わる GTP 結合タンパク質
e	淡色化（エクステンション）	Mc1r	色素細胞刺激ホルモン受容体
a	濃色化（非野生色）	Agouti	色素細胞刺激ホルモンの拮抗タンパク質
mg	濃色化（マホガニー）	Atrn	アグーチタンパク質と相互作用により黄色メラニン色素の合成を抑制
d	淡色化（ダイリュート）	Myo5a	細胞内での色素胞の移動に関わるタンパク質
ash	淡色化（灰白色）	Rab27a	細胞内での色素胞の移動に関わるタンパク質
ln	淡色化（鉛色）	Mlph	細胞内での色素胞の移動に関わるタンパク質
ep	淡色化（蒼白耳）	Hps1	細胞内の物質輸送に関わるタンパク質，ヒト HPS1* の原因遺伝子
pe	淡色化（真珠色）	Ap3b1	細胞内の物質輸送に関わるタンパク質，ヒト HPS2 の原因遺伝子
coa	淡色化（ココア）	Hps3	細胞内の物質輸送に関わるタンパク質，ヒト HPS3 の原因遺伝子
le	淡色化（淡色耳）	Hps4	細胞内の物質輸送に関わるタンパク質，ヒト HPS4 の原因遺伝子
bg	淡色化（ベージュ）	Lyst	色素胞等の細胞内小器官の間の物質輸送に関わるタンパク質
ru2	淡色化（ルビー色）	Hsp5	色素胞等の細胞内小器官の形成に関わるタンパク質，ヒト HPS5 の原因遺伝子
ru	淡色化（ルビー色）	Hsp6	色素胞等の細胞内小器官の形成に関わるタンパク質，ヒト HPS6 の原因遺伝子
mi	白斑	Mitf	色素細胞の発生分化に関わる転写因子，Tyr 遺伝子の発現を調節
Sp	白斑	Pax3	色素細胞の発生分化に関わる転写因子，Mitf 遺伝子の発現を調節
s	白斑	Ednrb	色素細胞の移動，増殖に関与するエンドセリン受容体
ls	致死性白斑	Edn3	色素細胞の移動，増殖に関与する 3 型エンドセリン
W	優性白斑	Kit	色素細胞の移動，増殖に関わるチロシンキナーゼ型受容体
Sl	鋼鉄色	Kitl	色素細胞の移動，増殖に関わる Kit のリガンド
bt	帯状白斑	Admts20	色素細胞の移動に関与する分泌性メタロプロテアーゼ

上記はマウスの毛色に関する遺伝子の代表的なものだけを挙げている．詳しくは MGI データベース（http://www.informatics.jax.org/）参照．
* ヘルマンスキー−パドラック症候群．

存在していても，異常なタンパク質が存在すれば正常なタンパク質と異常なタンパク質より構成される多量体はその正常な機能を喪失することになる．このような場合を優性ネガティブ（dominant negative）効果といい，やはり優性の形質となる．一方，突然変異により遺伝子産物に新たな機能を生じる場合を機能獲得型変異（gain-of-function mutation）という．特定のアミノ酸置換により酵素活性が異常に亢進するような場合や，遺伝子の発現調節領域の変異により発現が亢進する場合などである．この場合も片方の対立遺伝子の変異のみで表現型に影響を及ぼすのに十分であるため，優性の形質となる．このような機能獲得型変異は体細胞突然変異（somatic mutation）によりがん遺伝子が活性化する場合によく知られている．

b. 各種動物の質的形質

表 2.2 にウシ，ブタ，ウマ，イヌ，ネコ，ニワトリにおいて遺伝子の変異が同定されている質的形質についてまとめた．これらのうち，キャリピージ，インバーデールは優性（超優性）の遺伝様式をとり，また，血友病はヒトの場合と同様に伴性遺伝の様式をとるが，それ以外はすべて常染色体劣性の遺伝様式である．また，毛色あるいは羽色は動物に見られる質的形質の典型的な例であり，各種動物で多くの毛色に関する遺伝子座が知られている．特にマウスでは多数の毛色に関する遺伝子座が知られ，それらの形質に関与する遺伝子が明らかにされている（表 2.3）．これら毛色に関与する遺伝子には，メラニン色素の合成に関与するもの，細胞内での色素顆粒等の物質の輸送と分布に関与するもの，色素細胞の発生，分化，全身への分布に関するものなどがあり，これらの組み合わせにより多様な毛色が発現する．

〔国枝哲夫〕

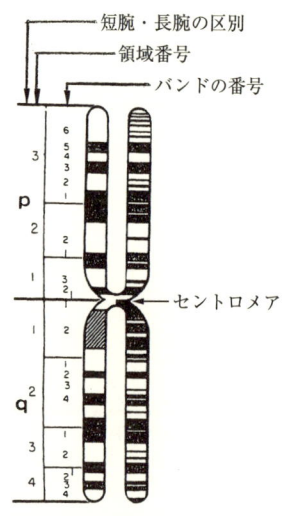

図2.9 分染法による染色体のバンド模様と領域名称
ヒトの第1染色体の異なった染色法によるバンド模様を示している．姉妹染色分体（sister chromatid）の左側が分裂中期の染色体を染めたもので，右側が分裂前期に染めたもの（実際は，中期の染色体に比べ，前期のものがはるかに長く，細い）．黒い部位はキナクリンマスタード（Q-バンド）およびギムザ（G-バンド）で染色される領域．白い部位は逆ギムザ染色法によりギムザで染色されない領域．斜線部位は染色が一定でない領域．染色体の領域番号はセントロメアを中心にし，近い部位から番号を付ける．バンド番号の領域は，さらに区分されている場合がある．例：6→6.1〜6.3．したがって，ヒト第1染色体p腕の先端領域は1p36.1となる．

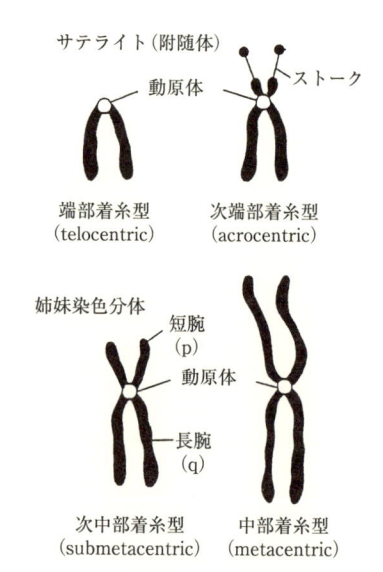

図2.10 哺乳類の染色体の種類と各部の名称
マウスやウシの染色体は端部着糸型のみであるが，ヒトの染色体は端部着糸型以外の3種類の染色体で構成されている．

表2.4 動物の染色体数

動物種	染色体数($2n$)
ヒト	46
チンパンジー	48
ウシ	60
ヒツジ	54
ウマ	64
ブタ	38
イヌ	78
ネコ	38
マウス	40
ラット	42
ニワトリ	78
イモリ	24
コイ	100
メダカ	48
キイロショウジョウバエ	8
オホーツクヤドカリ	254
ウマノカイチュウ	2

2.2 染色体

2.2.1 染色体の構造と核型

動物の核ゲノム（核DNA）は，1セットの染色体（chromosome）に包み込まれている．哺乳類では，生殖細胞と一部の細胞（赤血球など）を除くすべての細胞には，母親由来（卵子）の染色体と父親由来（精子）の両性で区別のつかない常染色体（autosome）からなる1対の相同染色体（homologous chromosome）が存在する．一方，性染色体（sex chromosome）は，雌では相同のX染色体（X chromosome）が対をなしているのに対して，雄では非相同のY染色体（Y chromosome）とX染色体とが対をなしている．これに対して，生殖細胞である卵子や精子の染色体数は，2回の減数分裂を経た後に半数体（haploid, n）となる．生殖細胞以外のすべての体細胞は，2倍体（diploid, $2n$）である．したがって，雌雄の染色体数はそれぞれ$2n$＋XXまたは$2n$＋XYと表す．

染色体は，細胞周期の有糸分裂期に形成される．有糸分裂前期から中期の凝縮が不完全な状態にある染色体を各種の色素で染色するとバンドのパターンが観察される（図2.9）．個々の染色体は，動原体の位置によって形態的に4種類に大別される（図2.10）．染色体の構造は，紡錘糸の付

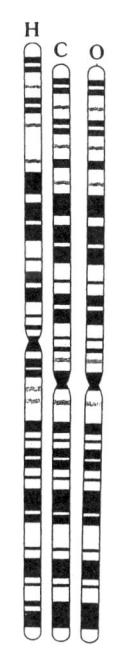

図2.11 ギムザ染色したヒト (H), チンパンジー (C) およびオランウータン (O) の第1染色体の比較[1]
チンパンジーとオランウータンの染色体のバンドパターンはよく一致しているが, ヒトの染色体とかなり異なる.

着する着糸点を動原体といい, これを境にして腕の短い方を短腕 (p), 長い方を長腕 (q) という. また, 染色体の種類によっては, 短腕に附随体 (サテライト) という突起物がある. 染色体上の遺伝子座の位置は, 短腕, 長腕の区別, 領域番号, バンドの番号の順で表す. たとえば, 1 p 36 (さんろくと呼ぶ) は, 第1染色体短腕で領域3のバンド6の位置を示す (図2.9). 全染色体を大きさの順に並べたものを核型 (karyotype) と呼ぶ. 核型は生物種で異なり, 種の特性ともいえる (表2.4, 図2.11).

個々の染色体は, 1本の非常に長い線状DNA分子とそれに結合したタンパク質から構成され, DNAが包み込まれ圧縮された構造になっている (図2.12). DNAに結合して染色体を形成するタンパク質は, ヒストンタンパク質 (histon protein) と非ヒストンタンパク質 (nonhiston chromosomal protein) に大別される. 核DNAとタンパク質の複合体をクロマチン (chromatin, 染色質) と呼ぶ. 染色体には, DNAを詰め込む役

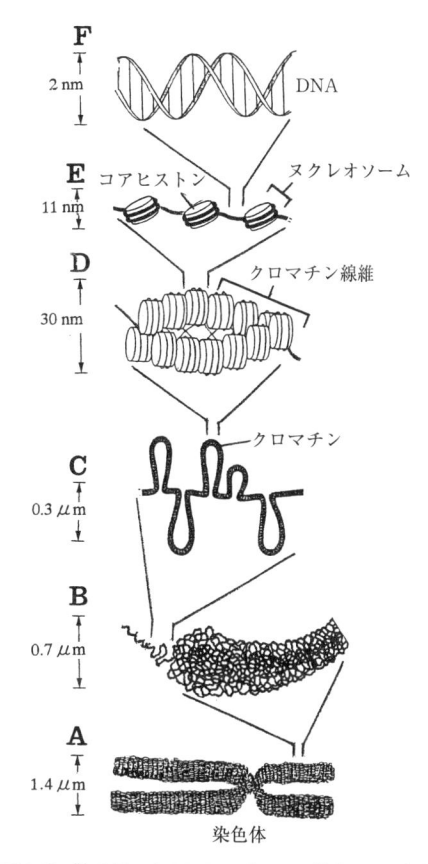

図2.12 染色体からDNA二重らせん構造までの過程
A：有糸分裂期の染色体, B：凝縮した染色体の一部, C：染色体の一部がほどけた状態, D：ヌクレオソームで構成されたクロマチン線維, E：ヒストンとDNAで構成されたヌクレオソーム, F：DNAの二重らせん.

割をもつヒストンタンパク質の他にも, 遺伝子発現, DNA複製, DNA修復過程に必要な多くの種類のタンパク質が結合している. いわゆるタンパク質をコードする遺伝子のほとんどは, 真正クロマチン (euchormatin) に存在し, クロマチンが凝縮したヘテロクロマチン (heterochoromatin) には, 単純な反復配列 (図1.23を参照) が多く存在する.

2.2.2　染色体とゲノム

染色体の重要な役割は, 遺伝子の本体である核ゲノムを子孫細胞へ分配することである. 染色体数と生物の複雑さやゲノムの大きさとは単純に相関していない (表2.5). たとえば, 植物や両生

表2.5 動物の染色体数とゲノムの大きさ

動物種	染色体数 (2n)	ゲノムサイズ (Mb)
無脊椎動物		
線虫	12	100
ショウジョウバエ	8	140
脊椎動物		
サンショウウオ	24	90000
ヒ ト	46	3000
マウス	40	3300
ウ シ	60	3000
ブ タ	38	3000
ニワトリ	78	1125

Mb=1000 kb=1000000 bp(base pairs).

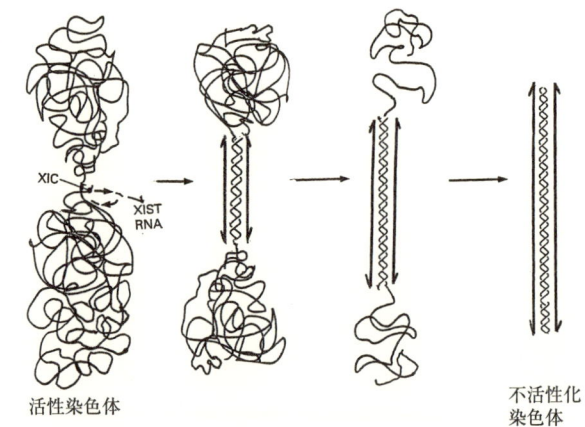

図2.13 哺乳類のX染色体不活性化の仕組み[1]
X不活性化センターのXIC座からXISTRNAが合成され，周辺のDNA鎖に結合する．XISTRNAが結合した領域は転写が阻害される．この現象が周辺に伝播する．

類の中には，ヒトゲノム（約3×10^9塩基対）よりも30倍大きなものもいる．また，小型のシカであるシナホエジカとインドキョンとは近縁関係にあるが，染色体数は，それぞれ，46本（23対）と6本（3対）と大きく異なる．ただし，ゲノムサイズには両者間で大差はない．ヒトの染色体の中で最も小さい第22染色体上には，48×10^6塩基対が存在し，ヒトゲノム全体の1.5%を占める．

ヒトゲノムの塩基配列の解析から，GC含量（GとCのヌクレオチドの占める割合）がゲノム全体の平均である41%よりもはるかに少ない領域が存在することがわかった．このGC含量の多少は，染色体の染色により観察されるバンディングパターン（図2.9参照）の違いに関係している．一般にGC含量の多い領域には遺伝子の存在する割合が高い．

2.2.3 X染色体不活性化

哺乳類の雄と雌では性染色体が異なり，雌の体細胞では2個のX染色体が存在するのに対して，雄ではX染色体とそれに比べ小さいY染色体とが対をなしている．X染色体には約1000以上の遺伝子が存在するのに対して，Y染色体には100以下の遺伝子しか存在しない．そのため，雌雄間のX染色体から生産される遺伝子産物の量を同等にする遺伝子量補正（gene dosage compensation）という機構が働く．この機構に異常が起こると胎生致死であることから，X染色体と常染色体の遺伝子産物の比が正しく維持されていると考えられている．すなわち，雌の体細胞の2個のX染色体のうち1個の転写を不活性化するX染色体不活性化（X-chromosome inactivation）が生じる．なお，この現象は，発見者であるMary Lyonの名にちなんでLyonizationともいう．

X染色体不活性化の分子機構は完全に解明されていないが，次のように考えられている．X染色体の中央部に存在するX不活性化センター（X-inactivation center，XIC）から，不活性化X染色体でのみ発現するXIST RNAというRNA分子が生産され，不活性化X染色体を覆ってしまい，X染色体からの転写を妨げている（図2.13）．また，DNAのメチル化も関与していることもわかっている．なお，X染色体の不活性化は染色体全体に及ぶものではなく，モザイク状に不活性化されている．

2.3 哺乳類の性の決定

哺乳類では，XY型やXXY型をもつ個体は雄になるが，XX型やXO型をもつ個体は精巣を形成しないことから，Y染色体の有無が性を決定すると古くから考えられていた．性分化異常を示すヒト遺伝病の研究やマウスの突然変異系統の分

Box 2.1　X染色体不活性化と三毛ネコの毛色

　雌の胚盤胞を構成している約1000個ほどの細胞で，母親由来（X_m）と父親由来（X_p）のいずれかのX染色体が任意に不活性化される．この不活性化状態は，染色体（DNA）の複製が繰り返されても忠実に娘細胞へ伝達される．したがって，雌個体の細胞は，X_mかX_pのどちらかが不活性の状態にあるモザイク細胞集団を構成している．XXX型やXXXXY型のヒトが生存可能（ただし，不妊）なのは，1個のX染色体以外の他のX染色体が不活性化されているためである．X染色体不活性化の現象が動物の表現型に現れる例として，三毛ネコの毛色がある．三毛ネコでは，X染色体の1個に毛色を赤褐色にする遺伝子と黒くする対立遺伝子が存在する．雌ネコでは，体細胞での任意なX染色体の不活性化の結果，体の一部分は赤褐色にする遺伝子のみが働き，他の部分では黒くする遺伝子のみが働き，毛色がまだら模様になる．これに体の一部を白くする他の遺伝子座が加わると，白・黒・赤褐色の三毛となる．一方，雄ネコでは，母親から赤褐色遺伝子かあるいは黒色遺伝子をもつX染色体のどちらを受け継いだかにより，全体の毛色は，赤褐色か黒色になる．したがって，XXYのような例外を除いて三毛ネコは雌しかいない．

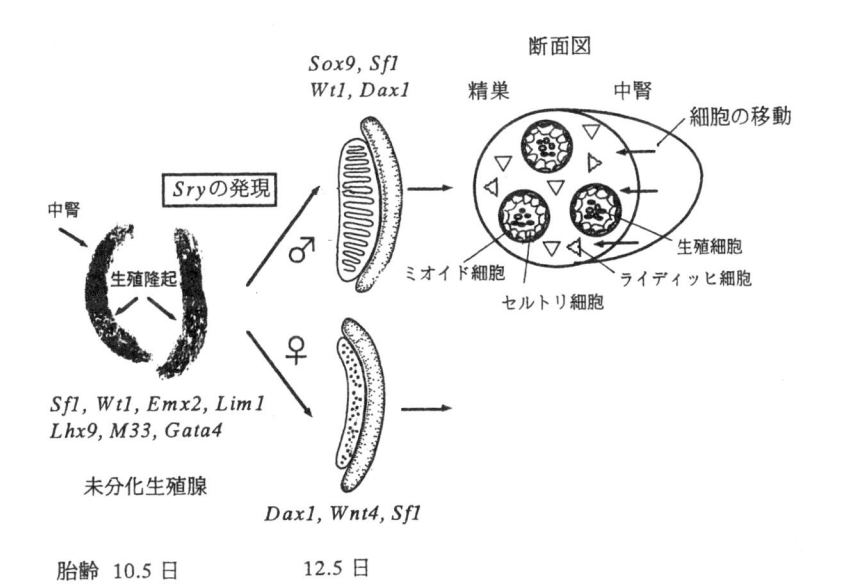

図2.14　マウスの未分化生殖腺におけるSry遺伝子の発現と性の分化前後の遺伝子発現
Sryの発現と直結した下流の遺伝子は不明（イタリック文字は遺伝子名を示す）．

子遺伝学的な解析から，1990年に哺乳類の精巣を決定する遺伝子が単離され，*SRY*/*Sry*（sex-determining region on Y chromosome）と命名された．*Sry*は，胎児未分化生殖腺の少数の細胞で一過性に発現し精巣へ分化させる転写因子である（図2.14）．*Sry*は単一エキソンからなる遺伝子で，Sryタンパク質はDNA結合領域であるHMG（high-mobility group）ドメインを有し，このHMGドメインは種間を越えて*Sry*遺伝子内に高度に保存されている（図2.15）．*Sry*遺伝子を導入したXX型のトランスジェニックマウスでは，精巣は形成されるが精子は形成されない．このことから，*Sry*は精巣を形成する引き金的な役割を果たしているにすぎず，Y染色体以外の染色体に存在する遺伝子の発現が精巣の正常な形成に関与していると考えられている．*Sry*の発見以後，性分化前後の生殖腺における各種遺伝子（常染色体上）の発現パターンが明らかにされ

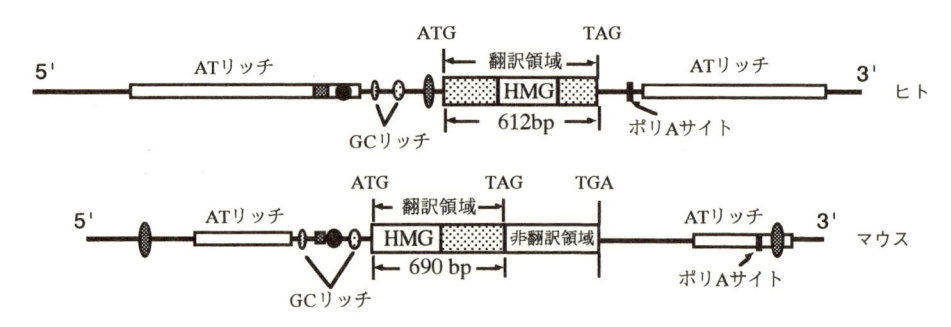

図2.15 ヒト *SRY* 遺伝子とマウス *Sry* 遺伝子の構造
ヒト *SRY* は204アミノ酸残基，マウス *Sry* は230アミノ酸残基からなる．HMG：high mobility group.

ているが（図2.14を参照），性決定における *Sry* の発現と直結した分子メカニズムの詳細については明らかでない．

2.3.1 鳥類の性決定

鳥類の性染色体の構成は，雌がZW（XY）で雄はZZ（XX）であり，哺乳類の場合と異なり，雌で性染色体がヘテロとなっている．鳥類の性決定の分子機構は十分に解明されていないが，以下の2通りの仮説が提唱されている．第1は，哺乳類のY染色体上に存在する *Sry* 遺伝子と同様な機能をもつ遺伝子が，W染色体上に存在し，雌への分化を誘導しているという仮説である．第2は，ショウジョウバエや線虫の性決定機構に見られるような，ZWとZZにおけるZ染色体数（遺伝子量）の違いが性を決定しているという仮説である（Box 2.2）．

2.3.2 間　　性

自然界では，時折，正常な雄あるいは雌の特徴を示さない個体が生まれることがある．それらはほとんどが不妊であり，これを間性（intersex）という．間性の出現する原因はいろいろある．たとえば，生殖細胞の減数分裂過程で染色体の不分離が生じ，XO，XXX，XXY，XXXYのような染色体構成をもつ個体が生まれ，生殖障害を示す．また，XX型でありながら，雄型の外貌を示す個体は，Y染色体上の *Sry* 遺伝子などの雄の決定に関与する遺伝子領域がX染色体に転座した結果である．一方，XY型で雌の外貌を示す個体では，*Sry* 遺伝子あるいは雄を決定する遺伝子領域（常染色体を含む）に変異が生じている場合がある．ウシでは，異性の双子を妊娠すると，雌が間性として生まれることが多く，これをフリーマーチン（free-martin）と呼んでいる．フリーマーチンの起こる原因は，胎盤で雌雄の胎児の血管がつながってしまい，雌の卵巣に比べ発達の早い雄精巣のセルトリ細胞から生産された抗ミュラー管ホルモン（anti-mullerian hormone, AMH）が雌に作用し，ミュラー管（将来卵管へ発達）の発達が妨げられるためである．

また，アンドロジェン（雄性ホルモン）レセプター遺伝子の欠損では精巣は形成されるが，アンドロジェンの効果が現れないため外部性徴は雄型となり，ヒトでは精巣性女性化症（tesicular feminization, TFM）と呼ばれている．

2.3.3 伴性遺伝

ヒトの遺伝病の一種である血友病Aは，血液凝固第VIII因子（factor VIII）が欠損していることに起因しているが，この原因遺伝子はX染色体に存在するために，変異遺伝子をもつX染色体（X#）を母親から受け継いだ男性（X#Y）はすべて血友病になる．一方，女性の場合には，変

Box 2.2　鳥類の性決定分子機構

最近のZZW型（卵精巣をもち不妊）のニワトリの解析から，鳥類における性決定に関し，図2.17に示したような分子機構が考えられている．すなわち，雄（ZZ）の両Z染色体上のDMRT1遺伝子に隣接する領域（MHM）は高度にメチル化されているが，雌のZ染色体上のMHMは低メチル化にとどまり，転写活性をもつ．このMHM領域から転写された高分子RNAが，雌のZ染色体上のDMRT1遺伝子を覆い転写を妨げている（図2.13を参照）．ZZZ型では，MHM領域は不活性であるのに対して，ZZW型では両Z染色体上のMHM領域からは転写があり，その結果，W染色体の存在がMHM領域の低メチル化を引き起こす要因となっている．近年，ニワトリの全ゲノムの塩基配列が決定されたことから，近い将来，鳥類での性決定の分子機構の解明が待たれる．

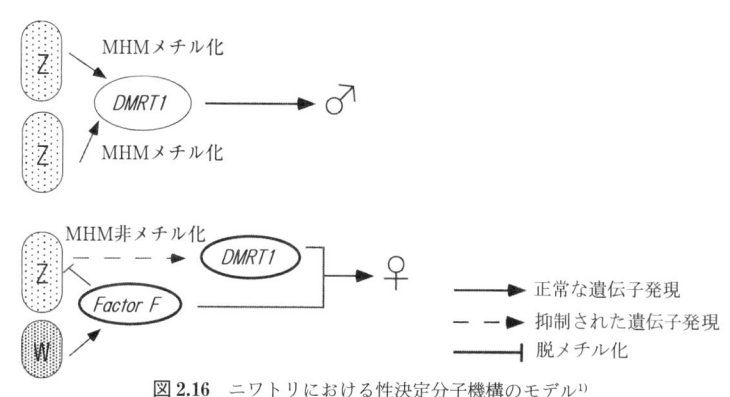

図 2.16　ニワトリにおける性決定分子機構のモデル[1]
このメカニズムには，雌雄間における*DMRT1*（doublesex and mab-3 related transcription factor 1 gene）の遺伝子量やW染色体上の未知なFactor Fが関係している．*DMRT1*は精巣形成に関与している．

Box 2.3　ヤギの間性

ヤギのザーネン種では，無角（polled）の雄の集団中に不妊を伴う間性がしばしば出現することが1920年代から知られていた．長年の遺伝様式の研究や染色体解析の結果，それらの多くがXX型であり，間性は常染色体劣性で，また，無角は優性であることが判明した．これはPIST（polled intersex syndrome，無角の間性症候群）と呼ばれており，哺乳類の性決定のメカニズムを解明するのに有用な材料として注目されていた．マイクロサテライトDNAマーカーを利用した連鎖解析（8.3節参照）による最近の研究から，間性ヤギでは第1染色体のq43領域に11.7 kbの欠損があり，この欠損が原因となり欠損領域の上流に位置する*FOXL2*遺伝子と*PISRT1*遺伝子の発現が減少していることが明らかにされている．なお，*FOXL2*は卵巣の発達を誘導し，*PISRT1*は*Sox9*（精巣の分化を誘導する）の発現を抑制することがわかっている．PISTはヒトで見出されている不妊を伴う眼瞼（まぶた）の発達異常症に相当すると考えられている．

異遺伝子をもつX染色体を受け継いでも，他方のX染色体上の遺伝子が正常であるので，ほとんどが発症しない．女性では父親，母親の両方から変異遺伝子を受け継いだ場合に血友病Aとなり，また多くで正常な第VIII因子遺伝子をもつX染色体が不活性化されている場合にも，まれに血友病を発症することがある．この原因遺伝子は父から息子へは伝達されることはない．このよ

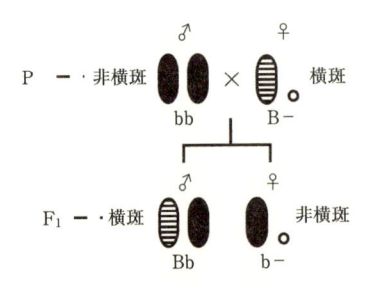

図2.17 ニワトリの羽の横斑（伴性遺伝）を利用した交配
横斑（B）は非横斑（b）に対し優性。この交配では、雌はすべて非横斑で、雄はすべて横斑となる。しかし、F₂では、雌雄に非横斑と横斑が出現する。横斑を利用した雛の雌雄鑑別は、限られた交配で、しかもF₁しか利用できない。

うな遺伝を伴性遺伝（sex-linked inheritance またはX-linked inheritance）という。その他には、ヒトの色盲（色覚異常）が伴性遺伝である。一方、動物では、イヌのシェパード種で出現する血液凝固第IX因子遺伝子の欠損による血友病B、ゴールデン・レトリバー種やラブラドール・レトリバー種で出現するジストロフィン遺伝子欠損による筋ジストロフィー（筋萎縮症）が伴性遺伝である。また、ニワトリの白色レグホーン種で出現する遺伝性の筋ジストロフィーは、常染色体上の遺伝子とZ染色体上の遺伝子との相互作用により発症する。さらに、ニホンウズラで出現する羽毛色の突然変異（薄茶色、クリーム色、薄紫色）は、Z染色体上の *rous* 遺伝子と常染色体上の *lavender* 遺伝子との相互作用によるものと考えられている。ある種のヒツジで古くから見出されていた遺伝性の多産系形質（2〜3頭/分娩）の原因が、卵子で特異的に発現し卵胞からの排卵数を制御しているX染色体上の *BMP15*（bone morphogenetic protein 15）遺伝子における一塩基置換によることが判明している。なお、*BMP15* は、母性インプリンティング遺伝子（図1.21参照）であると考えられている。

ニワトリの羽の横斑は、伴性遺伝を示し、これらを応用した交配により生まれたヒナの横斑が雌雄鑑別に利用されている。

ニワトリの雛の時期に見られる羽毛の成長が遅れる遅羽性の遺伝子座（K）は、性染色体（Z）上にあり、正常型の速羽性（k）に対し優性である。たとえば、雄の白色レグホーン種を速羽性に固定し、一方、雌の横斑プリマスロック種を遅羽性に固定しておけば、両系統間の交配によりF₁では雄が遅羽性（K/k）で雌が速羽性（$k/-$）として現れるので、外観により初生雛の段階で雌雄を鑑別できる。また、羽の横斑は、黒色メラニン合成に関する遺伝子の発現様式により羽軸に対し直角に白黒の縞模様を表す形質である。横斑の遺伝子座（B）はZ染色体上に存在し、非横斑（b）に対し優性である。この伴性遺伝を利用して、横斑プリマスロック種の雌と黒色種（例：黒色ミノルカ種）の雄とを交配すると、F₁で雌は黒色に、雄は横斑となる。雄の初生雛には、横斑が必ず頭部に見られるので鑑別が容易である（図2.17）。しかし、これらの形質は、F₂で雌雄ともに出現するため、限られた交配でしかも雑種第1代でしか雌雄鑑別に利用できない。

2.3.4 限性遺伝

雌雄の性の違いによって、特徴的な表現が見られる場合がある。たとえば、ヒトの男性のヒゲや雌動物における乳の生産であり、また、ヒトの若禿げはほとんどが男性にみられる。これらの形質は、性の決定以外にY染色体をもつ雄やW染色体（鳥類）をもつ雌に限定して現れるので、限性遺伝（sex-limited inheritance）という。

ニワトリの羽毛は、通常雌雄で異なり、雄では精巣で合成されるテストステロン、雌では卵巣で合成されるエストロジェンの作用により、それぞれ特有の羽毛を示す。しかし、ある種のニワトリの系統（セブライトバンタムやゴールデンカンパイン）では、羽毛に顕著な雌雄差が見られない。これは、テストステロンからエストロジェンに変換する酵素をコードするアロマターゼ遺伝子に突然変異が生じ、アロマターゼが雌雄の皮膚で発現しているためである。アロマターゼ遺伝子は常染色体上に存在するが、性の決定以外の表現型が性に限定して現れる限性遺伝を示す。

2.3.5 従性遺伝

遺伝子によっては、優劣関係が性によって逆転

する現象が見られ，従性遺伝（sex controled inheritance）という．たとえば，ある種のウシの毛色に雌雄ともに白い斑点のある下地の濃い部分はマホガニー色（赤褐色）か褐色である．この2色の対立遺伝子を M（マホガニー）と R（褐色）で表すと，M は雄では優性で，R は雌で優性である．MM 型は，雌雄ともにマホガニー色であり，RR 型は両性で褐色である．しかし，MR 型は雄ではマホガニー色であるのに対して，雌では褐色となる．また，ある種のヒツジの角の遺伝では，雄では有角が，一方，雌では無角が優性を示し，雌雄によって遺伝子の優劣が逆転する．その他にも，雌雄で表現が逆転する形質が多く知られている． 〔東條英昭〕

引用文献

1) Nakagawa S : Is avian sex determination unique? : clues from a warbler and from chickens. Trends Genet, **20** : 479-480, 2004.

2.4 突然変異と多型

突然変異（mutation）とは，祖先がもたなかった形質がある個体に突然現れ，かつその形質が子孫に遺伝的に伝えられるような不連続な変異を指す．したがって，突然変異は生物のもつ遺伝情報に生じた変化であり，特に次世代を形成する生殖細胞の遺伝子に生じた変異ということになる．一方，体細胞の遺伝子に生じた変異は，次世代に伝わることはなく，その個体限りである．このような変異を体細胞突然変異という．

動物のもつさまざまな遺伝的形質の違いは基本的に突然変異に起因すると考えられ，特に質的形質では1つまたは少数の遺伝子にその原因となる突然変異すなわち塩基配列の変化を見出すことが可能である．また，量的形質についても，複数の遺伝子に存在する突然変異あるいは多型（2.4.2項d参照）の組み合わせにより，その形質が発現すると考えられる．狭義の意味では突然変異とはこのように特定の遺伝子に生じた，その遺伝子の機能を変化させるような塩基配列上の変化であるが，広い意味では個体のもつ遺伝情報の変化ということができ，したがって，突然変異には染色体の形態の変化として観察されるような大きな変化から，DNA の塩基配列上の微細な変化までさまざまなものが知られている．

2.4.1 染色体レベルの変異

染色体レベルでの突然変異には染色体の数が変わる倍数性（polyploidy）や異数性（aneuploidy），染色体の構造に変化を生じる転座（translocation），欠失（deletion），重複（duplication），逆位（inversion）等が知られている．染色体数の変化のうち最も大規模な変化は，正常では二倍体（diploid）である染色体の総数が三倍体（triploid）になるような倍数性の変化である．コムギが六倍体であるなど倍数体の存在は栽培植物でよく知られている．また，三倍体などの奇数倍体の個体は減数分裂が正常に進行できないため，配偶子が形成できずに不稔となる．たとえば栽培種のバナナの多くは三倍体であり，種子はできずに株分けで増やされている．しかし，哺乳類や鳥類などの高等動物での倍数性の変化は致死的であり発生しないと考えられている．一方，一部の染色体のみの数が変わる変化が異数性である．2本ある相同染色体の数が1本に減る場合をモノソミー（monosomy），3本となる場合をトリソミー（trisomy）という．ヒトでは X 染色体のモノソミーであるターナー症候群，第21染色体のトリソミーであるダウン症候群がよく知られている．これらの一部の染色体を除いて，哺乳類ではトリソミー，モノソミーも多くは致死的であり，ヒトでは早期流産胎児の半数近くに染色体数の異常が認められ，異数性は早期流産の主要な要因と考えられている．

染色体の構造異常には染色体の一部が失われる欠失，染色体の一部が過剰に存在する重複，染色体の一部の方向が逆転する逆位，染色体の一部が他の染色体の一部と入れ替わる転座などが知られている．これらの構造異常は染色体が何らかの理由で切断された結果として生じる．たとえば，電離放射線やある種の化学物質は DNA の二本鎖切

2.4.2 DNAレベルでの変異
a. 突然変異の種類

DNAレベルでの変異は，生物のゲノムを構成するDNAの塩基配列上に生じた変化であり，狭義の突然変異である．しかし，DNAの塩基配列上に生じた変化のすべてが個体レベルでの形質（表現型）の変化につながるわけではない．すなわち，ゲノム上の大半はその塩基配列に特定の機能をもたないため，これらの塩基配列上に起こった変化は特に遺伝子の機能には影響せず，したがって形質の変化につながらない．また遺伝子の内部，たとえば翻訳領域に起こった変化であっても，コドンの変化を生じない場合はやはり遺伝子の機能に影響を与えない．すなわち，3塩基が1アミノ酸に対応するコドンでは，20種のアミノ酸に対して64通りのコドンが可能であるため，1つのアミノ酸に複数のコドンが対応している（1章参照）．したがって，たとえばCAAもCAGもグルタミンのコドンであるため3番目の塩基のAからGへの変異はアミノ酸配列の変化につながらない．このようにコドンの3番目の塩基の置換はアミノ酸置換につながらない場合が多く，これを同義置換あるいはサイレント変異という．また，アミノ酸置換が生じた場合でも，類似した性質のアミノ酸どうしの置換である場合や，タンパク質の機能にとって重要でない部位のアミノ酸の変化の場合にはやはり，遺伝子の産物であるタンパク質の機能には影響を与えない場合が多い．たとえば，アラニンからグリシンへの変化は，ともに疎水性の小さなアミノ酸であるため，タンパク質の立体構造に大きな影響を与えないと考えられるが，一方，プロリンはその構造が他のアミノ酸とは大きく異なるため，プロリンが関与するアミノ酸置換はタンパク質の立体構造に大きな変化をもたらすと推測される．また，ある遺伝子のアミノ酸配列を各種の動物種の間で比べたときに，その配列が強く保存されている領域は，そのタンパク質にとって重要な部分である可能性が高く，このような領域にアミノ酸置換が生じた場合にはタンパク質の機能に影響を与えると推測されるが，そうでない場合には，アミノ酸置換がタンパク質

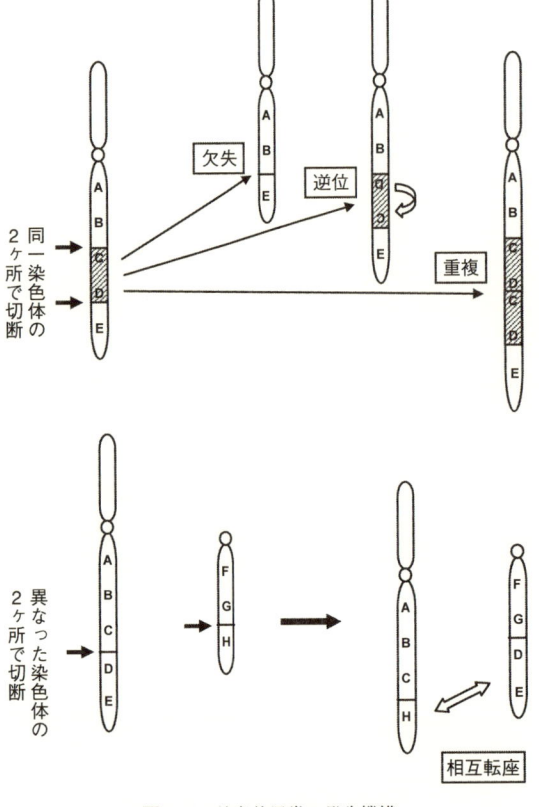

図2.18 染色体異常の発生機構
同一染色体の異なった2ヶ所で切断が生じ，両端の断片が結合した場合には間の断片が失われた染色体が形成される（欠失）．また，中央の断片がもとと異なった両端の断片と結合すると，中央の断片の向きが逆転することになる（逆位）．さらに，その部分が倍化する場合もある（重複）．また，異なった2本の非相同染色体で切断が生じ，互いに相手を換えて結合すると相互転座が生じる．

断により染色体の切断を引き起こすが，通常，切断されたDNAの二本鎖は両方の切断末端が再結合することにより修復される．しかし，複数の切断が同時に生じた場合には正常に修復されない場合がある．すなわち，図2.18のように，同時に2ヶ所で切断された後に切断末端が相手を換えて再結合することで，欠失，逆位，転座等の染色体異常が生じる．また，動原体が染色体の末端にある2つの端部着糸型染色体が，動原体の部分で融合し1つの中部あるいは次中部着糸型染色体となる場合をロバートソン型転座（Robertsonian translocation）という．

の機能に大きな影響を与えないことも多い．このようにゲノムのDNAの塩基配列上に生じた変異のうちの，一部のみが個体の表現型の変化となって現れ，これが遺伝学において一般に扱われる突然変異となる．突然変異には，以下に述べるように1塩基から数塩基の比較的小さな範囲の塩基配列に変化が生じる場合と，より大きな範囲で生じる変化があり，それぞれ異なった機構により発生する．

b. 小規模な変異

細胞分裂に際して行われるDNAの複製はきわめて正確な生化学的反応であり，この過程を通してDNAは半保存的に正確に複製される．しかし一方で，まれにではあるが一定の頻度で複製の誤りも生じる．DNA複製の誤りの最も主要な原因は塩基の互変異性シフトである．図2.19に示すようにヌクレオチドを構成する塩基のうちアデニンとシトシンはアミノ基をもつが，通常これはアミノ形で存在する．しかし，ごく短い瞬間ではあるが一定の頻度で互変異性体であるイミノ形へ移行する．同様にグアニンとチミンのもつカルボニル基は通常ケト形であるが，エノール形に移行するときがある．正常型ではアデニン，シトシン，グアニン，チミンはそれぞれチミン，グアニン，シトシン，アデニンと塩基対を形成するが，互変異性体では，それぞれシトシン，アデニン，チミン，グアニンと塩基対を形成する．したがって，もしDNAの複製中に特定の塩基に互変異性シフトが起きた場合に，たとえばアデニンと対合する塩基としてシトシンが取り込まれ，誤対合が生じることになる．このような誤対合の多くは，その後の修復の過程で正常な塩基対に修復されるが，修復されなかった場合には塩基置換（base substitution）として固定されることになる．

また，DNA複製時に1塩基から数塩基の挿入や欠失が生じることもある．特にAAAAA……

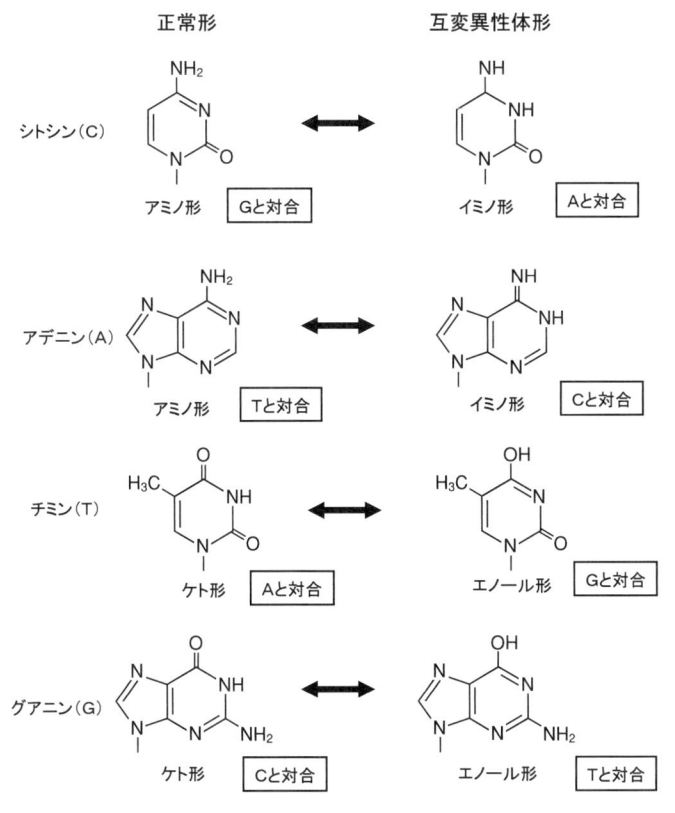

図2.19 塩基の互変異性シフト
DNAを構成する塩基が互変異性体となると，通常とは異なる塩基と対合する．

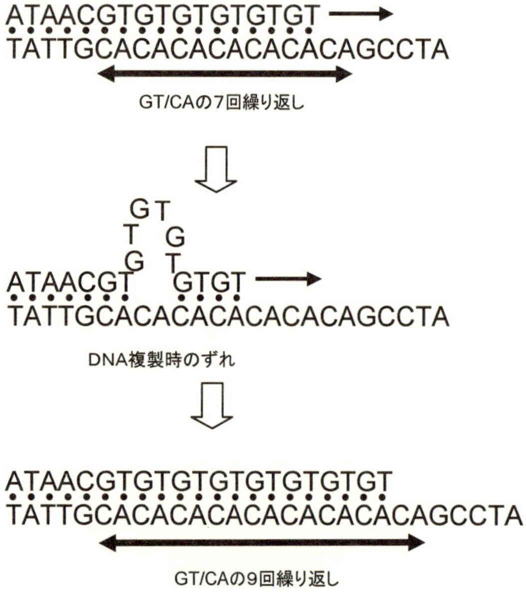

```
ATAACGTGTGTGTGTGT →
TATTGCACACACACACACAGCCTA
         ←―――――→
      GT/CAの7回繰り返し
              ⇩
         GT
       T  G
       G  T
ATAACGT    GTGT →
TATTGCACACACACACACAGCCTA
      DNA複製時のずれ
              ⇩
ATAACGTGTGTGTGTGTGTGT →
TATTGCACACACACACACACAGCCTA
     ←―――――――→
     GT/CAの9回繰り返し
```

図 2.20　単純繰り返し配列における変異の発生機構
DNA 複製の過程で，鋳型鎖と新生鎖の間で"ずれ"を生じることで，繰り返し配列の反復数が変化する．

や CACACACA……のような単純な繰り返し配列は DNA 複製時に塩基の挿入や欠失等の変異が起こりやすいことが知られている．これは，図 2.20 に示すように，複製時に鋳型鎖と新生鎖にずれが生じることで，一部の塩基が複製されなかったり，二度複製されるためである．このような単純な繰り返し配列はマイクロサテライト DNA と呼ばれ，上記のように繰り返し数の変異が生じやすいため，DNA 多型マーカーとして連鎖解析や個人の同定などに利用されている．また，ヒトでは，特定の遺伝子内あるいは周辺に存在する 3 塩基よりなる単純繰り返し配列が異常に増幅することで，Huntington 病のような特定の遺伝性神経疾患が発症することが知られている．

　一方，DNA は熱，紫外線，電離放射線などの物理的要因あるいは変異原性物質などの化学的要因により損傷を受け，この損傷も突然変異を引き起こす．たとえば紫外線は隣接した 2 つのピリミジン（特にチミン）の間で二量体の形成を引き起こし，形成された二量体は複製時に対応する塩基が存在しないために欠失を生じる．ちなみに，このチミン二量体を除去，修復する酵素が遺伝的に欠損している遺伝性疾患であるヒトの色素性乾皮症では，紫外線に高感受性となる．一方電離放射線は DNA の二本鎖切断を引き起こす．DNA に化学的に損傷を引き起こす変異原性物質にはアルキル化剤，脱アミノ化剤などが知られている．このように種々の要因により生じた塩基置換は，関わる塩基の種類により塩基転移（トランジション）と塩基転換（トランスバージョン）に分類される．塩基転移はアデニンからグアニンのようにプリン塩基からプリン塩基，あるいはシトシンからチミンのようにピリミジン塩基からピリミジン塩基への変異であり，塩基転換はアデニンからシトシン，チミンからグアニンのようにプリン塩基からピリミジン塩基あるいはピリミジン塩基からプリン塩基への変異である．互変異性シフトに起因する塩基置換はその発生機構から塩基転移であり，したがって，自然条件下では塩基転移の方が塩基転換より起こりやすいといわれている．

　塩基置換が翻訳領域に生じたときには，タンパク質のアミノ酸配列の変化を引き起こす可能性があるが，これらの塩基置換はミスセンス変異 (missense mutation)，ナンセンス変異 (nonsense mutation)，サイレント変異（同義置換，silent mutation）に分けられる（図 2.21）．ミスセンス変異は塩基置換によりコドンがあるアミノ酸から他のアミノ酸に変化する場合である．たとえば CGC の G が A に変化する塩基置換では，対応するアミノ酸はアルギニンからヒスチジンに変化する．一方ナンセンス変異では塩基置換により，あるアミノ酸に対応するコドンが終止コドンに変化する．その結果，タンパク質への翻訳の読み枠の途中で終止コドンが出現するため，タンパク質の一部が欠失することになる．一方，サイレント変異（同義置換）では前述のように塩基置換が生じてもアミノ酸配列の変化を引き起こさない．

　また，塩基置換が翻訳領域以外で生じた場合でも遺伝子の機能に大きな影響を与える場合がある．たとえば，プロモーターやエンハンサーとなる配列などの遺伝子の発現調節領域での変異は遺伝子の機能に大きな影響を与える可能性がある．

2.4 突然変異と多型

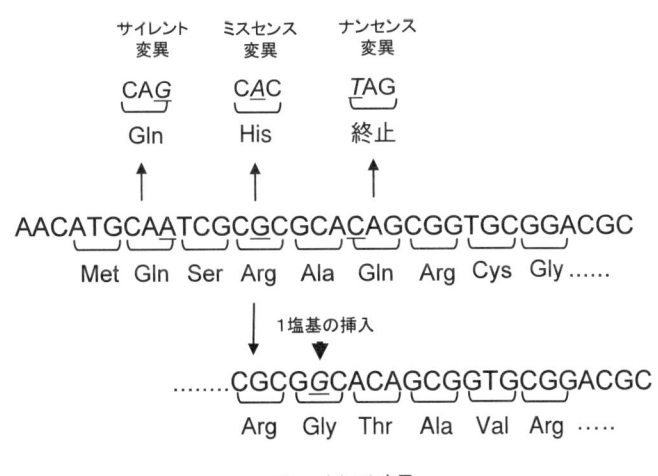

```
        サイレント      ミスセンス      ナンセンス
         変異          変異           変異
         CAG          CAC           TAG
         Gln          His           終止
          ↑            ↑             ↑
    AACATGCAATCGCGCGCACAGCGGTGCGGACGC
        Met Gln Ser Arg Ala Gln Arg Cys Gly ……
                    ↓ 1塩基の挿入
         ………CGCGGCACAGCGGTGCGGACGC
            Arg Gly Thr Ala Val Arg ……
                    フレームシフト変異
```

図 2.21 1塩基の置換，欠失，挿入による突然変異
タンパク質への翻訳領域に生じた1塩基の置換はサイレント変異，ミスセンス変異，ナンセンス変異のいずれかを生じることになり，挿入あるいは欠失はフレームシフト変異を引き起こす．

さらに，遺伝子のイントロンの両末端の2塩基は正常なスプライシングに不可欠な配列であり，5′端はGT，3′端はAGに必ず保存されているが（1.2.2項b参照），この配列に起こった塩基置換の結果，スプライシングに異常を生じ遺伝子の機能が失われる突然変異も数多く報告されている．

単一あるいは少数の塩基の挿入あるいは欠失が翻訳領域に起こった場合にはフレームシフト変異が生じる．フレームシフトとは図2.21に示すように3の倍数以外の数のヌクレオチドが挿入あるいは欠失された場合に翻訳におけるコドンの読み枠がずれることで，それ以降のアミノ酸配列が完全に変わってしまう変異である．このように大幅にアミノ酸配列が変化してしまうことから，通常，フレームシフト変異では遺伝子の機能は完全に失われる．

c. 大規模な塩基配列の変化

DNAの塩基配列上のより大規模な変化は，上記のような単一あるいは小数の塩基の変異とは全く別の機構により起こる．ここでいう大規模な変化とは数十bpから数kbに及ぶ塩基配列の挿入あるいは欠失などである．哺乳類のゲノム中には散在性反復配列と呼ばれる数十bpから数kbを単位とした配列が多数存在している．そのうちの小さいものはSINE（small interspersed nuclear elements）と呼ばれる配列で，ヒトのAlu配列などがよく知られている．一方大きなものにはLINE（long interspersed nuclear elements）と呼ばれる配列や，内在性レトロウイルスなどが知られ，総称してレトロトランスポゾンといわれている（1.3節参照）．これらの配列は図2.22に示すように，ゲノムのDNAから一度RNAに転写され，さらに逆転写酵素の働きによりDNAに逆転写されて，そのDNAがゲノム中の他の位置に挿入されることでゲノム中のコピー数を増やしてきたと考えられている（1章参照）．このようなレトロトランスポゾンが特定の遺伝子内に挿入されると，その遺伝子が破壊され突然変異が発生することになる．たとえば遺伝的に肥満を呈することでよく知られている *ob* というマウスの突然変異では，レプチンという摂食を調整するホルモンの遺伝子にレトロトランスポゾンが挿入されることで，レプチン遺伝子の機能が破壊されている．一方，多重遺伝子族のように類似した配列をもつ遺伝子が縦列に並んで遺伝子クラスターを形成している場合に，これらの遺伝子が欠失あるいは重複する変異が発生しやすいことも知られている．たとえば，ヒトの赤緑色盲は視物質であるオプシ

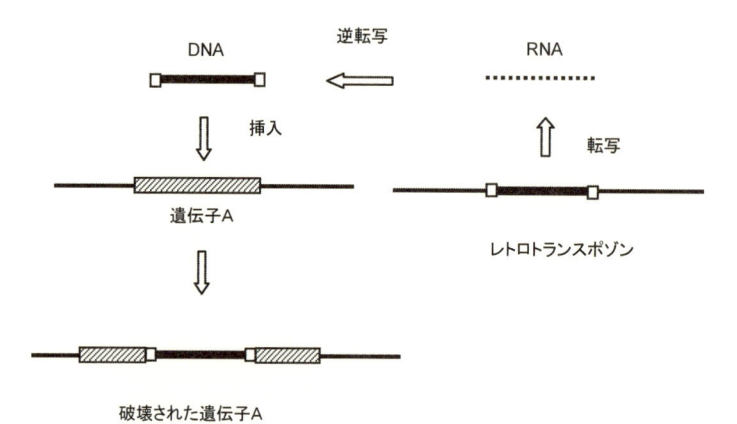

図 2.22 レトロトランスポゾンの挿入による突然変異
レトロトランスポゾンが，偶然特定の遺伝子内に挿入されるとその遺伝子は分断され，機能を失うことになる．

ンの遺伝子の突然変異に起因するが，図 2.23 に示すように赤オプシンと緑オプシンの遺伝子は X 染色体で遺伝子クラスターを形成して存在している．このオプシン遺伝子クラスターにおいて，不等交叉という現象により，一部の遺伝子が欠失することでの赤緑色盲が発生することが知られている．不等交叉とは，図 2.23 に示すように減数分裂において相同染色体の間で生じる組換え（交叉）が本来の位置ではなく，相同性のある近接の配列との間で生じることであり，この結果，片方の相同染色体では遺伝子の欠失が，もう片方の相同染色体では遺伝子の重複が発生することになる．このような不等交叉は遺伝子の欠失等の突然変異を引き起こすだけでなく，進化の過程では不等交叉による遺伝子重複により，多重遺伝子族や新たな機能をもった遺伝子が形成されたと考えられている．

d. 遺伝的多型

特定の遺伝的変異が，個体の生存性や繁殖性等の淘汰圧に大きな影響を与えないために集団中にある一定の頻度（通常 1% 以上）で維持されている場合，このような変異を遺伝的多型（genetic polymorphism）と呼ぶ．多型は，毛色などの個体の表現型に現れるが淘汰圧には影響しない変異である場合もあれば，表現型には現れない単なる DNA の塩基配列上に違いである場合もある．このような遺伝的多型は，後述の連鎖地図の作成や

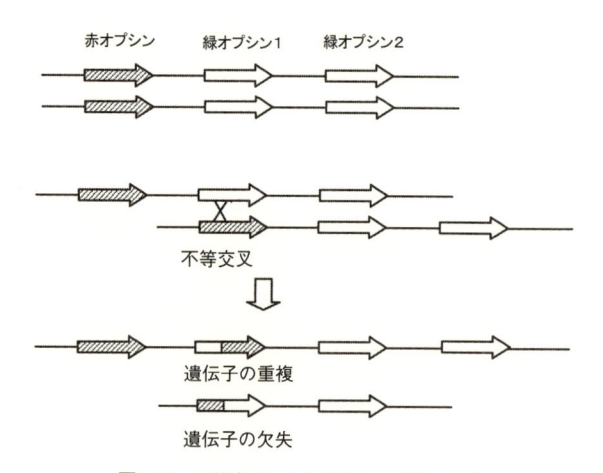

図 2.23 不等交叉による遺伝子の重複，欠失
視物質であるオプシンの遺伝子は X 染色体上に赤オプシン遺伝子と複数の緑オプシン遺伝子と並んでクラスターを形成している．これらの遺伝子間で不等交叉が生じると，片方の染色体では遺伝子数が増加（重複）し，もう片方の染色体では減少（欠失）する．その結果，正常なオプシン遺伝子の機能が失われることで，ヒトの赤緑色盲は発生する．

マーカーアシスト選抜，あるいは親子判定のための遺伝子マーカーとして有用である．従来遺伝子マーカーとしてよく用いられてきた多型は血液型とタンパク質多型であった．血液型は血球の細胞膜表面の抗原性の違いを免疫学的手法により検出する方法であり，タンパク質多型はタンパク質のアミノ酸配列の変化に起因する分子量や電荷の変化を電気泳動により検出する方法である．しかし，近年は以下のような DNA の塩基配列の変化

を直接検出する多型マーカーが広く用いられるようになっている．RFLP (restriction fragment length polymorphism, 制限酵素断片長多型) は，特定の塩基配列を認識してDNAの二本鎖を切断する制限酵素を用いて変異を検出する方法である．すなわち，塩基配列の変化が特定の制限酵素の認識配列に存在する場合，この塩基配列の違いを制限酵素（制限エンドヌクレアーゼ，restriction endonuclease）で切断されるか否かで検出することができる．従来はサザンブロット法により検出されるDNA断片の長さの違いとしてこの制限酵素認識部位の多型を検出していたが，近年はPCR法により増幅されたDNA断片が制限酵素で切断されるか否かで検出する場合が多い．具体例は図8.15に示してある．また，前述のマイクロサテライトDNAは反復の回数に変異が生じやすいためにマイクロサテライトマーカー（microsatellite marker）あるいはSSR (simple sequence repeat) マーカーと呼ばれる多型マーカーとして広く利用されている．これもPCR法により増幅されるDNA断片の長さの違いとして検出される．

2.5 連鎖と染色体地図

2.5.1 連　　鎖

　異なった形質を支配する二つの遺伝子が同一染色体上に近接して存在するときはメンデルの独立の法則が成り立たない．すなわち，遺伝子は染色体を単位として次世代に伝わることから，同一の染色体上に存在する2つの遺伝子は1組のものとしてともに伝わる場合が多い．このような現象を連鎖（linkage）という．しかし，一方で同一染色体上の遺伝子であっても，つねに1組の遺伝子としてともに行動するわけではなく，同一染色体の一部が交換することで，遺伝子の組み合わせが変化することもある．これを組換え（recombination）という．たとえばマウスの毛色の遺伝子である c（アルビノ）と p（淡色）はともに第7染色体上に存在する．もしこの2つの遺伝子座に独立の法則に従うのであれば，アルビノ個体（$ccPP$）と淡色個体（$CCpp$）の交雑により得られた F_1（$CcPp$）と $ccpp$ の間の戻し交雑ではCP：Cp：cP：cpが1：1：1：1の分離比とな

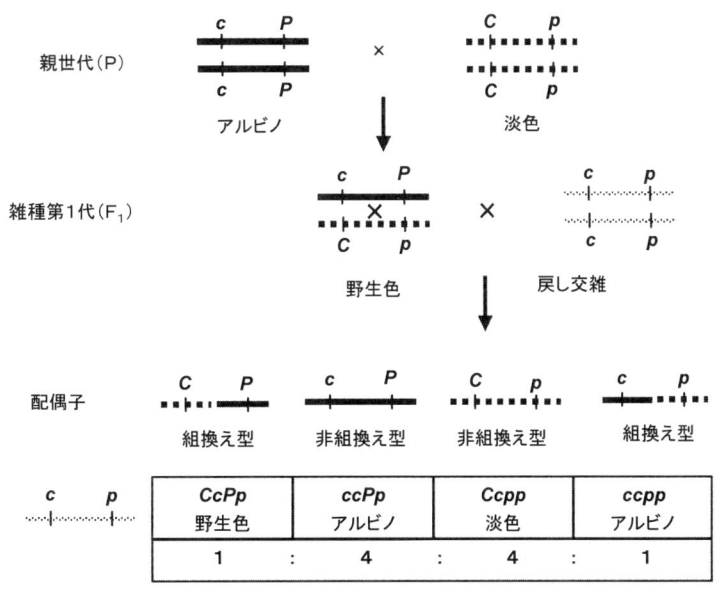

図2.24　連鎖と組換え
親世代における c–P と C–p という対立遺伝子の組み合わせが F_1 の配偶子では変化し，C–P と c–p という組み合わせの組換え型の染色体が一定の頻度（この場合約20％）で出現している．この組換え型の出現頻度が組換え率となる．

り，また，もし完全に連鎖し組換えが生じないのであれば0：1：1：0となるはずであるが，実際の分離比は1：4：4：1程度になることが知られている．ただし，cはpに対してエピスタシス（2.1.2項e）の関係にあるので実際にはcPとcpの間の区別はつかない．このような分離比は，図2.24に示すように，両遺伝子座がヘテロである *CcPp* の個体において配偶子が作られる過程で，同一染色体上に存在する両遺伝子座の間で一定の頻度で組換えが生じることにより説明される．このように組換えを起こした染色体を組換え型（recombinant type），そうでないものを非組換え型（non-recombinant type）あるいは親型（parental type）といい，親から子に伝えられた染色体のうち，組換え型染色体の割合を％で表したものが組換え価（率）である．

このように同一染色体上にありながら，2つの遺伝子の間で組換えが起こることは，卵子や精子などの配偶子が形成される際に起こる減数分裂での染色体の分配様式に起因している．Box 2.5に示すように減数分裂の過程では相同染色体を正確に配偶子に分配するために，第1分裂前期で相同染色体は対合する．連鎖と組換えを考える上で重要なことは，対合に前後して相同染色体間の交叉（crossing over，乗換え）が起こることである．交叉は図2.25に見られるように相同染色体の間で染色体の一部が交換することであり，その結果，交叉の両側では相同染色体の間で遺伝子の組み合わせが変わることになり，これが組換えとなる．なお，対合する各相同染色体は2本の姉妹染色分体より構成されるため，対合の結果4つの染色分体よりなる二価染色体が形成される．図2.25に示すように，交叉は染色分体の間で起こるため，相同染色体の間の1回の交叉により2本の組換えを生じた染色分体と，2本の組換えをもたない染色分体が生じる．このような交叉はキアズマと呼ばれる染色分体の間でX字型の構造として観察することができる．

2.5.2 連鎖地図の作製

上記のように減数分裂の過程で相同染色体の間で，任意の位置で一定の頻度で交叉が生じ，その結果が組換えとなって現れることから，2つの遺伝子座間の組換え率は，その2つの遺伝子の間でどの程度の頻度で交叉が生じているかを表す値となる．したがって，もし染色体上で交叉が任意に起こるとすると，2つの遺伝子座間の組換え率はその遺伝子座間の距離に対応していることになり，組換え率を用いることで複数の遺伝子座間の相対的位置を表すことができる．このように組換え率をもとにして，直線上に遺伝子座の相対的位置を示したものを連鎖地図（linkage map），あるいは遺伝的地図（genetic map）という．実際には交叉の起こりやすさはすべての染色体上の領域で均一ではないため，組換え率は染色体上での2つの遺伝子の間の距離に正確に対応しているわ

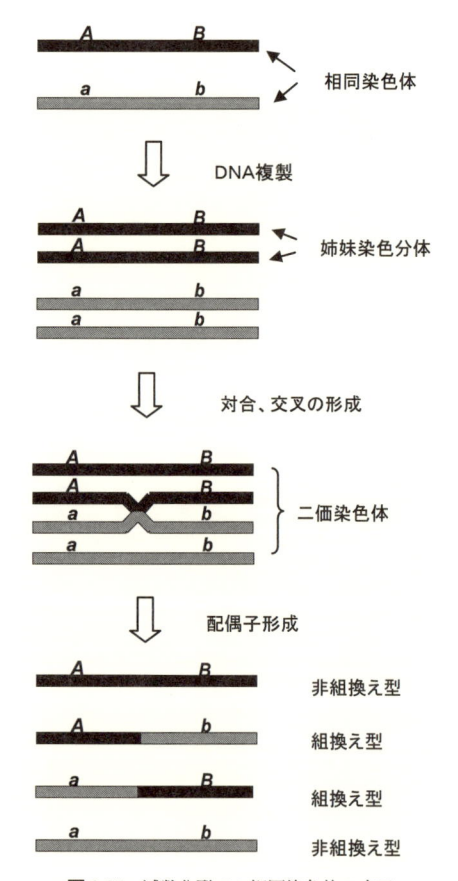

図2.25 減数分裂での相同染色体の交叉
減数分裂の過程で，染色分体の間で1回交叉が生じると，組換え型染色体をもった2つの配偶子と，非組換え型染色体をもった2つの配偶子が形成される．

Box 2.4　減数分裂

　減数分裂（miosis）では通常の体細胞分裂（mitosis）と異なり，分裂に先立つ1回のDNA複製に対し，2回の連続した細胞分裂が起こることにより，染色体数が半減した配偶子が形成される．減数分裂の過程は第1分裂前期，中期，後期，終期，第2分裂前期，中期，後期，終期よりなり，さらに第1分裂前期は，レプトテン期（細糸期），ザイゴテン期（合糸期），パキテン期（太糸期），デュプロテン期（複糸期）ディアキネシス期（移動期）に分けられるが，減数分裂の最も大きな特徴は第1分裂前期で相同染色体が対合することである．すなわち，二倍体の細胞から，減数分裂により一倍体の配偶子を形成するためには，対となっている相同染色体を正確に認識し，

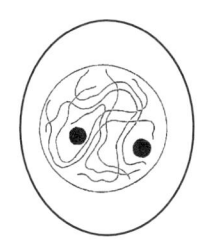

レプトテン期〜ザイゴテン期
染色体が凝集し，相同染色体の対合と，シナプトネマ複合体の形成が開始される．

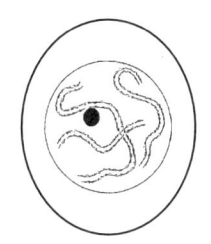

パキテン期
染色体は太く短くなり，全領域にわたって，シナプトネマ複合体が形成される．精子形成では最も長い過程となる．

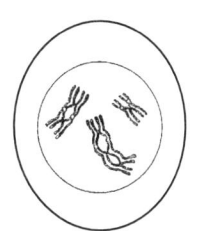

デュプロテン期〜ディアキネシス期
対合は解離し，相同染色体は，キアズマでのみ結合している．卵形成はこの過程で発生が一時停止し，排卵に先だって再開する．

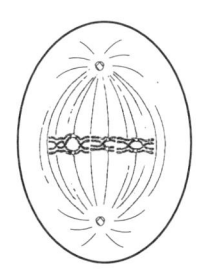

第1分裂中期
核膜は消失し，二価染色体は赤道面上に並び，紡錘体が形成される．卵形成では，この過程は卵核胞崩壊といわれる．

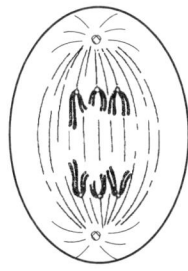

第1分裂後期〜終期
キアズマにより結合していた相同染色体は最終的に解離し，両極に移動する．姉妹染色体は結合したままである．

第2分裂前期
第1分裂終了後，間期におけるDNA合成を経ないまま，すぐに第2分裂前期へと移行する．

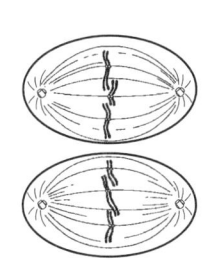

第2分裂中期
短い第二分裂前期を経て，染色体は赤道面上に並び，紡錘体が形成される．

第2分裂後期〜終期
動原体周辺で結合が維持されていた各姉妹染色体は分離し，両極に移動する．

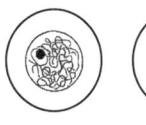

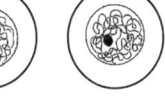

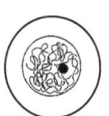

配偶子
減数分裂の結果，1つの生殖細胞から4つの精子が形成されるが，卵形成では1つの卵のみであり，残りの3つは極体となり受精には関与しない．

図2.26　減数分裂の過程における染色体の挙動
　減数分裂により，各相同染色体は正確に配偶子に分配される．これを可能にしているのが，第1分裂前期における相同染色体の対合であり，その後，連続して起こる2回の分裂による染色分体の分離である．

それぞれを配偶子に分配する必要があるが，このような染色体の分配に不可欠な過程が相同染色体の対合である．具体的には図 2.26 に示すように，まずザイゴテン期に相同染色体は互いに接近して対を形成し，引き続き，対を形成した相同染色体の間にシナプトネマ複合体という対合と交叉に重要な働きをもつ構造が出現し，パキテン期には対合が全染色体領域にわたって完了する．その後，第 1 分裂中期，後期を経て相同染色体は両極に分離して第 1 分裂を終了し，引き続いて，第 2 分裂で各染色体はさらに 2 つに分離し両極に移動することで，最終的に半数の染色体をもつ 4 つの配偶子が形成される．なお，卵の形成では減数分裂により生じた 4 つの半数体のうち，1 つのみが受精可能な卵となり，残りの 3 つは受精には関与しない極体となる（図 2.26）．

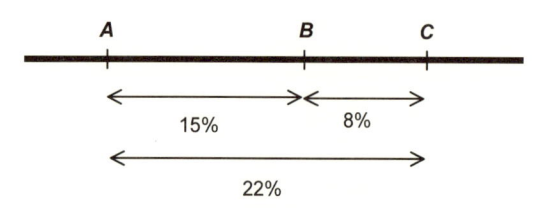

図 2.27　三点交雑法による連鎖地図の作成
交配実験により，A-B の間の組換え率が 15%，B-C，A-C の間がそれぞれ，8%，22% との結果が得られた場合，この 3 つの遺伝子座の染色体上での配置は，上のように予想される．

けではないことに注意が必要である．たとえば染色体の末端部分はそうでない部分に比べて交叉の頻度が高く，実際の距離に比べて組換え率は高くなる傾向がある．また，組換え率は雌雄でも異なり，一般に哺乳類では雌は雄に比べて組換え率は高くなることが知られている．このように，連鎖地図は染色体上での実際の距離に正確に対応しているわけではないが，少なくとも遺伝子が染色体上で並ぶ順序は正確に表している．実際の連鎖地図の作成は，モルガンらがショウジョウバエで行った三点交雑法（three-way cross method）に基づいている．たとえば，同一の染色体上に A，B，C の 3 つの遺伝子座が存在し，A と B，B と C，C と A の間の組換え率がそれぞれ，15%，8%，22% であるとき，図 2.27 に示すようにこれらの遺伝子座の並び方は A-B-C であることが確定できる．このように 2 つの遺伝子座間の組換え率の組み合わせから，3 つの遺伝子座の相対的位置と順序を決めることができる．なお，A-C の間の組換え率が，A-B の間と B-C の間の組換え率の和より小さいのは，2 つの遺伝子座の間で連続して 2 回交叉が起きる二重交叉（double crossing-over）は組換えとはならないことによる．すなわち，A-B の間で交叉が起こり，かつ B-C の間でも交叉が起こった場合には，結果として A-C の間では組換えとして検出されない．しかし，実際には二重交叉率は期待される値よりかなり低い．これは染色体上で一度交叉が生じた近傍では再度交叉が起こることを抑制する干渉（interference）と呼ばれる機構が存在するためである．なぜこのような多重交叉（multiple crossing-over）が抑制される現象が起こるのかは不明であるが，減数分裂の過程で対合した相同染色体の間で必ず最低 1 回の交叉が起きる義務的交叉と不可分の現象であると考えられている．

いずれにしても，このような多重交叉や干渉を考慮しなければ，組換え率から染色体上の正確な遺伝子座間の距離を推測することはできない．そこで，連鎖地図の作成に当たっては，地図作成関数（mapping function）と呼ばれる関数を用いて，組換え率から多重交叉および干渉を考慮した補正を行うことで，より実際の距離に近い値を求めている．このようにして求められた値が地図距離であり，モルガン単位を用いて表される．実際には組換え率 1% に対応する地図距離を 1 cM（センチモルガン）と表す．地図作製関数としてはコサンビの関数 $m = 1/4\{\ln(1+2r) - \ln(1-2r)\}$（$m$ は地図距離，r は組換え率）が現在広く使われている．

このようにして，各遺伝子座の染色体上での距離と相対的位置を求めることで連鎖地図が作成される．同一染色体上に存在する遺伝子座は互いに連鎖しているが，このように互いに連鎖する一連の遺伝子座をシンテニーグループと呼ぶ．1 つの

シンテニーグループは基本的に1つの染色体に対応することになる．近年では，ヒト，マウス，ウシ，ニワトリなどのさまざまな動物において全染色体を網羅する数千の遺伝子座よりなる詳細な連鎖地図が，連鎖マーカーを用いて作成されているが，その基本的な方法をここに述べた2つの遺伝子座の間の組換え率から地図距離を求める方法と同じである．このような連鎖地図はヒト，家畜，実験動物においてさまざまな形質（疾患，経済形質など）を支配する遺伝子の染色体上の位置が明らかにする上で有用である．

〔国枝哲夫〕

3. 遺伝子操作の基礎

3.1 DNA組換え技術

DNA組換え技術では，遺伝子DNAを制限酵素（restriction endonuclease）で切断したり，リガーゼ（ligase）で連結するなどの操作が行われる．組換え操作したDNAは担体DNA分子であるクローニングベクター（vector）に挿入された形で保存・増幅される．DNAの大量生産には，組換えベクター（インサート＋ベクター）を取り込んだ宿主（バクテリアクローン）を培養・増殖した後に，組換えベクターDNAを宿主から回収し，制限酵素で標的DNAとベクターへと切断，分離する．

3.1.1 DNAの宿主への導入

ベクターがプラスミドの場合，標的DNAによりバクテリアを形質転換（transformation）させ，形質転換したバクテリアを複製，増殖させてプラスミドDNAを増幅する．プラスミドを取り込んだバクテリアクローンをプラスミド内に組み込まれたアンピシリン（ampicillin）やテトラサイクリン（tetracyclin）などに対する薬剤耐性遺伝子の特性を利用して選抜した後，目的のプラスミドを単離する．ファージベクターの場合は標的DNAをファージコートの中にパッケージすることによって，DNAを宿主細胞に感染させる．

標的遺伝子DNAのベクターへの挿入と宿主細胞中での組換えベクターの増幅の過程を分子クローニング，または単にクローニングと呼ぶ．代表的なクローニングベクターとしてはプラスミド，λ（ラムダ）ファージ（λ phage），繊維状ファージがあり，それらの複製と増幅のための宿主は大腸菌である．それ以外のクローニングベクターとしては，ゲノムライブラリーの作製などに用いられる，YAC，BAC，MAC，PACなどがある（3.2.1項参照）．

3.1.2 宿　　主

大腸菌は約300万塩基対からなる染色体をもつ桿（棒）状の細菌である．現在宿主として用いられている大腸菌の大半は $E.\ coli$ K-12を親株とする派生体である．大腸菌は微量のグルコースなどの炭素化合物，窒素，リン，ミネラルを含む培地で十分増殖する．この特性を生かして，宿主として用いる大腸菌は通常，M9培地などの最少培地（minimal medium）で選択培養し，変異体，混入バクテリアを除去した後，ストック調製を行う．大腸菌を短時間で増殖させるには，アミノ酸，ピリミジン，プリン，ビタミンを添加した濃

Box 3.1　大腸菌の遺伝子型

宿主大腸菌がもつ遺伝子や遺伝的マーカーの遺伝子座を表す命名法は，イタリック体を用いる．たとえば，ヒスチジン要求株は his，あるいは his^- で表す．1つの遺伝子座に複数の酵素遺伝子が存在し，それらのどれかが欠けて栄養要求株になる場合，$hisA$，$hisB$ で示すように遺伝子名の後に大文字を付記する．ファージのゲノムがバクテリア中に組み込まれていて，バクテリアは溶原菌（lysogen）である場合，ファージゲノムの発現は大部分抑制されているが，ファージの遺伝子型は（　）内に入れて示す．たとえば，$nrdA$-$hisC$（λcI 857）は $nrdA$ と $hisC$ の突然変異をもつ大腸菌が突然変異をもつλファージのゲノムを組み込んでいることを示す．

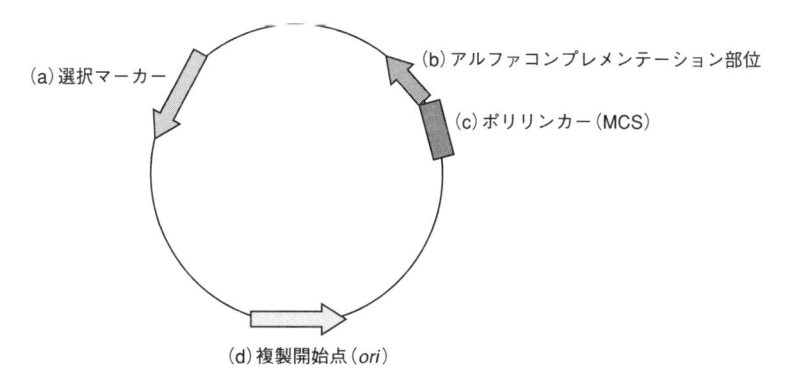

図 3.1　プラスミドベクターの構造
(a) 選択マーカー：プラスミド保有細胞（組換え体）を選抜する目的に用い，抗生物質抵抗性（アンピシリン，テトラサイクリン）や，栄養要求性がある．(b) アルファコンプレメーテーション部位：遺伝子が挿入されているかどうかの判定に用いる（例：$lacZ$ 遺伝子による青白選択）．(c) MCS (multiple cloning site)，ポリリンカー：ベクター中に1ヶ所のみ存在する制限酵素認識部位が集中的に存在している部位である．DNA断片挿入に利用する．(d) 複製開始点（ori）：大腸菌内でプラスミドが増殖するために必要である．転写開始因子が結合するとプラスミドは弛緩して開環状になる．これとは別に f1 ファージで一本鎖 DNA 合成を行うための ori をもつベクターもある．

厚培地（rich medium）が用いられる．

宿主として使用される代表的な大腸菌には，HB101，DH5α や JM109 などがある．なお，HB101 の遺伝子型は $\varDelta(gpt\text{-}proA)62$ $leuB6$ $thi\text{-}1$ $lacY1$ $hsdS_B20$ $recA$ $rpsL20(Str^r)$ $ara\text{-}14$ $galK2$ $xyl\text{-}5$ $mtl\text{-}1$ $supE44$ $mcrB_B$ である（Box 3.1 参照）．

3.1.3　クローニングベクター

DNA クローニングの過程では，標的 DNA をクローニングベクターに挿入する．通常，DNA 断片はプラスミドや λ ファージに挿入し，ついで組換えベクターを宿主である大腸菌に導入する．組換えベクターは大腸菌の増殖に伴い，複製，増幅される．

a. プラスミド

プラスミドベクターは比較的 DNA サイズが小さいので，大きな DNA 断片を挿入すると不安定になり，一般的に 5000 bp 以下の DNA 断片のクローニングに用いられる．プラスミドは λ ファージと比較して，次の3つの理由で使いやすいと考えられる．① プラスミド DNA の塩基配列には特定の制限酵素に対する切断部位がそれぞれ1ヶ所ずつしか存在しないので，DNA 断片の挿入が容易である．② プラスミド DNA に対して挿入 DNA のサイズは比較的大きいので，DNA サイズの違いを比較することで，DNA の挿入を容易に確認できる．③ スーパーコイル型のプラスミドを用いれば，プラスミド DNA の精製が容易である．

プラスミドは自己複製能力をもつ染色体外の環状 DNA であり，多くのバクテリアから分離，同定されている．プラスミドはバクテリアのもつ薬剤耐性や重金属耐性を受け継いでいる．プラスミドが複製するには，プラスミドが複製開始点（ori：origin of replication）をもち，DNA 複製に関連した酵素が宿主で供給されることが必要である．複製開始点はプラスミドがコードするタンパク質によって活性化される．プラスミドの複製はプラスミドがコードするリプレッサーがプラスミドの特定部位と相互作用することによって調節され，その結果として細胞当たりのプラスミドのコピー数が決定される．細胞当たり20コピー以下のプラスミドが存在するものは低コピープラスミドと呼ばれ，高コピープラスミドは細胞当たり20コピー以上存在し，500コピー以上が細胞に存在することは珍しくない（図3.1）．

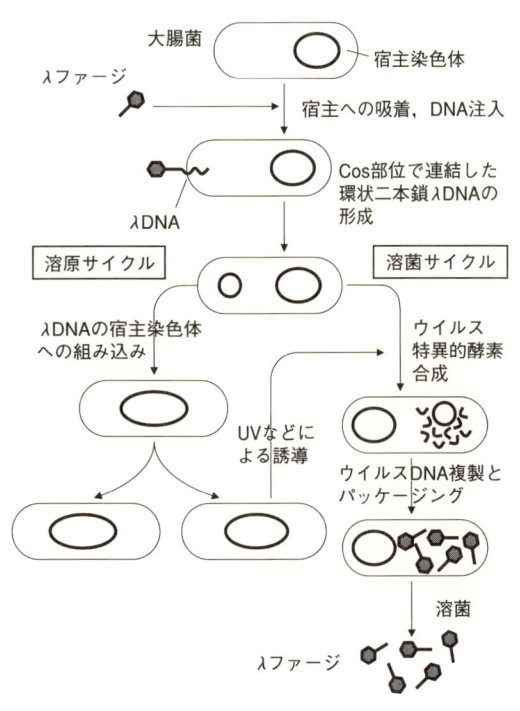

図3.2 λファージの感染と増殖

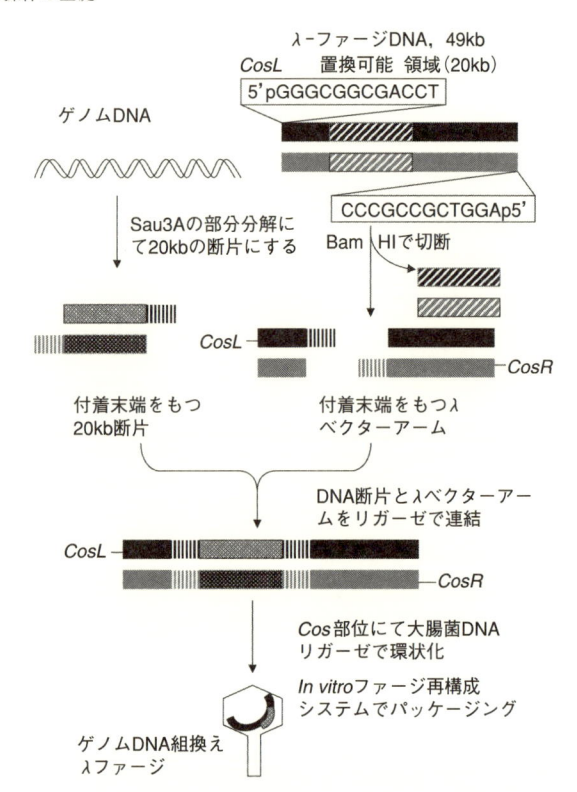

図3.3 ゲノムDNA断片のλファージDNAへの挿入とパッケージングによるゲノムDNA組換えλファージの作出

b. λファージ

λファージDNAは約4900塩基からなる二本鎖の直線状DNAで，5′末端と3′末端は12塩基の一本鎖で終わっている．この部分は相補的でcosと呼ばれ，DNAリガーゼによって二本鎖を形成して環状DNAとなる．λファージの感染では大腸菌細胞表面の受容体にファージが吸着し，直線状ファージDNAが細胞内に挿入された後に，cos部位が結合し，DNAリガーゼによって形成された環状DNAが複製する．数回の複製の後，複数のλファージDNAのコンカテマー（直列に連結した直線状のDNA）が形成され，濃縮されたλプロヘッドとなる．コンカテマー上のcos部位は切り取られ，個々のλプロヘッドには残りのヘッドが付け加えられ，別々に作製されたテールと結合して完成したDNA分子，約70個のファージ粒子がファージコート内に包み込まれる．この過程をパッケージングと呼ぶ．その後，大腸菌の溶菌によりファージが外部に放出される．この生活環を溶菌サイクル（lytic cycle）と呼ぶ．ある条件下ではλファージは溶原サイクル（lysogenic cycle）の生活環に移行する（図3.2）．ここではcI遺伝子産物であるλリプレッサーが溶菌に必要なmRNAの合成を阻害し，λ付着部位でλファージDNAが宿主の染色体に組み込まれる反応を触媒している．この場合，宿主は溶菌せず，組み込まれたλファージDNA（プロファージ）は宿主の染色体の一部として複製される．これを避けるために，38°C以上の温度では不安定なリプレッサータンパク質を合成する突然変異ファージ，cI 857を用いる．λファージは38.5～52 kbの範囲のDNAをパッケージすることができる．

c. コスミド

コスミドベクターはプラスミドとファージを合わせたベクターであり，選択マーカー，プラスミドのoriとポリリンカー（またはMCS：multiple cloning site）に加えてλファージのcos部位が組み込まれているので，コンカテマーが形成

されファージヘッドに組み込むことができる．た
とえば，コスミドベクターである pWE15 は
35～45 kb の大きな DNA 断片をクローニングす
るのに適している．

d．シャロン

シャロン (Charon) 4a は初期のゲノムライブ
ラリー構築に頻繁に用いられたベクターで，末端
断片の A および B 遺伝子にアンバー突然変異が
あり，宿主の遺伝型が Su1, Su3 でないと増殖
できないベクターである．λ DNA の中心部の遺
伝情報は溶菌サイクルには必要ないのでこの領域
を削除し，この側面に外来遺伝子の挿入部位が配
置されている．λ ファージではファージヘッド
にパッケージできる DNA サイズが野生型の
78～105% である必要があり，これによって挿入
する DNA のサイズが決まる．ゲノムライブラリ
ーの作製などで，比較的大きい DNA 断片を挿入
できる λ ベクターとしては，EMBL3, EMBL4
がある．これらのベクターには 10.4～20 kb の
DNA インサートを挿入することができ，クロー
ニングサイトとしては BamHI, SalI, EcoRI な
どがある（図 3.3）．

3.1.4　プラスミドと λ ファージベクターの比較

クローニングベクターとして利用されるプラス
ミドは次のような特徴が必要である．

① 宿主の染色体の複製が阻害されても，プラ
スミド自体は，無関係に複製し，挿入 DNA を大
量に生産する．

② 選択可能な遺伝的マーカーをもち，挿入
DNA 断片を含むプラスミドが容易に同定でき
る．

③ 複数のクローニング部位，すなわち複数
の制限酵素で切断できる塩基配列を含んでい
る．

④ 低分子量（<7000 bp）で，宿主の染色体
DNA との分離が容易である．

プラスミドベクターの代表例としては，

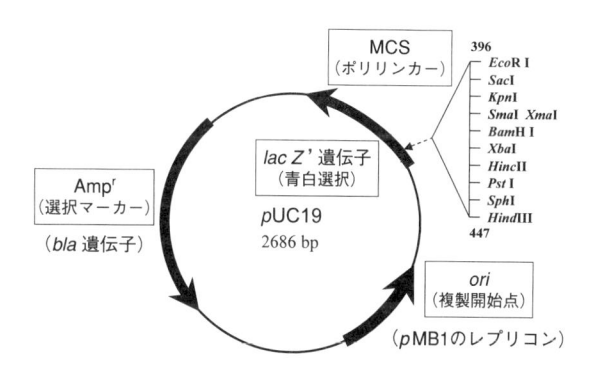

図 3.4　プラスミド，pUC19

pUC19 は pBR322 由来の pMB1 レプリコンとベータラクタマ
ーゼにコードする bla 遺伝子をもちアンピシリン耐性を示す．
MCS の上流には 17 塩基からなる MB1pUC シーケンスプライ
マーをもつ．

Box 3.2　プラスミド pBR322

pBR 322 は歴史的に重要なプラスミドで pBR
322 に由来する多数のプラスミドが作製されてい
る．このプラスミドはアンピシリンとテトラサイ
クリンに対し耐性をもっており，DNA 断片が挿
入されると薬剤耐性を失う．pUC 19 はポリリン
カーが lacZ 遺伝子の α 領域に挿入されて pUC
の 1 つで，DNA 断片がポリリンカーに挿入され
ていると，適当な処理で青いコロニーに代わり白
いコロニーが探知される．pBluescript はポリリ
ンカーが lacZ 遺伝子の α 領域に挿入されてお
り，クローニング部位の両端に挿入されている
T3 と T7 プロモーターはバクテリオファージ
RNA ポリメラーゼによって認識され，RNA 転
写産物を生産する．このプラスミドでは繊維状フ
ァージの ori である f1（+/-）を用いて，lacZ
遺伝子のセンス/アンチセンス配列を再生するこ
とができる．pEGFP-1 はプロモーター活性，転
写活性化を探知する目的で開発されたプラスミド
で緑色蛍光を発するタンパク質をコードするオワ
ンクラゲの EGFP 遺伝子の上流にポリリンカー
が挿入されている．pcDNA 3.1 は特定の遺伝子
を動物細胞で発現するための発現ベクター（ex-
pression vector）でサイトメガロウイルスのエン
ハンサー・プロモーター，ポリリンカー，ウシ成
長ホルモン遺伝子ターミネーションシグナル，
SV 40 ポリアデニレーションシグナルを含み，高
度のタンパク質発現が可能である．

pBR 322, pUC 19（図 3.4, Box 3.2 参照），pBluescript, pEGFP-1, pcDNA 3.1 がある．

一方，λ ファージベクターはプラスミドと並んで，次の 4 つの理由で有効なクローニングベクターとして利用されている．

① *in vitro* で DNA をパッケージした λ ファージ粒子を宿主細胞に感染させることにより，組換え DNA を効率よく宿主細胞に導入できる．

② 適宜なベクターを選べば，特定サイズの DNA 断片を選択的にクローニングすることができる．

③ クローニングされた DNA を容易に，高濃度でファージから回収することができる．

挿入 DNA をもつファージは 4°C で生存能力を失わず数年間保存することができる．

3.2 遺伝子のクローニング

ゲノム研究において，目的の標的遺伝子を探索するには，ゲノムライブラリーをスクリーニングして得られたゲノムクローン群を整列化（コンティグ）し，物理地図を作成する．一方，これから得られるエキソンやイントロンの情報から遺伝子構造を予測し，cDNA ライブラリーをスクリーニングする．最後に既知の遺伝子の塩基配列と比較して標的遺伝子の機能決定を行う．塩基配列の相同性検定により他種生物の遺伝子と関連付けられない cDNA クローンは EST（expressed sequence tags）として，分類，目録化される．

3.2.1 ゲノムライブラリー

染色体を構成する全ゲノム DNA を抽出し，適当な制限酵素で断片化した DNA 断片の集団をベクターに組み込み，ゲノムすべての領域を含む DNA の集合体をゲノムライブラリー（genomic library）という．したがって，ゲノムライブラリーにはタンパク質をコードする遺伝子あるいは mRNA に転写される遺伝子以外の反復配列，遺伝子の発現制御領域などのさまざまな塩基配列が含まれており，ゲノムライブラリーから標的 DNA を分離し，機能を解明するのに活用されている．

ゲノムライブラリー作製の概略を図 3.5 に示す．この作業はゲノム DNA から挿入 DNA（インサート）の作製とクローニングベクターの準備から始まる．そして，挿入 DNA とベクターとの結合（ライゲーション），ベクター/インサートのパッケージング，ライブラリーのタイター（力価）の決定，最後に，ライブラリーのスクリーニングが必要である．

a. 各種ベクター

ゲノム解析には挿入 DNA（インサート）のサイズができるだけ大きいほうが望ましい．しかし，従来の λ ファージベクターやコスミドベクターよりなるライブラソームにゲノム全体を含有させようとすると莫大な数のクローンが必要となってしまう．そこで，それらのベクターに代わりに開発されたものとして，酵母人工染色体（yeast artifical chromosome, YAC）ベクター，細菌人工染色体（bacterial artificial chromosome, BAC）ベクター，P1 ファージ人工染色

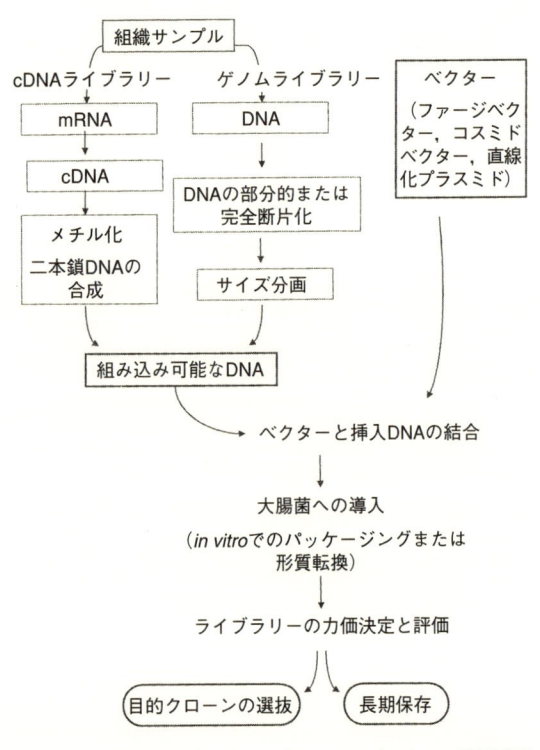

図 3.5 cDNA ライブラリーとゲノムライブラリーの構築手順

体（P1 phage artifical chromosome, PAC）ベクター，哺乳類人工染色体（mammalian artificial chromosome, MAC）がある．これらのベクターがゲノム解析におけるゲノムライブラリーの構築に主として利用されている．

YACライブラリーはパン酵母のセントロメアと自律複製配列（ars）にテトラヒメナのテロメアを結合させることで，酵母内で染色体と同様に行動するようにした直鎖DNAである．YACを用いて600～800 kbのインサートが挿入されたライブラリーが開発されている．平均のインサートサイズが600 kbであると，動物ゲノム全体をカバーするのに必要な最低クローン数は約5000となる（Box 3.3参照）．個々のクローンサイズが大きければ，DNA断片の整列化には少ない数のクローンで済む利点がある．現在では，インサートサイズは100～2000 kbの範囲まで拡張している．しかし，YACの問題点は組換え体が不安定なためインサートDNAの欠失を生じやすいことであり，ゲノム解析にはBACライブラリーが主力となっている．

3.2.2 コンティグ

ゲノムライブラリーにおいてオーバーラップしたDNAクローン群の配列を検索して，実際に染色体上に存在する順番に並べることを整列化あるいはコンティグ（contig）と呼ぶ．目的の遺伝形質と相関の高いDNAマーカー，たとえばマイクロサテライトマーカーを起点として整列化されたクローンをたどれば原因遺伝子に到達することも可能であり，物理地図作製の第1ステップともなる．ゲノムライブラリーはSau3Aなどの制限酵素で部分的に切断されたDNA断片で構成されているので，同じ末端塩基配列をもつクローンをオーバーラップさせるにはDNAフィンガープリント法やPCR法を取り入れた染色体歩行（chromosome walking）で行う．整列したDNAクローンのセントロメア側，もしくはテロメア側への伸長方向はFISH（fluorescence in $situ$ hybridization）法やRH（radiation hybrid）パネル法によって決定される．標的遺伝子の探索や物理地図の作製において，染色体全体のDNA配列をカバーするためには，YACクローン群の整列化を行い，検索領域が2 Mb（メガベース＝10^9 bases）以下に絞られたら，BACとPACクロー

Box 3.3 BACライブラリー，PACライブラリー，MACライブラリーと標的DNA配列が挿入される確率

BACライブラリーは大腸菌の単一コピープラスミドであるF因子を利用したライブラリーである（Shizuya et al., 1992）．平均インサートサイズは100～160 kbであり，最大350 kbまで挿入可能とされている．このライブラリーの特徴は組換え体の安定性であり，クローンは塩基配列決定にそのまま使用できるので，全塩基配列の決定などで幅広く利用されている．

PACベクターは本質的にはBACに相似しているが，oriはP1ファージ由来であるため，F因子とP1の両方の利点をもつ．

MACベクターはYAC，BAC，PACを基盤とし，複製開始点，セントロメア，テロメアの構造をもった哺乳類人工染色体ベクターであり，遺伝子治療や遺伝子機能の解析に活用されている．

ゲノムライブラリーにおいて無作為に挿入されたインサートのなかに含まれる標的DNA配列の確率はPoisson分布から推定され，スクリーニングしなければならないクローン数（N）は標的DNA配列の得られる確率をPと設定すると，次の数式によって示される．

$$N = \ln(1-P)/\ln(1-(I/G))$$

ここで，Iは平均的なクローンのサイズ（bp），Gはゲノムサイズ（bp）を表す．

λファージベクターにおいてインサートの平均サイズが20 kbであるゲノムライブラリーを構築すると，動物ゲノムサイズは3×10^9 bpであるので，99％の確率で標的DNA配列を得るためには

$$N = \ln(1-0.99)/\ln(1-(2 \times 10^4/3 \times 10^9))$$
$$= 690000 \quad クローン$$

をスクリーニングする必要がある．

> **Box 3.4　cDNA ライブラリー**
>
> 　cDNA ライブラリーの作製には，比較的小さい DNA 断片を挿入できる λ ベクターである λgt 10, λgt 11 が利用される．λgt 10 には 0〜5 kb の DNA インサートを挿入することができ，クローニングサイトとしては EcoRI がある．EcoRI サイトは cI 遺伝子塩基配列にあり，外来遺伝子の挿入はリプレッサータンパク質の不活性化を誘導する．λgt 10 には 0〜4.8 kb の DNA インサートを挿入することができ，クローニングサイトとしては EcoRI がある．EcoRI サイトは lacZ 遺伝子の塩基配列にあり，インサートの有無は lacZ タンパク質に対する抗血清で探知することができる．最後に，λZAP には 10 kb までの DNA 断片を挿入でき，その挿入領域にはプラスミド，pBluescript を含み，インサートはプラスミドとして f 1 または M 13 ヘルパーファージに感染することによって切断，放出される．

ン群の整列化を行う．YAC クローンの整列化には既知の領域に存在する STS (sequence tagged site) を用いて行う．

3.2.3　cDNA ライブラリー

　特定の臓器や特定の発生段階にある胚から抽出した全 RNA をもとに逆転写酵素 (reverse transcriptase) を作用させて，すべての転写産物を反映する cDNA を合成し，これらの cDNA 集団をベクターに組み込んだ cDNA 集団を cDNA ライブラリー (cDNA library) という．cDNA ライブラリーは，特定遺伝子または未知の塩基配列の転写を確認したり，得られる塩基配列情報をもとに特定の遺伝子の機能を同定，解析するのに利用される．cDNA ライブラリーの構築には，mRNA を逆転写酵素で 1〜10 kb の cDNA に変換した後，二本鎖 cDNA を合成し，適当なベクターへ挿入する（図 3.5）．以下はゲノムライブラリーと同様の手順でライブラリーの作製，維持，保存，cDNA クローンのスクリーニングを行う（Box 3.4 参照）．

3.2.4　EST

　EST (expressed sequence tags) は cDNA ライブラリーから得られた cDNA クローンの 5′ 末端，あるいは 3′ 末端を起点とする比較的短い塩基配列である．1990 年以降に，無作為に選ばれた cDNA クローンを 1 回のシークエンスで塩基配列を決定し，この塩基配列を EST と呼ぶようになった．EST の特徴は cDNA のサイズが 400〜600 bp と比較的短く，塩基配列には約 2% のエラーが含まれている．しかし，遺伝子の完全長 cDNA が入手できない場合でも EST 内の配列をもとに作製したプライマーを用いて PCR 法で全長を得て，遺伝子を回収することが可能である．近年，塩基配列決定法の進展に伴い 1 回のシーケンシングでベクターに挿入したインサートの全塩基配列の決定が可能になっている．EST 情報は，日本では DDBJ (DNA data bank of Japan)，USA では NCBI/GenBank，EU では EBI/EMBL に登録されている．EST データベースは http://www.ncbi.nlm.nih.gov/projects/dbEST でアクセスできる．2005 年現在，過去 10 年間に動物全体で約 342 万であり，そのうち，ウシで約 65 万，ブタで 44 万，ニワトリで 54 万の EST が登録されている．

〔丸山公明〕

3.3　遺伝子の解析

3.3.1　遺伝子の構造解析

a.　塩基配列の決定法

　新規に遺伝子を単離し，その機能を調べたり各種の実験に利用するためには，遺伝子 DNA の塩基配列を決定する必要がある．1970 年代に，DNA の塩基配列を決定する方法として 2 通りの方法が開発された．両法は，DNA の長さが 1 ヌクレオチドでも異なれば，ポリアクリルアミドゲル電気泳動 (PAGE) により，一本鎖 DNA 分子を区別できるという原理に基づいている．

　第 1 の方法は，ジデオキシ法 (dideoxychain

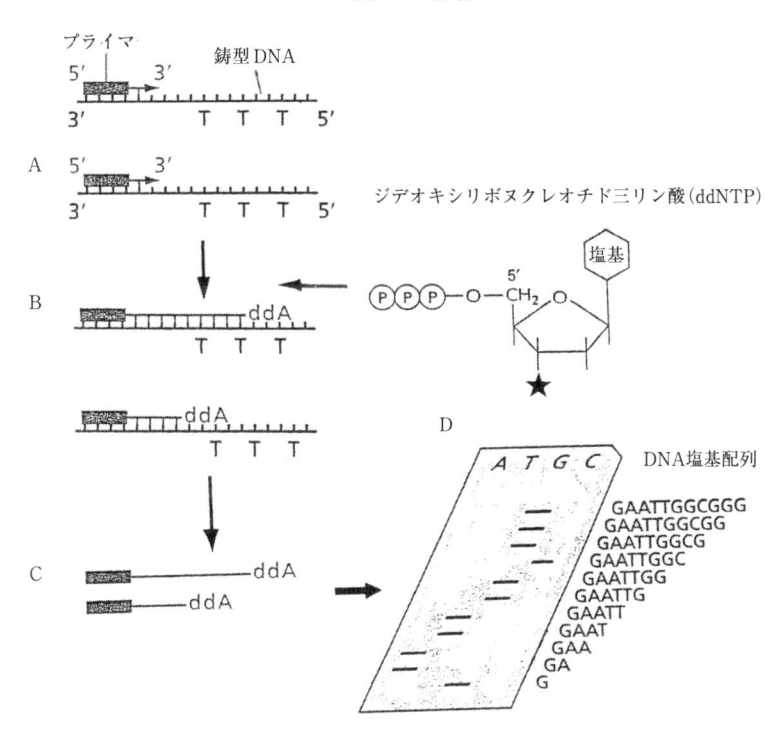

図3.6 ジデオキシ法（サンガー法）によるDNA塩基配列決定の概略（文献1）を一部改変）デオキシヌクレオチド（dNTP）のOH基がH基（★）に置換されているため，DNA鎖の合成にddNTPが取り込まれると，それ以後のDNA鎖の伸長反応が止まる．A：DNA鎖の合成．B：ddNTPが取り込まれると伸長が止まる．dNTPを標識しているので，dNTPが取り込まれると，伸長を終結したDNA鎖が標識される．C：さまざまな長さの標識DNA鎖の合成．D：ポリアクリルアミドゲル電気泳動後にオートラジオグラフィーにより判読．

termination method）で，一本鎖DNA分子の塩基配列を決定する方法である．プライマーを利用して，一本鎖DNAを鋳型（template）に相補的な新しいDNA鎖を合成させる．DNAポリメラーゼによるDNA鎖の伸長反応には，基質として4種類のデオキシリボヌクレオチド三リン酸（dNTP，すなわちdATP, dCTP, dGTP, およびdTTP）が必要であるが，これらのdNTPの他に少量のジデオキシリボヌクレオチド三リン酸（ddNTP，すなわちddATP他3種類）を反応に加える．dNTPとddNTPとは区別されずに伸長反応に取り込まれるが，ddNTPはヌクレオチドの連結反応に必要な3′ヒドロキシル基（3′-OH）を欠くので，ddNTPが取り込まれた位置で伸長反応が停止する．4種類のdNTPにそれぞれ蛍光色素などで標識しておけば，反応産物をPAGEにより蛍光を発するさまざまな長さのDNA配列をゲル上のバンドの位置として読むことができる（図3.6）．なお，反応には高いDNA合成能をもち，エキソヌクレアーゼ活性をもたない人為的に作製されたDNAポリメラーゼが使用されている．

第2の方法は，化学分解法（chemical degradation method）で，一本鎖DNA分子を特定のヌクレオチドを特異的に切断する化学物質で処理して，異なった大きさのDNAに断片化し，同じくPAGEで分離して塩基配列を読む方法である．開発当初は，両方ともに利用されたが，近年では，ゲノムの塩基配列決定には自動化の容易なジデオキシ法が用いられている．

b．サザン法

二本鎖DNAは高熱処理や強アルカリ処理により，塩基対間の水素結合が解離して容易に一本鎖に変性する．また，ゆっくりと常温に戻したり，

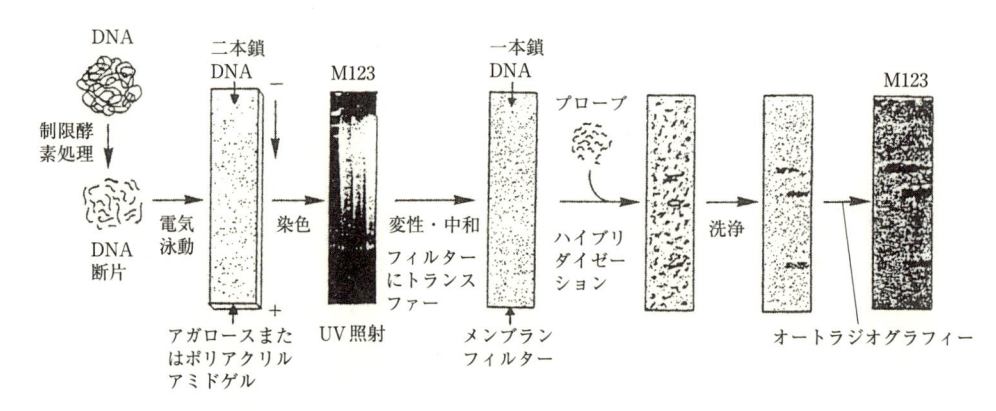

図3.7 サザンブロッティングハイブリダイゼーション法の概略
M：マーカーDNA，1～3：サンプルDNA．

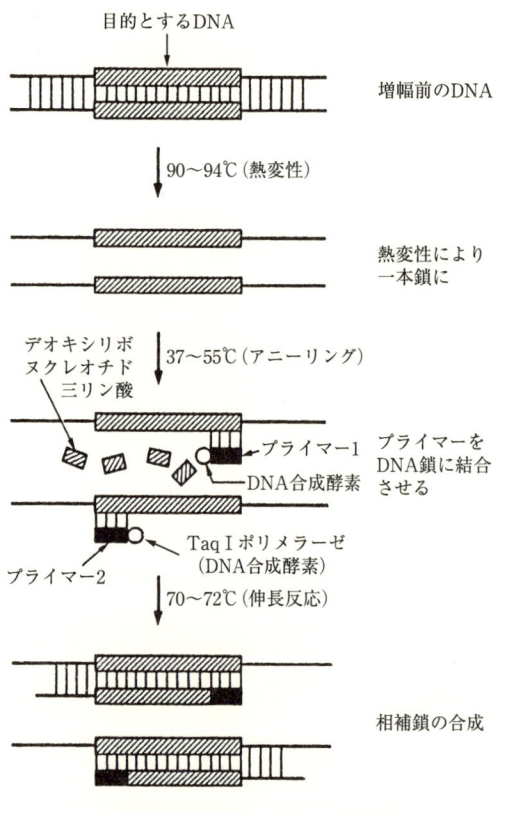

図3.8 PCRによるDNAの増幅

中和すれば，再び水素結合して二本鎖に戻る（アニーリング）．このようなDNAの性質とサブマリン電気泳動（ゲルを緩衝液に浸して泳動）やブロッティングを上手く組み合わせてDNA（遺伝子）の種類や大きさを解析する方法がサザン法 (Southern blotting hybridaization method) である．すなわち，高分子DNAを特定の制限酵素で処理し断片化する．ついで，変性（一本鎖化）させたのち，サブマリン電気泳動で分離する．さらに，ゲルからフィルターにブロッティングし，標的遺伝子の塩基配列と一致あるいは相同性の高いDNA断片にアイソトープなどで標識したプローブ (probe) とハイブリッド形成させる．余分なプローブを十分に洗浄し，最後にオートラジオグラフィーにより，プローブと結合した標的DNA断片がバンドとして検出できる（図3.7）．最近では蛍光標識したプローブを用いることが多い．

c. PCR法

PCR (polymerase chain reaction) 法は，DNA分子の特定領域を試験管内でしかも短時間で増幅する方法である．この反応は，DNA鎖の熱変性 (denaturation)，プライマーのアニーリング (annealing)，DNAポリメラーゼによる伸長反応 (extension) からなる（図3.8）．反応に必要な材料は，増幅の標的となる二本鎖DNA，増幅したいDNA鎖の塩基配列に相補的で20～30個からなる2種類のプライマー（オリゴヌクレオチドプライマー），4種類のデオキシリボヌクレオチド三リン酸 (dNTP)，さらにDNA合成酵素 (Taq I DNAポリメラーゼ) である．これらの材料を1本の小チューブに入れ，まず，90～94℃に加熱して二本鎖DNAを一本

鎖DNAに変性させる．ついで，ゆっくりと温度を37〜55℃に下げると，2種類のプライマーが一本鎖の鋳型DNA配列と対応する部分（AとT，GとC）にそれぞれ水素結合し，二本鎖DNAを形成する．さらに，70〜72℃に上げると，プライマーが結合した3′末端から，それぞれ内側に向かってDNA合成酵素の作用により4種類のdNTPsを取り込みながらDNAの伸長がはじまる．この一連の反応が終了すると両方のプライマーで内側のDNA領域が2倍に増幅されたことになる．この反応を30〜40回繰り返せば，標的のDNA断片は約1000万倍に増幅される．なお，Taq Iポリメラーゼは耐熱性細菌由来の酵素であるため高熱でも失活しない．PCRに必要なDNAおよび各種試薬は微量であり，しかも1サイクルが約4〜5分しか要しないため，短時間で大量のDNAを増幅することができる．

PCR法は，DNA塩基配列の決定やDNA地図の作成などの分子生物学の分野だけでなく，法医学，臨床診断学，遺伝性疾患診断，親子鑑定など，さまざまな分野で広く利用されている．

3.3.2 遺伝子産物の解析

遺伝子の転写産物ならびに最終産物であるタンパク質の解析には，サザン法と同様に電気泳動とブロッティングを利用した方法が用いられている．

a. ノーザン法

遺伝子の転写産物（mRNA）の種類と大きさを同定する方法がノーザン法（Northern blotting hybridization method）である．基本的な原理や操作は，サザン法とほぼ同じである．異なる点は，mRNAは自身で二本鎖構造をつくりやすいので，RNAを変性させた条件下で電気泳動する必要がある．RNAの変性にはDNAのようにアルカリ処理できないため，変性剤としてホルマリンなどをゲルに加え電気泳動する．

b. ウエスタン法

サザン法やノーザン法は遺伝子DNAやその転写産物を特定する方法であるのに対して，遺伝子の最終産物であるタンパク質の種類や大きさを同定する方法がウエスタン法（Western blot hybridization method）である．基本的な原理は前出の両方法とほぼ同じで，ウエスタン法では，標識抗体を用いた抗原抗体反応を利用する．なお，ノーザン法とウエスタン法の名は，DNAの解析法が開発者（Southern, 1975）の名にちなんで命名されたことから，それにつづけて語呂合わせでRNAならびにタンパク質の解析法に対して，それぞれ名付けられた．

c. RT-PCR法

細胞や組織からmRNAを抽出し，これを鋳型に逆転写酵素（reverse transcriptase, RT）を作用させて一本鎖cDNAを合成する．さらに二本鎖DNAを合成してPCR法を利用すれば，特定遺伝子の質的ならびに量的な発現が解析できる．これをRT-PCR法という．この方法は，遺伝子産物（mRNA）が微量である場合に有効である．RT-PCR法は，遺伝子転写産物の開始点と終結点を決定する場合にも利用される．

3.3.3 遺伝子の機能解析

新規に単離された遺伝子の機能を探る手段としては，いろいろな方法が用いられている．

a. コンピューターによる解析

塩基配列を決定した新規遺伝子は，コンピューターを利用してデータベースに登録されている機能の明らかな遺伝子の塩基配列と比較し，両者の相同性あるいは類似性を解析すれば，その機能を予測することができる（9章参照）．

b. 遺伝子発現を調べる方法

新規に単離した遺伝子（標的遺伝子）の機能は，標的遺伝子が生体のどの組織で発現しているのか，特定組織のどの種の細胞で発現し，さらにはどのような発現パターンを示すかを調べれば，予測することができる．すなわち，標的遺伝子の組織や細胞における発現パターンがわかれば，機能が判明している他の遺伝子の発現パターンとの類似性から標的遺伝子の機能を予測することができる．組織での遺伝子の発現パターンを調べる手段について，転写レベル（mRNA）の発現は，組織からRNAを抽出し，RT-PCR法やノーザ

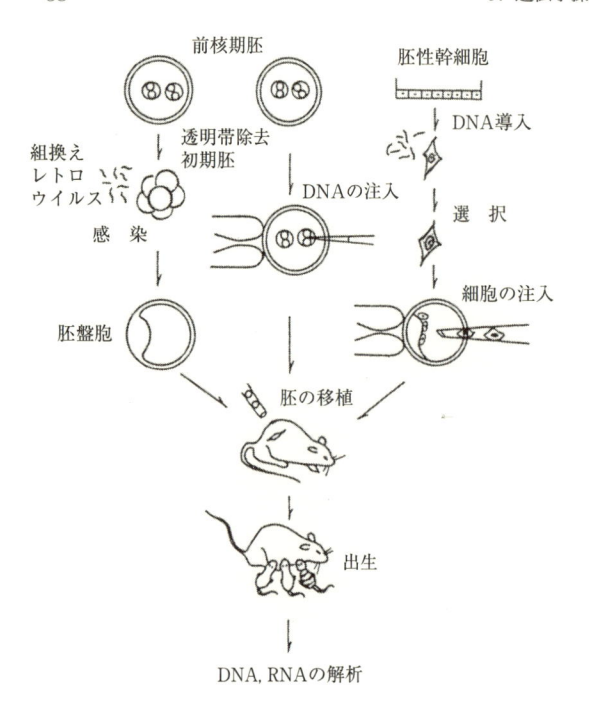

図3.9 マウスへの外来遺伝子導入に用いられる各種の方法

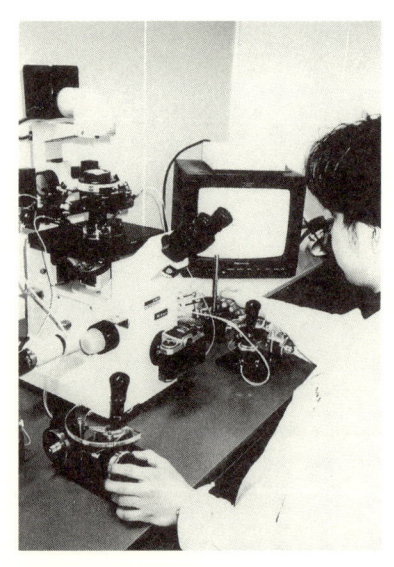

図3.10 マイクロマニピュレーターシステムの操作
左右にマイクロマニピュレーター，インジェクター，ホルダーを設置．中央が微分干渉装置付きの倒立型顕微鏡．

ン法により，また，翻訳レベル（タンパク質）の発現は，ウエスタン法により解析できる．さらに，特定組織内の細胞レベルでの発現は，mRNAについては，*in situ*ハイブリッド形成（*in situ* hybridyzation）法で，タンパク質については，免疫組織化学（immunohistochemistry）法で解析できる．このような特定遺伝子の発現パターンを調べるのに対して，マイクロアレイ（DNA microarray）法を利用すれば，一度に数千もの遺伝子の転写レベルでの発現を解析できる．たとえば，がん化前後の細胞における遺伝子群の発現パターン（発現量の増減）をマイクロアレイ法で調べれば，がん化にはどのような遺伝子群の発現が関与しているのかが予測できる．

c. 遺伝子導入の利用

遺伝子の発現パターンを調べただけでは，標的遺伝子の機能を正確に知るには限界がある．遺伝子の機能をより直接的に調べる方法には，*in vitro*系と*in vivo*系による遺伝子導入法がある．

1) *in vitro*系 細胞への遺伝子導入を*in vitro*系と呼び，通常動物培養細胞を用いる．*in vitro*系では，標的遺伝子を組み込んだ発現ベクターを細胞に導入する方法が用いられるが，それには2通りの方法がある．発現ベクターが宿主細胞のゲノムに組み込まれずに独立して発現する一過性遺伝子発現系と，発現ベクターが宿主細胞のゲノムに組み込まれた細胞株（クローン株）を用いる安定性遺伝子発現系がある．両方法とも標的遺伝子の発現によって宿主細胞に起こるさまざまな表現型を解析することにより標的遺伝子の機能を予測するものである．それらの長所は，生体内で起こる複雑な現象を，比較的に簡単な系で再現できる点にある．しかし，細胞培養系で解析する際の基本は，可能な限り生体内に近い条件をつくり出すことである．さらに，遺伝子の転写（mRNAの量）が非常に低かったり，遺伝子産物（タンパク質）の生産量が少ないような標的遺伝子の発現を調べる場合には，その遺伝子のコード領域をレポーター遺伝子のコード領域に置き換えた融合遺伝子を導入して，レポーター遺伝子の発現（検出感度が高い）を調べる方法が用いられている．レポーター遺伝子としては，蛍光や酵素活性を調べることにより発現を容易に検出できるGFP（green fluorescent protein），CAT（chloramphenicol acetyltransferase）やLacZ（β-galactosidase）が一般的に用いられている．

また，標的遺伝子の調節領域（非コード領域）の一部を欠損あるいは変異させてレポーター遺伝子に連結して細胞へ導入し，その発現の変化を調べれば，標的遺伝子の発現を調節している DNA 領域や塩基配列を解析することができる．

2) in vivo 系　in vivo 系には，標的遺伝子を導入する方法（Gain of function）と，標的遺伝子の機能をノックアウトやノックダウンする方法がある．in vivo 系による解析法では，生体内で標的遺伝子を発現させたり，宿主自身の遺伝子の発現を欠損させることで，生体内で起こるさまざまな表現型の変化を調べるので，in vitro 系に比べ，より直接的に標的遺伝子の生体内での機能を知ることができる．一方，得られる表現型の変化が複雑であるため，標的遺伝子の発現と表現型との直接的な関係を特定できない場合がある．

(1) 外来遺伝子の導入：　哺乳類の生殖系列へ外来遺伝子を導入する手段には，各種の方法が開発されている（図 3.9）．

① **DNA 顕微注入法：**　この方法は，マイクロマニピュレーター（図 3.10）を操作し，精製した DNA 断片を受精卵（前核期胚）の一方の前核内に顕微注入する方法である（図 3.11）．トランスジェニック家畜を含めほとんどのトランスジェニック動物は，この方法により作製されている．前核内に注入された DNA 断片は受精後の最初の細胞分裂が起こる前に宿主ゲノム内に組み込まれる．通常，1 から数十コピーの DNA 断片が連結された状態で宿主ゲノム内の 1 ないし数ヶ所に挿入される．これまでに，DNA 顕微注入法によるトランスジェニックマウスを効率よく作製する諸条件，すなわち，注入に用いる受精卵の系統，注入する DNA の濃度や形状，DNA 溶解液の組成などの最適条件が確立されている．なお，家畜の前核期胚は，マウス胚と異なり細胞質内に多くの脂肪粒が存在するために前核が鮮明に見えない．そのため，胚を 15000 rpm，5 分間遠心分離し，脂肪粒を胚の一方に寄せてから顕微注入する必要がある．

② **レトロウイルスを利用する方法：**　標的の遺伝子（cDNA）をレトロウイルスのプロウイル

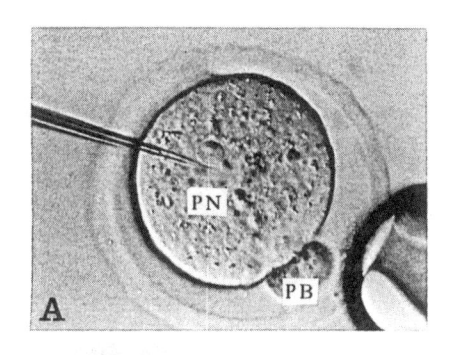

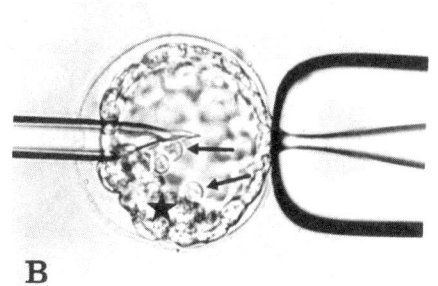

図 3.11　トランスジェニックマウス(A)や遺伝子ノックアウトマウス(B)の作製に必要な胚の顕微操作
A：前核内への DNA 溶液の注入（PN：前核，PB：極体）．マウス受精卵の直径は約 80 μm，核内の球体は核小体．B：胚盤胞腔への ES 細胞の注入（矢印：ES 細胞，星印：内部細胞塊）．

スに組み込み，ウイルスの細胞への感染力を利用する方法である．一本鎖 RNA であるレトロウイルスは細胞内に侵入したのち，いくつかの中間体を経て二本鎖環状 DNA となり，宿主ゲノムに組み込まれるが，遺伝子導入のベクターとして用いるのは，二本鎖の線状 DNA の状態にあるプロウイルスである．導入する標的遺伝子をウイルスの複製に関与する遺伝子領域内に組み込み，ウイルスの複製能力は失うが宿主ゲノムへの挿入能力は保持している組換えプロウイルスを構築する．次に，組換えプロウイルスを感染させた培養細胞と透明帯を除去した胚とを共培養したり，使用するウイルスの種類によっては，卵子の囲卵腔内に直接組換えウイルスを注入する．この方法は，マイクロマニピュレーターのような特殊な機器を必要としない反面，種々の欠点があり，むしろヒトの遺伝子治療で行われている骨髄細胞などの造血系細胞へ遺伝子を導入する手段に用いられている．

③ **胚性幹細胞を利用する方法：**　胚性幹細胞（embryonic stem cell，ES 細胞）への遺伝子導

入とキメラ動物の作製とを組み合わせた方法である．まず，標的遺伝子をES細胞に導入（トランスフェクション）し，形質転換した（外来遺伝子がゲノムに組み込まれた）ES細胞を選択する．次に，形質転換ES細胞（標的遺伝子が導入されたES細胞）を宿主胚盤胞の胞腔内に注入するか（図3.11 B），透明帯を除去した8細胞期胚に集合させて，最後に偽妊娠マウスの子宮へ移植してキメラマウスを作製する．生まれたキメラマウスの10～30％がES細胞をもっており，もしES細胞が生殖細胞（卵子または精子）に分化していれば，これを通常のマウスに交配すると，次世代で形質転換ES細胞由来のトランスジェニック個体が得られる．この方法によると，形質転換ES細胞は体外で増殖させることができ，また，一時凍結保存しておくことができる．この方法は，DNA顕微注入が困難な酵母人工染色体（yeast artificial chromosome, YAC）や細菌人工染色体（bacteria artificial chromosome, BAC）ベクターに組み込んだ数百kb（最大600 kb程度）もの長大なゲノムDNAの導入手段として利用されているが，主に，遺伝子ノックアウトマウスを作製する方法として利用されている．なお，この方法を利用するためには，同種のES細胞が樹立されていることが必須であるが，マウス以外の動物では，キメラ個体内で生殖細胞へ分化する真のES細胞は樹立されていない．

④ 染色体をベクターとする方法： DNA顕微注入法では標的遺伝子が宿主ゲノムに組み込まれる部位が任意であるため，いわゆる"位置効果"により導入遺伝子の安定的な発現が期待できない．YACやBACベクターに組み込んだ巨大DNAの導入により，この位置効果が解消できる．しかし，この場合にも導入可能なDNAサイズは600 kb程度が限界である．たとえば，ヒト抗体遺伝子座の全長は1～3 Mb（1 Mb=1000 kb=1000000 b）であり，標的遺伝子座全体をYACやBACに組み込むことができない．これらの欠点を解決するために開発されたのが，染色体レベルの導入法である．導入する染色体の条件としては，複製起点（染色体の複製に必要），セントロメア（姉妹染色分体が娘細胞へ正しく分配されるのに必要），テロメア（染色体末端にあり，正常な染色体複製や染色体の保護に必要）を備えていること，宿主染色体とは独立して複製し，生殖細胞を通じて子孫に伝達されることが必要である．これの条件を満たした小型のヒト染色体断片やヒトの患者から単離した環状染色体（セントロメアは不必要）が開発されており，これらの染色体をベクターに，Cre/loxP系（Box 3.5を参照）を利用して特定の遺伝子を組み込んだ染色体ベクターが作製されている．マウスへの導入法の詳細は省略するが，これらの小型染色体はES細胞へ導入（トランスフェクション）し，いったんキメラマウスを作製する方法が用いられている．

⑤ 精子をベクターとする方法： 精管膨大部から採取した精子や射出精子を環状あるいは直鎖状のDNAを含む培養液で培養した後に，人工授精したり，体外で受精させてから仮親に移植して産子を得る方法である．この方法が報告された直後に大規模な追試が実施されたが，再現性は確認されなかった．しかし，その後の研究から，トランスジェニック動物の作製効率（0～100％）は安定していないが，この方法でトランスジェニック動物（マウス，ブタ）を作製できることが報告されている．ヒト*DAF*遺伝子（補体制御膜遺伝子の1つ）をブタに導入した研究では，DNAと精子を体外で培養した後，これらを人工授精して，高率（2/2 ［100％］，12/14 ［86％］）にトランスジェニックブタが生産されている．しかし，外来DNAが宿主ゲノムに組み込まれる機構については不明である．

⑥ 核移植を利用する方法： 世界で最初にクローンヒツジの作製に成功したイギリスのロスリン研究所のグループは，胎児から採取した線維芽細胞を用いて遺伝子ターゲティング用の*α1*プロコラーゲン遺伝子を導入し，DNA相同組換えを起こした細胞の核を除核未受精卵に核移植し，さらにこの核移植胚を仮親に移植して遺伝子ノックアウトヒツジの作製に成功している．体細胞を用いた遺伝子ターゲティング法と体細胞核移植法とを組み合わせた方法は，家畜での遺伝子ノックア

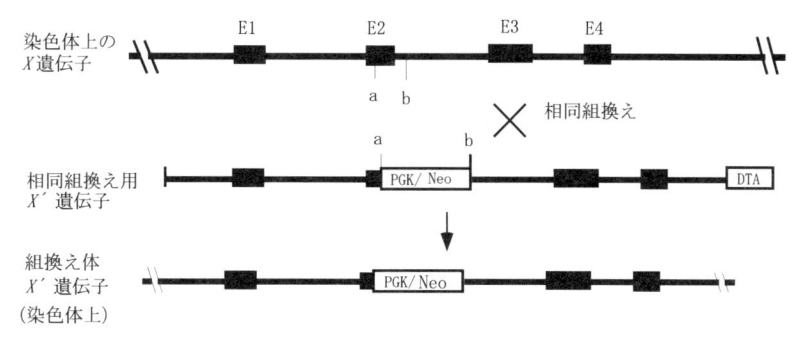

図3.12 DNA相同組換えによる遺伝子ターゲティング
PGK：phosphoglycerate kinase遺伝子のプロモーター，Neo：ネオマイシン（抗生物質）耐性遺伝子（構造遺伝子），DTA：ジフテリア毒素A遺伝子，a，b：制限酵素部位，E1〜E4：エキソン．X'遺伝子が染色体の任意の部位に組み込まれたES細胞はDTAの作用により死滅する（ネガティブ選別）．相同組換えを起こしたES細胞にはDTA遺伝子が組み込まれないので生存し，ネオマイシン（抗生物質）で選別（ポジティブ選別）できる．ネガティブ選別には，DTAの他に細胞毒性を示すヘルペスウイルスのtk遺伝子（HSV-tk）が用いられる．

ウトを可能にし，後に述べる異種移植用遺伝子ノックアウトブタの作製の道を拓いた．ただし，遺伝子ターゲティングには細胞の分裂回数が少なくとも30〜35回必要であるが，生体から取り出した体細胞は，ES細胞と異なり，体外での増殖能が低く，寿命がある．そのため，体細胞でのDNA相同組換えの効率は，ES細胞での効率の0.9〜8.7%ときわめて低い．

(2) 遺伝子ノックアウト/ノックダウン： 遺伝子ノックアウトあるいは遺伝子ノックダウンの利用は，トランスジェニック動物に比べ，生体内での遺伝子の機能をより直接的に探ることができる．さらに，有用な医療用家畜を開発する手段としても利用価値が高い．

① 遺伝子ターゲティング： 遺伝子ターゲティング法（gene targeting method）は，宿主における標的遺伝子の機能を欠損させる方法である．この方法は，ES細胞におけるDNA相同組換え現象とキメラマウスの作製法とを組み合わせた方法である．まず，標的遺伝子の構造と一部の領域が異なった遺伝子を構築する（図3.12）．この変異遺伝子（ターゲティングベクター）をES細胞に導入（トランスフェクション）し，導入遺伝子と宿主の標的遺伝子との間で相同組換えを起こさせる．次に，組換えの起こったES細胞を選

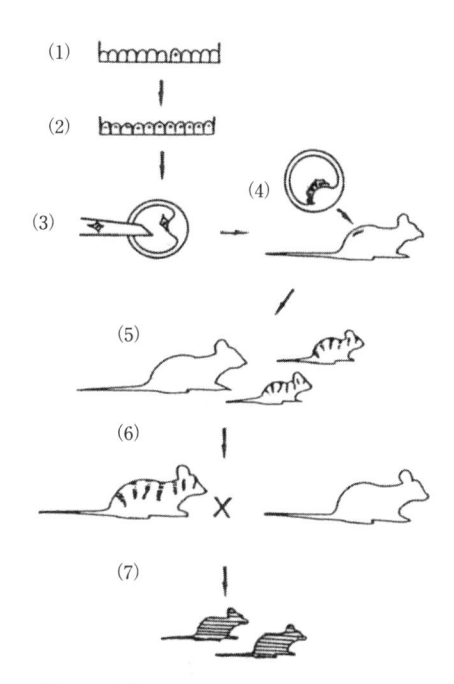

図3.13 遺伝子ノックアウトマウスの作製手順
(1)DNA相同組換え胚性幹（ES）細胞の作製，(2)相同組換えES細胞の選択と増殖，(3)ES細胞の胚盤胞への注入（キメラ胚の作製），(4)キメラ胚の移植，(5)ES細胞を保有するキメラマウスの誕生，(6)キメラマウスと通常マウスとの交配，(7)遺伝子KOヘテロマウスの誕生．

Box 3.5　Cre/loxP系を利用した条件的遺伝子ターゲティング

　発現を欠損させたい標的遺伝子の両側をそれぞれloxP配列で挟んだターゲティングベクターを構築し，遺伝子ターゲティングを行う．作製されたターゲティングマウスでは，標的遺伝子の機能は正常である．一方，時期特異的ならびに組織特異的に発現することが確認された遺伝子のプロモーターにCre遺伝子を連結した融合遺伝子を構築し，この遺伝子を導入したトランスジェニックマウスを作製する．次に，ターゲティングマウスとトランスジェニックマウスとを交配して子孫を得る．両遺伝子をもつ子孫では，導入プロモーターの制御下でCre遺伝子が発現し，Cre遺伝子が発現した細胞のみでCre酵素の作用により標的遺伝子が宿主ゲノムから切り出される．その結果，標的遺伝子の機能が時期ならびに組織特異的にノックアウトされた表現型を示すことになる（図3.14）．

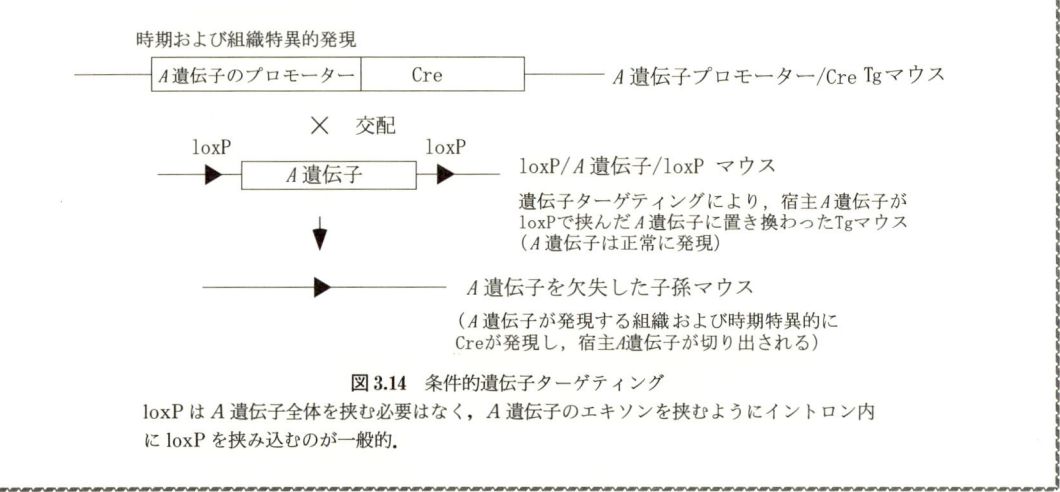

```
         時期および組織特異的発現
    ┌─────────────┬──────┐
────┤ A遺伝子のプロモーター │ Cre  ├──── A遺伝子プロモーター/Cre Tgマウス
    └─────────────┴──────┘
                    × 交配
    loxP           loxP
    ┌──┬──────┬──┐
────┤  │ A遺伝子 │  ├──── loxP/A遺伝子/loxP マウス
    └──┴──────┴──┘         遺伝子ターゲティングにより，宿主A遺伝子が
                            loxPで挟んだA遺伝子に置き換わったTgマウス
         ↓                  （A遺伝子は正常に発現）

────▶──────────── A遺伝子を欠失した子孫マウス
                    （A遺伝子が発現する組織および時期特異的に
                    Creが発現し，宿主A遺伝子が切り出される）
```

図3.14　条件的遺伝子ターゲティング
loxPはA遺伝子全体を挟む必要はなく，A遺伝子のエキソンを挟むようにイントロン内にloxPを挟み込むのが一般的．

別し，胚盤胞に注入するか透明帯除去桑実胚に集合させる方法でキメラマウスを作製する．キメラ個体でES細胞が生殖細胞（卵子または精子）に分化していれば，キメラ個体と通常マウスとを交配することにより，標的対立遺伝子の一方が欠損した子孫（ヘテロ）が得られる．さらに，ヘテロどうしを交配すれば，子孫で遺伝子ノックアウトホモ個体が得られることになる（図3.13）．遺伝子ターゲティングは，遺伝子の機能を in vivo 系で解析する現在最も有効な方法として用いられている．

②　条件的遺伝子ターゲティング：　遺伝子の種類によっては，遺伝子ノックアウトマウスをホモ型にした時点で胎性致死であったり，また，すべての組織や細胞で標的遺伝子の機能がノックアウトされるために，広範な生理的異常を引き起こし，特定の発生時期あるいは特定の組織や細胞での正確な標的遺伝子の機能を探ることが困難な場合がある．そこで，考えられたのが，Cre/loxP系を利用した条件的遺伝子ノックアウト（conditional gene knockout）である（図3.14）．この方法によれば，標的遺伝子の発現を組織特異的あるいは時期特異的にノックアウトできる（Box 3.5）．

③　RNA干渉の利用：　外部から二本鎖RNA（dsRNA）を導入すると，それと相同な配列をもつ内在遺伝子の発現が抑制されるRNA干渉（RNA interference，RNAi）現象が，最初線虫で発見された．その後，このRNAi現象は，ショウジョウバエ，ヒドラ，哺乳類体細胞，着床前のマウス初期胚，さらには，トランスジェニックマウスにおいても起こることが報告されている．細胞当たり，わずか2分子のdsRNAを導入するだけで，発現量の高い宿主遺伝子に対しても

RNAi効果が認められ，また，RNAi活性は生殖細胞を介して次世代へ伝達されることが判明している（図3.15）．RNA干渉を利用した遺伝子ノックダウンは，遺伝子ターゲティング法と異なり，DNA顕微注入法によりトランスジェニック動物を作製するだけで済む．これまでのところ，哺乳類においては個体レベルでRNA干渉を安定して発揮させる条件が確立されていないが，今後の進展が期待される． 〔東條英昭〕

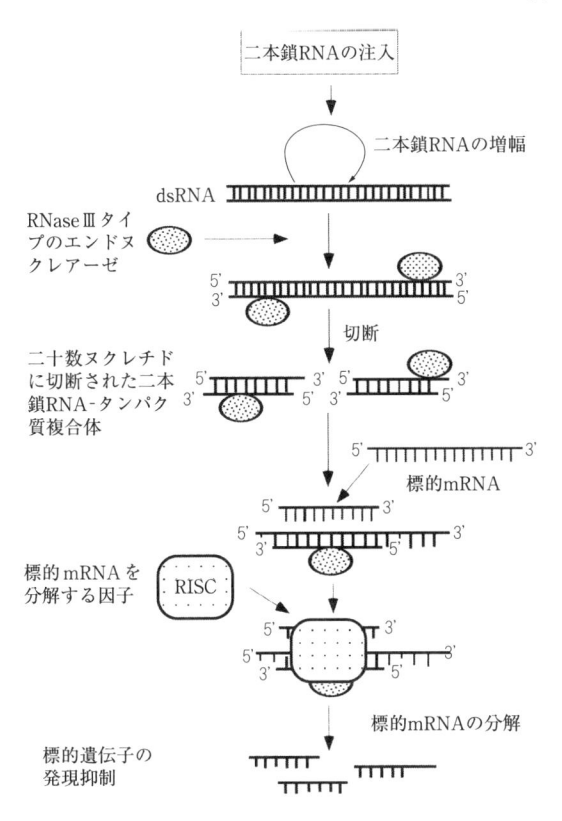

図3.15 RNA干渉による標的遺伝子の抑制機構

引用文献

1) Brown TA（著），村松 實（監訳）：ゲノム，メディカル・サイエンス・インターナショナル，2000．

4. 統計遺伝

　形質のなかには不連続変異を示す質的形質だけでなく，連続変異を示す形質がある．たとえば，乳量についてみると，図4.1に見られるように3000 kg くらいしか出さないものもあれば，20000 kg も出すものもある．しかし，それら両極端の乳量を示す個体の数は少なく，平均的な乳量である 8000 kg くらいの乳量を示すものが多い．このような形質は量的形質（quantitative trait）と呼ばれ，多くの場合正規分布に近い分布を示す．

　量的形質は，連続変異を示すためにその属性をいくつかの表現型に分類することができない．そこで，個体ごとに数あるいは量として測定された値を表現型値（phenotypic value）と呼び，このような形質の遺伝現象を明らかにするために，質的形質ではあまり必要としなかった理論や方法を用いることになる．そのなかで最も重要なものの1つが統計学的方法とメンデル遺伝学を結びつけた統計遺伝学（statistical genetics）である．

　統計遺伝学のなかで，量的形質は多くの場合多数の遺伝子座上の対立遺伝子により支配され，かつこの遺伝の支配に環境の影響が加わって発現すると考えられている．動植物育種において経済的に重要な形質のほとんどが量的形質であり，さらに生物学的あるいは医学的に重要な形質の多くも量的形質である．いま，量的形質の遺伝現象の解明がいろいろの分野で注目されている．この章では量的形質の遺伝に関する統計遺伝学について述べる．

4.1 遺伝子の作用

　量的形質の発現には多数の遺伝子座が関与していると考えられている．この場合にも，個々の遺伝子座における遺伝様式は基本的にメンデルの法則に従う．ただ，メンデルの法則では対立遺伝子間に優劣の法則があるとしたが，量的形質に関与する個々の遺伝子座においては，遺伝子の作用に相加的遺伝子効果と優性効果があり，さらに，遺伝子座間にはエピスタシス効果が考えられる．

4.1.1 相加的遺伝子効果

　形質の属性が量として測定されるが，単一の遺伝子座が関与している例として高血圧自然発症ラット（spontaneously hypertensive rat, SHR）における血圧がある．このラットはある月齢に達

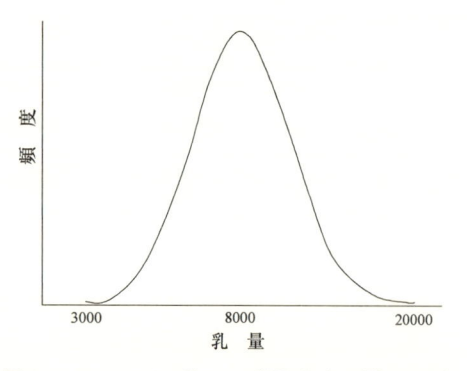

図4.1　ホルスタイン種ウシの乳量（kg）に関する分布

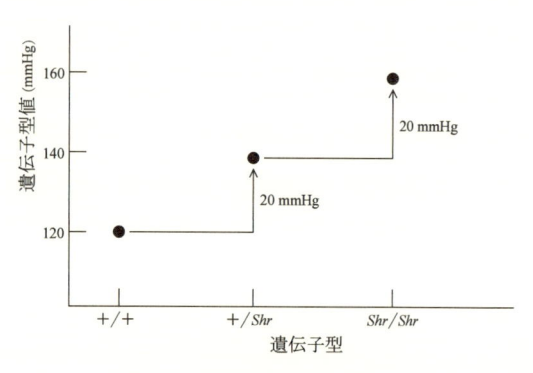

図4.2　相加的遺伝子効果を示す図

すると自然に高血圧を呈するウィスター系ラットで，この高血圧が単一の遺伝子 Shr により支配されていることが明らかになっている．すなわち，正常型ラットの血圧が 120 mmHg 前後であるのに対して SHR のそれは 160 mmHg 前後にもなり，これら両者の交配により生まれた F_1 ラットの血圧は両者の中間である 140 mmHg 前後になる．したがって図 4.2 に示すように高血圧自然発症遺伝子 Shr が 1 つ増えると血圧が 20 mmHg 高くなり，さらにもう 1 つ Shr が増えるとその 2 倍の 40 mmHg 高くなることを示している．このようにある遺伝子の作用が同じ形質に関与する他の遺伝子の作用に対して加算的である場合，その作用を相加的遺伝子効果（additive gene effect）という．

4.1.2 非相加的効果

ある遺伝子の作用が同じ形質に関与する他の遺伝子の作用に対して加算的でない場合，その作用を非相加的効果（nonadditive effect）という．

a. 優性効果

いま，ウシの矮小個体（dd，離乳時体重 90 kg）と正常個体（DD，離乳時体重 180 kg）とを交配した場合，矮小遺伝子の効果が加算的であれば F_1 の離乳時体重は 135 kg となるはずである．しかし，実際には 180 kg くらいとなり，遺伝子の効果が加算的でない，すなわち非相加的であることがわかる．この場合のように，同一座位を占める対立遺伝子相互間に見られる非相加的効果を優性効果（dominance effect）という．

同一遺伝子座にある対立遺伝子 B_1-B_2 において，ヘテロ接合体 B_1B_2 の遺伝子型値が図 4.3 における × からずれているのは優性効果（d_1, d_2, d_3）が関与しているからである．B_1B_2 の遺伝子型値が ① であるか，② であるか，あるいは ③ であるかによって

① 部分優性（partial dominance）　　$0 < d_1 < a$
② 完全優性（complete dominance）　$d_2 = a$
③ 超優性（over dominance）　　　　$d_3 > a$

に分けられる．言い換えれば，優性効果が両ホモ接合体の遺伝子型値の差の 1/2 より小さい場合を部分優性あるいは不完全優性，等しい場合を完全優性，さらに大きい場合を超優性という．前述のウシの矮小の場合，優性効果（180 − 135 = 45 kg）が両ホモ接合体の離乳時体重の差の半分 45

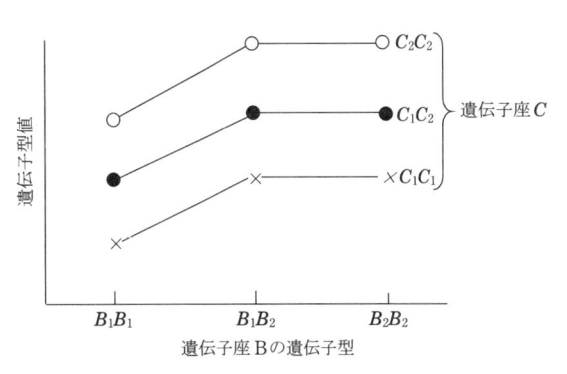

図 4.4 2 つの遺伝子座間にエピスタシス効果なし

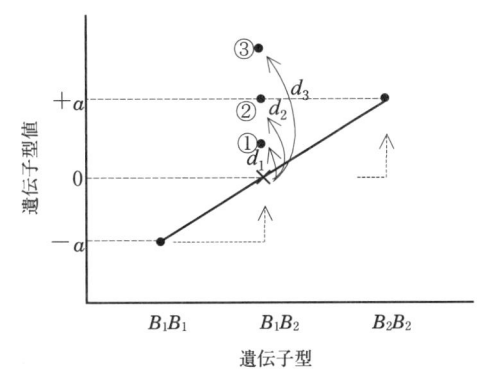

図 4.3 優性効果を示す模式図

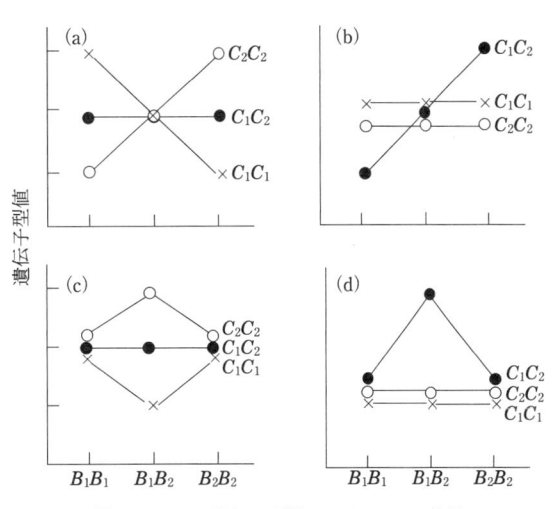

図 4.5 2 つの遺伝子座間のエピスタシス効果

kg に等しくなっているので，完全優性である．

b. エピスタシス効果

一方，異なる座位上にある遺伝子間，および遺伝子型間に見られる非相加的効果を，エピスタシス効果あるいは相互作用効果（epistatic effect, interaction effect）と呼ぶ．2つの遺伝子座 B と C における対立遺伝子それぞれ B_1-B_2 および C_1-C_2 を考えると，両遺伝子座間に相互作用がない場合には図4.4に示すように2つの遺伝子座の遺伝子型値がパラレルな関係にある．しかし，両遺伝子座間に相互作用が生じると，図4.5に示すように両者の遺伝子型値はパラレルでなくなる．図4.5(a)の場合は一方の遺伝子座がどちらの対立遺伝子に関してホモ型であるかによって他方の遺伝子座における相加的遺伝子効果が反対になっている．図4.5(b)と(c)は一方の遺伝子座がヘテロ型の場合にのみ他方の遺伝子座に相加的遺伝子効果が現れる．最後の図4.5(d)は両方の遺伝子座がヘテロ型の場合にのみ両方の遺伝子座で優性効果が現れる．このように，一方の遺伝子座の対立遺伝子あるいは遺伝子型が何であるかによって，他方の遺伝子座における遺伝子の作用が異なる場合，これをエピスタシス効果という．

4.2 遺伝子頻度と遺伝子型頻度

相加的遺伝子効果を示す遺伝子の場合，集団における望ましい対立遺伝子の割合を高めていくことによって集団のレベルを高めていくことができる．また，優性効果を示す遺伝子の場合はヘテロ型の遺伝子型の割合を高めることによって，改良を進めることができる．

また，質的形質の場合は望ましくない対立遺伝子を淘汰し，その割合を下げていくことが改良である．しかし，その遺伝子の割合が低くなると，そのほとんどがヘテロ型のキャリアーとして潜伏していて，キャリアーが種雄畜として選抜されたときに，その形質たとえば遺伝性疾患が多発することがある．

このような集団の遺伝的構成を表すには各対立遺伝子の頻度や各遺伝子型の頻度を知る必要がある．動物を考えた場合，通常各遺伝子座に2個の遺伝子が存在しているので，n 個体の集団には $2n$ 個の遺伝子があることになる．以下，とくに断わらない限りこのような二倍体について考えることにする．

4.2.1 遺伝子型頻度

ある集団の遺伝的構成はそれらの遺伝子型を区別し，それぞれの遺伝子型をもつ個体がどのくらいの割合で存在するかによって表すことができる．いま，簡単のために，常染色体上にある遺伝子座 B をとりあげ，そこに2つの対立遺伝子 B_1 および B_2 が存在すると仮定すると，可能な遺伝子型としては B_1B_1，B_1B_2 および B_2B_2 の3種の遺伝子型が存在することになる．それぞれの遺伝子型に属する個体数の全個体数に対する割合を遺伝子型頻度（genotypic frequency）といい，ここではそれぞれ P，H，Q で示す．

$$P = \frac{n_{11}}{n_{..}}$$
$$H = \frac{n_{12}}{n_{..}} \qquad (4.1)$$
$$Q = \frac{n_{22}}{n_{..}}$$

ここで，n_{11} は B_1B_1 の個体数，n_{12} は B_1B_2 の個体数，n_{22} は B_2B_2 の個体数，さらに，$n_{..}$ は全個体数 $n_{11}+n_{12}+n_{22}$ を示す．このことからもわかるようにすべての遺伝子型頻度を加え合わせると1になる．

4.2.2 遺伝子頻度

遺伝子頻度（gene frequency）は当該遺伝子座について各対立遺伝子数の全遺伝子数に対する割合と定義される．ここで，全遺伝子数は全個体数の2倍で $2n_{..}$，B_1 遺伝子の数 $n_{1.}$ は，B_1B_1 個体全体で $2n_{11}$，B_1B_2 個体全体で n_{12} および B_2B_2 個体では0であるから，それらの合計となり，$n_{1.}=2n_{11}+n_{12}$ である．また，B_2 遺伝子の数は $n_{.2}=n_{12}+2n_{22}$ である．したがって，B_1 および B_2 遺伝子のそれぞれの遺伝子頻度 p および q は次式(4.2)により推定される．

$$p = \frac{n_1.}{2n_{..}} = \frac{2n_{11} + n_{12}}{2n_{..}}$$
$$q = \frac{n_{.2}}{2n_{..}} = \frac{n_{12} + 2n_{22}}{2n_{..}} \quad (4.2)$$

ここで，式(4.2)より p と q の和を求めてみると

$$p + q = 1$$

となり，一般に各対立遺伝子の遺伝子頻度の和は1である．このことはごく当たり前のことであるが，集団の遺伝的構成に関するいろいろな問題を考えていく上で役に立つ関係である．

4.2.3 遺伝子頻度と遺伝子型頻度との間の関係

遺伝的な意味での集団は単なる個体の集まりではなく，相互に有性繁殖を行う個体群である．したがって，親の遺伝子型は減数分裂の段階でこわされ，次世代では配偶子の組み合わせによりもたらされる新しい遺伝子型を形成する．すなわち，遺伝子は世代から世代へと受け継がれるが，各世代に現れる遺伝子型はその世代限りのものである．しかし，遺伝子頻度と遺伝子型頻度は独立でなく，関連している．すなわち，式(4.2)から両者の間の関係式(4.3)を導くことができる．

Box 4.1　ハーディー-ワインベルグの法則の証明

〈ステップ1〉　まず親世代のある遺伝子座における対立遺伝子が B_1 と B_2 であり，それらの遺伝子頻度および遺伝子型頻度が次のとおりであったとしよう．

遺伝子頻度		遺伝子型頻度		
B_1	B_2	B_1B_1	B_1B_2	B_2B_2
p	q	P	H	Q

この世代において B_1 遺伝子をもつ配偶子と B_2 遺伝子をもつ配偶子とが生産される．これらの B_1 遺伝子あるいは B_2 遺伝子をもつ配偶子の頻度は親世代の遺伝子頻度に等しい．なぜなら，B_1B_1 個体は B_1 遺伝子をもつ配偶子のみを生産し，B_1B_2 個体は等しい数の B_1 配偶子と B_2 配偶子とを生産する．したがって，全集団で生産される B_1 配偶子の頻度は $P+(1/2)H$ であり，式(4.3)よりこれは親世代における B_1 遺伝子の遺伝子頻度 p に等しい．

〈ステップ2〉　無作為交配ではこれら雄側と雌側の配偶子が無作為に結合される．したがって，これら配偶子の無作為結合によって生ずる接合体，すなわち子世代の遺伝子型およびそれらの遺伝子型頻度は

雄側		雌側配偶子とその頻度	
配偶子	頻度	B_1	B_2
		p	q
B_1	p	B_1B_1 p^2	B_1B_2 pq
B_2	q	B_2B_1 qp	B_2B_2 q^2

で，これらを整理すると

B_1B_1	B_1B_2	B_2B_2
p^2	$2pq$	q^2

となる．

〈ステップ3〉　これらの遺伝子型頻度を用いて，子世代における B_1 および B_2 遺伝子の遺伝子頻度（それぞれ p' および q'）が式(4.3)により次のように求められる．

$$p' = p^2 + \frac{1}{2}(2pq) = p(p+q) = p$$
$$q' = \frac{1}{2}(2pq) + q^2 = q$$

このように，子世代における遺伝子頻度は親世代の遺伝子頻度に等しい．

〈ステップ4〉　さらにステップ1およびステップ2と同様に子世代の遺伝子頻度から孫世代における遺伝子型頻度が

B_1B_1	B_1B_2	B_2B_2
p^2	$2pq$	q^2

のとおりに導け，子世代に確立した遺伝子型頻度が孫世代においても変わらないことが証明される．

$$p = \frac{n_{11}}{n_{..}} + \frac{n_{12}}{2n_{..}} = P + \frac{1}{2}H$$
$$q = \frac{n_{12}}{2n_{..}} + \frac{n_{22}}{n_{..}} = \frac{1}{2}H + Q \qquad (4.3)$$

4.2.4 ハーディー-ワインベルグの法則

集団における遺伝子頻度や遺伝子型頻度の変化に関する基本的な法則を，1908年ハーディー（Hardy GH）とワインベルグ（Weinberg W）がそれぞれ独立に発見した．この集団の遺伝的構成に関する基本法則は後にハーディー-ワインベルグの法則（Hardy-Weinberg law）と呼ばれるようになった．

ハーディー-ワインベルグの法則は次のように要約される．すなわち，無作為交配の行われている十分大きな集団では，移住，突然変異，淘汰（選択）がなければ，遺伝子頻度および遺伝子型頻度はともに世代から世代へ一定であり，遺伝子型頻度が遺伝子頻度のみによって決まってくる．

この法則にかなった集団はハーディー-ワインベルグ平衡（Hardy-Weinberg equilibrium）にあるといわれる．このような集団においては遺伝子頻度と遺伝子型頻度との間に次式(4.4)のような関係がある．

$$(pB_1 + qB_2)^2 = p^2 B_1B_1 + 2pq B_1B_2 + q^2 B_2B_2 \qquad (4.4)$$

すなわち，遺伝子型 B_1B_1 の頻度は B_1 遺伝子頻度 p の2乗，遺伝子型 B_1B_2 の頻度は B_1 遺伝子頻度 p と B_2 遺伝子頻度 q との積の2倍，さらに遺伝子型 B_2B_2 の頻度は B_2 遺伝子頻度 q の2乗である．この関係を，接合体系列（zygotic array）（式(4.4)の右辺）は配偶子系列（gametic array）（$pB_1 + qB_2$）の2乗に等しい，と表現することがある．

実際に，ある調査で日本人5万人のMN式血液型の遺伝子型頻度が MM：0.2959，MN：0.4946 および NN：0.2094 であった．この結果から M および N の遺伝子頻度を計算すると，それぞれ 0.5433 および 0.4567 である．そこで，式(4.4)を用いて遺伝子型頻度を計算してみると，MM：0.2952，MN：0.4962 および NN：0.2086 となる．これらが調査結果から直接求めた遺伝子型頻度にほぼ近い値となっていることがわかる．

また，親世代の遺伝子頻度が雌雄で異なる場合でも，1回の無作為交配で次世代には雌雄の遺伝子頻度は等しくなり，次世代からハーディー-ワインベルグの法則が成り立つ．いま，親世代における B_1 および B_2 の遺伝子頻度を，雄でそれぞれ p^* および q^*，雌でそれぞれ p^{**} および q^{**} とすると，次世代における B_1B_1 の遺伝子型頻度は p^*p^{**}，B_1B_2 の遺伝子型頻度は $p^*q^{**} + p^{**}q^*$ であるから式(4.3)より，次世代における B_1 の遺伝子頻度 p' は雌雄で等しく

$$p' = p^*p^{**} + \frac{p^*q^{**} + p^{**}q^*}{2} \qquad (4.5)$$
$$= \frac{1}{2}\{p^*(p^{**} + q^{**}) + p^{**}(p^* + q^*)\}$$
$$= \frac{1}{2}(p^* + p^{**})$$

となる．同様に，B_2 の遺伝子頻度 q' も雌雄で等しく

$$q' = \frac{1}{2}(q^* + q^{**})$$

となる．

4.2.5 ハーディー-ワインベルグの法則の適用

先に述べたMN式血液型のようにハーディー-ワインベルグの法則を適用するには，当該集団が当該遺伝子座に関してハーディー-ワインベルグ平衡にあることが前提となる．一般に，無作為交配の行われている十分大きな集団において，他集団からの移住や集団内で突然変異・淘汰がなければ，ハーディー-ワインベルグ平衡にあると見なせる．実際に集団がハーディー-ワインベルグ平衡にあるかどうかは，当該集団からの標本における各遺伝子型の観察度数の，推定した遺伝子頻度を用いてハーディー-ワインベルグ平衡にあるとの仮定のもとに求めた各遺伝子型の理論度数に対する適合度を検定することによって判断される．このような場合の適合度検定には χ^2 検定が利用される．

ハーディー–ワインベルグ平衡にあると見なされる集団においては，次のようにハーディー–ワインベルグの法則が適用できる．

a. 劣性遺伝子の遺伝子頻度

劣性遺伝子に支配されている形質でヘテロ接合体が優性遺伝子ホモ接合体と区別できない場合，式（4.2）を当てはめて遺伝子頻度を推定することはできない．しかし，当該集団がハーディー–ワインベルグ平衡にあると見なされるなら，次のように劣性遺伝子ホモ接合体の遺伝子型頻度から遺伝子頻度を求めることができる．

いま，劣性遺伝子を a とし，その遺伝子頻度を q とすると，ハーディー–ワインベルグ平衡にある集団における劣性ホモ接合体 aa の遺伝子型頻度は q^2 である．したがって，遺伝子頻度の推定値 $\hat{q}$ は次のように劣性ホモ接合体の割合 Q の平方根となる．

$$\hat{q} = \sqrt{Q} \qquad (4.6)$$

さらにその対立遺伝子の遺伝子頻度は $1-\hat{q}$ により推定される．

たとえば，ウシの集団において生まれた子牛の 0.09% が尿細管形成不全症の個体であったとすると，当該集団におけるこの劣性遺伝子に支配された遺伝性疾患の遺伝子頻度は $\sqrt{0.0009}=0.03$ である．

b. キャリアーの遺伝子型頻度

劣性遺伝子に関してヘテロ接合体の個体は優性遺伝子ホモ接合体と表現型では区別がつかない．このように外見上は正常であるが，劣性遺伝子をヘテロ型として保有している個体をキャリアー（carrier，保因者ともいう）という．表現型が正常である個体の中におけるこのキャリアーの割合は次のように推定される．

ハーディー–ワインベルグ平衡にある集団であるならば，キャリアーの遺伝子型頻度は $2q(1-q)$ である．これは劣性ホモ接合体を含めた全体における頻度であるので，表現型が正常である個体のなかに占めるキャリアーの頻度 H' は

$$H' = \frac{2q(1-q)}{(1-q)^2 + 2q(1-q)} = \frac{2q}{1+q} \qquad (4.7)$$

となる．

したがって，前述の尿細管形成不全症遺伝子をヘテロ型にもつ個体の，表現型が正常である個体群のなかに占める頻度は $2\times0.03/(1+0.03)=0.0583$ と推定される．この値に注目する必要がある．すなわち，表現型で矮小になる個体はわずか 0.09%（10000頭に9頭）くらいであったにもかかわらず，表現型が正常であった個体のうちキャリアーが 5.8% も占めていることである．このように劣性遺伝子の場合，表現型として現れてくるものの割合は低くても，その遺伝子が集団全体に広く潜行する傾向がある．たまたまこのような有害遺伝子を保有する雄が選抜され，人工授精などにより広く集団に供用されると，その後代に多数の有害個体が出現することになる．

c. 性染色体上の遺伝子座に関する遺伝的構成

性染色体上にある2つの対立遺伝子の遺伝子型頻度も，ホモ型の性染色体をもつ性では常染色体上の対立遺伝子の場合と同様である．一方，ヘテロ型の性染色体をもつ性（哺乳類やショウジョウバエの場合雄，鳥類の場合雌）における遺伝子型頻度は集団における対立遺伝子の遺伝子頻度に等しい．しかも遺伝子型頻度と表現型頻度とが等しい．したがって，逆にヘテロ型の性染色体をもつ性における表現型頻度を調べれば，当該集団における遺伝子頻度を推定することができる．たとえば，ショウジョウバエの雄について白眼をもつ個体を調べたところ，その割合が 10% であったとすると，この集団における白眼の遺伝子頻度は 0.1 であると推定される．

4.3 表現型値の構成

一般に，形質の発現には遺伝と環境の両方が関与している．したがって，量的形質が発現した属性を数あるいは量として測定した表現型値には，遺伝が関与している部分と環境が関与している部分とがある．先に述べた高血圧自然発症ラットSHRは近交系であり，この系統に属するすべての個体の遺伝子型は同じである．しかし，それらの血圧を測定してみると血圧は個体ごとに異な

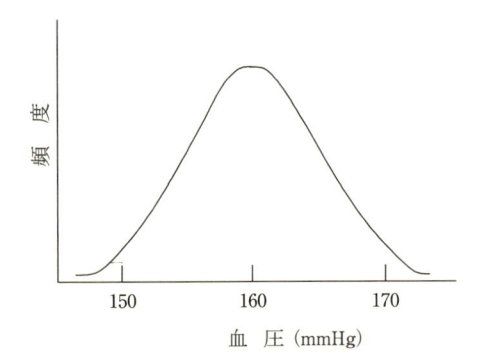

図 4.6 高血圧自然発症ラットにおける血圧の分布

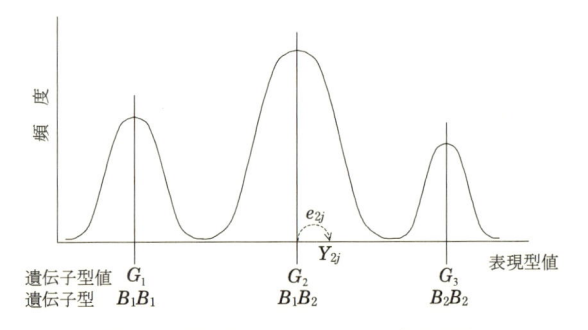

図 4.7 表現型値，遺伝子型および遺伝子型値

り，図 4.6 のように 160 mmHg のまわりに分布する．この個体間差は遺伝以外の原因によるものである．一方，正常型ラットの血圧は 120 mmHg のまわりに分布し，SHR ラットの血圧とは異なっている．この差には，正常型ラットと SHR ラットとの間の高血圧を支配する遺伝子座の遺伝子型の違いが関与している．そこで，表現型値のうち，遺伝に起因する部分を遺伝子型値（genotypic value），その他の部分を環境偏差（environmental deviation）とする．すなわち，表現型値 Y は式(4.8)のように遺伝子型値 G と環境偏差 e の和として表される．

$$Y = G + e \tag{4.8}$$

SHR ラットにおける血圧は単一遺伝子座が関与している特殊な例で，一般に量的形質の場合多数の遺伝子座が関与していると考えられている．この場合にも，式(4.8)が成り立つ．ここでは，表現型値に対して個々の遺伝子座にある遺伝子や環境がどのように関与するかを明らかにするために，まずある1つの遺伝子座における遺伝子型値の構成について考え(4.3.1項および4.3.2項)，ついで関連する遺伝子座のすべてについて総和する(4.3.3項および4.3.4項)形で，表現型値の構成について述べることにする．

4.3.1 遺伝子型値と集団平均

ある遺伝子座における対立遺伝子が B_1 および B_2 であるとすると，3つの遺伝子型 B_1B_1, B_1B_2 および B_2B_2 ができる．いま，それら3つの遺伝子型に属する多数の個体の表現型値の分布が図 4.7 のとおりであったとしよう．ここで，i 番目の遺伝子型に属する j 番目の個体の表現型値を Y_{ij} のように示す．したがって，Y_{2j} は2番目の遺伝子型 B_1B_2 に属する j 番目の個体の表現型値である．j は1から，この遺伝子型に属する個体数 n_i までの数値をとる．一方，e_{ij} は Y_{ij} における環境偏差を示す．したがって，e_{2j} は2番目の遺伝子型 B_1B_2 に属する j 番目の個体の表現型値 Y_{2j} のうちの環境偏差である．ここで，遺伝子型 B_1B_2 の遺伝子型値を G_2 とすると，図 4.7 からもわかるように

$$Y_{2j} = G_2 + e_{2j} \tag{4.9}$$

である．一般に，i 番目の遺伝子型に属する j 番目の個体の表現型値は，その遺伝子型値を G_i とすると，式(4.10)のように表せる．

$$Y_{ij} = G_i + e_{ij} \tag{4.10}$$

この式(4.10)を用いて，i 番目の遺伝子型に属する n_i 個体の表現型値の平均値は，n_i が大きい場合，i 番目の遺伝子型値に等しいことが示される（Box 4.2）．一般に，遺伝子型値そのものは測定できないので，遺伝子型が表現型などにより区別される場合，同じ遺伝子型に属する多数の個体についての表現型値の平均値として遺伝子型値は推定される．たとえば，SHR の遺伝子型は *ShrShr* であり，多数の SHR ラットについて血圧を測定し，平均値を求めればその遺伝子型値 160 mmHg が得られる．

次に，すべての遺伝子型についての遺伝子型値の平均値が当該遺伝子座における集団平均（pop-

Box 4.2 表現型値，遺伝子型値および集団平均の間の関係

式(4.10)から i 番目の遺伝子型に属する全個体 (n_i) の表現型値の平均値 $\bar{Y}_{i\cdot}$ は

$$\bar{Y}_{i\cdot} = \frac{Y_{i\cdot}}{n_i} = \frac{n_i G_i}{n_i} + \frac{e_{i\cdot}}{n_i} = G_i + \frac{e_{i\cdot}}{n_i} \quad (4.12)$$

となる．ただし，2番目の添字・は j が1であるものから n_i であるものまでの和を意味する．たとえば，$Y_{i\cdot} = \sum_{j=1}^{n_i} Y_{ij} = Y_{i1} + Y_{i2} + \cdots + Y_{in_i}$ である．

一般に，多数の個体について表現型値の平均値 ($\bar{Y}_{i\cdot}$) をとると，環境偏差は個体ごとに大きさも符号も異なるので，それらが互いに打ち消し合って，環境偏差の平均値 $\frac{e_{i\cdot}}{n_i}$ は限りなく0に近づく．したがって，n_i が大きい場合

$$\bar{Y}_{i\cdot} = G_i \quad (4.13)$$

と見なされる．

さらに，すべての遺伝子型についての遺伝子型値の平均値が集団平均 μ である．ただし，遺伝子型の数を m とする．

$$\mu = \frac{G_{\cdot}}{m} \quad (4.14)$$

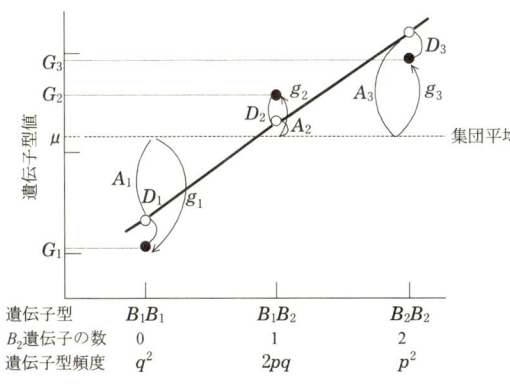

図4.8 遺伝子型値の構成
●：遺伝子型値，g_i：遺伝子型効果，A_i：育種価，D_i：優性偏差を示す．ただし，i は i 番目の遺伝子型を示す．

ulation mean) ということになる（Box 4.2）．ここで，集団平均を μ とすると，図4.8からもわかるように遺伝子型値 G_i（●）は式(4.11)により表される．

$$G_i = \mu + g_i \quad (4.11)$$

ここで，g_i が i 番目の遺伝子型の効果すなわち遺伝子型効果（genetic effect）である．

4.3.2 遺伝子型効果の構成

ある遺伝子座を考えた場合，遺伝子型効果は遺伝子自身の加算的な作用により生じる相加的遺伝子効果と，対立遺伝子間の相互作用効果すなわち優性効果とからなっている．前者の相加的遺伝子効果は加算的であるので，この効果を最もよく説明する直線は遺伝子型値（●）の B_1 遺伝子数に対する回帰直線である（図4.8）．このような直線上の○印のY軸の値すなわち相加的遺伝子型値と集団平均との差 A_1，A_2 および A_3 が，この遺伝子座に関する各遺伝子型の育種価(breeding value)である．

一方，遺伝子型効果のうち，育種価以外すなわち回帰直線で説明できない効果 D_1，D_2 および D_3 は，対立遺伝子 B_1 と B_2 との間の優性効果により生じたものと考え，これらを優性偏差（dominance deviation）と呼ぶ．したがって，3つの遺伝子型効果は次のように育種価と優性偏差との和として表される．

$$\begin{aligned} g_1 &= A_1 + D_1 \\ g_2 &= A_2 + D_2 \\ g_3 &= A_3 + D_3 \end{aligned} \quad (4.15)$$

回帰直線は最小2乗法により求められるので，育種価および優性偏差はともに遺伝子型頻度ひいては遺伝子頻度に依存して変化する（Box 4.3）．

4.3.3 量的形質の遺伝
a. なぜ連続変異を示すか

遺伝子の分離は，本来質的または不連続なものであり，形質が遺伝子の支配を受けているかぎり，すべての形質は不連続変異を示すはずである．ところが，乳量，体重，卵重など多くの量的形質は図4.1のように連続変異を示す．本来不連続なものが実際にはなぜ連続変異を示すのであろ

Box 4.3　育種価および優性偏差の算出

アメリカのヘレフォード種ウシ集団において矮小の遺伝子頻度が 0.2 にまで高まったときがあった．そのとき，多数の個体の 21 ヶ月齢体重を測定した結果，それらの平均値は正常個体が 381 kg，表現型は正常であるが矮小遺伝子をもっているキャリアが 381 kg，矮小個体が 172 kg であったと報告されている．矮小遺伝子を d，正常遺伝子を D として，各遺伝子型の育種価および優性偏差を求めてみよう．また，この矮小遺伝子を集団から除去することに努めた結果，遺伝子頻度が 0.1 に低下したとき，それらがどう変化するかについても調べてみよう．

この集団がハーディー–ワインベルグ平衡にあるとすると，右上の表に示す各遺伝子型頻度 (1) がハーディー–ワインベルグの法則から求められる．この遺伝子型頻度を用いて，(2) から (5) までの統計量が計算される．なお，統計量 (3) $\bar{G}.$ が集団平均である．その結果，回帰係数 b (6) が定義式 $\{(5)/(4)\}$ により求められる．この回帰係数および統計量 (2) $\bar{X}.$ および (3) $\bar{G}.$ を用いて，相加的遺伝子型値が求められるので，それらと集団平均 $\bar{G}.$ との差として各遺伝子型の育種価 (7)，またそれらと遺伝子型値との間の差として優性偏差 (8) が求められる．

		D 遺伝子頻度	
		0.8	0.9
(1) 遺伝子型頻度	DD	0.64	0.81
	Dd	0.32	0.18
	dd	0.04	0.01
(2) $\sum_{i=1}^{3} f_i X_i (=\bar{X}.)$		1.6	1.8
(3) $\sum_{i=1}^{3} f_i G_i (=\bar{G}.)$		372.64	378.91
(4) $\sum_{i=1}^{3} f_i (X_i - \bar{X}.)^2$		0.32	0.18
(5) $\sum_{i=1}^{3} f_i (X_i - \bar{X}.)(G_i - \bar{G}.)$		13.376	3.762
(6) 回帰係数 b		41.8	20.9
(7) 育種価	DD	16.72	4.18
	Dd	-25.08	-16.72
	dd	-66.88	-37.62
(8) 優性偏差	DD	-8.36	-2.09
	Dd	33.44	18.81
	dd	-133.76	-169.29

f_i は i 番目の遺伝子型の頻度，X_i は i 番目の遺伝子型における D 遺伝子数，G_i は i 番目の遺伝子型値で，$\sum_{i=1}^{3}$ は 3 つの遺伝子型について和をとることを意味する．

その結果，矮小遺伝子の遺伝子頻度が減少することによってわずかではあるが集団平均が上昇している．それに伴って，育種価も優性偏差も変化していることがわかる．

うか．この疑問を解く鍵が量的形質に関する次の 2 つの特徴にある．

① 多数の遺伝子座にある遺伝子の支配を受けていること．
② 環境の影響を受けていること．

量的形質の発現には多数の遺伝子座にある多数の遺伝子（polygene，ポリジーン）が関与し，それら個々の遺伝子の効果は小さく，いずれの遺伝子座の対立遺伝子も等しい効果をもち（これらの遺伝子を等価同義遺伝子という），遺伝子座相互間に影響し合うことはないというポリジーン説（polygene theory）が，これまでのところ量的形質遺伝学の基本になっている．

多くの遺伝子座にある等価同義遺伝子が関与する場合，遺伝子座の数 n が増えるとともに，分離する遺伝子型の数 $2n+1$ は表 4.1 に示すように増加する．3 つの遺伝子座の場合，7 つの遺伝子型に分離し，それらの分離比は 1：6：15：20：15：6：1 となる．さらに，7 つの遺伝子座が関与する場合について，遺伝子型値の分布を示すと，図 4.9 の破線棒グラフのように中央が多く，左右に離れるにつれて少なくなる．遺伝子座が 7 つの場合は遺伝子型間にまだ開きがあるが，遺伝子座の数が増えるとともにその開きが小さくなる．

これら個々の遺伝子型値に対して環境効果が働く．環境効果はそれぞれの遺伝子型にプラスに働く場合もあれば，マイナスに働く場合もある．また，その効果が大きい場合も小さい場合もある．したがって，図 4.9 に細実線で示すように環境効果は各遺伝子型値にかぶさるように正規分布する．すなわち，遺伝子型値の分布（破線棒グラ

表 4.1 遺伝子座の数と遺伝子型の分離比

遺伝子座の数	遺伝子型 分離比							数
1			1	2	1			3
		1	3	3	1			
2		1	4	6	4	1		5
	1	5	10	10	5	1		
3	1	6	15	20	15	6	1	7

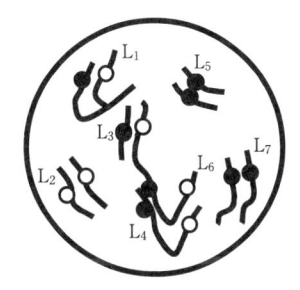

図 4.10 7つの遺伝子座における遺伝子型

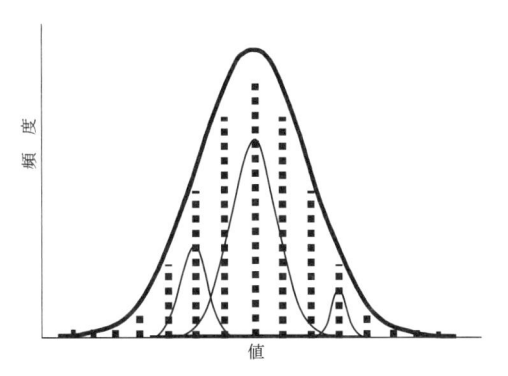

図 4.9 表現型値（太実線），遺伝子型値（破線棒グラフ）および環境偏差（細実線）の分布

表 4.2 遺伝子座ごとの遺伝子型効果とその構成

遺伝子座	遺伝子型効果	育種価	優性偏差
L_1	g_2	A_2	D_2
L_2	g_3	A_3	D_3
L_3	g_2	A_2	D_2
L_4	g_1	A_1	D_1
L_5	g_1	A_1	D_1
L_6	g_3	A_3	D_3
L_7	g_1	A_1	D_1
和	g	A	D

フ）に，環境効果の分布（細実線）が重なるために，量的形質における表現型値の分布は太実線で示すように連続分布を示すことになる．

b. 育種価と優性偏差

ある量的形質を支配している7つの遺伝子座の遺伝子型が図 4.10 のようであったとすると，それぞれの遺伝子座 $L_1, \cdots, L_7$ における遺伝子型効果，育種価および優性偏差が表 4.2 のように表される．ここで，●および○遺伝子がそれぞれ図 4.8 における B_1 および B_2 遺伝子に対応する．これら7つの遺伝子座間にエピスタシス効果がなければ，各遺伝子座における遺伝子型効果の和がこの個体の遺伝子型効果 g である．ここで，各遺伝子座における育種価の和を育種価（breeding value, A），優性偏差の和を優性偏差 D と定義すると，式(4.15)から，関与するすべての遺伝子座を総和した遺伝子型効果 g は式(4.16)となる．

$$g = A + D \tag{4.16}$$

ここで定義した育種価は遺伝子自身のもつ相加的遺伝子効果の和であるから，親から子，子から孫へと 1/2 ずつ伝えられていく．そこで，育種価は実際的には次のように定義され，予測できる値である．

「ある個体と，集団から無作為に抽出した多くの個体とを交配することにより生まれた後代の平均値の集団平均からの偏差の2倍が当該個体の育種価である．」

ここで，偏差を2倍するのは当該個体がそれ自身のもつ遺伝子を半分だけ後代に伝えるからである．個々の遺伝子座の育種価がそうであったように，個体の育種価も集団平均からの偏差として表され，その個体が交配される集団の遺伝子頻度に依存する．したがって，育種価は当該個体と交配相手が抽出された集団の特性である．

c. エピスタシス偏差

単一遺伝子座を考えた場合，遺伝子型効果には育種価と優性偏差のみが含まれるが，複数の遺伝子座が関与してくるとき，それらによって説明しきれない遺伝子座間の相互作用による効果が生じてくる．いま，ある2つの遺伝子座BおよびCによる遺伝子型効果 g のうち，遺伝子座Bに関

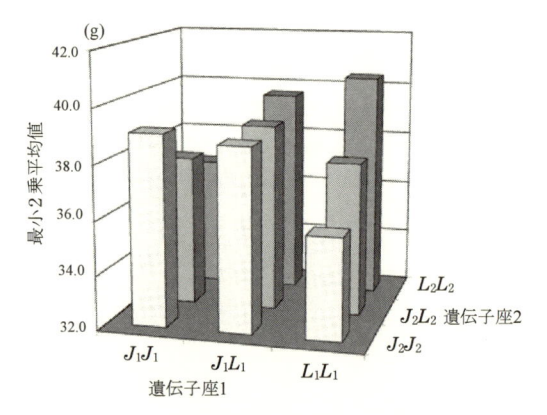

図4.11 ニワトリの孵化時体重に対するエピスタシス効果[1]
遺伝子座1は第1染色体の337 cMの位置に，遺伝子座2は第14染色体の11 cMの位置にある2つのQTLである．両遺伝子座において，それぞれ2つの対立遺伝子JとLがある．

表4.3 枝肉重量の表現型値とその構成成分を示す例

個体	枝肉重量（kg）					
	表現型値	集団平均	遺伝子型効果	遺伝子型効果		環境偏差
				育種価	優性偏差	
1	431	420	16	10	6	−5
2	425	420	7	5	2	−2
3	412	420	−8	−5	−3	0
4	429	420	10	5	5	−1
5	412	420	−12	−7	−5	4
⋮	⋮	⋮	⋮	⋮	⋮	⋮
標本分散	84.7	0	76.3	52.8	23.5	10.7
⋮						
母分散	85	0	75	52	23	10

する遺伝子型効果をg_Bおよび他の遺伝子座Cに関する遺伝子型効果g_Cにより説明できない遺伝子座間の相互作用により生じる効果I_{BC}，すなわち$I_{BC} = g - (g_B + g_C)$をエピスタシス偏差（epistatic deviation, interaction deviation, I）という．しかし，ポリジーン説にもあるように従来の統計遺伝学ではエピスタシス偏差はないものと仮定して理論を構成してきた．その理由は量的形質に関与する個々の遺伝子座の間の相互利用を分析する手段がなかったからである．

ところが，近年，分子生物学的手法の進展によって遺伝子の作用がDNAの変異として捉えられるようになり，量的形質に関与するエピスタシス偏差の解析が可能となってきた．図4.11はニワトリの孵化時体重に関する2遺伝子座間にみられたエピスタシス効果の一例である．この例では，遺伝子座1がJ_1J_1遺伝子型のときには遺伝子座2における遺伝子の作用はJ_2がL_2に対してプラスに働くのに対して，遺伝子座1がL_1L_1遺伝子型のときには逆にL_2がJ_2に対してプラスに働いている．このような解析が今後ますます進展するものと予想され，その成果を取り入れた新しい統計遺伝学理論の発展が期待される．

4.3.4 表現型値の構成

以上の点をまとめると，まず個々の個体の表現型値Yは遺伝に起因する遺伝子型値Gとそれ以外の環境偏差eとからなる（式4.8）と考えられ，さらに遺伝子型値Gは集団平均μと個々の個体のもつ遺伝子型効果gの和であると表される．

$$G = \mu + g \qquad (4.17)$$

さらに遺伝子型効果は育種価Aと優性偏差Dの和である（式(4.16)）．それらの結果から，表現型値の構成は式(4.18)のようになる．

$$Y = \mu + A + D + e \qquad (4.18)$$

いま，枝肉重量に関する表現型値の記録が表4.3のように得られている．これらの表現型値を構成する集団平均，育種価，優性偏差および環境偏差を実際に測定することはできないが，表4.3のようであったとすると，式(4.18)に代入して

$$431 = 420 + 10 + 6 + (-5)$$

となることがわかる．また，個体1から個体5までを比較すると，表現型値の差異に遺伝子型効果の差異と環境偏差の差異の両方が，さらに遺伝子型効果の差異には育種価の差異と優性偏差の差異の両方が関係していることがわかる．

4.3.5 環境効果

環境効果とは形質発現ならびにその測定において生じるすべての非遺伝的因子の影響を意味し，非常に多くの因子がある．それらを大別すると次の3つになる．

① 地理的，気候的あるいは栄養的因子： 最も一般的な環境因子であり，異なる個体が全く同一の時間に同一の空間を占めることができない以上，この因子による影響の差は避けられない．しかし，これらの因子には実験計画あるいは統計的方法によりある程度制御することが可能な部分と制御することが不可能な部分とがある．

これらの環境因子のうち，地域，年次，季節，飼料などのように，実験計画，統計的方法などにより制御することのできる環境をとくに大環境（macro-environment）と呼ぶ．この影響は表現型値を補正するなどの方法により取り除かれるので，通常環境偏差には含めない．一方，実験計画などにより制御することのできない微小な環境因子を小環境（micro-environment）と呼ぶ．この小環境による影響は個体ごとに特有で，小さいながらも大小さまざまな値をとり，しかもその符号が＋であったり，一であったりするために多数の個体の平均値は0になる．

② 母性効果： 哺乳動物では，一般に母親が新生子に乳を飲ませ，自立できるようになるまで哺育を行う．この間の子に対する母親の影響は母性効果（maternal effect）と呼ばれ，子にとっては主として栄養的環境である．この環境は同じ母親に育てられる一腹の子に対して，共通した影響を及ぼすという意味で共通環境（common environment）と呼ばれる．母性効果も母親の哺育能力により大小さまざまで，＋の効果をもつものと，一の効果をもつものがある．したがって，多数の母親の平均値は0になる．

③ 測定誤差： あらゆる測定値には誤差が伴う．これは，通常他の因子の影響に比べて無視できるほど小さいものであるが，肉質などのように肉眼判定をする形質などではかなり大きなものとなる場合もある．この測定誤差も小環境による影響と同様の性質をもっている．

産毛量，乳量，一腹子数などのように同じ個体について繰り返し測定値が得られる場合，それらの繰り返しに共通している環境がある．たとえば，乳牛の育成中の栄養が泌乳に関係する組織の発達に影響し，それが毎産次の乳量に共通して影響する場合などを挙げることができる．この環境も母性効果と同様の共通環境としての性質を備えている．共通環境には母性効果のようにあるグループの個体に対して，共通している環境効果と，同じ個体の繰り返し測定に対して共通している環境効果とがあるが，統計学的には同じ性質のものであるので，これらを永続的環境効果（permanent environmental effect, e_c）と呼ぶ．一方，個体ごとに，特有な環境効果を一時的環境効果（temporary environmental effect, e_t）という．したがって，環境偏差は次式 (4.19) のように一時的環境効果と永続的環境効果とに分けられる．

$$e = e_t + e_c \quad (4.19)$$

4.3.6 遺伝子型と環境との間の相互作用

一般には，異なる遺伝子型間の差がどの環境においても同じように現れると仮定されている．このことは，遺伝子型の異なる2系統（AおよびB）を非常に環境の異なる2環境（R_1およびR_2）で飼育した場合に，図4.12(a) に示すように系統Aと系統Bとの間の差が両環境で違わないことを意味する．

しかし，必ずしもそうであるとは限らない．たとえば，図4.12(b) のように遺伝子型間の差が環境によって違う場合がある．さらには，(c) のように異なる環境下で遺伝子型の差が逆転する場合がある．すなわち，ある遺伝子型が環境R_1のもとでは他の遺伝子型より優れているが，環境R_2のもとでは逆に劣っているような場合である．後者 (c) の例として，ホルスタイン種は冷涼な

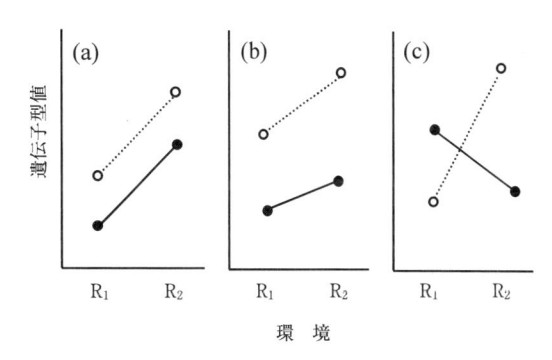

図4.12 遺伝子型と環境との間の相互作用
○······○：系統A，●——●：系統B．

あるいは温暖な環境の北米やヨーロッパにおいては泌乳能力の非常に高い乳牛であるが，これをインドなどの熱帯地域において飼養した場合，インド在来の未改良牛であるゼブ牛より乳量が少なくなる事例を挙げることができる．このような (b) および (c) の場合，遺伝子型と環境との間の相互作用 (genotype-environment interaction, GE interaction) があるという．

遺伝子型と環境との間に相互作用がある場合には，ある環境 R_1 のもとで育種された品種や系統を別の異なる環境 R_2 に移して飼育したとき，それらのもっている能力を発揮できない可能性がある．したがって，実際に飼育される環境のもとで，それぞれの環境に適合した品種や系統を作出する必要がある．

4.4 遺伝的パラメーター

個体間の変異は生物の特徴であり，進化の源である．また，家畜育種や作物育種を可能にする根源でもある．もし，個体間に変異がなければ，選抜も淘汰も不可能となり，育種は成り立たない．しかし，表現型値に変異があっても，その変異が環境の違いによるものであれば，育種に利用することはできない．そこで，表現型値にみられる変異のうち，どれだけが遺伝的変異であるのか，また環境変異であるのかを知る必要がある．さらに，遺伝的変異のどれだけが後代に伝えられるのか，また異なる形質にみられる遺伝的変異がどのように関連しているのかなどを知ることが重要になる．これらについての集団における遺伝情報を遺伝的パラメーター (genetic parameter) と呼び，遺伝率，遺伝相関などがある．

4.4.1 分散と共分散

遺伝的パラメーターは集団の特性であり，これを理解する上で重要な統計量が分散と共分散である．一般に，量的形質の表現型値にみられる変異の大きさを分散 (variance) で表し，2つの量的形質の表現型値にみられる変異の間の関連の強さおよびその方向を共分散 (covariance) で表す．

いま，ある母集団から抽出された n 個体からなる標本について測定値 Y_i $(i=1,\cdots,n)$ が得られている場合，一般に標本分散は偏差平方和を自由度で割ること，すなわち

$$S_Y{}^2 = \frac{\sum_{i=1}^{n} y_i^2}{n-1} \tag{4.20}$$

により推定される．ここで，偏差 y_i は $Y_i - \bar{Y}.$，平均値 $\bar{Y}.$ は $(\sum_{i=1}^{n} Y_i)/n$ である．

このように推定される標本分散を多数の標本について平均すると，その平均値は母集団の分散すなわち母分散に限りなく近づく．言い換えれば，標本分散の期待値が母分散である．たとえば，表4.3 に示す枝肉重量の表現型値についてみると，集団から任意に抽出した標本の標本分散は 84.7 であるが，標本の数が増えるとともにそれら標本分散の平均値は集団の母分散 85 に近づく．

一方，各個体についてもう1つの測定値 X_i $(i=1,\cdots,n)$ が得られている場合，これら両測定値間の標本共分散は偏差積和を自由度で割ることにより次の式 (4.21) のように推定される．

$$S_{XY} = \frac{\sum_{i=1}^{n} y_i x_i}{n-1} \tag{4.21}$$

ここで，偏差 x_i は $X_i - \bar{X}.$ で，平均値 $\bar{X}.$ は $(\sum_{i=1}^{n} X_i)/n$ である．標本共分散についても標本分散の場合と同様に，多数の標本についての推定値の平均が母共分散となる．

本書の中では単に分散あるいは共分散といえば，それぞれ母分散あるいは母共分散を指すものとし，それらが期待値であるという意味で，ある変数 Y の分散を $\mathrm{Var}(Y)$，また2つの変数 X と Y との間の共分散を $\mathrm{Cov}(X,Y)$ と表すことにする．

4.4.2 表現型分散の分割

ある形質の表現型値 Y の分散を表現型分散 (phenotypic variance) といい，$\mathrm{Var}(Y)$ と表す．たとえば，表 4.3 に示す枝肉重量の表現型値についてみると，1頭目は 431 kg，2頭目は 425 kg というように個体ごとに異なっていて，変異のあることがわかる．その変異の大きさを示すの

が分散であり，枝肉重量の表現型分散は85である．

さて，表現型値が集団平均，育種価，優性偏差および環境偏差からなることは式 (4.18) でも示した．実際にはこれらの値を知ることはできないが，個々の個体が枝肉重量について表4.3に示すような値をもっていたと考えてみよう．このように，集団平均は一定であるが，その他の育種価，優性偏差および環境偏差は個体ごとに異なっており，変異がある．表現型値が個体ごとにばらついていて，その変異の大きさが表現型分散で表されるように，個体ごとの育種価や優性偏差，環境偏差のばらつきの大きさも分散で表すことができる．ここで，育種価の分散を相加的遺伝分散 (additive genetic variance, $\mathrm{Var}(A)$)，優性偏差の分散を優性分散 (dominance variance, $\mathrm{Var}(D)$)，さらに環境偏差の分散を環境分散 (environmental variance, $\mathrm{Var}(e)$) と呼ぶ．実際の枝肉重量についてみると，相加的遺伝分散，優性分散および環境分散はそれぞれ52，23および10ということになる．

そこで，表現型分散と相加的遺伝分散，優性分散および環境分散との間の関係をみておこう．まず最初に，表現型分散は，遺伝子型効果と環境偏差との間に相関がないと見なされる場合，式 (4.22) のように遺伝子型分散 $\mathrm{Var}(g)$ と環境分散 $\mathrm{Var}(e)$ に分割される（Box 4.4）．

$$\mathrm{Var}(Y)=\mathrm{Var}(g)+\mathrm{Var}(e) \quad (4.22)$$

一方，育種価と優性偏差との間の共分散はないものと定義されている．したがって，遺伝子型分散は相加的遺伝分散と優性分散に分割され（Box 4.4），その結果，表現型分散 $\mathrm{Var}(Y)$ は相加的遺伝分散 $\mathrm{Var}(A)$，優性分散 $\mathrm{Var}(D)$ および環境分散 $\mathrm{Var}(e)$ の和として次式 (4.23) により表される．

$$\mathrm{Var}(Y)=\mathrm{Var}(A)+\mathrm{Var}(D)+\mathrm{Var}(e) \quad (4.23)$$

このように，表現型分散が3つの分散に分割されることがわかる．表4.3に示した例で確かめてみると，母分散に示した表現型分散は，遺伝子型分散と環境分散の和に一致し，さらに相加的遺伝分散，優性分散および環境分散の和に一致しており，式 (4.22) および (4.23) が成り立つことがわかる．

実際に収集された個体ごとの能力記録データについて，表現型分散が血縁個体間の相関を利用して分割できることを，フィッシャー（Fisher RA）が最初に示した．現在では，より高度な統計遺伝学的手法であるREML法などを用いて，

Box 4.4 表現型分散が3つの分散に分割される

表現型値 Y は式 (4.8) および (4.17) から次式のように表される．

$$Y=\mu+g+e$$

ただし，Y：表現型値，μ：集団平均，g：遺伝子型効果，e：環境偏差である．そこで，表現型分散 $\mathrm{Var}(Y)$ は，期待値の定理から，

$$\begin{aligned}\mathrm{Var}(Y)&=\mathrm{Var}(\mu+g+e)\\&=\mathrm{E}[\mu+g+e-\mathrm{E}(\mu+g+e)]^2\\&=\mathrm{E}[\mu+g+e-\mathrm{E}(\mu)-\mathrm{E}(g)-\mathrm{E}(e)]^2\\&=\mathrm{E}[g-\mathrm{E}(g)+e-\mathrm{E}(e)]^2\\&=\mathrm{E}[g-\mathrm{E}(g)]^2+2\mathrm{E}[g-\mathrm{E}(g)]\\&\quad [e-\mathrm{E}(e)]+\mathrm{E}[e-\mathrm{E}(e)]^2\\&=\mathrm{Var}(g)+2\mathrm{Cov}(g,e)+\mathrm{Var}(e)\end{aligned}$$

ここで，遺伝と環境とが互いに独立で，両者間に相関がなければ $\mathrm{Cov}(g,e)=0$ であるから（Box 4.5）

$$=\mathrm{Var}(g)+\mathrm{Var}(e)$$

が導ける．

さらに，遺伝子型効果 g は，エピスタシス効果がないか，無視できる場合，

$$g=A+D$$

と表される．ただし，A：育種価，D：優性偏差であり，両者間に共分散はないものと定義されている．そこで，遺伝子型分散 $\mathrm{Var}(g)$ は，期待値の定理から，

$$\begin{aligned}\mathrm{Var}(g)&=\mathrm{Var}(A+D)\\&=\mathrm{Var}(A)+\mathrm{Var}(D)+2\mathrm{Cov}(A,D)\end{aligned}$$

ここで，$\mathrm{Cov}(A,D)=0$ であるから

$$=\mathrm{Var}(A)+\mathrm{Var}(D)$$

が導ける．

相加的遺伝分散，優性分散および環境分散などの推定が行われている．このとき，表4.3に示したように，真値である母分散にいかに近い分散推定値を得るかが鍵であり，多くの研究が行われ，次々と新しい推定法が開発されている．

　相加的遺伝分散は血縁個体が互いに似通いを示す主な原因であると同時に，淘汰・選抜に対する集団の遺伝的反応の程度を決める因子でもある．したがって，以下に述べる遺伝的パラメーター，遺伝的能力の評価，選抜などにおいて最も重要な分散である．たとえば，相加的遺伝分散の表現型分散に対する割合は遺伝率と呼ばれ，育種を進めていく上で重要な概念である．一方，優性分散は後に7章で述べる内交配による近交退化，交雑によるヘテローシスなどに密接に関連している．

4.4.3　遺　伝　率

量的形質の遺伝現象を知り，家畜や実験動物の育種を進めていく上で，基本的かつ重要な情報の1つが遺伝率である．量的形質の場合，その表現型値が連続変異を示し，その変異には遺伝的変異と環境変異の両方が含まれていることはこれまで述べてきたとおりである．これら表現型値にみられる変異のうち後代に遺伝するのは環境変異ではない．すなわち，いくら優れた個体であっても，たまたま環境条件がその個体にとってよかったことが原因で表現型値が優れていたとすれば，その個体を保留し後代を生産させても遺伝的変化は起こらない．さらに，遺伝的変異のすべてが遺伝する変異とは限らない．したがって，遺伝や育種の立場からはこれら表現型値全体の変異のうち，どれだけが後代に遺伝する変異であるかに関心がもたれる．このような情報を与えてくれるのが遺伝率である．

a.　定義ならびに意義

遺伝的変異の大きさを表す遺伝子型分散 Var

Box 4.5　遺伝子型効果と環境偏差との間に相関がある場合はどうなるか

　遺伝子型効果と環境偏差との間の相関係数 ρ_{ge} は

$$\rho_{ge} = \frac{\mathrm{Cov}(g,e)}{\sqrt{\mathrm{Var}(g)\mathrm{Var}(e)}} \quad (4.24)$$

であるから，$\mathrm{Cov}(g,e) = \rho_{ge}\sqrt{\mathrm{Var}(g)\mathrm{Var}(e)}$ である．

　遺伝子型効果と環境偏差との間の関連について少し詳しく考えてみよう．遺伝子型効果と環境偏差との散布図を描いたとき，図4.13 (a，△) の場合は遺伝子型効果と環境偏差との間に相関関係は認められない．一方，(b，●) の場合は遺伝子型値のよいものによい環境を，悪いものに悪い環境が与えられる傾向がある．すなわち遺伝子型効果と環境偏差との間に正の相関があることがわかる．

　もし，図4.13 (a) のように遺伝子型効果と環境偏差との間に相関がない場合には $\rho_{ge}=0$ であり，したがって，$\mathrm{Cov}(g,e)=0$ であるので，
$$\mathrm{Var}(Y) = \mathrm{Var}(g) + \mathrm{Var}(e)$$
が成り立つ．能力検定や選抜実験など育種の実際においては両者の間に相関が生じないように方策が講じられる．

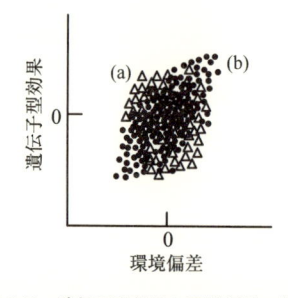

図4.13　遺伝子型効果と環境偏差の散布図

ところが，図4.13 (b) のように両者間に相関が存在する場合，すなわち $\rho_{ge} \neq 0$ の場合，遺伝子型効果と環境偏差との共分散は0でないので，表現型分散は

$$\mathrm{Var}(Y) = \mathrm{Var}(g) + \mathrm{Var}(e) + 2\mathrm{Cov}(g,e) \quad (4.25)$$

である．したがって，表現型分散は単純に遺伝子型分散と環境分散の和ではなく，両者の共分散 $\mathrm{Cov}(g,e)$ の2倍が加わる．すなわち表現型分散を遺伝子型分散と環境分散に分割することができない．

(g) の表現型分散 $\mathrm{Var}(Y)$ に対する割合を式 (4.26) のように遺伝率と定義する．

広義の遺伝率 $\quad h_B{}^2 = \dfrac{\mathrm{Var}(g)}{\mathrm{Var}(Y)} \quad$ (4.26)

しかし，遺伝子型を構成する遺伝子のペアは減数分裂の際別々に分かれて異なる配偶子に入り，次代では新しいペア，すなわち新しい遺伝子型を構成する．したがって，遺伝子型は当該世代限りのものであり，一般に優性偏差は遺伝しない．一方，育種価はその半分が親から子に伝えられる．したがって，選抜育種や集団の遺伝的変化を考える場合の情報としては遺伝子型分散全体ではなく相加的遺伝分散の大きさの方がより重要である．

そこで，相加的遺伝分散 $\mathrm{Var}(A)$ の表現型分散 $\mathrm{Var}(Y)$ に対する割合を遺伝率（heritability, h^2）として，次式 (4.27) のように定義する．

$$h^2 = \frac{\mathrm{Var}(A)}{\mathrm{Var}(Y)} = \frac{\mathrm{Var}(A)}{\mathrm{Var}(A)+\mathrm{Var}(D)+\mathrm{Var}(e)} \quad (4.27)$$

これを狭義の遺伝率と呼び，式 (4.26) により定義された広義の遺伝率と区別する場合があるが，単に遺伝率といえば通常狭義の遺伝率を指す．

表現型値の構成成分（式 4.18）のうち，親から子に遺伝するのは育種価である．ある個体 i の表現型値の集団平均からの偏差 y_i に遺伝率を乗

Box 4.6　表現型値から育種価を予測する

いま，多数の個体についての表現型値（Y）の集団平均からの偏差を X 軸に，それらの育種価を Y 軸にとって散布図を描いてみると，図 4.14 のようになると考えられる．ここで，育種価の表現型値への回帰直線の回帰係数を $b_{A \cdot Y}$ とすると，一般に表現型値に基づく育種価の予測式は

$$\hat{A}_i = b_{A \cdot Y} y_i \quad (4.30)$$

となる．ただし，y_i は Y_i の集団平均 μ からの偏差 $Y_i - \mu$ である．

そこで，回帰係数 $b_{A \cdot Y}$ は定義より

$$b_{A \cdot Y} = \frac{\mathrm{Cov}(A,Y)}{\mathrm{Var}(Y)} \quad (4.31)$$

である．$\mathrm{Cov}(A,Y)$ は育種価と表現型値との共分散であるので，式 (4.18) より $\mathrm{Cov}(A, \mu+A+D+e)$ と書き直すことができる．さらに，期待値に関する定理から

$\mathrm{Cov}(A, \mu+A+D+e)$
　$= \mathrm{Cov}(A,\mu) + \mathrm{Cov}(A,A)$
　　$+ \mathrm{Cov}(A,D) + \mathrm{Cov}(A,e)$

ここで，$\mathrm{Cov}(A,\mu)=0, \mathrm{Cov}(A,D)=0$ であるので，$\mathrm{Cov}(A,e)=0$ であれば（Box 4.5）

　$= \mathrm{Cov}(A,A)$
　$= \mathrm{Var}(A) \quad (4.32)$

が導ける．したがって，

$$b_{A \cdot Y} = \frac{\mathrm{Var}(A)}{\mathrm{Var}(Y)} = h^2 \quad (4.33)$$

となり，育種価の表現型値への回帰係数が遺伝率

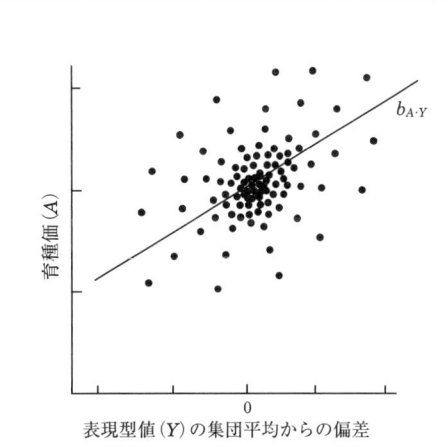

図 4.14 育種価と表現型値との散布図

に相当することがわかる．

一方，このように表現型値から育種価を予測する場合の正確度は育種価と表現型値との間の相関係数であるので，定義より

$$\rho_{AY} = \frac{\mathrm{Cov}(A,Y)}{\sqrt{\mathrm{Var}(A)\mathrm{Var}(Y)}} \quad (4.34)$$

である．ここで前述のように $\mathrm{Cov}(A,Y) = \mathrm{Var}(A)$ が導けるので，

$$\begin{aligned}\rho_{AY} &= \frac{\mathrm{Var}(A)}{\sqrt{\mathrm{Var}(A)\mathrm{Var}(Y)}} \\ &= \sqrt{\frac{\mathrm{Var}(A)}{\mathrm{Var}(Y)}} \\ &= \sqrt{h^2} = h \quad (4.35)\end{aligned}$$

が導かれる．

表 4.4 各種動物における遺伝率の推定値[2]

動物	形質	推定遺伝率
ヒト	身長	0.65
	血清 IgG 量	0.45
ウシ	生時体重	0.30
	1歳齢体重	0.63
	脂肪交雑	0.40
	ロース芯面積	0.70
	皮下脂肪厚	0.40
	分娩間隔	0.10
	泌乳量	0.35
	乳脂率	0.40
ブタ	皮下脂肪厚	0.70
	飼料要求率	0.50
	1日当たり増体量	0.40
	一腹子数	0.05
ヒツジ	産毛量	0.35
ニワトリ	32週齢体重	0.55
	卵重	0.50
	産卵数	0.10
マウス	尾長	0.40
	6週齢体重	0.35
	一腹子数	0.20
ラット	9週齢体重	0.35
	春機発動日齢	0.15
ショウジョウバエ	腹部剛毛数	0.52
	体の大きさ	0.40
	卵巣の大きさ	0.30
	産卵数	0.20

じることによって個体 i のもつ育種価 A_i が予測される．

$$\hat{A}_i = h^2 y_i \tag{4.28}$$

さらに，このように表現型値から予測される育種価の正確度（accuracy, ρ_{AY}）は遺伝率の平方根 h に等しい（Box 4.6）．

$$\rho_{AY} = h \tag{4.29}$$

このように遺伝率は表現型値にみられる変異のうち，どれだけが親から子へと遺伝する変異であるかを示す．言い換えれば，遺伝率は血縁個体間の似通いの程度を表す．したがって，遺伝率は育種価の予測，予測の正確度，さらに遺伝的改良量の予測などに必ずといっていいほど用いられ，統計遺伝学における基本的概念の1つである．

b. 遺伝率の推定値

遺伝率は，親子間あるいは半きょうだい間の表型似通いあるいは実際の選抜実験結果などを利用して，推定される．各種動物について推定された遺伝率を表 4.4 に示した．これからもわかるように，遺伝率は形質によって非常に高いものも低いものもあるが，一般に繁殖性や活力に関する形質の遺伝率は低く，発育や泌乳性に関する形質の遺伝率は中程度から高めである．

しかし，遺伝率は前述したように実際の記録に基づき推定される値であるので記録を得た集団によっても，また同一の集団でも記録のとり方によって異なる．すなわち，遺伝率はその定義式(4.27)からもわかるように，相加的遺伝分散の大きさと優性分散および環境分散の大きさに影響される．相加的遺伝分散が大きくなれば一般に遺伝率は高くなり，一方，その他の分散が大きければ逆に遺伝率は低くなる．

いま，育種価の高い家畜を導入すると，一時的にその集団の相加的遺伝分散は大きくなり，したがってそのような集団の遺伝率は高い．その後，選抜が進み，集団が遺伝的に斉一になると遺伝率は低くなる．

一方，環境分散の大きさには飼養条件の斉一性，測定精度などが関与している．たとえば，飼養条件がよく制御され，すべての個体がよく似た飼養条件で飼養されれば，環境分散は小さくなり，遺伝率は高くなる．枝肉の横断面についてロース芯面積を直接測定するのに比べると，超音波スキャニングスコープによる測定の精度は低い．したがって，両測定値を用いてロース芯面積の遺伝率を推定し比較すれば，直接測定した値を用いた方が遺伝率は高くなる．測定精度が低い場合，多数回の測定値の平均値を用いると，その誤差分散が小さくなり，その結果，遺伝率は高くなる．

したがって，表 4.4 に示した遺伝率の推定値は遺伝率のだいたいの目安となるもので，実際に育種計画などに利用するためには当該集団についての遺伝率を推定する必要がある．

4.4.4 遺伝相関係数

家畜・家禽などが発現する量的形質は非常に多い．ある特定の用途をもった品種に限っても，た

だ1つだけの形質が選抜対象となることはなく，いくつかの複数形質について改良が行われる．たとえば，肉用種において，増体量，飼料要求率，受胎率，枝肉重量，皮下脂肪の厚さなどが改良の対象となる．このような場合，ある1つの形質について選抜を進めていったとき，他の形質がどう変化するかに関心が向けられる．この点に関する遺伝情報が遺伝相関係数であり，量的形質についてのもう1つの重要な遺伝的パラメーターである．

2つの形質の表現型値を X および Y とすると，表型相関係数（phenotypic correlation, $\rho_{P_{XY}}$）は，相関係数の定義より

$$\rho_{P_{XY}} = \frac{\mathrm{Cov}(X, Y)}{\sqrt{\mathrm{Var}(X)\mathrm{Var}(Y)}} \quad (4.36)$$

である．ここで，$\mathrm{Cov}(X, Y)$ は表現型共分散である．

ここで，表現型値 X と Y との間に表型相関が生じる原因について考えてみよう．それぞれの表現型値は，式(4.18)にも示したように，集団平均，育種価，優性偏差および環境偏差からなるので，X と Y との間に表型相関が生じる原因には両形質に関する育種価間の関連性，優性偏差間の関連性および環境偏差間の関連性が考えられる．このうち，親から子へと遺伝するのは育種価だけであるので，両形質間の関連性も育種価間の関連性だけが次代へと受け継がれる．そこで，X と Y との間の育種価により生じる相関を遺伝相関係数（genetic correlation），育種価以外の成分により生じる相関を環境相関係数（environmental correlation）と定義する．

このような遺伝相関が生じるメカニズムとしては次の2つが考えられる．1つは遺伝子の多面作用（pleiotropy）である．すなわち，同じ遺伝子または遺伝子群が2つの形質に関与していて，遺伝子の作用が相加的である場合，両形質間に遺伝相関が生じる．2つ目の原因は強い連関である．すなわち2形質のそれぞれを支配している遺伝子が同一の染色体上にある場合にも，遺伝相関を生じる．しかし，これは世代の進行に伴い徐々に組換えによって失われていく．

いま，表現型値 X と Y を構成するそれぞれの育種価を A_X および A_Y，それぞれの育種価以外の成分を ε_X および ε_Y とすると，遺伝相関係数は

$$\rho_{A_{XY}} = \frac{\mathrm{Cov}(A_X, A_Y)}{\sqrt{\mathrm{Var}(A_X)\mathrm{Var}(A_Y)}} \quad (4.37)$$

と表される．ここで，$\mathrm{Cov}(A_X, A_Y)$ は両形質間の相加的遺伝共分散である．一方，環境相関係数は

$$\rho_{E_{XY}} = \frac{\mathrm{Cov}(\varepsilon_X, \varepsilon_Y)}{\sqrt{\mathrm{Var}(\varepsilon_X)\mathrm{Var}(\varepsilon_Y)}} \quad (4.38)$$

と表される．ここで，$\mathrm{Cov}(\varepsilon_X, \varepsilon_Y)$ は両形質間の環境共分散である．

育種の目的が家畜の全体的な経済価値の向上にある点を考えると，ある形質について改良を進めていったとき，他の形質がどう変化するかに注目を払わなければならない．たとえば，肉畜において増体量について改良を進めていった場合，皮下脂肪が厚くなるとすれば，増体量にのみ注意して選抜を進めるのは経済的な観点からは妥当でない．したがって，いずれの形質に注目すべきかを考える上で，ある形質について選抜による改良を進めていった場合，他の形質がどう変化するかについての情報が必要である．この情報を与えてくれるのが遺伝相関である．すなわち，遺伝相関が正であれば，選抜により一方の形質が増加するのに伴って，他方の形質も増加する方向に変化することを意味する．負の場合はその逆である．

一方，個体が成長し，形質を発現するまでの全期間に受ける環境の影響は両形質に対して共通に働く．たとえば，栄養条件がよくないと体重も体高もともに影響を受け低下するであろう．逆に栄養条件がよければ体重も体高も増加するであろう．その結果，両形質間に相関が生じることになる．これが環境相関である．しかし，この相関は次の世代における2形質間の相関には何ら影響を及ぼさない．

表型相関はこれら育種価に基づく相関と育種価以外の成分に基づく相関の両方を一緒にして求められる．このような形質間の情報は幼時の表現型値から成長後の表現型値を予想したり，あるいは

生体での測定値から枝肉形質を推定したりしようとする場合に役立つ．

a. 遺伝相関係数の推定値

遺伝率の場合と同様に，血縁個体間の似通いや選抜実験結果などを利用して，遺伝相関係数は推定される．遺伝相関係数の推定値としては表4.5のような値が得られている．乳牛の場合乳量と脂肪生産量との間の推定値は0.81にもなっており，両者間に高い正の遺伝相関があるということを示している．このことは同じ遺伝子の多数が両形質に対して同じ方向で関与しており，したがって，一方の形質に対する選抜が他方の形質の改良にもつながることを意味する．

このように2つの形質間に高い遺伝相関が存在すれば，育種計画を立案する場合にどちらか一方の形質を選抜対象として取り上げればよいことを示唆している．また，測定の難しい形質や測定に多くの労力や費用を必要とする形質の場合，その個体について測定できる別の形質やより測定の簡便な形質のなかから，当該形質との間に高い遺伝相関のある形質を選び出し，その形質を仲介として改良を行うことが可能である．このような仲介となる形質を選抜指標という．測定が不可能，あるいは難しい例としては乳牛雄における乳量や肉畜における枝肉形質などがあり，また測定に多くの労力や費用がかかる例としては飼料要求率などがある．たとえばブタの場合，1日当たり増体量（DG）と飼料要求率との間には高い負の遺伝相関があるので，選抜によりDGを改良していけば飼料要求率も改良されることがわかる．

4.5 育種価の予測

表現型値には式(4.18)が示すように育種価，優性偏差および環境偏差が関与している．さらに，家畜集団の場合，飼料，年齢，季節など大環境の影響が関与している．選抜育種においては育種価の高い個体を見分けることが重要である．そこで，表現型値を手掛かりとして，育種価を正確に予測することが選抜育種の要となる．

これまで種々の育種価予測法が開発され，それによって家畜の遺伝的改良が飛躍的に進展した．ここでは，表現型値のベクトル(記録数 n)を $Y' = [Y_1 \ Y_2 \ \cdots \ Y_n]$ とし，i 番目の個体の育種価（A_i）を予測する方法について考えてみよう．

4.5.1 最良予測式

表現型値の情報を用いて育種価を予測するのに，一般式(4.39)を考える．

$$\hat{A}_i = f(Y) \qquad (4.39)$$

このような式は無数に考えられるが，予測誤差分散（prediction error variance, PEV）を最小にする関数が最良予測式（best prediction）である．

このように予測される育種価（$\hat{A}$）が真の育種価（A）をどの程度正確に反映するかは両者の間の相関係数で示され，これを正確度（accuracy, $\rho_{A\hat{A}}$）と呼ぶ．この正確度と予測誤差分散との間には式(4.40)の関係があり，予測誤差分散を最小にすれば，正確度も最大になることがわかる．

$$\rho_{A\hat{A}} = \sqrt{1 - \frac{PEV}{\text{Var}(A)}} \qquad (4.40)$$

実際に，育種価を予測するには PEV を最小にする最良の関数 $f(Y)$ を導く必要がある．最良といっても，あらゆる関数を考えて，そのなかで最良のものを導くことは不可能であるので，まず，線形関数のなかで予測誤差分散を最小にする関数を考えてみよう．

表4.5 各種動物における遺伝相関の推定値

動物種	関連形質	推定値
乳 牛	乳量と脂肪生産量	0.81
	乳量と乳脂率	−0.43
	体型評点と乳量	0.05
ブ タ	DGと飼料要求率	−0.76
	DGと背皮下脂肪厚	0.25
	DGとロース芯面積	−0.25
肉 牛	生時体重と離乳時体重	0.46
	DGと飼料要求率	−0.76
	DGと枝肉等級	0.25
	DGとロース芯面積	0.49
	脂肪交雑と外貌審査における皮膚	0.05

4.5.2 最良線形予測式

いま，集団平均値 μ および μ_A ならびに遺伝率 h^2 の情報が既知であれば，最良線形予測式 (best linear prediction, BLP) が導かれる．このうち，最もシンプルな予測式は i 番目の個体の育種価を当該個体自身の1回記録 Y_i から予測する式(4.41)である．

$$\widehat{A}_i = \mu_{A_i} + h^2(Y_i - \mu) \quad (4.41)$$

また，当該個体の後代に関する表現型値の平均値 $\overline{Y}_{i.}$ から，当該個体の育種価を予測する式(4.42)

$$\widehat{A}_i = \mu_{A_i} + \frac{(1/2)nh^2}{1+(n-1)h^2/4}(\overline{Y}_{i.} - \mu) \quad (4.42)$$

も，予測誤差分散を最小にする予測式である．ここで，μ_{A_i} は i 番目の個体が属する集団の集団平均値である．

実際には，集団平均値が既知でなくても，評価対象個体がすべて同一の集団からのものであれば μ_{A_i} はすべて0と見なすことができるし，実際上そうすることに何ら問題はない．一方，表現型値 Y がすべて同一条件下に得られたものであれば，μ の代わりに Y の平均値 $\overline{Y}$ を用いて実際上問題はない．たとえば，ニワトリ，ウサギ，ブタなどの場合，能力検定ならびに選抜が主として同一年次，同一群内で行われる．また，ウシの場合でも人工授精が普及する以前は雄牛を狭い範囲でしか供用することができなかった．したがって，雄牛間の比較は主として同一群内で行われた．このような場合は $\mu_A = 0$ および $\mu = \overline{Y}$ が成り立つ．

ところが，人工授精が普及し，雄牛が複数の牛群にまたがって供用されるようになると，複数の検定牛群における記録が含まれることになり，各牛群の偏りのない μ を知る必要が生じてくる．ある前提条件の下に，$\overline{Y}$ の代わりに同期牛の重みづけ平均値を用いたのが同期比較法 (contemporary comparison method) であり，さらに一歩進んで最小2乗平均値を用いたのが回帰最小2乗法 (regressed least-squares method, RLS法) である．

人工授精に加えて，精液の凍結保存法が確立・普及したことや，また，前述の同期比較法を採用することなどにより遺伝的改良が急速にすすん だ．このような状況のもとに凍結保存された精液が広い範囲に，さらに長期にわたって供用されると比較の対象となる雄牛が同一の集団に属するものとは考えられなくなる．すなわち $\mu_A = 0$ が成り立たなくなってきた．

4.5.3 最良線形不偏予測式

これまで述べてきたように，最良線形予測式が成り立つためには μ_A および μ が既知である必要があった．これらが不明である場合，何らかの方法で μ_A および μ を推定し，それらの推定値を用いることが考えられる．ヘンダーソン (Henderson CR) は一般化最小2乗方程式 (generalized least-squares equations) の解を用いることにより，PEV を最小にする不偏予測量すなわち最良線形不偏予測量 (best linear unbiased prediction, BLUP) を得ることができることを示した．BLUP は μ_A および μ が不明であっても予測誤差分散が最小という意味で最良かつ不偏で，真の値との間の相関が最大，つまり最も正確度が高いとされている．

しかし，最良線形不偏予測量を得るには一般化最小2乗方程式を解く必要がある．この場合，非常に大きい行列の計算が必要で，最近のコンピューターの性能でもってしても実際上不可能に近い．

ところが，最良線形不偏予測量と全く同じ予測量がヘンダーソンの混合モデル方程式 (Henderson's mixed model equations)(式(4.44)) の解 (mixed model solutions, MMS) から得られる．このように混合モデル方程式の解から最良線形不偏予測量を求める方法は，前述の BLUP そのものと区別する意味で BLUP法 (BLUP method) と呼ばれている (Box 4.7)．

4.5.4 分散共分散の推定

BLUP法では，母数効果は未知であるが，分散共分散は既知であることが大前提である．いま育種価予測を行おうとしている集団についての真の分散共分散が既知である場合に，混合モデル方程式の解から BLUE および BLUP が得られる．

Box 4.7　BLUP 法の原理

いま，観測値が混合モデルの線形関数（4.43）で表せるとする．

$$Y = X\beta + Zu + \varepsilon \quad (4.43)$$

ただし，$Y_{(n \times 1)}$ は観測値のベクトル，$\beta_{(f \times 1)}$ は未知の母数効果のベクトルで，遺伝的グループの効果を含み，$X_{(n \times f)}$ は各観測値が母数効果のどのクラスに属するかを示す 0 と 1 からなる既知の計画行列，$u_{(q \times 1)}$ は未知の変量効果のベクトルで，E$(u) = 0$，かつその分散共分散行列 $G_{(q \times q)}$ を $A\sigma_u^2$ と見なし，$A_{(q \times q)}$：分子血縁係数行列，$Z_{(n \times q)}$：各観測値が変量効果のどのクラスに属するかを示す 0 と 1 からなる既知の計画行列，$\varepsilon_{(n \times 1)}$ は残差のベクトルで，E$(\varepsilon) = 0$，とする．なお，変量効果 u と ε との間の共分散は 0 であると見なす．ここで，分子血縁係数行列（numerator relationship matrix）は個体間の血縁関係およびその強さを示し，個体の近交係数プラス 1.0 を対角要素とし，個体間の血縁係数を求めるライト（Wright S）の式（7.1.3 項参照）の分子部分を非対角要素とする行列である．この行列を用いて血縁関係を考慮することにより，予測の正確度を高めたり，あるいは遺伝的グループを取り上げる必要性がなくなるかあるいは少なくともそのグループ数を少なくすることができるなどのメリットがある．さらに，記録をもっていない個体の育種価を予測することも可能となる．

この場合，ヘンダーソンの混合モデル方程式は式（4.44）のとおりとなる．ここで，記号 β° は解が一意に定まらないことを示している．

$$\begin{bmatrix} X'X & X'Z \\ Z'X & Z'Z + G^{-1}\sigma_\varepsilon^2 \end{bmatrix} \begin{bmatrix} \beta^\circ \\ \hat{u} \end{bmatrix} = \begin{bmatrix} X'Y \\ Z'Y \end{bmatrix} \quad (4.44)$$

いま $k'\beta$ が推定可能であるならば，$k_i'\beta^\circ$ は最良線形不偏推定量（best linear unbiased estimator, BLUE）であり，混合モデル方程式（4.44）の解（β° および $\hat{u}$）から，育種価 A_i の最良線形不偏予測量が次式（4.45）により算出できる．ここで，k_i' は k' の i 行目の要素からなる行ベクトルである．

$$\hat{A}_i = k_i'\beta^\circ + \hat{u}_i \quad (4.45)$$

なお，母数効果に遺伝的グループが含まれていない場合は，$\hat{A}_i$ が $\hat{u}_i$ に等しい．

しかし，分散共分散等の遺伝的パラメーターは集団により，また同じ集団でも改良のステージによって違ってくる．したがって，実際の家畜育種の現場では当該集団における分散共分散を推定する必要がある．

分散共分散の推定法としては，ANOVA 型の推定法として最小 2 乗方程式の解から求める方法，たとえばヘンダーソンの方法 1，2 および 3 などがある．また，制限付き最尤（REML）法などの尤度に基づく分散共分散推定法は平均平方誤差が小さくなるという点で優れた方法であり，現在推定法の主流になっている．　　〔佐々木義之〕

引用文献

1) Carlborg O, Kerje S, *et al*. : A global search reveals epistatic interaction between QTL for early growth in the chicken. *Genome Res*, 13 : 413-421, 2003.
2) Falconer DS, Mackay TFC : Introduction to Quantitative Genetics, 4th Ed., Longman Group Limited, 1996.

II. 応用編

　人類は紀元前1万年頃まで，食料や神への生け贄など人類が必要とするものを狩猟により得ていた．その頃，獲物が得られるかどうかは天候や狩り場の状況に大きく依存していた．やがて，人類は野生動物を捕獲し，自ら増殖・飼育するようになった．これによって，人類は必要とするものを必要なときに得ることができるようになった．このように人類が飼育するようになった動物を家畜（動物のうち特に鳥類については家禽）という．野生動物が家畜となった動機，それに伴ってどのように変化したのか，そして現在どんな家畜が利用されているのか，今後の育種素材としての動物遺伝資源の保存などについて，5章で解説する．

　家畜となった動物を増殖・飼育するうちに，人類はより好ましい物を，より多く，より効率的に生産する技術を確立してきた．それらの技術のうち，動物のもっている遺伝的能力そのものを変えていく育種手法は，メンデルの法則の再発見後遺伝学の確立とともに急速な発展を見た．これを支えた学問が家畜育種学である．そのなかでも特に，統計遺伝学的育種理論が多大の貢献をしてきた．その中心的な部分である選抜と交配について，それぞれ6章と7章に解説する．近年，遺伝子の本体であるDNAの二重らせん構造の発見（1953年）に端を発した分子生物学の進展により，家畜の育種に更なる新しい展開を見ようとしている．

5. 動物遺伝資源

5.1 家畜化

5.1.1 動物遺伝資源と家畜

家畜（domestic animal, farm animal）とは野生動物を飼い馴らしてヒトの利用目的にかなった形質や能力を保有するようになった動物を指す．この説明だけでは，サーカスのトラやライオンのようによく飼い馴らした動物は家畜といえるのかという疑問が出てくる．野生動物を飼い馴らしただけでは家畜といえず，家畜はヒトの管理のもとに世代を超えて繁殖が可能な動物である．それでは，ゾウやネコのようにヒトが繁殖を管理することが難しい動物は家畜とはいえないのか．従来，これらの動物は完全な家畜とはいえないが野生動物でもないという曖昧な表現をしてきた．このように，動物を家畜と野生動物に二分する明確な基準はないようである．また，近年のペットブームにおいてヒトの管理下で繁殖が可能になった動物や実験動物として新たに開発された動物などがあるが，これらを家畜に含めることには異論がある．ここでは，これらの動物群を含めた用語として，動物遺伝資源（animal genetic resources）を用いることにする．

一方，国連の食糧農業機関（Food and Agriculture Organization, FAO）が"WORLD WATCH LIST（3 rd ed., 2000）"のなかで，家畜として取り上げている動物種は，哺乳動物が16種，鳥類で14種である．

5.1.2 家畜化

家畜化について野澤（1975）は，自然の生態系において生殖を重ねてきた野生動物が，ヒトの生活圏に接近し，ヒトの生態系に自発的に入り込んだりあるいはヒトが強制的に取り込んだりして，動物の生殖をヒトの管理下に置き，その管理をより強化してゆく世代を越えた連続的な過程であると説明している[1]．つまり，野生動物と家畜との違いは連続的なもので，野生動物が家畜になる過程を家畜化（domestication）と呼び，"動物が受

表5.1 FAOが家畜として取り上げている動物種

ウマ	horse
スイギュウ	buffalo
ウシ	cattle
ヤク	yak
ミタン	mithan
バンテン	banteng
ヤギ	goat
ヒツジ	sheep
ブタ	pig
ロバ	ass
フタコブラクダ	Bactrian camel
ヒトコブラクダ	dromedary
アルパカ	alpaca
ラマ	llama
グアナコ	guanaco
ビクーニャ	vicugna
シカ[*1]	deer
ウサギ	rabbit
キジ[*2]	pheasant
ニワトリ	chicken
アヒル	duck
シチメンチョウ	turkey
ガチョウ	goose
バリケン	muscoby duck
ホロホロチョウ	Guinea fowl
ヤマウズラ[*3]	partridge
ウズラ	quail
ハト	pigeon
ヒクイドリ	cassowary
エミュ	emu
アメリカダチョウ	nandu (rhea)
ダチョウ	ostrich

[*1] すべての家畜化したシカを含む．
[*2] ヤマドリを含む．
[*3] イワシャコを含む．

ける自然淘汰圧が人為淘汰圧に置き換えられていく過程である"と定義している．

5.1.3 家畜化の要因

野生動物が家畜化される過程はヒトと動物との相互関係に起因すると考えられており，その前提として，ヒトと動物との接近を可能にした自然的要因があったと考えられる．すなわち，家畜化の要因として，①自然的要因，②ヒト側の要因，③動物側の要因，に分けられる．

a. 自然的要因

最後の氷河が約1万年前に後退を始め，西アジアでは乾燥期が始まり，コムギやオオムギなどの栽培も始まった．ちょうどその頃から西アジアでは主要な家畜種のいくつか，すなわちヤギ，ヒツジ，ウシ，ブタなどの家畜化が始まった．乾燥期に入り，水と餌が不足した動物と，狩猟採集の獲物が減少したヒトは水場の近くを生活圏とするようになり，相互の接触の機会が増えるようになった．この生物的接触の機会が増えたことがヒトと動物の相互関係の機縁となったと考えられる．

b. ヒト側の要因

旧石器時代から新石器時代の人類は狩猟採集を主な生業としてきたが，人口の増加と食料としてきた動植物の量とのバランスが保てなくなったこと，また動植物の量の季節的・周期的変動等が原因となり，食料の安定的確保を図る試みが家畜化や栽培化の契機になったと考えられる．また，集落の形成に伴うリーダーの出現により，動物の生態に関する知識や家畜化の技術を後代に伝えることが可能になったことも重要である．この他に，祭祀用や愛玩のために家畜化が始まったとの説もあるが，初期の家畜化では，食料の確保が主な動機である．

c. 動物側の要因

主要な農用家畜種の数は哺乳類と鳥類を合わせても10種程度であるのは驚くべきことである．はじめから現在の家畜種のみが家畜化の対象に選ばれたはずはなく，多くの試みのなかで現在の家畜が残ってきたのである．このことは動物の側に，種の違いによって家畜になりやすい種となりにくい種があることになる．家畜になりやすい種には，ヒトの生活圏の周辺で餌をとるような，程度の差はあってもヒトとの接近を拒絶しない性質をもっているものが多い．同時に，ヒトにとって完全に忌避の対象となるほどの凶暴性をもっていなかったともいえる．初期の家畜化（イヌを除く）は乾燥した気候に適応した植物を有効利用できる反芻動物が対象になったのである．第1段階ではヤギとヒツジが対象になり，次いで，農耕の

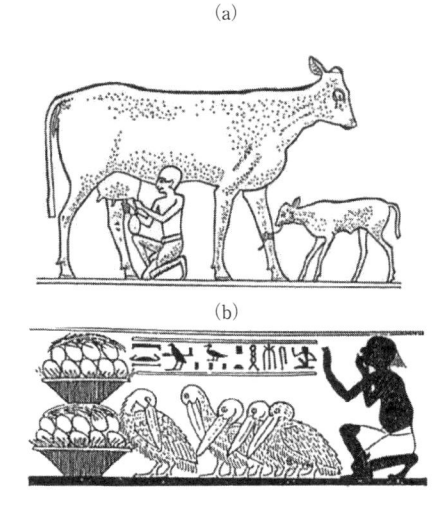

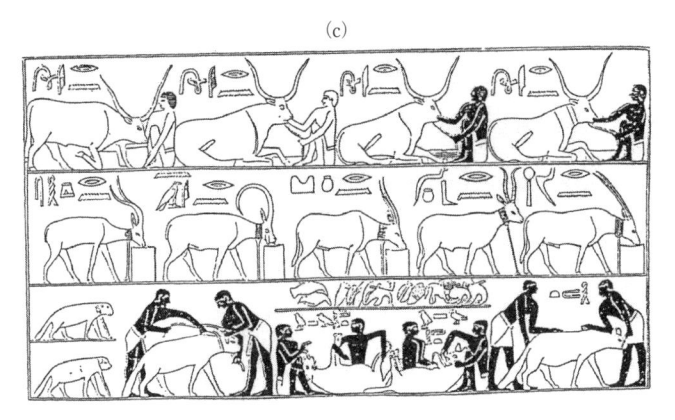

図5.1 古代エジプトで飼われていたいろいろな動物[2]
(a) 搾乳中の無角のウシ，(b) ペリカンとその卵，(c) 上段はウシ，中段はガゼル，アダックス，アイベックス，オリックス，下段はハイエナ．

開始と定住生活が契機となり，大型の反芻動物であるウシが家畜化の対象になった．古王国時代のエジプトでは，意図的家畜化がほとんどあらゆる種に及んだようである（図5.1参照）．たとえばその時代の壁画には，ある程度まで家畜化の過程が進んだと考えられる，ハイエナ，ガゼル，アイベックス，アンテロープ，ペリカンなどが描かれているが，これらの家畜化は途中で放棄されたという歴史がある．

5.1.4 動物遺伝資源の分類

生物は主として形態上の類似性に基づいて，門，綱，目，科，属，種の6段階に分類される．分類の最小単位である種の中で類似性の高いものを集めて属を構成する．すべての動物種はこのように下位から上位へ段階的に分類される．6段階の分類をさらに亜科，亜種などに細分したグループを置く場合がある．家畜の場合には，遺伝的類似性の程度に応じて種をさらに細分化した分類単位として，品種や系統などがある．

家畜を含む動物遺伝資源の大部分は脊椎動物門に属している．従来，ミツバチは家畜の1種に含められてきたが，カイコやショウジョウバエの位置付けとの関係からすると，家畜に含めることは疑問である．

分類上の最小単位は種（species）であり，同一種内では相互に生殖が可能であるが，異なる種に属する個体間では生まれた子は完全な生殖能力をもつことができない．学名（scientific name）は種を表す世界共通の名前であり，属名と種名を組み合わせた2名式命名法で表される．家畜は，先祖である野生原種との間に正常な生殖能力をもつ子ができることから，その野生原種と同じ種に属し同じ学名をもつのが原則である．しかしながら，ウシの野生原種である原牛の学名は *Bos primigenius* であるのに，肩峰をもったインド系牛を *Bos indicus*，ヨーロッパ系牛を *Bos taurus* ということがあるが，両者は同一種に属していることから，学名は *Bos primigenius* に統一すべきである．また，イヌ（*Canis familiaris*）はオオカミ（*Canis lupus*）を家畜化したものであると考えられているが，イヌはジャッカルやコヨーテとの間にも妊性のある子が生まれることなどから，イヌの祖先種が確定していないため，イヌ固有の学名をもっている．現在，動物遺伝資源として利用されている主要な動物種を動物分類学上の分類に従って挙げると表5.2のとおりである．

5.1.5 品種と系統

動物分類学上の最小単位は種であるが，同じ種の動物でも，環境の異なる国や地域で永年にわたり飼育されることによりそれぞれの環境に適応した形態や能力をもつ集団が形成される．また，人間の好みや飼育目的の違いが永年にわたって積み重なることにより他とは異なる形態や能力をもつ集団が形成される．このような集団のなかで，他の集団とは異なる固有の形態や能力をもち，それが遺伝的にある程度固定した集団が品種（breed）である．ある集団が品種と認められるには，その集団内において形態や能力が大体そろっていて，その集団の特色となる毛色・体型などの外貌上の形質や乳・肉・卵などの生産能力の形質が子孫に確実に伝わることが必要である．たとえば，ウシではホルスタイン種や黒毛和種，ニワトリでは尾長鶏や白色レグホーン種などが品種である．

実験動物や一部の家畜には，同一品種内または品種間での交配をもとに計画的な交配を繰り返し，相互の血縁関係が非常に近い集団があり，これを系統（strain, line）と呼ぶ．最近では，ブタやニワトリの場合には品種よりはむしろ系統を繁殖に用いてコマーシャル動物（実用畜）の生産を行っている．系統の中で，相互の血縁関係の最も近い集団を近交系（inbred line）という．近交系は兄妹交配を20世代以上継続して行っている系統をいい，実験動物の分野では多くの近交系が作出されているが，家畜ではニワトリ以外にはほとんどない．

5.1.6 在来種

前述した分類とは別に，それぞれの国や地域で永年にわたり固有の集団として維持されてきた家

表 5.2　主要な動物遺伝資源の分類

門 (Phylum)	綱 (Class)	目 (Oeder)	科 (Family)	野生原種名	和名（英名）
脊椎動物門	哺乳綱	げっ歯目	テンジクネズミ科	*Cavia porcellus*	テンジクネズミ (Gunea pig)
			ネズミ科	*Mus musculus*	ハツカネズミ，マウス (mouse)
				Rattus rattus	クマネズミ，ラット (rat)
		ウサギ目	ウサギ科	*Oryctolagus cuniculus*	アナウサギ (rabbit)
		食肉目	イヌ科	*Canis lupus*	イヌ (dog)
			ネコ科	*Felis silvestris*	ネコ (cat)
		奇蹄目	ウマ科	*Equus przewalskii*	ウマ (horse)
				Equus asinus	ロバ (ass)
		偶蹄目	イノシシ科	*Sus scrofa*	ブタ (pig)
			ラクダ科	*Camelus ferus*	ラクダ (camel)
				Llama glama	ラマ (llama)
				Lama pacos	アルパカ (alpaca)
				Lama guanicoe	グアナコ (guanaco)
				Vicugna vicugna	ビクーニャ (vicugna)
			シカ科	*Rangifertarandus*	トナカイ (reindeer)
			ウシ科	*Bos primigenius*	ウシ (cattle)
				Bos javanicus	バリウシ (Bali cattle)
				Bos mutus	ヤク (yak)
				Bos gaurus	ガヤール，またはミタン (gayal, mithan)
				Bubalus arnee	スイギュウ (water buffalo)
				Capra aegagrus	ヤギ (goat)
				Ovis ammon	ヒツジ (sheep)
	鳥　綱	ガンカモ目	ガンカモ科	*Anas platyrhychos*	アヒル (duck)
				Cairina moshata	バリケン (muscoby duck)
				Anser cygnoides	ガチョウ (goose)
		ハト目	ハト科	*Columba livia*	ハト (pigeon)
		キジ目	キジ科	*Gallus gallus*	ニワトリ (chicken)
				Coturnix coturnix	ウズラ (quail)
				Meleagris gallopavo	シチメンチョウ (turkey)
				Numida meleagris	ホロホロチョウ (Guinea fowl)
	硬骨魚綱	コイ目	コイ科	*Cyprinus carpio*	コイ (carp)
				Carassius auratus	キンギョ (goldfish)
節足動物門	昆虫綱	膜翅目	ミツバチ科	*Apis millifera*	ミツバチ (honey bee)
		鱗翅目	カイコガ科	*Bombyx mori*	カイコ (silk worm)

畜に在来種（native animal）がある．在来種は，西欧諸国や日本では品種として固定しているが，発展途上国では一般に改良の程度が低いものが多い．しかしながら，永年にわたりそれぞれの飼育環境に適応してきた在来家畜は，将来の遺伝資源として貴重な動物資源である．ちなみに，在来家畜研究会では，日本における在来家畜を，明治維新以前から日本で飼育されている家畜集団としている．したがって，ウシ，ウマ，ブタ，ヤギ，ニワトリなどの家畜種には日本在来種といえるいくつかの品種がある．

5.2　動物遺伝資源の品種と分類

動物遺伝資源を大別すると，農用動物，伴侶動物，実験動物，水産動物に分けることができる．ここでは，農畜産業に関わるウシ，ブタ，ニワトリなどの家畜を農用動物（farm animal）と呼び，イヌやネコなどのように愛玩や福祉を目的に人間生活の伴侶として飼われる動物を伴侶動物（companion animal），また，科学研究に利用する目的で開発・生産されている動物を実験動物（laboratory animal）と呼ぶ．

図5.2 原牛（オーロックス）[3]

図5.4 ヘレフォード種（無角）

図5.3 ホルスタイン種（日本ホルスタイン登録協会提供）

5.2.1 農用動物の品種

家畜化された動物が，人類の移動に伴い各地に拡散してゆき，それぞれの環境に適応し，固有の特性を備えた在来種ともいうべき集団が形成されたのは，かなり古い時代であると考えられる．古代エジプト王国時代やローマ帝国時代にはいくつかの家畜種に，体型や用途の異なる集団が形成されていたことはすでに述べた．各地で成立した在来種は，長い年月をかけてその能力や体格などの改良が行われ，次第に品種に近い均一な集団が形成されたと考えられる．

18世紀に入って，近代的な家畜改良の技術と方法を実践し，多くの品種を造成したのが，ロバート・ベイクウェル（Robert Bakewell, 1726-1795）であった．彼は，肉用牛のロングホーン種，ヒツジのレスター種，重輓馬のシャイアー種などの品種を作出した．現在，商業用に利用されているほとんどの品種は，18～19世紀にイギリスを中心とする欧米諸国で造成された．

家畜には膨大な数の品種が存在するが，個別の品種について説明することは本書の目的ではないので，ここでは主要な品種を挙げるにとどめる．

a. ウシ

1) 起源 家畜牛（cattle）の野生原種である原牛（オーロックス，aurochs，*Bos primigenius*，図5.2）は，ユーラシア大陸およびアフリカ大陸に広く分布していた．いまから15000年も前の旧石器時代に，原牛が狩猟の対象であったことはフランスのラスコーやスペインのアルタミラの洞窟壁画が証明している．原牛の家畜化はいまから6000～8000年前に西アジアを中心に農耕民族により行われたと考えられている．ウシの品種の形成はかなり古くから行われており，紀元前2700年頃のシュメール遺跡の出土品に肩峰をもつウシが描かれていることからも明らかである．

2) 品種 乳用種としては，ホルスタイン種（Holstein-Friesian，オランダ原産，図5.3）やブルトン種（フランス原産）をもとにノルマン種を交雑して改良されたジャージー種（Jersey，イギリス領ジャージー島の原産）が世界的に広く利用されている．肉用種としては，アメリカで無角牛をもとに固定されたヘレフォード種（Hereford，イギリス原産，図5.4），アバディーンアンガス種（Aberdeen Angus，イギリス原産），

図 5.5　黒毛和種

図 5.6　褐毛和種（熊本系）

肉用ショートホーン種（Beef type Shorthorn, イギリス原産）などが広く利用されている．さらに，乳肉兼用種には，スイスブラウン種（Swiss Brown, スイス原産），シンメンタール種（Simmental, スイス原産）などがいる．

3) 日本在来牛　わが国で古くから飼育されてきた晩熟で小型のウシの総称として和牛とも呼ばれている．明治時代に入り西洋種との交雑が進められたが，その後，各地で肉質を中心に改良が進み，固定種と認められている．主として中国地方で，シンメンタール種，エアーシャ種，スイスブラウン種などとの交雑後に固定された，毛色が黒で有角のウシが黒毛和種（Japanese Black, 図 5.5）である．褐毛和種（Japanese Brown, 図 5.6）は熊本県ではデボン種，シンメンタール種と交雑し，高知県ではシンメンタール種，朝鮮牛などと交雑後に改良が進められ，固定種となった，毛色が褐色のウシである．日本短角種（Japanese Shorthorn）は南部牛にショートホーン種が交雑され，改良固定された褐色のウシである．無角和種（Japanese Polled）は山口県でアバディーンアンガス種と交雑され，改良固定された毛色が黒で無角のウシである．この他に，純粋な在来牛といわれている，山口県の見島牛や鹿児島県の口之島野生化牛がある．

b.　ブタ

1) 起　源　ブタ（pig, swine）の祖先種であるイノシシ（図 5.7）の家畜化は，いまから 10000 年ほど前に中国，西アジアおよび東南アジアで始まったとされている．ブタの家畜化のセンターを同定することは困難である．なぜなら，イノシシの亜種は数が多く現在も世界各地に広く生息しており，家畜化したブタが人類の移動とともに各地で，これらの亜種と交雑した可能性が高いからである．

2) 品　種　ブタの品種としては，大ヨークシャー種（Large Yorkshire or Large White, イギリス原産），これとデンマークの在来ブタとの交雑種をもとに作出されたランドレース種（Landrace, デンマーク原産），バークシャー種（Berkshire, イギリス原産，図 5.9），アメリカで作出されたデュロック種（Duroc, 図 5.8）などが広く利用されている．また，在来ブタとしては，一腹産子数が 15〜16 頭と多く，早熟で繁殖能力の非常に高い梅山豚（Meishan pig, 中国原産，図 5.10）が知られている．

c.　ヒツジ

1) 起　源　ヒツジ（sheep）の家畜化は，いまから 8000〜9000 年前頃に西アジアのタウルス山脈とザグロス山脈に囲まれた高原地帯で行われたと考えられている．ヒツジの祖先種としては，Ovis 属のムフロン（Mouflon）がまず家畜化され，その後，ウリアル（Urial）およびアルガリ（Argali）からの遺伝的影響を受けた集団が形成されたと考えられている．これら 3 種の野生ヒツジはそれぞれ染色体数が異なるが，家畜化したヒツジとの間には生殖隔離が生じないことが認められている．

2) 品　種　メリノー種（Merino, スペイン原産，図 5.11）は世界の代表的な毛用種とし

図5.7　イノシシ（黒澤弥悦氏提供）

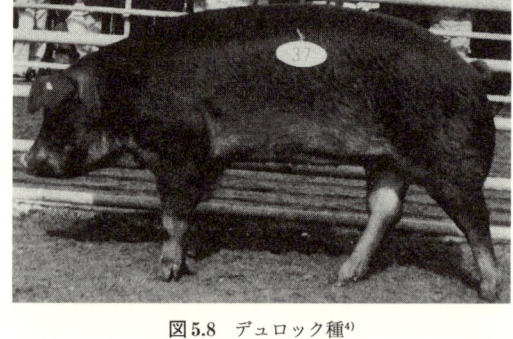

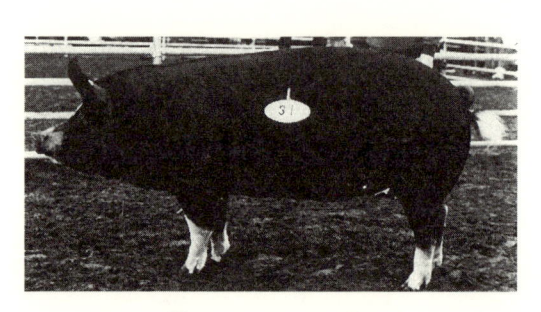

図5.8　デュロック種[4]

図5.9　バークシャー種[4]

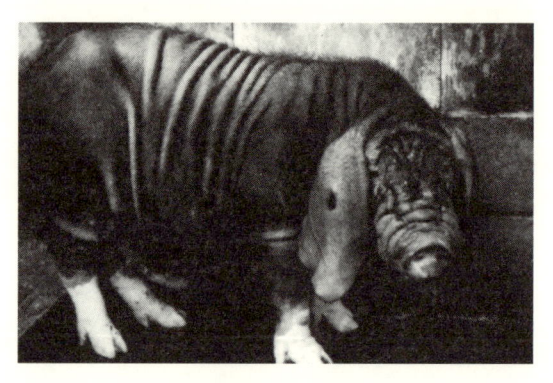

図5.10　梅山豚

て利用されている．その他に，オーストラリア・メリノー種（Australian Merino）がいる．肉用種としては，サウスダウン種（South Dawn）を基礎に改良されたサフォーク種（Suffolk，イギリス原産，図5.12）が知られている．毛肉兼用種には，コリデール種（Corridale，ニュージーランド原産）がおり，1960年頃までは，わが国のヒツジのほとんどを占めていた．

d．ヤギ

1）**起源**　ヤギ（goat）は最も古くに家畜化された反芻動物で，いまから12000年ほど前に西アジアで家畜化されたと考えられている．ヤギの野生原種としては，現存している3亜種のうち，ベゾアールヤギ（Bezoar）が中近東のどこかで最初に家畜化され，その後マルコールヤギ（Mrkhor）やアイベックスヤギ（Ibex）の遺伝的影響を受けた集団が形成されたと考えられている．

2）**品種**　乳用種としては，ザーネン種（Saanen，スイス原産）が代表的な品種である．なお，本種と日本在来種との累進交雑により日本ザーネン種（図5.13）が作出されている．その他の乳用種としてはヌビアン種（Nubian，アフリカ南部原産）がいる．乳肉兼用種にはジャムナパリ種（Jamnapari，インド原産）がおり，毛用種には，アンゴラ種（Angora，アナトリア地方原産），カシミア種（Cashmere，インド北西部からチベット一帯が原産地）がいる．

3）**日本在来ヤギ**　九州南西部に古くから肉用に飼育されていた小型のヤギで，五島列島や長崎県西部に飼育されているシバヤギ（Shiba goat）と吐噶喇列島を中心に分布しているトカラヤギ（Tokara goat，図5.14）がある．いずれも肉用が主体である．体重はいずれも20～30 kgくらいで，毛色は，シバヤギが白またはクリーム色であるが，トカラヤギは多様な毛色を呈する．

e．ウマ

1）**起源**　ウマ（horse）の家畜化は他の

図5.11 メリノー種[4]

図5.12 サフォーク種

図5.13 日本ザーネン種

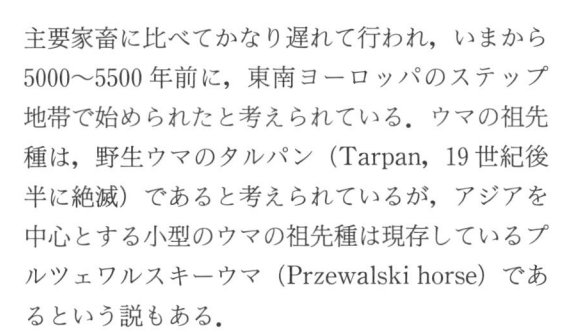

図5.14 トカラヤギ

主要家畜に比べてかなり遅れて行われ，いまから5000～5500年前に，東南ヨーロッパのステップ地帯で始められたと考えられている．ウマの祖先種は，野生ウマのタルパン（Tarpan，19世紀後半に絶滅）であると考えられているが，アジアを中心とする小型のウマの祖先種は現存しているプルツェワルスキーウマ（Przewalski horse）であるという説もある．

2) **品種** アラブ種（Arab，アラビア半島原産）は，速力ではサラブレッド種に及ばないが持久力に優れている．イギリス原産の在来種にアラブ種を交配して疾走能力を改良したサラブレッド種（Thoroughbred，図5.15）は，ウマのなかでは遺伝的に最も純粋な品種である．アングロアラブ種（Anglo-Arab，フランス原産，図5.16）は主に乗用馬として利用されている．重種

のペルシュロン種（Percheron，フランス原産）は，わが国の農耕馬の基礎になった品種で，今後は肉用としての活用が期待される．

3) **日本在来馬** わが国で古くから飼育されてきた小型馬の総称で，明治期に西洋系の馬による改良をまぬがれた日本在来馬は，北から北海道和種，木曾馬，野間馬，御崎馬，対州馬，トカラ馬（図5.17），宮古馬，与那国馬などが現存している．北海道和種を除けば，いずれも生息数が少なく保存の対象になっている．

f. ニワトリ

1) **起源** ニワトリ（chicken）の祖先種は，セキショクヤケイ（赤色野鶏，red junglfowl，図5.18）とされており，インドから中国西部にかけて広く生息している．この他に3種のヤケイが現存しており，そのうちのハイイロヤケイ

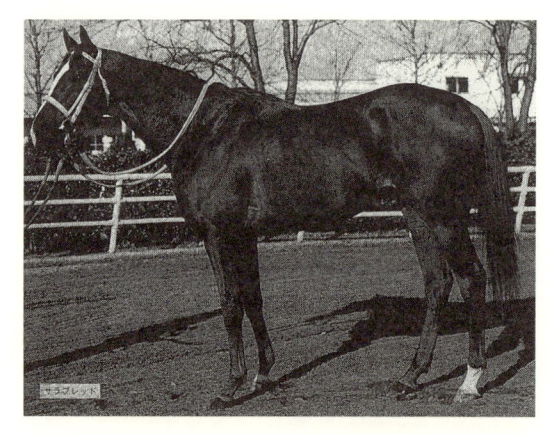

図5.15 サラブレッド種（楠瀬良氏提供）5)

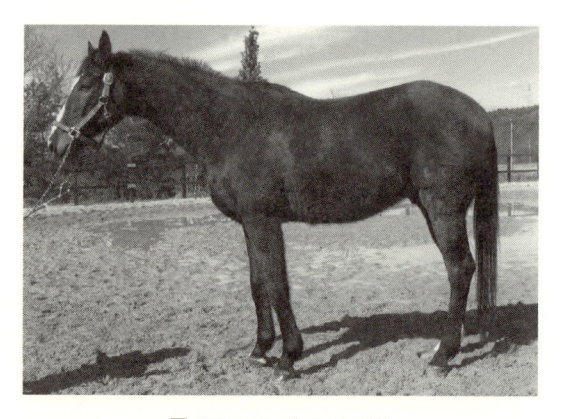

図5.16 アングロアラブ種

図5.17 トカラ馬（日本馬事協会提供）5)

（灰色野鶏，grey junglefowl）の遺伝的関与も示唆されている．中国の竜山時代（Long Shan Age, B.C. 3000-B.C. 2000）の遺跡や西アジアのモヘンジョダロ（Mohenjo-Daro）の遺跡からニワトリと考えられる骨が発見されていることから，いまから4000～4500年前には東南アジアのどこかで家畜化が始まったと考えられる．

2）**品　種**　卵用種の産卵能力の改良は，主として，アメリカおよびイギリスで行われた．広く利用されているのは，褐色レグホーン種（brown leghorn，イタリア原産）をもとに改良された白色レグホーン種（white leghorn，イタリア原産，図5.19）である．

白色コーニッシュ種（white cornish）は，イギリス原産の褐色コーニッシュ種（brown cornish）がアメリカで肉専用種として改良された．また，白色プリマスロック種（white plymouth rock，アメリカ原産）は，ブロイラー生産時の雌系として多用されている．その他に，ロードアイランドレッド種（Rhode Island red，アメリカ原産）が卵肉兼用種として利用されている．

3）**日本在来鶏**（Japanese native chicken）
わが国には，古代から飼われていた地鶏（岐阜地鶏，伊勢地鶏，土佐地鶏），平安時代に導入されたといわれている小国，鳴き声の美しい声良（コエヨシ），東天紅（トウテンコウ），唐丸（トウマル），世界でも珍しい姿の尾長鶏（図5.21）のほかに，軍鶏（シャモ），薩摩鶏，地頭子（ジトッコ），河内奴（カワチヤッコ），黒柏（クロカシワ），蓑曳（ミノヒキ），比内鶏（ヒナイドリ），矮鶏（チャボ），蓑曳チャボ，鶉尾（ウズラオ），烏骨鶏（ウコッケイ）など，合計17品種が天然記念物に指定されている．これらのほとんどは愛玩用に飼われているが，軍鶏，薩摩鶏，比内鶏などは肉質のよい高級肉の生産に活用されている．

g. **その他の農用動物**

1）**哺乳類家畜**　スイギュウ（水牛，water buffalo，図5.22）は，いまから5000年前にモヘンジョダロやメソポタミア地方で家畜化されたもので，熱帯地方の主要な家畜として利用されている．ロバ（ass）は東北アフリカ地方でアフリ

図 5.18 セキショクヤケイ（赤色野鶏）

図 5.19 白色レグホーン種

図 5.20 横斑プリマスロック種

図 5.21 オナガドリ（尾長鶏）

図 5.22 スイギュウ（水牛）

カノロバから家畜化され，その歴史はウマより古い．持久力や強健性などが勝り，不良環境や乾燥にも強いことから役用として利用されている．なお，雄ロバと雌ウマとの一代雑種はラバ（mule）と呼ばれ，役畜として利用される．ラクダ（camel）には，アフリカから西南アジアにかけて飼育されているヒトコブラクダとモンゴルや中国で飼育されているフタコブラクダがある．乾燥地における荷駄の運搬用であるが，乳，肉，毛も利用される．

2）**家 禽** 野生原種が異なる多くの品種のガチョウ（goose）が，肉，卵の利用だけでなく，綿羽（ダウン）に利用されている．アヒル（duck）は，卵肉兼用種で白色の北京アヒル種（Pekin duck）や卵用種で水場を必要としないカーキーキャンベル種（khaki Cambell）などが有名である．シチメンチョウ（七面鳥，turkey）

図5.23 マウス (BALB/C)

図5.24 シリアンハムスター(ゴールデンハムスター)

は，アメリカ大陸の野生シチメンチョウをメキシコ地方で家畜化したと考えられている．大型のブロンズ種や小型のベルツビル・スモールホワイト種などが有名で，主に肉用として利用されている．ウズラ (quail) は，日本で野生のニホンウズラをもとに明治時代以降に本格的に家畜化されたものである．品種として確立したものはないが，産卵能力が高く，実験動物としては，多くの系統が成立している．

5.2.2 実験動物

医学や生理学を含めた各種の科学研究において，動物実験に供することを目的に開発された動物を実験動物 (laboratory animal) という．これまでに多くの小動物が実験動物化されており，マウス（図5.23），ラット，モルモット，ハムスター（図5.24），ウサギなどが代表的な実験動物として広く利用されている．実験動物は，実験結果の再現性を向上させるため，遺伝制御と疾病制御や環境制御の条件下で飼育管理がなされている必要がある．したがって，分類には，「品種」より遺伝的均一性の高い「系統」を用いることが多

い．ただし，実験目的によっては，イヌ，ネコ，サルなどのほかに魚や両生類などを用いる場合もあり，これらを含めて広義の実験動物という．

5.2.3 伴侶動物

伴侶動物には明確な定義はなく，これまでに家畜や実験動物として飼育されたものが，ヒトの生活に潤いや生きがいを与える動物として，飼育されるようになったものが多い．また，野生動物のなかで比較的温和な性格の動物を愛玩用（ペット）として飼育するようになった場合もある．これらを総称して伴侶動物 (companion animal, 図5.25, 5.26) という．

5.3 動物遺伝資源の評価

動物遺伝資源の評価を考えるとき，①遺伝子頻度をもとに集団の特性を評価する場合と，②生産能力などの経済形質を用いて評価する場合に大別できる．②については4章で詳しく述べられているので，ここでは，遺伝子頻度または塩基置換の頻度をもとに動物集団の特性を評価する場合について述べる．集団を構成する全個体の遺伝子構成は集団の遺伝子頻度で表されるので，集団中に遺伝的変異 (genetic variation) が存在することが評価の前提になる．なお，ここでの遺伝距離や系統樹についての説明は要点のみとし，詳しくは，Nei & Kumar (2000) を参照されたい[6]．

5.3.1 サンプリングについて

評価対象の動物集団からどれくらいの個体数を調べると集団の遺伝子構成を正確に評価ができるのか，この答えは簡単ではない．評価対象の動物集団のレベルが，種，品種，地域集団のどのレベルであるかにより異なるが，タンパク質多型などの核遺伝子であれば50個体（100本の染色体）は少なくとも必要である．ただし，数百塩基以上の領域について50個体以上の塩基配列を決定するのは労力的にも現実的ではないが，毛色などの外貌形質では100個体を用いるのはそれほど困難ではない．また，マイクロサテライトを用いた多

図 5.25　ボーダーコリー種

図 5.26　アメリカン・ショートヘア種

型解析の場合，20個体20マーカー以上であれば解析は可能であると根井正利博士は述べている．

5.3.2　遺伝的構成の変化

集団の遺伝子頻度が，任意交配の行われている十分大きいメンデル集団では世代を越えて一定であることは前章で述べたが，現実にはこのような集団は存在しない．選抜（淘汰）以外に集団の遺伝子頻度に影響を与える要因として，突然変異，移住，機会的遺伝浮動などがある．

a.　突然変異

突然変異（mutation）は集団に遺伝的変異をもたらす根源的な要因であり，進化の根幹をなすといえる．集団のなかに生じた単発的な突然変異の場合は，次世代にその遺伝子が残る確率は約0.63で，世代を重ねるに従い残る確率は減少するので，その突然変異遺伝子が適応性に影響を及ぼさない限り影響は少ない．しかし，世代ごとに繰り返して突然変異が生じる場合には一定の割合で集団中に突然変異遺伝子（mutant allele）が蓄積する．ただし，復帰突然変異（reverse mutation）といって，突然変異遺伝子から野生型遺伝子（wild-type allele）への突然変異も一定の割合で生じることと，突然変異遺伝子を供給する野生型遺伝子の頻度が集団中で減少することがあいまって，野生型遺伝子と突然変異遺伝子の割合は集団中で平衡に達する．いま，遺伝子 A が毎世代 u の割合で a に突然変異し，a が v の割合で復帰突然変異すると仮定し，A と a の最初の頻度を q と $1-q$ とすると，次世代では A 遺伝子頻度の変化量 Δq は，$\Delta q = -uq + v(1-q)$ で示される．また，平衡に達したときの A 遺伝子の頻度 q は，$q = v/(u+v)$ となり，集団は多型状態を維持することになる．

b.　移　住

ある集団に別の集団の個体を導入することを移

Box 5.1　家畜品種の大別法

各家畜には多くの品種が存在するが，利用目的，原産地，外貌などの違いに基づいた分類は，大枠的ではあるがその品種の特色を知るのに便利である．

① 利用目的による分類：品種の利用目的によって，乳用種，肉用種，乗用種，役用種，毛用種，ベーコンタイプ（bacon type），ミートタイプ（meat type），卵用種，愛玩用種，兼用種などに大別した分類を用いる場合がある．

② 原産地による分類：品種が成立した原産地にちなんで，英国種，ヨーロッパ大陸種，東洋種，西洋種，アメリカ種，アジア種（中国種），地中海沿岸種などの分類を用いる場合がある．

③ 外貌による分類：似たような外貌や体格をもつ品種を大別して，長角種，短角種，無角種，肩峰牛，軽種，重種，長尾種，短尾種，脂肪尾（臀）種，長毛種，短毛種などの分類を用いる場合がある．

住（migration）という．集団の遺伝子構成が異なるO集団とE集団があり，O集団にE集団から毎世代 m の割合で移住者が導入されるとする．O集団の遺伝子 A の頻度を q，E集団の A 遺伝子の頻度を q_m とすると，次世代混合集団の A 遺伝子の頻度 q_1 は，$q_1 = mq_m + (1-m)q = m(q_m - q) + q$ となる．世代当たりの A 遺伝子の変化量 Δq は，

$$\Delta q = m(q_m - q)$$

である．したがって移住が継続する間，混合集団の遺伝子 A の頻度は移住割合と両集団の遺伝子頻度の差に応じて変化を続けることになる．

c. 機会的遺伝浮動

相同遺伝子座における2つの対立遺伝子のうち，どちらが次世代に伝えられるかは機会的に決まる．すなわち，子が1頭しか生まれない場合にどちらの遺伝子を受け継ぐかは偶然性によって決まる．集団が十分に大きければ全体として平均化されるため問題は起きないが，小さい集団では，偶然の積み重ねによりどちらかに偏ることがある．家畜集団では，繁殖に供する個体数が有限であるため，遺伝子頻度が0か1でない限り無方向に変動する．この偏りが集団の遺伝子頻度に変化を与える要因となる．このような配偶子の機会的な抽出に伴う遺伝子頻度の無方向的変動を機会的遺伝浮動（random genetic drift）という．

d. 小集団における近交化

集団の大きさは近交進行速度に影響する．いま，集団の有効な大きさ（5.4.3項参照）を N_e とすると，近交係数が毎世代 $1/2N_e$ 上昇する．一般的に近交係数の上昇は遺伝子型のホモ型化を招きヘテロ型個体を減少させる．小集団の場合は，近交係数が上昇，集団の遺伝的構成を変化させる大きな要因となる．

5.3.3 集団の遺伝的変異性

集団が保持する遺伝的変異性（genetic variability）は，いくつかの要因により影響を受けた結果の総体として遺伝子頻度に現れる．突然変異によって生じた集団中の遺伝子頻度の変化は，環境への不適応に伴う淘汰によって頻度が変化し，他集団からの移住や他集団への移動によっても頻度が増減する．また，繁殖集団が有限であることにより生じる機会的遺伝浮動や人為的な選抜・淘汰によっても頻度は増減する．ある時点での集団が保有している遺伝的変異の量は，過去に起こったこれらの諸要因による結果の総体を反映している．

a. 遺伝的変異性の性質

1）毛色遺伝子の変異性 野生動物が家畜化されると，人為選抜により目的とする経済形質，すなわち産肉能力，産乳能力，産卵能力，生殖能力などが著しく遺伝的に改良される．また，突然変異による毛色変異や羽色変異などの形態的変異が家畜化の進行につれて集団中に保存されていく．野生動物では，外観的にはほとんど均一な毛色や羽色をしており，この点で家畜とは大きく異なる．

Box 5.2 哺乳類に共通な毛色の遺伝的変異

毛色の表現型には種特有のものも多いが，哺乳類では種を越えて共通の遺伝的変異による表現型として次のようなものがある．

① 黒化：アグーチ（A）遺伝子座の劣性突然変異型（aa），または，E 遺伝子座の優性突然変異型（E^d）による．

② 褐化：E 遺伝子座の劣性突然変異型（ee），または B 遺伝子座の劣性突然変異型（bb）による．

③ 白化：C 遺伝子座の劣性突然変異型（cc）はアルビノ，別に，優性白色遺伝子 W がある．

④ 銀色：黒色メラニン（eumelanin）には反応しないが，黄色メラニン（phaeomelanin）の生成を抑制する優性遺伝子（I）．

⑤ 淡色：毛髄細胞中のメラニンの凝縮による毛色の淡色化は，優性と劣性の2つの突然変異遺伝子による．

⑥ 斑紋：斑紋（piebald spot）を表す遺伝子にも優性の遺伝子と劣性のものの2つがある．

表5.3 家畜の品種あるいは地域集団の遺伝的変異性

家畜種	品種あるいは地域集団	分析遺伝子座数	P_{poly} 平均値±標準偏差	$\bar{H}$ 平均値±標準偏差
ウシ[7]	ホルスタイン種	26	0.200±0.081	0.073±0.035
	オンゴル	26	0.360±0.098	0.133±0.044
	ベトナム在来牛	26	0.320±0.095	0.136±0.047
スイギュウ[8]	ベトナム在来水牛	24	0.240±0.085	0.063±0.026
	フィリピン河川水牛	24	0.160±0.073	0.039±0.019
ウマ[9]	日本在来馬	26	0.344±0.057	0.113±0.008
ヒツジ[10]	モンゴル在来羊	20	0.650±0.107	0.264±0.058
ヤギ[11]	日本ザーネン種	33	0.173±0.059	0.039±0.007
ニワトリ[12]	ラオス在来鶏	11	0.777±0.109	0.243±0.049

表中数字は引用文献番号.

毛色を含めた形態を支配する遺伝子の変異はある程度の経験を積めば簡単に記録できるため,多数の個体が観察できる野外調査などでは非常に重要な情報源となる.たとえば,ウマの毛色では6遺伝子座,ネコでは毛色と毛長だけで10遺伝子座,ニワトリでは羽色,冠型,脚色で少なくとも7遺伝子座の変異を記録できる.ウシのショートホーン種などの例外はあるが,改良された品種では,これらの形質はほとんど固定されており変異は少ないが,改良が進んでいない在来種では集団の遺伝的変異の量を推定する有効な形質である.なお,マウスの毛色に関する遺伝子は表2.3に示してある.

2) 構造遺伝子の変異性 1950年代からろ紙,澱粉,寒天,アクリルアマイドなどのゲルを支持体とする電気泳動法が発達し,電気泳動による移動度の差が血液タンパク質の遺伝的変異を表していることが明らかにされ,その遺伝様式が明らかにされてきた.血液や臓器に含まれるタンパク質や酵素を支配する構造遺伝子の変異を,ゲノムの全構造遺伝子座からの任意抽出標本の変異とみなすことにより,ゲノム全体の遺伝的変異性の程度を推測することが可能になった.

血液型遺伝子座も個体識別の分野で有効な手法として古くから研究されてきたが,電気泳動などで検出されるタンパク質の変異とは異なり,血液型遺伝子座は集団内に変異があるときにのみ検出されるので,変異のない遺伝子座が発見されることはない.したがって,多数の血液型遺伝子座を使用して血液型判定を行った場合でも,集団の遺伝的変異の程度を表す多型座位の割合や平均ヘテロ接合率の推定値は,血液タンパク質の変異性を用いた場合に比べ過大な推定値が得られることが多い.血液型システムのうち,特に主要組織適合性複合体(major histocompatibility complex, MHC)を支配している遺伝子座は数も多く遺伝子座ごとの対立遺伝子の数も多いので,家畜の個体識別の有効なマーカーとして利用されてきた.また,MHCは免疫機能とも関連しておりその全体像が複雑なため,最近ではDNAレベルでの研究に移行している.

3) DNAの変異性 遺伝子の突然変異は,生殖細胞の形成時におけるDNA複製の誤りとされている.DNA複製の誤りにはいくつかのタイプがあり,1個の塩基が欠失(deletion)したり挿入(insertion)されたりすると,その下流のコドンの読み取りがずれて誤った情報が伝えられる.これをコドンのフレームシフト(frameshift)という.これをDNA長の多型といって,2本のDNA配列または制限酵素サイトの配列間にギャップが存在することにより発見されることが多い.このタイプの突然変異は致死遺伝子や疾病遺伝子に多いといわれている.また,コドンの中の1塩基が置換(substitution)されると,別のアミノ酸を指定する場合があり,酵素活性を失う例がある.アルビノはチロシナーゼ酵素の活性を失ったことによるメラニン色素の合成が阻害された結果である.塩基置換の存在を見出すには,

対象とする遺伝子座の全塩基配列を明らかにする必要がある．しかし，多数の個体を用いて，多型を検出するときは，全塩基配列の決定に代えて，制限酵素による切断長の大きさをハプロタイプとして検出するのが普通である．

b. 遺伝的変異性の推定

集団中の遺伝的変異性の程度を測る尺度としては，多型を示す遺伝子座の全遺伝子座に占める割合を表す多型座位の割合（proportion of polymorphic loci, P_{poly}），全遺伝子座の中でヘテロの遺伝子型を示すものの割合を表す平均ヘテロ接合率（average heterozygosity, $\bar{H}$），2組の塩基配列間での異なる塩基の割合を表す塩基多様度（nucleotide diversity, π），塩基配列の多型性を表す多型サイトの割合（proportion of polymorphic site, P_n）などが比較的よく用いられる．これらの尺度の測定方法は Box 5.3 に示す．

5.3.4 集団の遺伝的分化（genetic differentiation）

調べようとする集団がいくつかの地域に分散して存在する場合，ある地理的地域を副次集団としてそこから任意標本を抽出し，遺伝子頻度を推定することになる．集団の地域分化や系統分化は，広義の環境や繁殖構造の影響をすべての遺伝子座に均等に受けた結果として生じる．

a. 理想的なメンデル集団

遺伝的な意味での集団は，単なる個体の集合ではなく，有性繁殖を行っている繁殖集団のことで，これをメンデル集団（Mendelian popula-

---

━━ Box 5.3　遺伝的変異性の推定

多型座位の割合

集団に多型を示す遺伝子座がどの程度存在するかを表す尺度を多型座位の割合（proportion of polymorphic loci）といい，P_{poly} で表す．ある遺伝子座が単型であるか多型であるかは，その遺伝子座で最高の値を示す対立遺伝子の頻度が 0.99 以下の場合にその遺伝子座は多型（polymorphic）であるといい，0 または 1 に固定している場合に単型（monomorphic）であるという．したがって，P_{poly} は多型を示す遺伝子座の数を検索に用いた全遺伝子座の数で割った値で示される．ここで，多型の定義が恣意的であるため，個体数 n が 50 より小さいときには，集団内の頻度が $1/2n$ より小さい対立遺伝子は，たとえその頻度が 0.01 またはそれ以上であっても，サンプルの中に含まれない可能性がある．また，調べた遺伝子座の数が少ない場合には，抽出誤差によって大きく影響を受けることがあり，推定値の信頼度が低下する場合がある．

平均ヘテロ接合率

集団中の全遺伝子座を通して，ヘテロの遺伝子型を示すものの平均頻度を表す尺度を平均ヘテロ接合率（average heterozygosity）といい，$\bar{H}$ で表す．ある遺伝子座の i 番目の対立遺伝子の頻度を q_i とすると，$\Sigma q_i=1$ であるが，頻度の2乗和である Σq_i^2 はその座位にある遺伝子のホモ接合体の期待頻度である．したがって，$1-\Sigma q_i^2 = 2\Sigma q_i q_j$ となり，その遺伝子座のヘテロ接合体の期待頻度となる．検索に用いた全遺伝子座でヘテロ接合体の期待頻度を求め，その算術平均値が平均ヘテロ接合率となる．いくつかの家畜種における多型座位の割合（P_{poly}）は 15〜78％，平均ヘテロ接合率 $\bar{H}$ は 5〜30％ 程度である（表 5.3）．

塩基多様度

DNA の多型の程度を表す尺度として，2つの塩基配列間に見られる異なった塩基の割合の平均値を，塩基多様度（nucleotide diversity）といい，π で表す．集団中で，2つの塩基配列 i および j の頻度を x_i および x_j とし，2つの塩基配列 i および j の間の異なる塩基数の割合を π_{ij} とすると，塩基多様度は，$\pi=\Sigma x_i x_j \pi_{ij}$ となる．これは，DNA レベルでの平均ヘテロ接合率に相当する．

多型サイトの割合

DNA の多型性の程度を測定する別の尺度として，調べられた全塩基配列の中で多型となっている（分離している）ものの割合を表す尺度を多型サイトの割合（proportion of polymorphic site）といい，P_n で表す．m_T を調べた塩基の全数，S_n を多型サイトの数とすると，$P_n=m_T/S_n$ で表される．この尺度の信頼度は調べた塩基配列の長さが短い場合には標本数の大きさに左右される．

tion）という．無作為父配（random mating）が行われている十分大きいメンデル集団が，雌雄同数の多くの小集団に分かれて，それぞれの小集団の大きさは世代を越えて一定で，かつそれぞれの中では淘汰（選択）も突然変異もなく，それら小集団間で移住もないような集団を理想的なメンデル集団（idealized Mendelian population）という．

理想的なメンデル集団では，それぞれの小集団では近交係数が上昇し，遺伝子の固定あるいは消失が起こり，遺伝的均一化が進む．しかし，集団全体でみたときには遺伝的多様性が維持される．したがって，集団を保存し維持していくには，理想的なメンデル集団はまさに理想的である．しかし，このような集団は，実際には存在せず，人為的に管理しても実現は不可能である．

b. ライトの F_{ST}

ライト（Wright S）は3つ以上の副次集団からなる集団の各副次集団から任意抽出した2つの配偶子間の相関係数（近交係数）を F_{ST} とし，副次集団間の遺伝的分化の尺度，つまり集団分化の指数とした．各副次集団で遺伝子頻度 q が得られ，その平均を q_m とすると，$F_{ST}=\sigma q^2/\{q_m(1-q_m)\}$ で表される．ここで，σq^2 は q_m の分散である．

c. 根井の G_{ST}

根井（Nei M）は，ハーディー–ワインベルグの法則が成り立つ条件下で，すべての副次集団の全遺伝子座にわたる平均ヘテロ接合率の期待値を $\bar{H}_T$，各副次集団の平均ヘテロ接合率の算術平均を $\bar{H}_S$ とすると，両者の差である $\bar{D}_{ST}$ は，副次集団間の遺伝的変異性の程度を表す．すなわち，$\bar{D}_{ST}=\bar{H}_T-\bar{H}_S$ となる．また，$G_{ST}=\bar{D}_{ST}/\bar{H}_T$ は，副次集団間の遺伝的分化の程度を表す尺度と見なすことができる．

ここで説明は省略するが，ライトの F_{ST} と根井の G_{ST} とは同じもので，0から1の間の正数となる．

d. 系統分化

一般に，生物種は種々の繁殖構造をもった集団として地球上に分布している．種内の繁殖構造の違いにより遺伝子構成の異なる副次集団が生じる．副次集団は，集団間の遺伝子構成の違いや環境の違いによる淘汰の影響を受けて遺伝子構成が変化して，副次集団間に遺伝的分化をもたらす．遺伝的分化が相互に生殖隔離を生じる程度に大きくなった段階で，副次集団は種分化（speciation）したと認められる．

家畜種の場合，民族移動に伴って世界各地で多くの副次集団が形成された．家畜種では，異なる環境への適応や繁殖構造の違いに加えて，異なる経済目的（肉用，乳用，役用など）に対応した人為的選抜の影響が強いため，野生生物に比べて短時間で遺伝的分化を生じたものと考えられる．家畜種は野生原種と比べて，形態的にも能力的にも大きな変化を生じているが，現在までに種分化の段階に至ったものはない．

系統分化は遺伝的分化の程度を尺度として生物進化の歴史を解明する遺伝学的アプローチの1つであるが，絶滅した古代生物の化石からDNAが得られない限り大進化の歴史を解明することは困難である．現生生物種では，形態学的手法を用いた生物分類を見直す有効な手法になっている．家畜種では，近縁種間の系統分化の歴史を解明することは可能である．たとえば，ウシ科のウシ，野牛，ガウル，ヤク，バンテン，スイギュウなどの系統分岐の順序と共通祖先からの分岐時間を推定することは可能である．ただし，同一種内の品種や集団間の系統分化は，集団の複雑な繁殖構造や人為的選抜の影響が非常に大きいため，集団形成の歴史的背景を抜きにして分岐時間の推定を行うことは困難である．

e. 遺伝距離

2つの集団XとYとの間の遺伝的分化の程度，すなわち，X集団とY集団の遺伝子構成の差異の程度を遺伝距離（genetic distance）という．したがって，前述した F_{ST} や G_{ST} などの尺度も2つの集団間で測られれば遺伝距離として用いることができる．

これまでに発表された遺伝距離の測度のなかで，比較的よく用いられているものについてBox 5.4で説明する．

根井の標準遺伝距離（D_N）は，集団間の遺伝的分化の程度を表す測度であると同時に集団間の分化時間（divergence time, 分岐時間）をも推定する測度でもある．いま，複数の集団が進化の過程を通して，突然変異と機会的遺伝浮動が平衡状態にあり，すべての突然変異は新しい対立遺伝子に生じる（復帰突然変異が起きない）とすると，集団における D_N の期待値は2集団が分化してからの時間を示すことになる．すなわち，$E(D_N)=2at$ となる．ここで，a は突然変異の割合または塩基置換の割合，t は分化時間を表す．

a の値は，遺伝子座および用いたデータの性質で異なり，すべての遺伝子座で均等に突然変異が起きるわけではないが，多くの遺伝子について電気泳動法で検出したタンパク多型の多数のデータを用いて根井博士が推定した結果，a はおおよそ 5×10^{-6} であった．すなわち，分化時間 t は，$t=5\times10^{-6}\,D_N$ となる．

5.3.5 系　統　樹

DNA の塩基配列やタンパク質の構造を用いた系統学的解析は生物の進化の歴史を研究する重要

Box 5.4　遺伝距離の推定法

ロジャースの遺伝距離（D_R）

集団 X と集団 Y におけるある遺伝子座の i 番目対立遺伝子の頻度をそれぞれ q_{Xi} および q_{Yi} とすると，2集団間のロジャースの距離 D_R は，$D_R=\{1/2\,\Sigma(q_{Xi}-q_{Yi})^2\}^{1/2}$ となる．

多くの遺伝子座について遺伝子頻度のデータがあるときには，この値の平均値を用いることで距離を計算できる．この距離は 0 と 1 の間の値をとり，三角不等式を満足するので，集団間または地理的に異なる副次集団間の分類に用いることができる．ただし，この距離は進化時間にも塩基置換数にも比例しないので，この距離を用いて描いた系統樹の解釈にはその点で注意を払う必要がある．

根井の標準遺伝距離（standard genetic distance, D_N）

集団 X と集団 Y におけるある遺伝子座の第 i 対立遺伝子の頻度を q_{iX} および q_{iY} とすると，集団 X と集団 Y におけるある遺伝子座の遺伝子の同一性（identity, I）は，
$$I=(\Sigma q_{Xi}q_{Yi})/(\Sigma q_{Xi}^2\cdot\Sigma q_{Yi}^2)^{1/2}$$
となる．ここで，a を年当たり，遺伝子座当たりの遺伝子置換率（コドン置換率）とすると，
$$I=I_0 e^{-2at}$$
となり，I_0 は時刻 0 における集団間の遺伝子の同一性であるから，$I_0=1$ と考えることができる．すなわち，遺伝距離 D_N は，
$$D_N=-\log_e I=2at$$
となる．

この距離は，集団間の分類のみならず，集団間の分化の絶対年数，すなわち分化時間（divergence time, 分岐時間）を推定する場合には非常に有効な測度である．

対象とする遺伝子座に塩基置換速度が異なる遺伝子座が含まれている場合，すなわち，環境への適応度が異なる遺伝子や人為選抜の影響を受ける遺伝子が含まれている場合には，最大遺伝距離（maximum genetic distance, D'）が有効である．D' は，以下のように定義される．
$$D'=-\log_e I'$$
ここで，I' は，$q_{Xi}q_{Yi}$, q_{Xi}, q_{Yi} を同一の対立遺伝子を選ぶ確率の全遺伝子座についての幾何平均としたとき，
$$I'=(\Sigma q'_{Xi}q'_{Yi})/(\Sigma q'_{Xi}^2\cdot\Sigma q'_{Yi}^2)^{1/2}$$
となる．

根井の D_A

根井らは，進化に関わる系統樹の真の樹形を描くのに有効な遺伝距離として，新たに D_A を提唱している．集団 X と集団 Y において，k 番目の遺伝子座の第 i 対立遺伝子の頻度を x_{ki} および y_{ki}, 調べた遺伝子座の数を L とすると，$D_A=\Sigma\{1-\Sigma(x_{ki}y_{ki})^{1/2}\}/L$ となる．

D_A は，0 と 1 の間の値をとり，両集団間の対立遺伝子がすべて異なる場合に 1 となり，すべての対立遺伝子が一致する場合に 0 となる．この距離は，多くの遺伝子座について調べた場合，D_A の標準誤差と集団間の差をブートストラップ法（bootstrap method）で求めることができる．D_A はマイクロサテライト DNA を用いた集団間の遺伝距離の推定に有効である．

なツールになっている．分子進化の研究における重要な成果の1つに，アミノ酸と塩基の置換速度が近似的に一定であるという発見がある．これによって，進化学者は系統樹（phylogenetic tree）を作成する新しいツールを得たことになる．

一般に系統樹は種レベルでの系統分化の歴史（進化の過程）と分化時間が問題になる．それに対して，家畜種では同一種内の品種や集団を対象にしていることと家畜化の歴史が比較的短いこともあり，系統樹というよりは，集団間の類縁関係を相対的に示した枝分かれ図（dendrogram，デンドログラム）というべきかもしれない．

a. 系統樹の種類

1) 有根系統樹と無根系統樹　一般に生物種間や遺伝子間の系統関係は，図5.27(a)に示すように，根をもった樹形図で示される．このタイプの系統樹を有根系統樹（rooted tree）といい，図5.27(b)のように根をもたない系統樹を無根系統樹（unrooted tree）またはネットワーク（network）という．系統樹の分岐のパターンを樹形（topology）という．系統樹の樹形のパターンは用いた生物種の数に対応しており，n種類（nは2以上）の種を用いた二分岐型の有根系統樹の樹形パターン数は，$(2n-3)!/2^{n-2}(n-2)$で得られ，無根系統樹では，前式のnを$n-1$に置き換えると得られる．

2) 遺伝子系統樹と種系統樹　生物の進化や系統分類に興味をもつ研究者は，種や集団の進化の過程を表す系統樹に関心が高い．このような系統樹を種系統樹（species tree）または集団系統樹（population tree）という．種系統樹では，2つの種の分化年代は2種が互いに生殖隔離に至った年代に相当する．一方，いくつかの種について相同の遺伝子を1個ずつ抽出して作成した系統樹では，種系統樹と必ずしも一致しない．遺伝子に遺伝的多型が存在する場合，種系統樹に比べて分化年代が長いことが期待される．遺伝子の分化年代に基づいて作成した系統樹を遺伝子系統樹（gene tree）という．調べられた塩基やアミノ酸の数が少ないと，遺伝子の分化パターンと種の分化パターンが一致しても樹形が異なることがあ

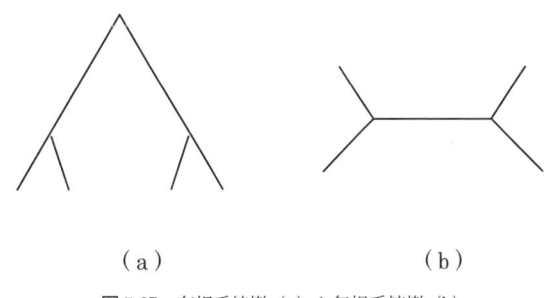

図5.27　有根系統樹（a）と無根系統樹（b）

る．これは，塩基置換が確率的に起こり，調べた種や集団での置換数が異なることによる．

遺伝子系統樹は種の系統進化を推定するためにのみ作成するのではなく，種を越えた協調進化の研究では，種の系統進化よりも遺伝子そのものの進化の過程を知ることが重要である．この場合には遺伝子系統樹を調べなければならない．

3) 期待系統樹と実現系統樹　種系統樹では，共通祖先から現在の2種への枝の長さは同一でなければならない．2つの種が分化してからの時間は同一であるからである．遺伝子系統樹でも，遺伝子の置換速度が一定であるならば2種までの枝の長さは同一になるはずである．この場合には，枝の長さが進化時間または進化距離の期待値に比例する系統樹が作成できる．このタイプの系統樹を期待系統樹（expected trees）またはモデル系統樹（model tree）という．一方，確率論的誤差や遺伝子の置換速度が一定でないことにより，2つの系統や集団に起きた突然変異による変化や遺伝子置換の数が等しくないことがある．このタイプの系統樹を実現系統樹（realized tree）という．これらとは別に，観察データをいくつかの数学モデルによって再構成して作成された系統樹を，リコンストラクテド系統樹（reconstructed tree or inferred tree）という．このタイプの系統樹には，近隣結合系統樹（neighbor-joining tree），最大節約系統樹（maximum parsimony tree），最尤系統樹（maximum likelihood tree），UPGMA系統樹（unweighted pair-group method using arithmetic average tree）などがある．期待系統樹，実現系統樹，リコンストラクテド系統樹の一例を図5.28に示す．

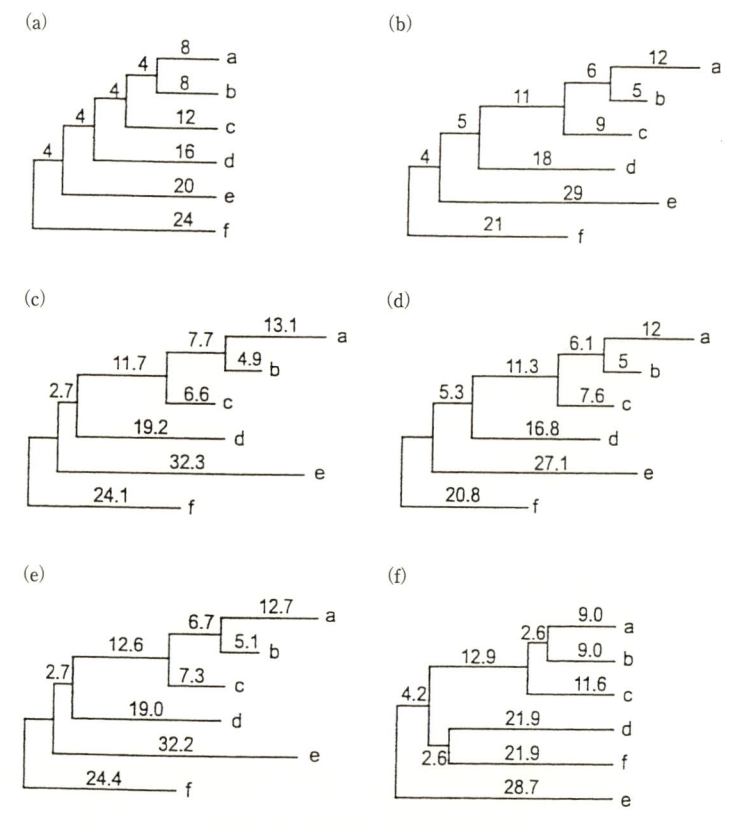

図 5.28　各種の系統樹とその樹形[6]
(a) 期待（モデル）系統樹，(b) 実現系統樹，(c)～(f) リコンストラクテド系統樹：
(c) 近隣結合系統樹，(d) 最大節約系統樹，(e) 最尤系統樹，(f) UPGMA 系統樹．

b. 系統樹の作成

系統樹の作成法には，大きく分けて距離行列法と節約法の2つがあるが，ここでは比較的よく用いられている距離行列法について述べる．

距離行列法のなかで最も単純なのが，算術平均を用いた非荷重結合法 (unweighted pair-group method using arithmetic average, UPGMA) である．この方法は，集団間の類縁関係図を作成するのに開発されたものであるが，系統樹の作成にも利用できる．特に，距離の期待値が進化時間に近似的に比例する場合には，種系統樹または期待系統樹の作成に適している．この場合には，アミノ酸置換数や標準遺伝距離 (D_N) などの進化時間に比例する測度を用いることが望ましい．

UPGMA では，何らかの進化距離が，操作上の分類単位 (operational taxsonomic unit, OTU)，すなわち種または集団のすべての対について計算された距離 D は下記の (a) のような行列で示される．ここで，簡単な距離行列の例を用いて系統樹の作成を示す．

OTU	1	2	3
2	4		
3	5	7	
4	6	8	10

(a)

OTU	1・2	3
3	6	
4	7	10

(b)

OTU	(12)	3
4	8	

(c)

(a) から，最小の距離を示す集団1と2が最初に結合し，これをもとに作成した (b) では，最小の距離を示すのは結合した集団 (1と2) と集団3である．その距離 $D(12)3$ は，$(D13+D23)/2=(5+7)/2=6$ となる．同様に，(c) では，$D(123)4=(6+8+10)/3=8$ が得られる．このとき，集団1と2との距離（枝の長さ）は4の1/2，集団 (1, 2) と集団3の距離は，6の1/2，集団 (123) と4との距離は8の1/2となる．分岐

点から次の分岐点までの距離は両群の距離の差であるので，これをもとに系統樹を作成すると下図のようになる．

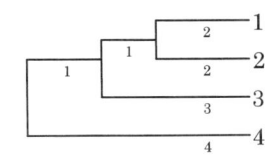

5.4 動物遺伝資源の保存

　動物遺伝資源の保存を考えるとき，生体として集団を保存してゆく場合と，生殖細胞や臓器細胞等を凍結保存する場合がある．生殖細胞の保存は，凍結保存技術の向上により，ほとんどすべての家畜種で可能であるが，野生動物では実用化に至っていないものが多い．家畜種の生殖細胞が保存されている場合は，その品種や集団がたとえ絶滅しても，人工授精や受精卵移植技術により，個体を回復することが可能である．臓器細胞が保存されている場合も，そこから抽出した全ゲノムのDNAを用いて個体を復元することが，将来的には可能になることが予想されている．

　生体としての保存は，スペースや維持のためのコストが高く，経済的には困難な場合が多い．しかし，動物遺伝資源の保存法としては最も確実な方法である．一方，凍結保存では，技術上の問題さえ解決できれば，比較的安価に半永久的な保存が可能である．ただし，種レベルで絶滅した場合には，生体への復元は現状ではきわめて困難である．

　したがって，動物遺伝資源の保存は，できるだけ生体（集団）での保存を優先させ，それが不可能な場合やほとんど絶滅状態にある場合は，凍結保存を考えるべきである．ただし，家畜種について，優秀な種畜の生殖細胞を将来の育種に利用するために保存することは，その限りではない．

5.4.1 保存が必要な家畜集団の優先度

　一般的に，優れた経済形質をもつことが明らかな品種や地域集団は，市場原理の観点からしても特段の保存対策をとる必要はない．一方，経済的能力や環境への適応能力などで顕著な特色をもたない品種や集団の場合は，次に述べる絶滅の危険度が高いものを優先するべきである．また，絶滅の危険度が同じレベルの場合には，集団間の遺伝距離や系統樹に基づいて類縁関係の遠い品種や集団を保存するのがよい．

5.4.2 家畜品種の絶滅に関する危険度の基準

　FAOは"WORLD WATCH LIST"（3rd. ed., 2000）のなかで，野生動植物と同様に家畜品種について，絶滅危惧種のリストを作成し，その危険度（risk）の基準を次のように定めている．この基準では，集団の大きさ，特に繁殖に用いる種畜の数と集団サイズの将来展望を重要視している．集団サイズが減少していて，保存対策がとられていない場合には，危険度を1ランク上げている．

　① 絶滅種：　その品種の繁殖に供する雄または雌個体が0になり，かつ，精子も卵子も保存されていない場合が絶滅種（extinct）である．

　② 絶滅危惧種：　繁殖に供する雌個体が100以下，もしくは繁殖雄個体が5以下，もしくは集団の大きさが100を少し上回るが減少中の場合が絶滅危惧種（critical）である．

　③ 維持下絶滅危惧種：　絶滅危惧種と同じ状態にあるが，研究機関または民間の機関が保存対策を実施し，維持している場合が維持下絶滅危惧種（critical-mainteined）である．

　④ 絶滅危機種：　繁殖に供する雌個体が100以上1000以下，もしくは雄個体が5以上20以下の場合．または，集団のサイズが80〜100であるが，増加傾向にあり，雌の80％以上が同じ品種の雄と交配している場合が絶滅危機種（endangered）である．

　⑤ 維持下絶滅危機種：　絶滅危機種と同じ状態にあるが，研究機関または民間の機関が保存対策を実施して維持している場合が維持下絶滅危機種（endangered-maintained）である．

　⑥ 非危機種：　上記のどの基準にも該当しないで，繁殖に供する雌個体が1000以上で，雄個体が20以上で危機的状況にない場合が非危機種

(not at risk) である．

これらの基準は，FAO においても最終版ではなく，今後改良の余地があるとしている．

5.4.3 集団の有効な大きさ

集団を保存し維持してゆく場合にどの程度の数が必要か，この答えは，動物種の違いや繁殖構造の違いによって左右されるために一概にはいえない．

a. 雄と雌との数が異なる場合

このような現実の集団が，どの程度の遺伝的効果をもっているか，換言すれば，理想的な繁殖構造をもつ集団（理想的なメンデル集団を構成する個々の小集団）の何個体分に相当するかに換算をしたのが，集団の有効な大きさ (effective population size, N_e) である．家畜では，1頭の雄を複数の雌と交配することが普通に行われているため，雄の数が集団の遺伝的多様性を維持するために重要である．前項で紹介したFAOの基準においてもこの考え方を取り入れている．

ある集団の繁殖に供用している雄の数を N_m，雌の数を N_f とすると，$N_e = 4N_mN_f/(N_m+N_f)$ で表される．

集団は見かけの数が多くても，雄の割合が少ないときは，N_e がきわめて小さくなる．たとえば，FAOが集団維持に危険がないとする，繁殖に共用している雄が20，雌が1000の場合，理想的な繁殖構造をもつ集団の78.4個体に相当することになる．実際の家畜集団で，N_e が問題になるのは，集団の遺伝的均一性（近交係数で示す）の増加を示す ΔF が，毎世代次の式で示すようになるからである．

$$\Delta F = 1/2\,N_e$$

先ほどの集団をこの式に当てはめると，毎世代 0.63% ずつ近交係数が増加することになる．

b. 集団の大きさが世代ごとに異なる場合

世代ごとに集団の大きさが異なるときは，全世代にわたる集団の有効な大きさは，各世代の集団の大きさの調和平均で表され，その大きさは最も小さな集団の世代に大きく影響される．この現象を瓶首効果 (bottle neck effect) という．いま，3世代の N が，それぞれ，100, 10, 200 のとき，3世代にわたる集団の有効な大きさ N_e は，$N_e = 1/\{1/3(1/100+1/10+1/200)\} = 26.1$ となり，2世代目の集団の大きさに大きく影響される．

瓶首効果が顕著に認められるのは，新しい集団をつくるときに集団の有効な大きさがごく小さい場合である．この場合を特に，創始者効果 (founder effect) という．いま，新しい集団を，雄1，雌100でスタートした場合，次世代以降いくら数を増やしても，世代を通しての集団の有効な大きさは4からあまり増えない．

c. 機会的遺伝浮動による遺伝子の消失

先に，集団の遺伝子頻度に影響を与える要因の1つとして，機会的遺伝浮動を説明した．集団がきわめて小さい場合には，集団の有効な大きさが小さいために生じる近交係数の上昇のほかに，機会的遺伝浮動のために集団からその遺伝子が消失 (loss) したり，遺伝子頻度が1に固定したりすることがある．

〔山本義雄〕

引用文献

1) 野澤 謙：家畜化と集団遺伝学．日本畜産学会報，**46**：549-557，1975．
2) F.E. ゾイナー著，国分直一，木村信義訳：家畜の歴史，法政大学出版局，1983．
3) Schmidt J：Züchtung, Ernährung und Haltung der landwirtschatlichen Haustiere, Verlag Paul Parey, 1957.
4) 田先威和夫監修：新編畜産大事典，養賢堂，1996．
5) 正田陽一監修：世界家畜品種事典，東洋書林，2006．
6) Nei M, Kumar S：Molecular Evolution and Phylogenetics. 333 pp., Oxford University Press, 2000.
7) 天野 卓，堂向美千子，ほか：ベトナム在来牛の血液蛋白型支配遺伝子構成とその系統遺伝学的研究．在来家畜研究会報告，**16**：34-47，1998．
8) 天野 卓，黒木一仁，ほか：ベトナム在来水牛の血液蛋白型支配遺伝子構成とその系統遺伝学的研究．在来家畜研究会報告，**16**：49-62，1998．
9) 野澤 謙，橋口 勉，ほか：馬とくに東亞在来馬の血液蛋白変異，家畜化と品種分化に関する遺伝学的研究．昭和57・58年度文部省科研費報告書，pp.26-36，1984．
10) Tsunoda K, Nozawa K, *et al.*：External morphological characters and blood protein and non-protein polymorphisims of native sheep in central

Mongolia. *Rep Soc Res Native Livestock*, **17**：63-82, 1999.
11) 野澤　謙，勝又　誠：山羊の品種分化に関する遺伝学的研究．家畜化と品種分化に関する遺伝学的研究．昭和57・58年度文部省科研費報告書，pp.57-70, 1984．

12) Yamamoto Y, Afraz F, *et al*.：Gene constitution of the blood groups and blood protein polymorphisms in the native chickens and red jungle fowls of Laos. *Rep Soc Res Native Livestock*, **18**：159-169, 2000.

6. 選抜

　選抜（selection）とはある種の基準により望ましい個体と望ましくない個体とを判別し，望ましい個体を保留し，それらに後代を生産させる一方，望ましくない個体は淘汰（culling）することである．その基準は選抜基準（selection criterion）と呼ばれる．選抜のねらいは当該集団における望ましい遺伝子の遺伝子頻度を高めていくことである．したがって，選抜基準はその基準により選抜を進めていったときに望ましい遺伝子の頻度が高まるようなものでなければならない．望ましい遺伝子頻度が高まると，集団平均が変化する．この変化が遺伝的改良量である．

　人類は紀元前1万年頃から野生動物を家畜化するようになった．それに伴って，望ましい性質や能力を備えた個体を残すことによって，家畜を望ましい方向に変えていくことができることを知ったと考えられる．そのような経験に基づいて，それぞれの地域の風土や飼育条件に合った家畜が作り出されていった．それらの経験を体系化して，はじめて家畜の育種を積極的に進めたのがベイクウェル（Bakewell R, 1725-1795）であった．ベイクウェルは改良目標を定めて，その目標に近いものを選抜・交配し，さらに近親交配を行うことによって，形質の固定を図った．このような背景の中で，18世紀末から19世紀にかけての時期に英国を中心に多くの家畜品種が作出されている．

　その当時は外貌審査（visual judging）が選抜基準の中心で，理想体型を目標に選抜が行われ，登録制度により血統を記録・保存することにより生殖隔離すなわち品種分化が行われた．しかし，いくら理想体型を追い求めても，産卵能力や産乳能力は改良されないことが認識されるようになり，19世紀末ごろから能力検定が行われるようになり，生産能力の高い個体が選抜されるようになった．

　生産能力に基づいて選抜が行われるようになっても選抜基準に用いられているのは表現型値であった．このような選抜は選抜基準のとり方によって次の4つに大別される．個体自身の表現型値を選抜基準とする選抜が個体選抜（individual selection）である．一方，1つの家系に属する個体群の表現型値の平均値すなわち家系平均値を選抜基準とする選抜が家系選抜（family selection）である．この選抜では家系間の差のみに重点がおかれているのに対して，家系内の差のみに重点をおいて家系平均値からの偏差を選抜基準とする選抜が家系内選抜（within-family selection）である．さらに，家系間の差と家系内の差のそれぞれに適当な重みづけをして行う選抜すなわち組み合わせ選抜（combined selection）がある．

　選抜のねらいはあくまで望ましい遺伝子の遺伝子頻度を高めることにあるので，表現型値ではなく，遺伝子型値あるいは育種価を選抜基準とする必要があった．この点で，量的形質の遺伝に関するポリジーン説をベースに，統計遺伝学に基づく家畜育種理論を構築し，科学的な育種の基礎を創ったのが，ラッシュ（Lush JL, 1937）である．

　本章では，まずはじめに少数の遺伝子座に支配されている質的形質の選抜について述べ，6.2節以降は量的形質を中心に統計遺伝学的育種理論に基づく選抜について述べる．

6.1　質的形質の選抜

　家畜の育種目標は，優良な経済形質を選択し，家畜の生産性を遺伝的に向上させるだけでなく，生産上不利益な形質を除去することも重要であ

る。このような形質は多くの場合ごく少数の遺伝子座の支配を受けている。角性，毛色，矮性などの，少数の遺伝子座に支配されている質的形質は，表現型に基づき望ましいものを選抜していくことにより，望ましい遺伝子の遺伝子頻度を高めることができる場合が多い。しかし，劣性遺伝子を集団から完全に取り除くことは従来非常に難しかった。近年，分子生物学的手法の進展により，これらの遺伝子をも集団から確実に淘汰することが可能になってきた。

6.1.1 表現型に基づく個体選抜

質的形質の中には，ショートホーン種における毛色のように，表現型が遺伝子型に完全に一致する場合がある。すなわち，ショートホーン種における毛色の褐色遺伝子をR，白色遺伝子をWとすると，表現型と遺伝子型が褐色：RR，白色：WWおよび粕毛色：RWのごとく1対1に対応する。このような形質の場合は表現型に基づく選抜が可能である。たとえば，ショートホーン種の毛色を褐色に変えたい場合は，褐色の個体のみを選べば，次代はすべて褐色となる。

一方，望ましい遺伝子が優性である場合として，ヘレフォード種から無角ヘレフォード種を作出した例について考えてみよう。ある時，突然変異により有角のヘレフォード種のなかに無角の雄牛が生まれた。この雄牛を100頭の雌牛に交配すると次代の半分が有角で残りの半分が無角であった。この時点で無角の遺伝子頻度は0.25である。無角のもののみを選抜し，それらの間で相互に交配すると生まれてくる次の世代は無角と有角とが3：1に現れる。この世代になると無角の遺伝子頻度は0.50にもなる。さらにこの世代の無角のもののみを選抜し，相互に交配すると次代では無角と有角とが8：1に現れる。つまり，無角の遺伝子頻度は0.67となる。このように選抜を続けていって無角の遺伝子頻度を高めることにより無角ヘレフォード種が作出された。

以上のように質的形質の場合は表現型に基づき望ましいものを選抜していくことで，望ましい遺伝子の頻度を高めたり，低めたりすることができる場合が多い。

6.1.2 後代検定による選抜

家畜の育種で問題となるのは，多くの遺伝性疾患，奇形などを支配する劣性遺伝子の除去の場合である。このような劣性遺伝子のキャリアが種雄として供用されることになれば，一般に劣性遺伝子は大部分がヘテロ接合体として集団中に潜行していることが多いので，その不良形質が集団全体に発現することになり，きわめて深刻な事態となる。

そこで，劣性遺伝子に支配されている表現型が現れた場合には，その個体と血縁関係にある個体は表現型では正常であっても，両親は100%キャリアであるのですべて淘汰すべきである。また全きょうだいがキャリアである確率は67%であり，半きょうだいは50%以上であることを知り，それに応じた強度で淘汰すべきである。しかし，それらキャリアであることの懸念される個体も，生産能力の点で特に優れている場合，簡単には淘汰しがたいことがある。このような個体が真にキャリアでないことを証明するには後代検定が必要である。

後代検定により当該個体が劣性遺伝子のキャリアであることを検出するのに必要な交配雌数(k)は，雌集団における正常ホモ接合体の割合をP，キャリアの割合をH，一腹子数をnとすると，次の式により求められる。

$$M = [P + H \times (3/4)^n]^k$$

ここで，Mはキャリアを正常ホモ接合体と間違う危険率に相当する。

交配の相手集団として，当該個体(雄)の娘を選んだ場合，当該個体がヘテロ接合体，娘の母がすべて正常ホモ接合体であるとすれば，娘の半数は正常ホモ接合体であり，半数はキャリアである。そこで，この場合を上式にあてはめると，

$$M = [(1/2) + (1/2) \times (3/4)^n]^k$$

となる。これらの式から，キャリアを正常ホモ接合体と間違う危険率を1%以下に抑えるために必要な雌の数は単胎家畜で34頭，平均一腹子数が5の多胎家畜で10頭であることが分かる。

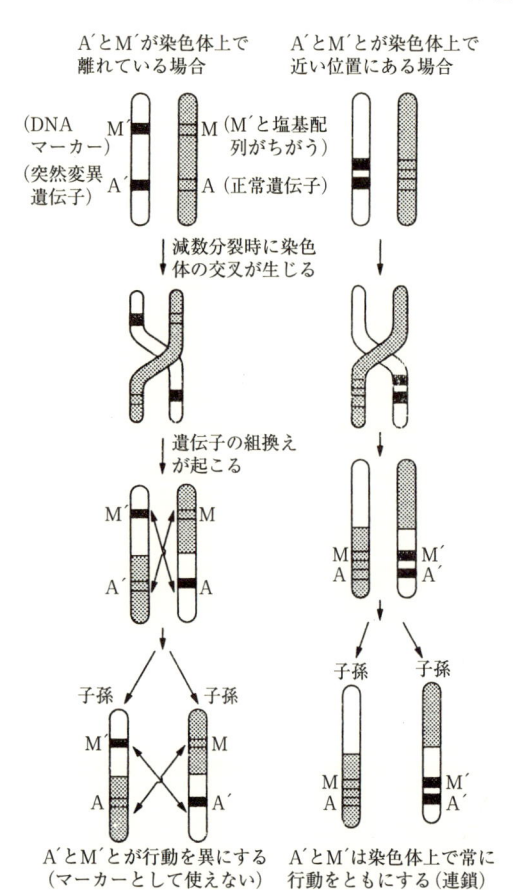

図6.1 染色体交叉における標的遺伝子とDNAマーカーとの連鎖の図

このような後代検定を実施することによってキャリアでないことを照明するのには、長い年月と多くの経費がかかる。しかも、後代検定によってキャリアを正常ホモ接合体と間違う危険率を完全に0とすることはできない。すなわち、間違ってキャリアを選抜してしまう危険がつねに伴う。

〔佐々木義之〕

6.1.3 DNA診断による選抜

分子遺伝学の進展により、近年家畜や伴侶動物においてもいくつかの遺伝性疾患の責任遺伝子あるいは原因遺伝子と連鎖するDNAマーカーが同定されるようになった。このような場合、生育の初期の段階で遺伝性疾患を、DNA変異によって診断することができる。これをDNA診断とい

い、遺伝子診断とDNAマーカーによる診断とがある。ここでは、単一遺伝子による遺伝性疾患のDNA診断とそれらの選抜について解説する。

a. 遺伝子診断

遺伝性疾患について原因遺伝子が同定されている（表2.2および表10.4参照）。このように原因遺伝子のDNA変異が同定され、遺伝子内の変異が明らかになった場合には、PCR-RFLP法やAS-PCR法などにより遺伝子診断や遺伝子型診断が可能である。原因遺伝子の遺伝様式はメンデルの法則に従い単純な分離比として現れるので、比較的容易に動物集団から原因遺伝子を除去できる。

b. マーカーアシスト選抜

原因遺伝子が同定されていなくても、それに強く連鎖するDNAマーカーが同定されれば、このマーカーを利用したDNA診断が可能である（図6.1, 6.2）。ウシのウイーバー病、角性などやイヌの進行性網膜萎縮症、腎形成不全症などが、DNAマーカーによる診断が可能である。DNAマーカーを利用して形質を選抜する方法はマーカーアシスト選抜と呼ばれ、質的形質だけでなく量的形質の選抜にも利用されている（8.3節参照）。

ところで、ウシやブタの連鎖地図で記載されているDNAマーカーのほとんどは、染色体ゲノム中の5～10 kbに1ヶ所存在するマイクロサテライトDNA（1.3.1項参照）である。しかし、マイクロサテライトDNAマーカーの利用だけでは、標的遺伝子とDNAマーカーとの距離をさらに近づけるための連鎖地図のファインマッピングには限界がある。したがって、将来、家畜においても、ヒトで精力的な解析が進められているSNPs (single nucleotide polymorphisms, 一塩基多型)を利用した連鎖地図の作成が必要であろう。SNPsはゲノム中に0.1～0.3 kbに1ヶ所存在し、しかも、遺伝子の3′非翻訳領域にみられるため、より標的遺伝子に近いマーカーとして利用できる可能性が高い。

なお、家畜の場合には、原因遺伝子の除去は量的形質である優良経済形質を保持あるいは向上さ

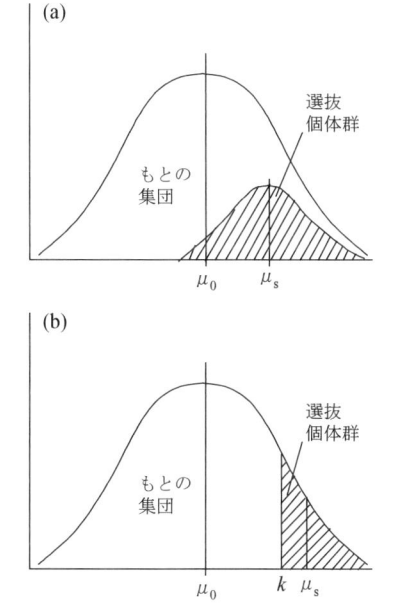

図 6.2 選抜個体群における分布型
μ_0：もとの集団平均，μ_s：選抜個体群の平均，k：淘汰水準．

せながら進めるべきであり，特に原因遺伝子を保有するキャリアー種雄の淘汰には慎重な戦略が必要である（10.3.2 項参照）．　〔東條英昭〕

6.2 遺伝的改良量の予測

一般に選抜のねらいは集団平均を望ましい方向に変えていくことである．その変化量すなわち遺伝的改良量の予測について考えてみよう．

6.2.1 選抜差

選抜とは前述したように望ましい個体を保留し，それらに後代を生産させることである．保留された個体群は選抜個体群と呼ばれ，上方向選抜の場合，それら選抜個体群の平均はもとの集団平均よりも高い．

このとき，選抜個体群の分布の仕方は図 6.2 に示すような 2 つのタイプに大別される．家畜の場合，ある単一の形質の良否によりその価値が決まることはまれで，多くの場合複数の形質についての評価から総合的に選抜が行われる．したがって，ある形質については中程度かあるいはやや劣っていても，他の形質が特に優れておれば選抜さ

れることもある．このような場合，選抜個体群の分布は一般に図 6.2(a) のようになる．一方，単一の形質について選抜が行われる場合，選抜個体群は図 6.2(b) のように分布する．前者 (a) の方が実際的で，後者は極端であるが，選抜される割合が同じなら，当然 (a) よりも (b) の方が効果的である．また，選抜の理論的アプローチを進めていく上でも後者 (b) の方が都合がよい．そこで，以下，選抜といえば，特に断らない限り，(b) のような選抜を考えることにする．

図 6.2(b) におけるように，ある淘汰水準（culling level, k）以上のものをすべて選抜し，それ以下のものをすべて淘汰するような選抜を切断型選抜（truncation selection）という．こうして選抜された選抜個体群の平均 μ_s ともとの集団平均 μ_0 との差すなわち $\mu_s - \mu_0$ のことを選抜差（selection differential）という．また，選抜個体群の集団全体に対する割合，すなわち選抜率が小さいほど選抜差は大きくなる．

6.2.2 遺伝的改良量

これら選抜個体群のなかで無作為交配が行われた場合，子世代の集団平均 μ_1 ともとの集団平均 μ_0 との差が世代当たりの遺伝的改良量（genetic gain）である．これを ΔG で表すと，$\Delta G = \mu_1 - \mu_0$ である．ΔG はまた選抜反応（selection

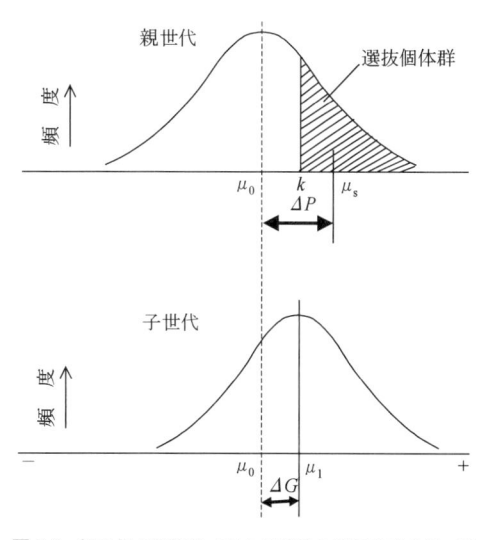

図 6.3 親世代の選抜差 ΔP と子世代の遺伝的改良量 ΔG

表6.1 選抜率と選抜強度

選抜率	選抜強度	選抜率	選抜強度	選抜率	選抜強度	選抜率	選抜強度
0.001	3.400	0.01	2.660	0.10	1.755	0.55	0.720
0.002	3.200	0.02	2.420	0.15	1.554	0.60	0.644
0.003	3.033	0.03	2.270	0.20	1.400	0.65	0.570
0.004	2.975	0.04	2.153	0.25	1.271	0.70	0.497
0.005	2.900	0.05	2.064	0.30	1.159	0.75	0.424
0.006	2.850	0.06	1.985	0.35	1.058	0.80	0.350
0.007	2.800	0.07	1.919	0.40	0.966	0.85	0.274
0.008	2.738	0.08	1.858	0.45	0.880	0.90	0.195
0.009	2.706	0.09	1.806	0.50	0.798	0.95	0.109

response) とも呼ばれる.

ここで，親世代での選抜差と子世代での遺伝的改良量との間の関係を図6.3に示す．いま，選抜個体群における選抜差を ΔP とすると，それら選抜個体群の平均育種価は $h^2\Delta P$ である（4.4.3項参照）．選抜個体群が交配されて生まれる子世代には，この育種価の分だけが伝えられるので，子世代の遺伝的改良量

$$\Delta G = h^2 \Delta P \qquad (6.1)$$

が導かれる．この式(6.1)を用いることにより選抜差 ΔP から遺伝的改良量 ΔG を予測することができる．この意味で式(6.1)は遺伝的改良量の予測式と呼ばれる．

ここで，ニワトリのある集団における84日齢体重の平均が4.5 kg，この集団から選抜された個体群の平均が5.5 kgであった．84日齢体重の遺伝率を0.49とすると，その遺伝的改良量 ΔG は

$$\widehat{\Delta G} = 0.49 \times (5.5 - 4.5) = 0.49$$

と予測される．実際に選抜個体群を交配し，生まれた子世代の84日齢体重の平均値は4.95 kgであったことが報告されている．したがって，実際の遺伝的改良量は 4.95−4.50＝0.45 となり，予測値とほぼ一致していた．

また，遺伝的改良量の予測式(6.1)から $h^2 = \Delta G/\Delta P$ が導かれる．したがって，実際に選抜を行った結果，ΔP および ΔG が得られれば，これらから遺伝率を推定することができる．さきのニワトリの選抜実験の結果によれば

$$\widehat{h^2} = \frac{0.45}{5.5 - 4.5} = 0.45$$

となり，84日齢体重の遺伝率は0.45と推定される．このように実際に選抜を行った結果に基づいて推定される遺伝率を実現遺伝率（realized heritability）という.

選抜差の大小は対象形質のばらつきの大きさやその尺度ならびに選抜率に依存する．一般に，表現型値の集団平均からの偏差を表型標準偏差で割ると，その分布は平均値が0で，分散が1の標準正規分布となり，形質や尺度に依存しなくなる．したがって，選抜差 ΔP を表型標準偏差 σ_Y で割った $\Delta P/\sigma_Y$ は，標準化選抜差（standardized selection differential），あるいは選抜強度（selection intensity, i）と呼ばれ，表6.1のように選抜率にのみ依存する．

選抜強度を用いることにより選抜差 ΔP は $\Delta P = i\sigma_Y$ と表されるので，これを遺伝的改良量の予測式(6.1)に代入して次式が導かれる．

$$\Delta G = h^2 \cdot i\sigma_Y = i\sigma_A h \qquad (6.2)$$

すなわち，遺伝的改良量は選抜強度 i と相加的遺伝標準偏差 σ_A と個体選抜における正確度 h との積として予測されることになる．

前述のニワトリの選抜実験についてみると，84日齢体重の相加的遺伝標準偏差を0.6とすると，上位20％を選抜した場合表6.1より選抜強度は1.400となり，遺伝的改良量 ΔG は

$$\widehat{\Delta G} = 1.40 \times 0.6 \times \sqrt{0.49} = 0.588$$

と予測される．また，選抜率を40％とした場合選抜強度が0.966と弱くなるために $\widehat{\Delta G} = 0.406$ と予測され，遺伝的改良量は小さくなることがわかる．

個体選抜の場合，ある選抜対象集団においては

相加的遺伝標準偏差が決まっていて，選抜対象形質が決まれば，遺伝率 h^2，したがってその正確度 h も決まってくる．ゆえに，式(6.2)からもわかるように遺伝的改良量は選抜強度にのみ影響される．

これまで，選抜個体群における雄と雌の数は等しいと仮定し，選抜個体群全体の平均値ともとの集団平均値との差を選抜差 ΔP あるいは選抜強度 i としてきた．しかし，多くの場合雄と雌の数が異なり，その結果として選抜差にも雌雄差が生じる．このような場合，それぞれの性における選抜差の平均値，すなわち

$$\Delta P = \frac{1}{2}(\Delta P_m + \Delta P_f)$$
$$i = \frac{1}{2}(i_m + i_f) \quad (6.3)$$

が全体の選抜差として用いられる．ただし，添字のmは雄を，fは雌を表す．

以上，個体選抜の場合について述べてきたが，式(6.2)の h は個体選抜における正確度であるから，これを血縁個体の記録に基づく選抜などの一般的な選抜基準の場合の正確度 ρ_{IA} に置き換えることにより，式(6.2)を式(6.4)のように拡張することができる．

$$\Delta G = i\sigma_A \rho_{IA} \quad (6.4)$$

ここで，述べた遺伝的改良量は1世代当たりの遺伝的改良量であり，実際の家畜育種においては，このような選抜を何世代にもわたって繰り返すことによって1世代当たりの遺伝的改良量が累積され，集団平均が望ましい方向に徐々に変えられていく．

6.2.3 相関反応

ある形質について選抜を進めて行ったとき，当該形質の集団平均に変化が生じることは前述した通りである．一方，選抜の対象とした形質以外の形質の集団平均にも，多くの場合変化が生じる．たとえば，ブタや肉牛などの肉畜において1日当たり増体量について選抜を進めていくと飼料効率もよくなることが知られている．家畜の価値はただ1つの形質だけによって決まるのではなく，多くの形質の良否が関与している．したがって，育種計画のなかでは他の形質にみられる変化を考慮しておくことが重要である．

いま，図6.4に示すように，形質1について選抜個体群（斜線部分）のなかで無作為交配を行い，子世代を生産すると，子世代の平均値が親世代の平均値より改良目標の方向に変化する．この $\Delta G_{1.1}$ が形質1にみられる遺伝的改良量である．このとき，形質1と正の遺伝相関のある形質2においては，選抜個体群が形質2の斜線部分のように分布するであろうと考えられ，その平均値は全体平均値より右の方にずれていると考えられる．その差が形質2における選抜差 ΔP_2 である．したがって，形質2についても子世代の平均値が親世代の平均値より右の方に変化すると期待され

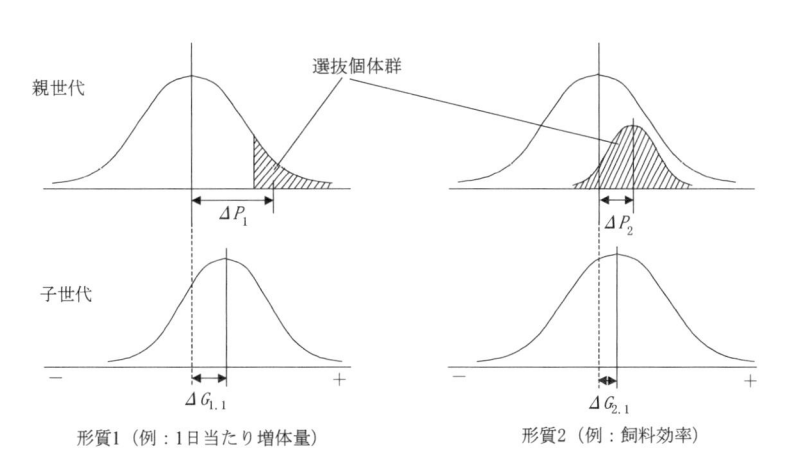

図6.4 形質1について選抜を行った場合の遺伝的改良量と形質2に見られる相関反応

る．このように，形質1について選抜したとき，形質2に現れる遺伝的変化 $\Delta G_{2.1}$ を相関反応 (correlated response) という．また，形質1について選抜したとき，形質1に現れる遺伝的変化を直接選抜反応（direct selection response），形質2に現れる遺伝的変化を間接選抜反応（indirect selection response) と呼ぶこともある．

形質1の選抜強度を i_1，形質1の遺伝率の平方根を h_1，形質2の相加的遺伝標準偏差を σ_{A_2}，両形質間の遺伝相関係数を $\rho_{A_{12}}$ とすると，相関反応 $\Delta G_{2.1}$ は式(6.5)により予測される．

$$\Delta G_{2.1} = i_1 \sigma_{A_2} h_1 \rho_{A_{12}} \qquad (6.5)$$

式(6.5)からもわかるように相関反応が生じる最も重要な因子は両形質間の遺伝相関係数であり，遺伝相関係数が0であれば相関反応は起こらないし，遺伝相関が正であれば相関反応は形質1，すなわち選抜対象形質の改良方向と同じであるが，それが負であれば相関反応は逆になる．

選抜しようとする個体自身について選抜対象形質の測定値が得られないとき，あるいは選抜対象形質の測定に労力やコストがかかるとき，測定が容易な他の形質について選抜を行い，相関反応を利用して間接的に選抜対象形質の改良が図られることがある．たとえば，飼料効率は重要な形質であるが飼料効率自身について選抜するためには個体ごとの飼料摂取量の測定，飼料分析などが必要であり，そのための労力やコストは大変なものである．ところが，飼料効率は一般に1日当たり増体量との間に高い遺伝相関があるので，1日当たり増体量について選抜を進めていけば飼料効率の改良も期待できる．

ニワトリにおける飼料効率の相加的遺伝標準偏差が5.0%であり，飼料効率と84日齢体重との間の遺伝相関係数が0.7であるとしたとき，前述の84日齢体重について上位20%を選抜すると，飼料効率にはどのくらいの相関反応が期待されるであろうか．84日齢体重に基づく選抜率が20%であったので，選抜強度は1.400であり，また84日齢体重の遺伝率は0.49である．したがって，飼料効率に期待される相関反応 $\Delta G_{(飼料効率).(84日齢体重)}$ は式(6.5)により次のように求められる．

$$\Delta \widehat{G}_{(飼料効率).(84日齢体重)} = 1.400 \times 5.0 \times \sqrt{0.49} \times 0.7 = 3.43$$

すなわち，84日齢体重の改良に伴って飼料効率が3.43%改良されることがわかる．

6.3 選抜基準

家畜の選抜，特に量的形質に関する選抜の場合，選抜基準に何を用いるかが重要である．選抜基準は量的形質を支配する多数の遺伝子座のそれぞれにおいて望ましい対立遺伝子の遺伝子頻度を高めるものでないといけない．そこで，これら望ましい遺伝子の相加的遺伝子効果の和である育種価を選抜基準とすることが考えられる．

しかし，育種価を直接見たり，測定したりすることはできない．育種家が手にすることができるのは表現型値である．もし，表現型値の優劣と育種価の優劣との間に高い相関が生じるような斉一な環境条件下で，多数の個体間で表現型値が比較できる場合には，表現型値を選抜基準とすることができる．

家畜の場合は，イネ，ムギなどの植物と比較して個体の維持に要するスペースが広く，経費が高いなどの理由から，一般に表現型値を比較することによって育種価の差を把えることができるような条件を大規模につくることは難しい．表現型値の差に環境条件の差異が関与する場合，表現型値の記録からそれら環境の影響を取り除いて育種価をいかに正確に予測するかが，選抜による育種の要となってくる．

そこで，家畜育種学の分野では，真の育種価との相関すなわち正確度の高い選抜基準の開発に取り組んできた．その概要は図6.5のとおりである．まず，形質Aに関する育種価を予測するのに，その形質と遺伝相関があると考えられる形質Bたとえば外貌形質を選抜基準とした．ついで，形質Aの能力を直接当該個体あるいは間接的に血縁個体について斉一な条件下に検定場で測定して選抜基準とする取り組みが行われた．しかし，家畜の場合は後述するごとくこのようなステーション方式の取り組みには限界があった．そこで，

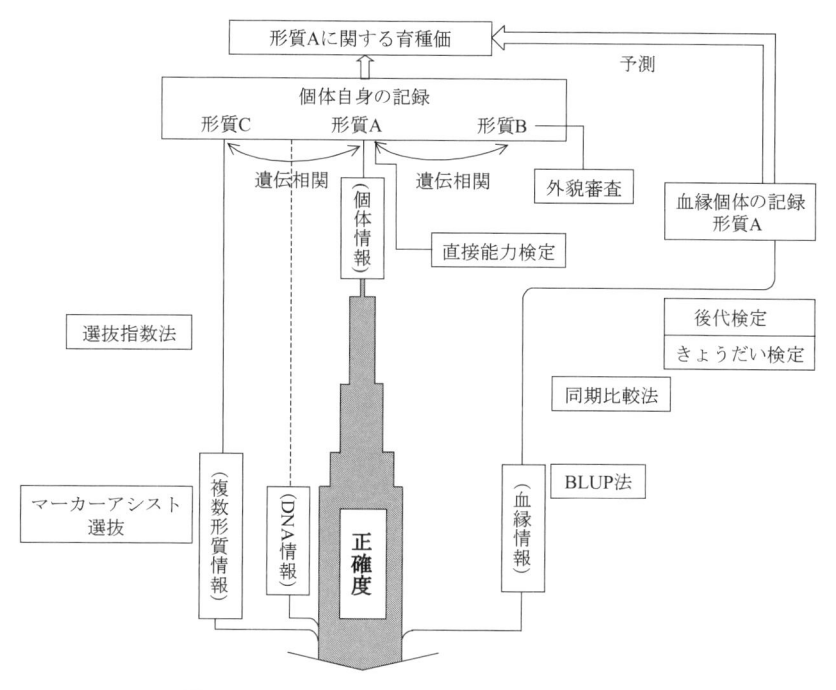

図 6.5 育種価予測の正確度を高める種畜評価技術の変遷

種々の異なる環境条件下に測定された表現型値から育種価を予測する取り組みが活発に行われ，同期比較法，BLUP法などが開発された．さらに，DNA情報を利用したマーカーアシスト選抜についても研究が進められている．

6.3.1 体型審査

家畜の改良は多くの場合外貌審査（visual judging）に端を発している．これはそれぞれの家畜種やそれぞれの地域の家畜について理想体型を定め，その理想体型にどの程度かなったものであるかを審査するものである．この理想的な体型を文章で表現したのが審査標準（judging standard）である．より理想体型に近い個体に高得点を与えることによって改良が図られる．たとえば，ウシの場合でみると，牛乳生産，牛肉生産および役利用を目的としたウシの理想体型がそれぞれ図6.6(a)，(b) および (c) のように定められた．くさび形の乳用型 (a) は後躯の充実したものを理想体型としたもので，後躯にある乳房やそれを支える組織の充実したウシが泌乳能力も高いとの考えに立っている．また，側方からみても，後方

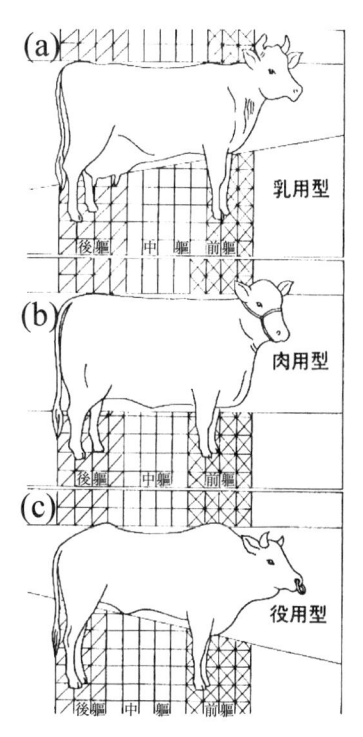

図 6.6 ウシの用途と理想体型[10]

からみても，また上方からみても，長方形の形をした肉用型（b）は牛肉の生産量が多いと考えられた．一方，肩がしっかりして前軀の充実した役用型（c）は牽引に適していると考えられた．このように体型に重点をおいた審査を体型審査（type classification judging）という．和牛の場合も肉用型を理想体型とした外貌審査が行われたが，我が国の和牛に特徴的な点は被毛，皮膚，角の質や色，蹄などを資質と称して，この改良に力点が置かれたことである．そのねらいは肉質改良の手掛かりとすることにあった．

統計遺伝学的な研究が進むにつれて，体型や資質と生産能力との間の遺伝相関係数がないかあるいは低いことが明らかにされた（表4.5）．このような科学的知見が得られるにつれて，外貌審査が選抜の拠り所として利用されることは少なくなっていった．しかし，肢蹄の丈夫さ，乳徴，温順な性質など，それ自身が重要な形質であるものについては外貌審査が行われている．

6.3.2 能力検定

家畜・家禽に要求される能力を整理してみると，表6.2に示すように繁殖能力，哺育能力，強健性，飼料利用能力および生産能力に分類される．動物の生産性を高めようとする場合，後代をいかに多く生産することができるかの繁殖能力が非常に重要である．また，生まれた子畜を上手に育てる雌畜の哺育能力，さらにその強健性などが生産性を大きく左右する．生まれた子畜がうまく育たなかったり，死亡したりする割合が高ければ，生産性が低下することは明白である．成長および生産の段階では飼料を効果的に利用して，どれだけ早く成長し，どれだけ多くの生産物を生産するか，すなわち飼料利用能力が問題となる．また，生産の段階では量的にどれだけ多くのものを生産するかだけではなく，生産物の好ましさ，すなわち質も重要である．これら生産物の量および質に関する能力を生産能力という．

それらの能力にはそれぞれいくつかの形質が関与している．たとえば，肉牛の産肉能力の場合についてみると，離乳時までの発育性を示す離乳時

表6.2 家畜・家禽に要求される能力ならびにそれらに関与する形質

能力区分	形　質
繁殖能力[*1]	初産分娩月齢，受胎率，分娩間隔，多胎率，分娩の難易度，一腹子数
哺育能力[*1]	泌乳量，生時から2ヵ月齢時までの1日当たり増体量，離乳時体重
強健性	抗病性，環境適応性，長命性
飼料利用能力	飼料要求率，飼料摂取量，粗飼料摂取率
生産能力	
産肉能力	離乳時体重，1日当たり増体量（DG），終了時体重，枝肉重量[*2]，ロース芯面積[*2]，可食肉量[*2]，皮下脂肪厚[*2]，肉質[*2]（脂肪交雑，肉のきめ・しまり）
泌乳能力[*1]	乳量，乳脂率，乳脂量，無脂固形分率，搾乳性
産卵能力[*1]	初産日齢，産卵数，卵重，卵殻強度
産毛能力	毛長，毛の密度，体表面積，フリース重

[*1] 能力あるいは形質の発現が一方の性に限られている限性形質．
[*2] 通常屠畜しないと測定できない形質．

体重，その後肥育が終了した時点での終了時体重，その間の発育速度を表す1日当たり増体量，すなわち（肥育終了時体重−開始時体重）÷肥育期間（日数），さらに肉質の点で重要な脂肪交雑，皮下脂肪厚などは産肉能力を構成する形質である．これら家畜の生産能力に関与している形質を家畜の経済価値と重要なかかわりをもつ形質という意味で経済形質（economically important traits）という．家畜を選抜する場合，それぞれの家畜の用途に合った経済形質に関する記録を得ることがまず第1のステップである．個々の個体の能力記録を計画的にとるシステムを能力検定（performance test）という．

形質のなかには個体自身について測定値の得られるものもあるが，表6.2に示すように能力あるいは形質の発現が一方の性に限られているものや通常屠畜しないと測定できない形質（hidden traits）などがある．前者は限性形質（sex-limited traits）と呼ばれる．

能力検定のやり方は，畜種によって，また能力や形質によっていろいろ異なるが，大きくはステーション検定方式とフィールド検定方式に分けられる．ステーション検定方式は検定畜を能力検定用の施設すなわち検定場に集め，それらを標準的な飼養条件下で能力評価を行う方式である．言い

換えれば，飼養条件（飼料，管理，期間など）を斉一化することによって，検定畜間の遺伝的能力の差を表現型値の差として捉えようとするものである．一方，フィールド検定方式は農家で飼育されている家畜を検定畜として利用する方式である．この場合，個体ごとに農家が異なり，飼養条件，季節などが異なるので，それら環境の影響を統計的方法によって適正に取り除く必要がある．

本項および次の6.3.3項では能力記録として得られた表現型値がそのまま選抜基準として利用できるステーション検定方式を中心に述べる．

a. 直接能力検定

肉牛，ブタあるいは肉用鶏の発育能力や飼料利用能力，ニワトリ雌の産卵能力，乳牛雌の泌乳能力などのように，個体自身の測定値が得られる形質についての能力検定を直接能力検定（direct performance test）という．これは検定より得られた表現型値自体を選抜基準とするもので，その正確度は遺伝率の平方根 $\sqrt{h^2}$ であるから，遺伝率の高い形質の場合に有効である．

ブタの場合は，体重が30 kgのときから105 kgになるまでの間，若雄ブタあるいは若雌ブタに，定められた飼料を与え，1日当たり平均増体量，飼料要求率，背脂肪の厚さ，ロース断面積などを調査する直接能力検定が行われている．肉牛の場合は，生後6〜7ヶ月齢の雄牛を検定場に集め，21日間の予備飼育の後に，112日間検定用飼料を時間制限飽食給与し，その間の1日当たり平均増体量，終了時体重，粗飼料摂取率などを調査する産肉能力検定直接法いわゆる直接検定が1968年から実施されている．

形質のなかには同じ個体について，複数回にわたって測定値の得られるものがある．たとえば，ブタの一腹子数，乳牛の泌乳量，ヒツジの産毛量などである．いま，乳牛の泌乳量について考えてみると，同じ乳牛が初産次，2産次，3産次と繰り返し搾乳される場合，初産次に高い泌乳量を示した雌牛は2産次でも，3産次でも高い泌乳量となることが多い．したがって，もしある産次の泌乳記録をみれば，その雌牛の次産次以降の泌乳量を比較的正確に予測することができる．このよう

表6.3 各種家畜における反復率の推定値

動物種	形質	反復率の推定値
乳牛	乳量	0.45
	乳脂率	0.60
肉牛	生時から2ヶ月齢までのDG	0.40
ヒツジ	産毛量	0.70
ブタ	一腹産子数	0.15
ニワトリ	産卵数	0.45
マウス	一腹子数	0.45

な同一個体についての測定値にみられる再現性の程度は反復率（repeatability, R）により表される．

種々の動物において繰り返し測定値が得られる形質において反復率が表6.3のように推定されている．

反復率の高い形質の場合，同じ個体についての測定値が似る傾向を利用して，当該個体の最確生産能力（most probable producing ability, MPPA）を予測する場合がある．これは測定回数が異なる個体間で比較し，いずれの個体から淘汰していくべきかを判断する場合に有効である．この最確生産能力は次式(6.6)により予測される．

$$\widehat{MPPA} = \mu + \frac{mR}{1+(m-1)R}(\bar{Y}.-\mu) \quad (6.6)$$

ただし，μ は集団平均，m は測定回数，$\bar{Y}.$ は m 回記録の平均値である．

b. 血縁個体の記録を選抜基準とする検定

形質のなかには限性形質や屠畜しないと測定できない形質がある（表6.2）．このような場合，形質を発現しない性の個体では個体自身の記録を得ることができない．また，屠畜した後に測定値が得られても，それらを選抜して後代を生産することができない．これらの形質については，当該個体の血縁個体を能力検定して得られた記録を選抜基準とする検定が行われる．血縁個体として後代を用いるのが後代検定で，きょうだいを用いるのがきょうだい検定である．

1) 後代検定　後代検定（progeny test）の場合，後代の表現型値の記録から親畜の育種価は次式(6.7)により予測される．

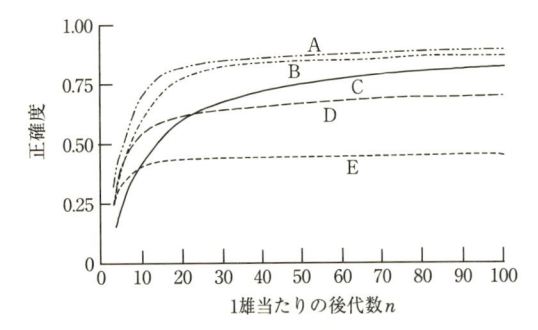

図 6.7 後代検定における正確度に対する遺伝率，後代数および共通環境の影響

$$\hat{A} = \frac{(1/2)nh^2}{1+(n-1)h^2/4} \bar{y}_P \quad (6.7)$$

ここで，$\bar{y}_P$ は後代の表現型値の集団平均からの偏差平均値，n は後代数である．また，この場合の正確度 $\rho_{A\bar{y}_P}$ は

$$\rho_{A\bar{y}_P} = \frac{1}{2} h \sqrt{\frac{n}{1+(n-1)h^2/4}} \quad (6.8)$$

となる．したがって，遺伝率が 0.4 である形質について 6 頭の後代を用いて後代検定した場合の正確度を計算してみると 0.632 である．

この正確度は，遺伝率が 0.40 である形質について個体選抜をしたときの正確度 0.632 に匹敵している．このことは，遺伝率が 0.40 である形質の場合，個体選抜と同じ正確度を後代検定により得ようとすれば 6 頭の後代が必要であることを示している．一般に後代検定による選抜の正確度は図 6.7 に示すように 1 雄当たりの後代数が多くなればなるほど高くなる．この正確度の上昇は，遺伝率が異なる 3 つの場合（A：0.40，B：0.25，C：0.10）についての比較からもわかるように，遺伝率の低い形質ほど著しい．言い換えれば，後代検定の場合，遺伝率の低い形質でも，後代数を多くすれば高い正確度を確保することができる．したがって，後代検定は前述のように個体自身についての測定値が得られない場合だけでなく，遺伝率の低い形質の選抜に対しても有効な方法である．

しかし，雄ごとの後代グループに対して似通った飼養環境など，すなわち共通環境が与えられていると，後代数の増加が正確度を高める効果は著しく減殺される．このようにある雄の後代グループに対して共通環境が存在するような場合，この共通環境に基づく後代グループ内での似通いの程度，すなわち共通環境相関（common environmental correlation）を c^2 とすると，後代検定の正確度は

$$\rho_{A\bar{y}_P} = \frac{1}{2} h \sqrt{\frac{n}{1+(n-1)\{(h^2/4)+c^2\}}} \quad (6.9)$$

となる．そこで，c^2 が正確度に対してどのように影響しているかをみるために，具体的に遺伝率が 0.25 の場合について，c^2 を 0（B），0.06（D）および 0.25（E）として，1 雄当たりの後代数を変えて正確度を計算した結果は図 6.7 のとおりである．B のように c^2 が 0 の場合は後代数の増加に伴って正確度は高まり，限りなく 1 に接近するが，これが 0 でなければ D や E のように正確度はある値以上には上がらない．しかも c^2 が大きいほど正確度は著しく抑えられる．

以上の点からもわかるように後代検定における正確度には当該形質の遺伝率，1 雄当たりの後代数に加えて，共通環境の大きさが関与している．

後代検定は，人工授精により後代を多数生産することができるようになった乳牛や肉牛で，広く実施されている．わが国における乳牛の場合，かってはステーション検定方式の後代検定が行われていたが，現在ではフィールド検定方式が主流となっている．肉牛の場合はステーション検定方式の後代検定も実施されており，産肉能力検定間接法いわゆる間接検定と呼ばれている．その概要は検定雄牛の後代 8 頭以上を生後 7〜8 ヶ月齢時に購入し，20 日間予備飼育の後，364 日間検定用飼料を自由摂取させ，屠畜後枝肉重量，歩留基準値，ロース芯面積，脂肪交雑，バラの厚さ，皮下脂肪厚を調査し，それらの記録に基づいて父牛である検定雄牛を選抜するものである．

2）きょうだい検定 後代検定は後代の記録が得られるまでに長い年月を要する．そこで，ブタ，ニワトリなどの場合には血縁個体として後代よりもむしろ全きょうだいあるいは半きょうだいが取り上げられ，それらについての表現型値に基づいて候補個体の育種価を予測する方法が用いら

れる．これがきょうだい検定（sib test）である．

n 頭のきょうだいの表現型値での集団平均からの偏差の平均値 $\bar{y}_S$ より，候補個体 C の育種価 A_C は次式(6.10)のように予測される．

$$\hat{A}_C = \frac{nR_{CS}h^2}{1+(n-1)r}\bar{y}_S \tag{6.10}$$

ここで，R_{CS} は候補個体 C ときょうだい S との間の血縁係数で，全きょうだいの場合 1/2 で，半きょうだいの場合 1/4，r はきょうだい間の級内相関係数で，全きょうだいの場合 $h^2/2$ で，半きょうだいの場合 $h^2/4$ である．

この場合の選抜の正確度も後代検定の場合と同様に次式(6.11)

$$\rho_{A\bar{y}_S} = R_{CS}h\sqrt{\frac{n}{1+(n-1)r}} \tag{6.11}$$

が導かれる．

このように，きょうだい検定としては全きょうだいの場合と半きょうだいの場合とが考えられる．しかし，全きょうだいの場合，母性効果の大きい形質ではきょうだい間に共通環境が生じるために，後代検定の項でも述べたように正確度が抑えられるという欠点がある．ブタの場合は，通常直接能力検定豚と同腹の子ブタ 2 頭（雌 1 頭，去勢 1 頭）を 1 組として，前者と同様の調査ならびに後者については屠畜解体してハムの割合や肉質などの調査を行う併用検定が実施されている．

従来，全きょうだい検定はブタなど一腹子数の多い家畜で主として利用されてきたが，単胎のウシの場合でも受精卵移植技術の普及によって全きょうだい牛を得ることが容易になり，利用可能となってきた．

c. クローン検定

初期発育段階の受精卵を利用した核移植技術により作出した種畜候補のクローンの能力を調査し，その記録を用いて選抜基準とする検定をクローン検定（clone test）という．ウシの場合，受精後 5〜6 日目の受精卵（通常 16〜32 細胞に分裂している）をバラバラにし，その一つ一つを核移植のドナー細胞とするもので，複数のクローン個体が得られる．そこで，クローンのうちの 1 頭を種雄牛候補として残し，その他のクローンの能力を調査する．

このように，クローン検定では候補個体と調査個体が同時に生産されるので，後代検定に比べて検定終了までの期間が大幅に短縮できるメリットがある．n 頭の調査個体の表現型値での集団平均からの偏差の平均値 $\bar{y}_C$ より，候補個体 C の育種価 A_C は

$$\hat{A}_C = \frac{nh^2}{1+(n-1)h^2}\bar{y}_C$$

により予測される．

また，この検定の正確度は

$$\rho_{A\bar{y}_C} = h\sqrt{\frac{n}{1+(n-1)h^2}} \tag{6.12}$$

であり，遺伝率が 0.3 程度の形質の場合，2 頭のクローン検定による正確度は 0.679 となり，10 頭の後代を用いた後代検定に匹敵することがわかる．

6.3.3 複数の形質を考慮した選抜法

家畜の経済価値は多くの場合，単一の形質ではなく，複数の形質の良否によって総合的に評価される．そこで，複数の形質について遺伝的改良を図ろうとする場合，それぞれの形質にどのように重みづけをするかによって，種々の選抜基準が考案・利用されてきた．

a. 順繰り選抜法

ある 1 つの形質について選抜を行い，その形質の改良目標が達成された時点で，次に第 2 の形質について選抜を始めるというように，一度に 1 形質ずつを順繰りに選抜していく方法が順繰り選抜法（tandem selection method）である．この方法が効率的であるためには両形質間に負の遺伝相関がないことが必要である．

b. 独立淘汰水準法

次に，複数の選抜対象形質それぞれについて図 6.8 のように個々に淘汰水準（k_1 および k_2）を決めておき，それらすべての水準を満たした個体（c, d, e および f）だけを選抜する方法が独立淘汰水準法（independent culling levels）である．この方法は順繰り選抜法より効率的な方法で，各形質に対する選抜が異なるステージで行われるよ

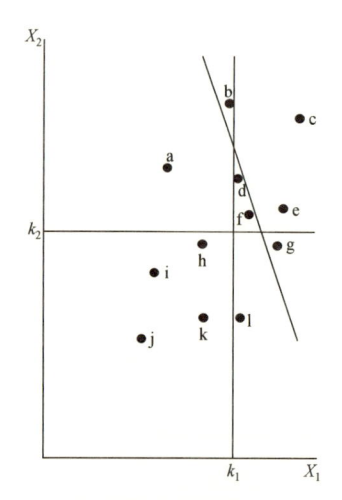

図 6.8 独立淘汰水準法と選抜指数法による選抜

しないために他の形質がいくら優れていても淘汰されてしまうという難点がある.

c. 選抜指数法

この点に関して，いずれの形質についてもぎりぎり淘汰水準を越えている個体を選ぶよりも，図6.8に見られるようにむしろ一方の形質に特に優れている個体（独立淘汰水準法では淘汰されたbおよびg）をも含めて，b, c, eおよびgを選抜する方が改良に対する効果は大きいと考えられる．その際，どちらの形質にどれだけ重点を置くかは各形質の相対経済価値，遺伝率，形質相互間の遺伝相関係数などによって違ってくる．そこで，これらの情報を考慮して複数形質のそれぞれに対する重み付け値を設定しておき，重み付け値による各形質の加重和により選抜を行う方法が選抜指数法（selection index method）である．

うな場合には，選抜指数法より有効である．たとえば，肉牛において，まず直接能力検定により飼料要求率や増体量などについて選抜し，選抜されたもののみについて後代検定を行い，脂肪交雑などの枝肉形質について選抜を行う場合にも適用できる.

しかし，この方法では図6.8の個体bおよびgのように，一方の形質がごくわずか淘汰水準に達

選抜指数法のなかで，最も代表的なものがヘーゼル（Hazel LN, 1943）型の選抜指数法[3]である（Box 6.1参照）．この選抜指数の例として，アメリカブタ育種連合（The National Swine Improvement Federation, NSIF）が推奨している選抜指数式の1つ，母性効果用選抜指数式（ma-

---

Box 6.1　ヘーゼル型の選抜指数法

改良対象としている複数形質（ここでは2形質を取り上げた）の相対経済価値（relative economic value）をそれぞれ a_1 および a_2，育種価をそれぞれ A_1 および A_2 とし，それらの積和を総合育種価（aggregate genotype, H）と定義する．

$$H = a_1 A_1 + a_2 A_2 \quad (6.14)$$

一方，2つの選抜形質についての表現型値の集団平均からの偏差 y_1 および y_2 に対してある重み付け値 b_1 および b_2 を積和した指数

$$I = b_1 y_1 + b_2 y_2 \quad (6.15)$$

を考えてみる．

そこで，この総合育種価（6.14）と指数の式（6.15）との間の相関係数 ρ_{HI} が最大になるように重み付け値 b_1, b_2 を式(6.16)のように求める．ただし，ここでは $\mathrm{Var}(A_i)$ および $\mathrm{Cov}(A_i, A_j)$ はそれぞれ相加的遺伝分散，相加的遺伝共分散である．また，$\mathrm{Var}(y_i)$ および $\mathrm{Cov}(y_i, y_j)$ はそれぞれ表現型分散，表現型共分散である．

$$\begin{bmatrix} b_1 \\ b_2 \end{bmatrix} = \begin{bmatrix} \mathrm{Var}(y_1) & \mathrm{Cov}(y_1, y_2) \\ \mathrm{Cov}(y_1, y_2) & \mathrm{Var}(y_2) \end{bmatrix}^{-1} \cdot \begin{bmatrix} \mathrm{Var}(A_1) & \mathrm{Cov}(A_1, A_2) \\ \mathrm{Cov}(A_1, A_2) & \mathrm{Var}(A_2) \end{bmatrix} \begin{bmatrix} a_1 \\ a_2 \end{bmatrix} \quad (6.16)$$

このようにして得られた重み付け値 b_1 および b_2 を取り込んだ式(6.15)がヘーゼル型の選抜指数式（selection index, I）である．

以上2形質の場合について述べたが，3形質以上の場合も同様である．そこで，$\boldsymbol{b}$ を重み付け値のベクトル，$\boldsymbol{a}$ を相対経済価値のベクトル，$\boldsymbol{P}$ を表現型分散共分散行列，$\boldsymbol{G}$ を相加的遺伝分散共分散行列とおくと，一般に重み付け値 $\boldsymbol{b}$ は式(6.17)のように求められる．

$$\boldsymbol{b} = \boldsymbol{P}^{-1} \boldsymbol{G} \boldsymbol{a} \quad (6.17)$$

選抜指数式を用いて選抜を行った場合の正確度 ρ_{HI} は

$$\rho_{HI} = \sqrt{\frac{\boldsymbol{b}'\boldsymbol{P}\boldsymbol{b}}{\boldsymbol{a}'\boldsymbol{G}\boldsymbol{a}}} \quad (6.18)$$

により求められる．

ternal index, MI) を挙げておく．

$$MI = 100 + 6L + 0.4W - 1.6D - 81B \quad (6.13)$$

ただし，L は母ブタ当たり子ブタ数，W は 21 日齢での母ブタ当たり一腹子総体重（ポンド），D は体重が 250 ポンドに達するまでの日数，および B は 250 ポンド体重に達した時点での皮下脂肪厚（インチ）である．これらはいずれも同期グループあるいは検定グループの平均値からの偏差である．各係数の符号から，この選抜指数は母性効果および発育をよくし，しかも皮下脂肪厚を厚くしないことによって，総合育種価を高めることをねらったものであることがわかる．

一方，総合育種価での改良量を最大にもっていこうとする選抜指数法の場合，個々の形質について改良方向ならびにその大きさをコントロールすることができない．しかし，実際に家畜の改良を進めていく場合，ある形質については経済的に重要であるが，すでに改良目標に到達しておりそれ以上その形質を変化させることはかえって経済価値の低下を招くことがある．そこで，ある形質を一定に保ちながら，他の形質の改良を図るために考え出されたのが，制限付き選抜指数（restricted selection index）である．

これをさらに発展させたのが希望改良量に基づく選抜指数法[11]（Yamada ら，1975）である．これは希望改良量（intended genetic goal）を改良対象形質の目標値，すなわち到達目標と現在の水準との差と定義し，これを最小の世代数で達成するように重み付け値を定めるものである．

6.3.4 同期比較法から BLUP 法へ
a. 同期比較法

これまで述べてきたステーション検定方式の能力検定は主として中小家畜で実施されてきたが，大家畜とくに乳牛では古くからフィールド検定方式が実施されてきた．たとえば，乳用種雄牛の評価を行うのに母牛の乳量とその娘牛の乳量とを方眼のグラフにプロットして比較する方法がとられた．このような方法を遺伝方眼法（genetic lattice method）といい，少頭数の雄牛の比較には一目瞭然として便利であった．次に種雄牛の評価

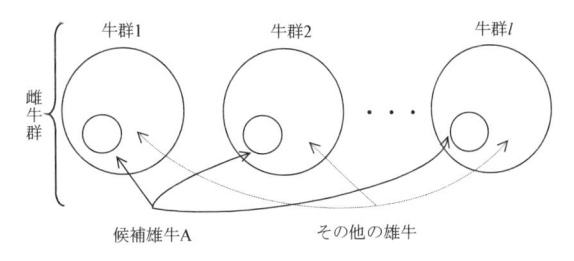

図 6.9 同期比較法のための交配計画

法として採用された方法が種雄指数法（sire index method）で，種雄指数 $SI = 2D - M$ が代表的である．ただし，D は娘牛の平均能力，M は交配相手である雌牛の平均能力である．これらはフィールド検定方式のはしりであるが，人工授精が普及する以前には種雄牛が複数の牛群にわたって供用されることは非常にまれであり，同一の牛群内で比較する場合が多かったから，以上のように個体間で直接比較する方法で十分であった．

しかし，人工授精さらに凍結精液の利用が普及するとともに図 6.9 に示すように種雄牛が牛群を越えて広く供用されることになる．このような場合，牛群間にみられる環境効果の差を取り除いて，候補雄牛の育種価を予測する必要が生じた．最初に英国において牛群間の差を考慮した乳用種雄牛の育種価予測法として採用されたのが同期比較法（contemporary comparison method）[8]（Robertson A と Rendel JM，1954）である．これは各牛群ごとに，当該候補雄牛の娘牛と，年齢，産次などがなるべく等しく，またそれらと同一年次同一季節に検定を受けたその他の雄牛の娘牛（これらを同期牛という）とを比較する方法である．

いま，当該雄牛およびその他の雄牛の後代牛が各牛群に分布していたとすると，同期比較法による育種価予測の概要は，次のとおりである．最初に，当該雄牛の同期比較値 CC を式(6.19)により算出する．

$$CC = \frac{\sum_{i=1}^{l}[n_{E_i}(D_i - D'_i)]}{n_E} \quad (6.19)$$

ただし，n_E は有効な後代数で，

$$n_E = \sum_{i=1}^{l} n_{E_i} = \sum_{i=1}^{l} \frac{n_{D_i} n'_{D_i}}{n_{D_i} + n'_{D_i}}. \quad (6.20)$$

n_{D_i} は i 番目の牛群における当該雄牛の後代牛数，n'_{D_i} はその他の雄牛から同じ年に生まれた後代牛（同期牛）の数，D_i は i 番目の牛群における当該雄牛の後代牛の平均値，D'_i は i 番目の牛群における同期牛の平均値，l は牛群の数である．

次に，式(6.21)により育種価 BV を予測する．

$$\widehat{BV} = \frac{2n_E h^2}{4 + (n_E - 1)h^2} \times CC \quad (6.21)$$

ただし，h^2 は遺伝率である．

同期比較法やそれから発展させられた同群比較法（herdmate comparison，群仲間比較法ともいう）が雄牛の評価法として正確度の点で非常に優れていたこと，さらに人工授精の普及により正確に評価された優れた雄牛が広く供用されたことなどにより乳用牛群の改良が急速に進んだ．たとえば，アメリカにおける乳用種 AI 種雄牛の乳量に関する評価値（これをアメリカでは PD という）の平均でみると 1966 年の 55 kg から 1973 年には 158 kg と 3 倍にも達している．このような集団の遺伝的レベルの変化傾向を遺伝的趨勢（genetic trend）という．

その結果，ある年に高い評価値の得られた雄牛 A よりも，5 年後に生まれた雄牛で実際は雄牛 A より遺伝的に優れている雄牛 B が低く評価されるというような奇妙な現象が生じるようになる．不思議に感じられるが，同期比較値は当該雄牛の娘牛と同期牛との比較であるから，同期牛が年々遺伝的に改良されていけば，長年にわたって供用される種雄牛の同期比較値は年々低下することになる．

言い換えれば，同期比較法は同期牛における牛群間や年次間の差がすべて環境的なものであって遺伝的レベルでは牛群間に差がない，すなわち同

Box 6.2 混合モデル方程式に取り込まれる情報とその解から得られる情報

BLUP 法による育種価予測における入力情報と出力情報の関係は次の混合モデル方程式により表される．

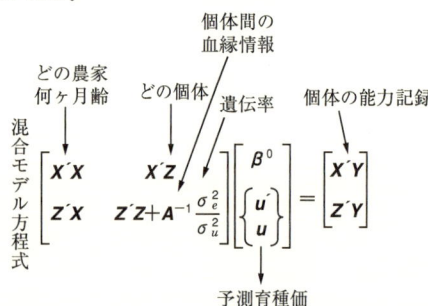

混合モデル方程式
$$\begin{bmatrix} X'X & X'Z \\ Z'X & Z'Z + A^{-1}\frac{\sigma_e^2}{\sigma_u^2} \end{bmatrix} \begin{Bmatrix} \beta^0 \\ \hat{u} \end{Bmatrix} = \begin{Bmatrix} X'Y \\ Z'Y \end{Bmatrix}$$

（どの農家・何ヶ月齢／どの個体／個体間の血縁情報／遺伝率／個体の能力記録／予測育種価）

方程式の左辺は，能力記録がとられたのがどの農家であって，何ヶ月齢であったかなどの環境要因を説明するデザインマトリックス X（計画行列ともいう）からなる小行列 $(X'X)$，能力記録がどの評価個体からとられたかを示すデザインマトリックス Z と環境要因を説明するデザインマトリックス X とからなる小行列（$X'Z$ および $Z'X$），および個々の記録がどの個体のものであったかを示すデザインマトリックス Z からなる小行列 $Z'Z$ と評価個体間の血縁情報 (A^{-1}) と分散比との積からなる小行列 $\left[Z'Z + A^{-1}\frac{\sigma_e^2}{\sigma_u^2} \right]$，これら 4 つの小行列からなる係数行列と未知の最良線形不偏推定値 (β^0) および変量効果 $(\hat{u}$ および $\hat{u})$ のベクトルとの積である．一方，右辺はデザインマトリックス X' および Z' と能力記録のベクトル Y との積である．

この方程式の解から，農家，月齢などの母数効果に関する最良線形不偏推定値（best liner unbiased estimation, BLUE）と，個体，父親などの変量効果に関する最良線形不偏予測量（BLUP）とが得られる．

ここで，行列 A は評価個体間の分子血縁係数行列で，これを取り込むことにより正確度を高め，選抜，遺伝的趨勢などに起因する偏りを除くことができる．個体モデルの BLUP 法の場合は A 行列を取り込まないと解を得ることができない．また，分散比 $\frac{\sigma_e^2}{\sigma_u^2}$ は環境分散の予測したい効果の分散に対する比で，遺伝率から導かれる．たとえば，個体モデルの場合，予測したい効果の分散は相加的遺伝分散になるので，$\frac{\sigma_e^2}{\sigma_u^2} = \frac{1}{h^2} - 1$ である．

期牛の父牛および母牛群の遺伝的レベルが等しいことを前提としている。しかし考えてみれば，雄牛の育種価を予測し，それに基づき選抜を行うねらいは集団の遺伝的レベルを高めていくことにある。したがって，本来，それらの前提条件を必要としない評価法が考案されなければならない。

b. BLUP 法

そこで，農家，年次，季節などの環境効果の影響を取り除き，さらに遺伝的趨勢をも考慮することにより，最も正確かつ偏りのない育種価が予測できる BLUP 法（best linear unbiased prediction, Box 6.2）が用いられるようになった（Henderson, 1973）[4]。この BLUP 法には種々のモデルがあり，評価個体が記録個体の父親である場合父親モデル，父親と母方祖父である場合母方祖父モデル，父親と母親である場合父母モデル，さらに記録個体自身である場合個体モデル（アニマルモデルともいう）と呼ぶ。

混合モデル方程式の解から得られる BLUP は父親モデルの BLUP 法の場合，期待後代差（expected progeny difference, EPD）と呼ばれる。これは父親である雄牛の育種価の 1/2 に相当し，当該雄牛を供用した場合後代でどれだけ改良されるかを予測したものである。また，個体モデルの BLUP 法の場合は BLUP がそのまま予測育種価となる。近年，わが国の乳牛や肉牛でもこれらを選抜基準として利用するようになり，集団の遺伝的改良が急速に進んでいる。

このような BLUP 法による評価は線形（linear）関数として予測されるもののうち，正確度が最も高いという意味で「最良（best）」であり，しかも予測に偏りが生じないという意味で「不偏（unbiased）」である。このように説明すると動物の遺伝的評価法としてオールマイティーであるかのように聞こえるかも知れないが，あくまでそれは必要な条件を満たしていることが前提である。なかでも重要な条件はデータの結合度である。

BLUP 法による予測育種価の正確度も後代数が多くなればなるほど高くなる。しかし，後代が複数の群あるいは季節などにまたがって分布して

表6.4 雄と群とのクロス表にみる後代数の分布と有効な後代数

雄	群ごとの後代数				総後代数	有効な後代数
	A	B	C	D		
1	50	45	55		150	61.5357
2	20	30			50	34.2857
3		15	15		30	25.2500
4			30		30	21.0000
5				30	30	0.0
計	70	90	100	30		

いる場合，後代の絶対数が多ければ正確度も高くなるとは限らない。雄とそれら母数効果とのクロス表をとったとき，後代がどのように分布しているか，すなわち，それらの間の遺伝的結合度（connectedness）が正確度に大きく影響する。この結合度を考慮した後代数は有効な後代数（effective progeny number, n_E）と呼ばれる。

ある雄の有効な後代数 n_E は式(6.20)により求められる。1雄当たりの有効な後代数は，表6.4 からもわかるように，一般に当該雄当たりの後代数の多い方が大きいが，後代が特定の群に偏在していると小さくなる。たとえば，後代数が同じ雄3と雄4でも，群Cだけに後代をもつ雄4の有効な後代数が雄3のそれより小さい。一方，同じ群における当該雄以外の後代数が多いほど，有効な後代数が実際の後代数に近づく。ここで，雄 No.1 のように，多数の群にわたって共通に供用されている雄のことをレファレンスサイヤー（reference sire）といい，また雄 No.2 および3のように各雄が差別的に複数の群で重複して供用されることを差別重複供用（differential use）という。このような雄が存在しなければ，雄 No.5 のように有効な後代数は0となり，BLUP 法といえども群を越えた比較はできない。個体モデルの場合も，雄を通じての遺伝的結合度が高い方が望ましい。

6.4 育種計画

紀元前1万年前頃から野生動物が家畜化され，その繁殖・生存が人間の管理下におかれるようになった。以来，人類は家畜の生産能力を遺伝的に

改良するとともに、そのもっている能力を最大限に発揮させる飼養環境の改善を図ってきた。後者に貢献してきた学問が家畜飼養学、家畜管理学などである。一方、前者の家畜育種を支え、リードしてきたのが動物遺伝学、家畜育種学である。

家畜の遺伝的改良に対して、当初は外貌、体型などを中心に見かけの良否に基づいてよいものを残し、後代を生産する一方、よくないものを淘汰する経験論的育種が営々と続けられてきた。20世紀に入って、メンデルの遺伝法則が再発見され、統計遺伝学的育種理論が確立されるにおよび、科学的に育種が進められるようになった。

その結果、最小の費用・期間で最大の成果が得られるように育種計画を立案・最適化し、計画的な育種が行える状況になっている。最新の知見・情報を駆使して、どれだけ適切な育種計画が策定できるかは育種家の戦略的思考能力の如何にかかっている。さらに、近年分子遺伝学的研究の進展により家畜のゲノム解析がすすみ、いっそう選択肢は多様化・高度化し、家畜育種はますます面白くなってきた。

6.4.1 育種計画

育種計画（breeding plan）とは、どのような形質についてどのレベルまで改良するか、すなわち育種目標（breeding objectives）を定め、その目標をどのような育種素材を用いて、いかにして達成するかの青写真である。これは橋を架けたり、ビルディングを建てたりする場合の設計図に相当する。設計図が妥当でなければ、工期が延びたり、余計な経費がかかったり、目的を満たすことのできないものができてしまったりする場合がある。このような事態を避けるために、通常理論計算やシミュレーション実験などにより、強度・利便性などを確認し、最適化が図られている。育種計画についても然りである。

まず、育種目標を定めることが育種計画のスタートである。育種目標なき育種計画は目的地のない旅行計画のようなものである。また、たとえ育種目標は定めたとしても、その目標が妥当なものでなければ、いくら立派な育種計画を立てても何にもならない。

家畜の生産性がある1つの形質によって決まるなら、育種目標ははっきりしていて当該形質のレベルをできる限り高めることである。ところが、一般に家畜の価値は1つの形質の良否により決まるのでなく、多くの形質の良否が複雑に関与している。このような場合、育種目標にそれら複数の形質が含まれることになる。そこで問題になるのが、各形質に対する重み付けをどうするかである。その重み付けの仕方に2通りある。1つは、各形質を1単位改良することが純収益の向上にどれだけ寄与するかを示す相対経済価値と、育種価との積和を総合育種価として、これを育種目標とするものである。もう1つは、それぞれの形質について到達目標を具体的に定め、これを育種目標とするものである。わが国の農林水産省が定めている改良増殖目標は後者のタイプである。

次に育種素材については、既存の品種集団を用いて、あるいは少なくともその集団をベースとして、育種目標を達成する場合と、交雑個体群あるいは野生動物から育種目標に適った品種あるいは系統を新たに作出する場合とがある。一般的には、ウシ、ウマなどの大家畜の場合は前者を、またニワトリなどの小家畜は後者を素材とすることが多い。

いずれの場合も重要なことは、育種素材が育種目標を達成できるのに十分な遺伝的変異をもっていることである。既存の品種集団に十分な遺伝的変異が存在しない場合は、エリート集団から優秀な種牛を導入することを考える必要がある。この場合、導入した種牛特に雌牛の集団への貢献度を高めるために、MOET（過排卵胚移植技術）の利用が有効である。また、交雑個体群をつくるのに使われる品種あるいは系統が、必要な遺伝的変異をもっているかどうかについての遺伝質評価を、交雑に先立って行うことが不可欠である。

最後の、いかにして育種目標を達成するかについては、詳細は後の項で述べるとして、ここでは育種法に選抜育種と交雑育種があることだけを述べておく。形質のなかには遺伝率の高い形質から低い形質まである。もう少し厳密に述べると、式

(4.16) にも示したように遺伝子型効果は育種価と優性偏差とからなっている．育種価の関与の大きい形質では選抜育種が有効であるが，優性偏差の関与の大きい形質では選抜育種は有効でなく，交雑を利用した交雑育種によるところが大きい．

6.4.2 選抜育種における最適化

育種計画には前述するように多くの因子が関与している．しかも，それらの因子がたがいに拮抗的に作用したり，あるいは相互作用を及ぼしたりする．そこで，それらの因子を，最小のインプットで最大のアウトプットが得られるように，最適化（optimization）を図ることが重要である．

育種計画の最適化を図る場合に遺伝的改良量を比較する方法がとられる．いま，ある育種計画案 A に対する代替育種計画案 B があったとしよう．これら育種計画案により予想される遺伝的改良量をそれぞれ ΔG_A および ΔG_B とすると，これら遺伝的改良量の比（$\Delta G_B/\Delta G_A$）は選抜効率（selection efficiency）と呼ばれ，この効率が 1 より大きければ育種計画案 A が捨てられ，代替育種計画案 B が採用されることになる．逆にこの効率が 1 より小さければ新たな別の代替育種計画を立てる．さらに育種計画案 A を超える代替育種計画案が見つからなければ，育種計画案 A が最適であるとして育種計画として採択される．

たとえば，後代検定による選抜計画が個体選抜のそれよりも遺伝的改良量の点で優れているかどうか，あるいはどのような条件のとき優れるかなどを見たい場合，個体選抜の場合の遺伝的改良量 ΔG_I に対する後代検定による選抜の場合の遺伝的改良量 ΔG_P の比，すなわち，選抜効率により次のように評価される．ここで，i_I は個体選抜における選抜強度，i_P は後代検定による選抜における選抜強度である．

$$\frac{\Delta G_P}{\Delta G_I} = \frac{i_P \sigma_A \left\{ \frac{1}{2} h \sqrt{\frac{n}{1+(n-1)h^2/4}} \right\}}{i_I \sigma_A h} \quad (6.22)$$

$$= \frac{i_P}{2i_I} \sqrt{\frac{n}{1+(n-1)h^2/4}}$$

$\Delta G_P/\Delta G_I$ が 1 より大きければ後代検定による選抜の方が個体選抜より優れていることになる．たとえば，遺伝率が 0.4 で，両選抜における選抜強度が等しいとした場合は，後代数が 6 頭のときその比が 1 となり，後代数が 7 頭以上であれば後代検定による選抜が個体選抜より優れていると判断される．

育種全般を考えた場合には選抜育種と交雑育種を併せて最適化を図る必要があるが，両者を併せると非常に複雑になることと，交雑育種については後章での記述となっていることから，ここでは選抜育種における最適化について述べることにする．

a. 遺伝的改良量の最適化

遺伝的改良量は式（6.4）からもわかるように選抜強度，遺伝標準偏差の大きさおよび選抜基準の正確度の積である．したがって，これら3つが遺伝的改良量に影響する最も基本的な因子であり，遺伝標準偏差の大きい集団を対象に，正確度の高い選抜基準にもとづいて，強い選抜強度で選抜を行えば，遺伝的改良量を大きくすることができる．

後代検定の場合，後代数が多くなればなるほど一般に正確度は高くなり，その結果遺伝的改良量が大きくなる．ところが，もし検定収容頭数に制限があるならば 1 雄当たりの後代数を多くすれば正確度は上がるが，検定できる雄の頭数が少なくなる．選抜される雄の数は一定であるから，検定雄の頭数が少なくなると選抜率が低下し選抜強度が落ちる結果となり，ひいては遺伝的改良量の低下を招く．検定雄の頭数と検定雄 1 頭当たりの後

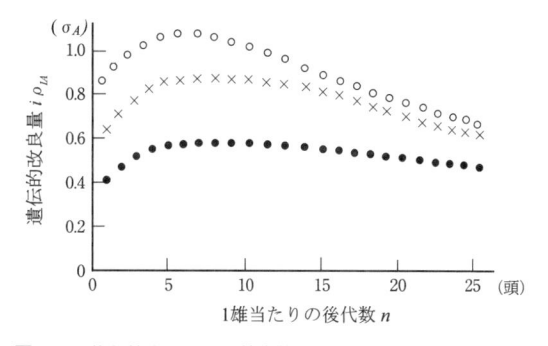

図 6.10 後代検定における検定雄の頭数と 1 雄当たりの後代数の最適化

代数とを最適化し，遺伝的改良量を最大にするように後代検定計画を立案することが重要である．

たとえば，図6.10のように後代検定のための総収容頭数が100頭で，検定後2頭の雄を選抜する場合，検定対象形質の遺伝率が0.1（●），0.3（×）および0.5（○）であると仮定すると，遺伝的改良量は1雄当たりの後代数の増加に伴ってだんだん大きくなるが，やがてピークに達し，その後減少する．したがって，このピークに達した時点での1雄当たりの後代数 n および検定雄の頭数 $100/n$ が最適な組み合わせである．この図からも分かるように遺伝率が高い場合，1雄当たりの最適後代数は少なくなる．

b. 遺伝的改良速度

これまで1世代当たりの遺伝的改良量について見てきたが，異なる家畜の間で改良量を比較する場合，世代の長さが異なるために直接1世代当たりの遺伝的改良量で比較することはできない．また，同一の家畜についていくつかの育種計画を比較しようとする場合も育種計画間で世代の長さが異なることが多く，1世代当たりの遺伝的改良量で比較することは妥当でない．このように，育種を進めていく上で世代当たりの遺伝的改良量よりも一定期間（通常1年）当たりの遺伝的改良量，すなわち遺伝的改良速度（genetic gain per year, ΔG_L）の方がより重要である．改良速度は1世代当たりの遺伝的改良量を世代間隔 L で割ることにより次式(6.23)のように計算される．

$$\Delta G_L = \frac{\Delta G}{L} \quad (6.23)$$

世代間隔（generation interval）とは生涯のある時点，たとえば出生時から次の世代の同じ時点までの期間をいう．したがって，肉牛の世代間隔は，能力検定による選抜の場合，少なくとも約27ヶ月（2年あまり）となるのに対して，後代検定による選抜の場合，少なくとも約57ヶ月（5年足らず）となり，能力検定の場合の2倍以上にもなる．同じ後代検定の場合でも，より多くの後代情報を収集しようとすれば世代間隔がさらに長くなる．

ウシなどの大家畜の場合は一般に世代が重複しており，次代の生まれる時点が個体ごとに異なる．そこで，一般に世代間隔は後代が生まれたときの親の平均年齢と定義される．しかも，親から子への世代間隔は，4つの径路，すなわち父から息子（mm）で L_{mm}，父から娘（mf）で L_{mf}，母から息子（fm）で L_{fm}，母から娘（ff）で L_{ff} となり，径路ごとに異なる．そこで，平均世代間隔 L は

$$L = \frac{L_{mm} + L_{mf} + L_{fm} + L_{ff}}{4} \quad (6.24)$$

のように求められる．各種家畜の世代間隔は概略表6.5に示すとおりである．

表6.5 各種家畜の世代間隔(年)[7]

種	雄		雌
	直接能力検定	後代検定	
ウシ	3.0	8.0	4.5
ヒツジ	2.0	4.0	4.0
ブタ	1.5	3.0	1.5

式(6.23)からもわかるように世代間隔は短い方が改良速度は早くなる．世代間隔の短縮には生物学的限界があるが，表6.5にもみられるように後代検定による選抜よりも個体選抜の方が世代間隔は短く，また超音波診断装置，遺伝子診断法などにより，より若い時期に能力評価ができるようになると世代間隔を短縮することができる．さらにクローン検定は，クローンの数にもよるが，世代間隔としては個体選抜なみで，しかも正確度では後代検定なみの選抜が可能となり，遺伝的改良への貢献は大きい．

c. 最適年齢構造

選抜によって遺伝的改良がなされる径路は前述のように4つである．これらの径路は必ずしも同じ世代間隔であるとは限らない．ブタやニワトリでは一般にきょうだい検定が採用されているために，4つの径路の世代間隔は等しいことが多い．また実験動物などで集団選抜が行われる場合も4つの径路の世代間隔は等しい．しかし，乳牛の場合，次代の種雄牛となるべき雄の選抜径路mmには後代検定が用いられる．一方，雌の選抜については，種雄牛候補を生産するための母親の選抜

径路 fm では 2 産以上の泌乳記録などを得てから選抜が行われるが，一般の雌牛の選抜径路 ff では 1 産の泌乳記録あるいは血統情報に基づいて行われる場合が多い．このような場合，各径路の世代間隔はそれぞれ 6 年以上，4 年以上および 3 年以下となり，径路ごとに違ってくる．また，選抜の正確度にも径路間に差が生じる．肉牛の場合も同様である．

したがって，4 つの径路の遺伝的改良量は動物種により，また育種計画により違ってくる．ホルスタイン種の乳量について計算した結果は図 6.11 に示すように，選抜強度や選抜の正確度を反映して父から息子への径路 mm が最も高かったのに対して，母から娘への径路 ff は最も低いことがわかる．

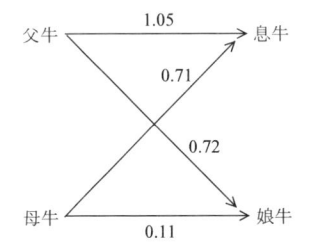

図 6.11 乳牛における径路別 1 世代当たり遺伝的改良量[6]
単位は標準偏差単位である．

このような複雑な年齢構造の集団における育種計画を比較する場合は世代当たりの改良量よりも改良速度で比較する方が望ましい．いま，4 つの径路 mm, mf, fm, ff のそれぞれの遺伝的改良量を ΔG_{mm}, ΔG_{mf}, ΔG_{fm}, ΔG_{ff}, 4 つの径路のそれぞれの世代間隔を L_{mm}, L_{mf}, L_{fm}, L_{ff}, とすると，改良速度は

$$\Delta G_L = \frac{\Delta G_{mm} + \Delta G_{mf} + \Delta G_{fm} + \Delta G_{ff}}{L_{mm} + L_{mf} + L_{fm} + L_{ff}} \quad (6.25)$$

である．

育種計画を立案する場合，それぞれの径路について遺伝的改良量が最大になる組み合わせを探すとともに，改良速度 ΔG_L が最大になるようにすることが重要である．このときの集団の年齢構造を最適年齢構造（optimum breeding structure）という．

6.4.3 育種計画の検証

次に実際に選抜を進めていったとき，その集団が遺伝的にどれだけ改良されたかを推定する必要がある．この問題は採用された育種計画が妥当であったかどうかを検証するためのものであり，非常に重要である．

a. 遺伝的改良量の推定

先に，子世代の集団平均と親世代の集団平均との間の差が単純に世代当たりの遺伝的改良量であるとしたが，これは期待値である．したがって，実際の集団平均における変化は選抜率や選抜の正確度が同じであっても一定ではなく，世代から世代へと変動する．たとえば，図 6.12 はマウスにおける 6 週齢体重についての選抜実験の結果を示したものであるが，各世代での集団平均は直線的に変化するのでなく，上下に変動しながら変化していることが分かる．

このように集団平均に変動が生じる原因としては，①機会的遺伝浮動（5.3.2 項参照），②集団平均を推定する際の標本抽出誤差，③実現選抜差（realized selection differential）における差異，④環境変化などが考えられる．

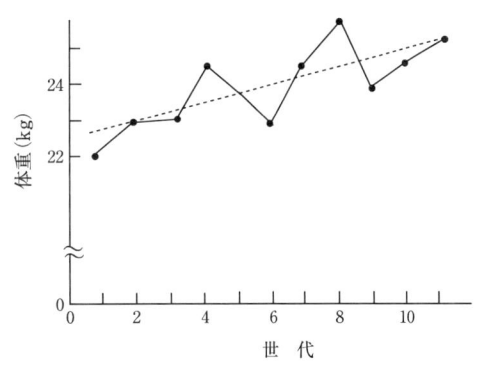

図 6.12 マウスにおける 6 週齢体重に関する選抜に伴う集団平均の変化
●は各世代における集団平均で，これらの世代に対する回帰直線を点線で示す．

このうち，原因①や②による変動については集団や標本の有効サイズを大きくすることにより，その変動を小さくすることができる．集団の大きさは大きければ大きいほど，原因①や②の影響を避けることができるが，一方で，収容施設，経

費，労力などの点で限界がある．

　原因③は選抜個体の繁殖率の差が関係しており，個々の親が次世代に対して同等に寄与するわけではない．すなわち，親の表現型値における偏差の平均値は期待選抜差（expected selection differential）であって，実際の選抜における有効選抜差（effective selection differential）は両親の表現型値における偏差の平均値を後代数により重み付けした平均値であり，この選抜差は世代ごとに違ってくる．このため，毎世代同じ選抜差になるように選抜を行っても実現選抜差には違いが生じ，ひいては世代ごとの遺伝的改良量に変化が生じる．

　これら原因①，②および③の影響を小さくするために，数世代にわたる集団平均（●−●）に対して回帰直線（点線）を当てはめ，その傾きから遺伝的改良量を推定する（図6.12）．

　しかし，ここで得られた遺伝的改良量の推定値には世代ごとの環境の差（原因④）が関係しており，この影響を除去して遺伝的改良量を推定するには無選抜対照集団（unselected control population）を用意する必要がある．望ましい大きさの対照集団が用意されているという前提のもとに，選抜集団の平均値を M_S，無選抜対照集団の平均値を M_C とすると遺伝的改良量 ΔG は $\widehat{\Delta G} = M_S - M_C$ により推定される．しかし，ウシなどの大家畜の場合，選抜群以外に対照集団を維持することは容易ではない．

　そこで，無選抜対照群の代わりに世代の重複や同一の雄が多年次にわたって供用されていることを利用して，遺伝的改良量を推定する方法が考案されている．このような方法のなかで最良のものがBLUP法を利用した方法である．BLUP法は遺伝的趨勢を考慮して種畜の遺伝的能力の評価ができるところにその特徴がある．そこで，逆に遺伝的趨勢を遺伝的グループの最良線形不偏推定量（best linear unbiased estimator, BLUE）として推定するか，あるいは予測育種価の出生年ごとの平均値として推定することができる．得られた遺伝的趨勢から遺伝的改良量が推定される．図6.13は後者の方法によりヒツジの産毛量に関す

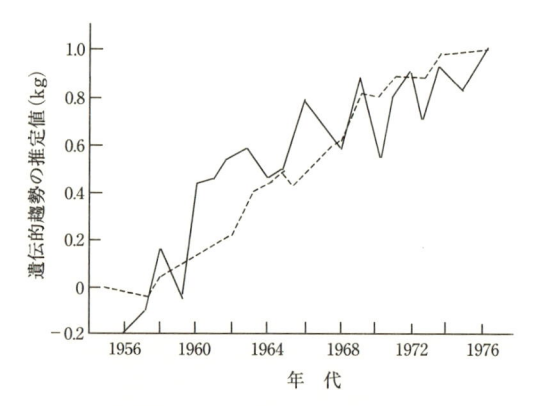

図6.13　遺伝的趨勢のBLUP法による推定値（実線）と無選抜対照集団との差による推定値（破線）[1]

る選抜実験における遺伝的趨勢を推定（実線）し，それが無選抜対照集団の平均値との比較により求めた推定値（破線）によく一致していることを確かめたものである．

b. 家畜集団における遺伝的改良

　育種計画に沿って選抜を進めていけば，育種目標に向かって集団が変化していく，すなわち，遺伝的趨勢を示すはずである．しかし，育種計画は多くの集団パラメータを仮定して，育種理論に基づいて立てられたものであるので，さらに多くの因子が複雑に絡んでいる実際の家畜集団においては予想通りの遺伝的改良が得られるとは限らない．したがって，つねに遺伝的趨勢を推定することによって，育種計画の妥当性をチェックしながら選抜を進めることが肝要である．

　ここでは，熊本県における褐毛和種集団について枝肉形質に関する遺伝的趨勢を推定してみた．褐毛和種ウシでは1968年までは外貌審査に基づく育種が行われていたが，同年からステーション検定方式の直接能力検定と間接検定が実施されるようになった．さらに，1987年からはフィールド検定方式の育種価推定が実施されている．その結果は図6.14に示すように，能力検定開始前にはいずれの形質でも改良傾向は認められなかったが，能力検定の開始によって明らかに改良される傾向が枝肉重量，1日当たり増体量では認められた．しかし，その他の枝肉形質では認められなかった．ところが，フィールド検定方式の開始とと

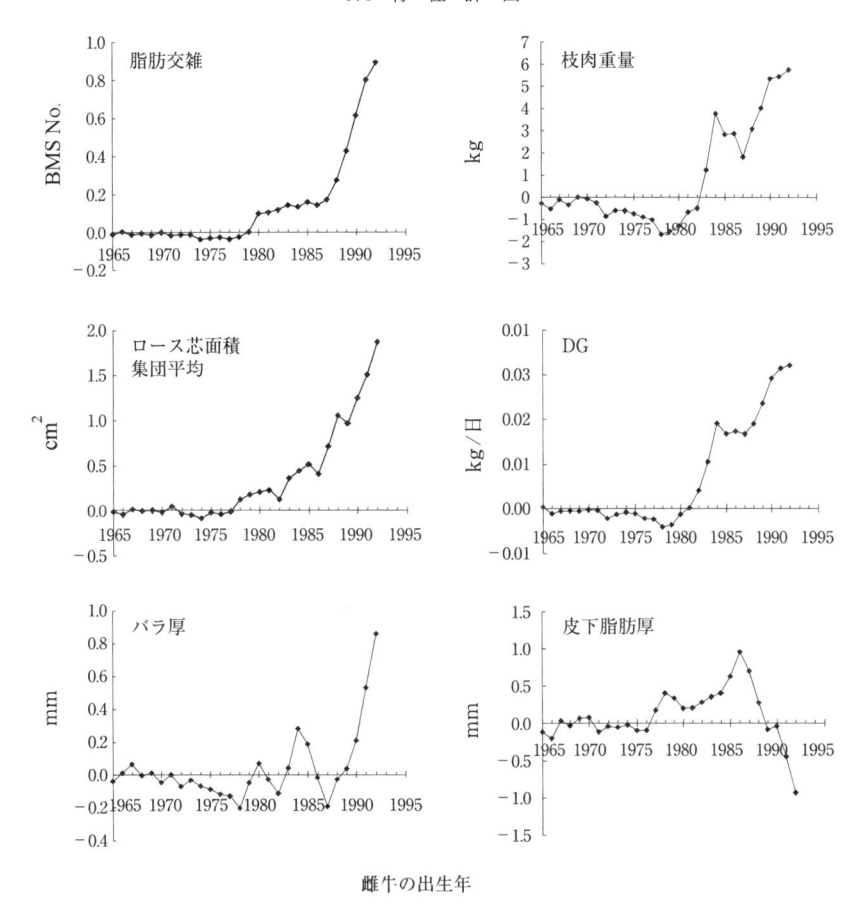

図 6.14 熊本系褐毛和種における産肉性形質の遺伝的趨勢[9]
横軸：雌牛の出生年．

もにいずれの形質でも顕著な改良傾向が認められ始めた．

そこで，能力検定開始以前（PP 期，1959～1967 年），能力検定開始後ステーション検定方式中心期（PS 期，1968～1986 年）およびフィールド検定方式採用期（PF 期，1987～1998 年）に分けて，それらの期間における年当たり遺伝的改良量すなわち遺伝的改良速度を推定してみた．その結果は図 6.15 にみられるように，PP 期にはバラ厚を除いてほとんど遺伝的改良はなかったが，ステーション検定方式の能力検定を採用した PS 期には枝肉重量および脂肪交雑で有意な遺伝的改良が得られた（$P<0.01$）．しかし，その他の形質ではバラ厚が PP 期より低かった点以外に PP 期と有意な差は認められなかった（$P>0.05$）．

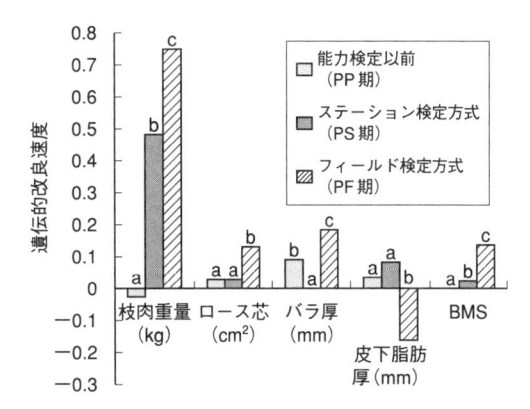

図 6.15 能力検定開始以前，能力検定のステーション検定方式およびフィールド検定方式採用期における遺伝的改良速度の比較
a，b，c：同じ文字をもたない遺伝的改良速度間に有意な差がある（$P<0.05$）．

表6.6 乳牛における遺伝的改良の成果[5]

期間（年）	改良速度（kg/年）	
	乳量	乳脂肪量
1971〜1978	58	1.5
1979〜1987	176	5.5

USA，ホルスタイン種．

表6.7 ブロイラーにおける遺伝的改良の成果[2]

系統	飼料	84日齢体重(g)	
		雄	雌
1957年当時に一般的であったもの	1957年当時のもの	1564	1236
現在一般的なもの	現在のもの	4770	4226
現在一般的なもの	1957年当時のもの	4579	3779
1957年当時に一般的であったもの	現在のもの	1882	1480

ところが，PF期になるとすべての形質で有意な遺伝的改良量が得られ，脂肪交雑の遺伝的改良量の増加がとくに顕著であった（$P<0.01$）．

このように，選抜基準が変わるだけでも，遺伝的改良量に大きい影響を及ぼすことがわかる．アメリカにおける乳牛においても，1979年にBLUP法による種牛評価が採用された後，表6.6に示すように乳量および乳脂肪量ともに遺伝的改良速度が3倍以上にもなっている．

一方，選抜だけでなく，交雑育種も取り込んだ育種の成果として，ブロイラーにおける84日齢体重の遺伝的改良量が表6.7のように報告されている．これをみると，1957年当時に一般的に利用されていた系統に較べて現在の系統は84日齢体重が雄でも雌でも3倍以上になっている．しかし，これらの差には飼料の差も影響していると考えられるので1957年当時に一般的に利用されていた系統に現在使用されている飼料を与えてみると，84日齢体重は雄で1882g，雌で1480gといずれも2割くらい改善されているにすぎないことがわかる．

以上のような成果は他の家畜や家禽においても認められ，統計遺伝学的育種理論に基づく遺伝的改良には非常に目覚ましいものがある．

c. 選抜限界

家畜における重要な多くの形質は多数のポリジ

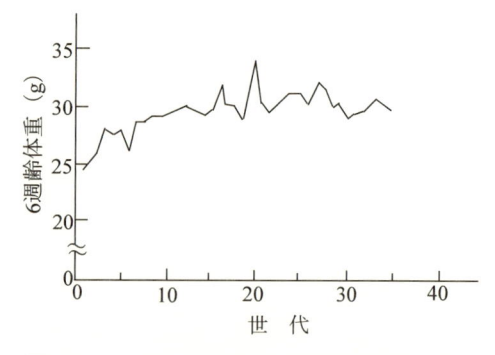

図6.16 マウスの選抜実験における6週齢体重の変化

ーンに支配されており，遺伝的変異が全くなくなってしまうとは考えにくい．とはいっても選抜に対する反応が無限に続くこともありえない．図6.16はマウスの選抜実験における6週齢体重の変化を示したものである．このグラフからもわかるように初期の選抜反応は直線的であるが，世代とともにその反応は緩やかとなり，やがて反応がなくなりプラトーの状態に達すると考えられる．このように選抜に対する反応が止まったとき，集団は選抜限界（selection limit）にあるという．このような選抜限界の生じる原因として，分離していた対立遺伝子が順次固定されることによる遺伝的変異の消失，選抜の効果が小さくなることによる自然淘汰と選抜のバランスあるいは拮抗などが挙げられる．

遺伝的変異が消失あるいは小さくなった集団に遺伝的変異を導入すれば，再び選抜に対して反応するようになる．遺伝的変異を導入する方法としては後に述べる交雑，突然変異の誘発，遺伝子工学的手法による遺伝子導入などがある．

〔佐々木義之〕

引用文献

1) Blair HT, Pollak EJ：Estimation of genetic trend in a selected population with and without the use of a control population. *Journal of Animal Science*, **58**：878-886. 1984.
2) Havenstein GB, Ferket PR, *et al*.：Growth, livability, and feed conversion of 1957 vs 1991 broilers when fed "typical" 1957 and 1991 broiler diets. *Poultry Science*, **73**：1785-1794. 1994.

3) Hazel LN : The genetic basis for constructing selection indexes. *Genetics*, **28** : 476-490. 1943.

4) Henderson CR : Sire evaluation and genetic trends. *Proc Anim Breeding and Genetics Sym* in Honor of Dr. J. L. Lush, pp.10-41, A. S. A. S. and A. D. S. A., Champaign, 1973.

5) Meinert TM, Pearson RE, *et al*. : Estimation of genetic trend in an artificial insemination progeny test program and their association with herd characteristics. *Journal of Dairy Science*, **75** : 2254-2264. 1992.

6) Nicholas FW, Smith C : Increased rates of genetic changes in dairy cattle by embryo transfer and splitting. *Animal Production*, **36** : 341-353. 1983.

7) Warwick EJ, Legates JE : Breeding and Improvement of Farm Animals, 7th edition. McGraw-Hill Book Company, 1979.

8) Robertson A, Rendel JM : The performance of heifers got by artificial insemination. *Journal of Agricultural Science, Cambridge*, **44** : 184-192. 1954.

9) Sasaki Y, Ibi T, *et al*. : Genetic trends in Japanese progeny-tested cattle for carcass traits under station vs. field system. Proceedings of the 7 th World Congress on Genetics Applied to Livestock Production, Montpellier, **29** : 801-804, 2002.

10) 正田陽一（編著）：人間が作った動物たち―家畜としての進化―．東京書籍選書，1987．

11) Yamada Y, Yokouchi K, *et al*. : Selection index when genetic gains of individual traits are of primary concern. *Japanese Journal of Genetics*, **50** : 33-41. 1975.

7. 交　　配

家畜，家禽などの高等動物では，雄の配偶子すなわち精子と雌の配偶子すなわち卵子とが融合すること（これを受精という）によって産子が生まれる．後代をつくるために雄と雌との間で受精を行うことが交配（mating）である．

このことから，後代の遺伝子型はペアになる配偶子によって決まり，ひいてはどのような両親が交配されるかに影響されることがわかる．

家畜，家禽などでは飼育目的に合わせて，種々の基準に基づいて交配相手が決められる．その交配相手の決め方によって，集団に起こる変化が違ってくる．交配相手が遺伝的に大きく異なる品種や系統間である場合の交配は交雑（crossing）という．

本章では，はじめに品種などのメンデル集団内における交配を中心に述べ，7.3節において交雑について述べる．

7.1　交配様式

どのような雄と雌を交配させるか，すなわち交配相手の決め方を交配様式（mating system）という．

7.1.1　基本分類

同一品種内での交配様式は図7.1のように分類される．まず交配が当該集団のなかから無作為に取り上げた2個体間で行われる場合，これを無作為交配（random mating）という．これら無作為に取り上げた2個体の関係に比べて，なんらかの意図が加わり，それからずれている交配を作為交配（non-random mating）という．

まず，似通いに注目して交配組み合わせが決められる場合がある．図7.1ではこのような交配を類似性に基づく交配とした．集団あるいは群のなかから無作為に取り上げた2個体間よりもより似たものどうしの交配を同類交配（assortative mating），似ていないものどうしの交配を異類交配（disassortative mating）という．同類交配の例として，従来発育のよい雌牛に発育のよい雄牛を交配するというように表現型（値）の似ているものどうしの交配を挙げてきた．また，異類交配の例として，乳肉兼用牛において極端に乳用型の雌に対して極端に肉用型の雄を交配する場合が挙げられる．このように表現型（値）での似通いにより交配を進めると，表現型（値）が遺伝子型を反映する程度に応じて，集団の遺伝子型頻度に影

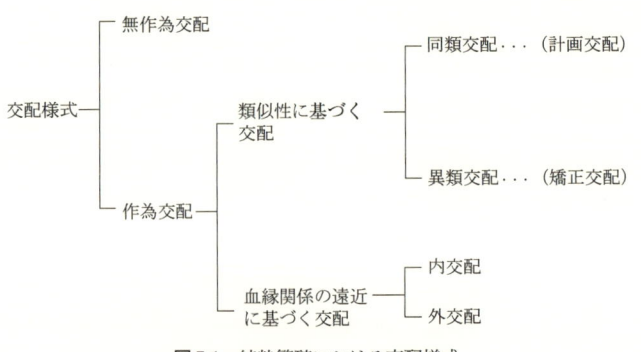

```
交配様式 ─┬─ 無作為交配
          │
          └─ 作為交配 ─┬─ 類似性に基づく交配 ─┬─ 同類交配 … （計画交配）
                       │                      │
                       │                      └─ 異類交配 … （矯正交配）
                       │
                       └─ 血縁関係の遠近に基づく交配 ─┬─ 内交配
                                                      │
                                                      └─ 外交配
```

図7.1　純粋繁殖における交配様式

響する．もし，遺伝子型を反映していなければ，後代への影響はなく，集団の遺伝的構成にも影響しない．

そこで，乳牛や肉牛などの家畜において育種価の予測が一般化した今日，育種改良の観点から育種価の似通いに基づく交配が重要になっている．その1つが種雄の作出を狙った計画交配（planned mating）である．これは予測育種価の最も高い雄を，予測育種価の最も高い雌に交配し，最優秀の雄をさらに凌駕する若雄をつくり出すための交配である．一方，個々の家畜のもつ経済価値が高い場合，雌の予測育種価が低いからといってただちに淘汰するのではなく，その形質についてとくに高い予測育種価をもつ雄を交配するのが普通である．このような交配によって，雌の遺伝的に劣っている形質が次代で改められる．そこで，このような交配を矯正交配（corrective mating）と呼ぶ．

内交配あるいは外交配は最もよく知られた交配様式の1つであるが，これらは交配される個体どうし間の血縁関係の遠近により区別される．血縁関係が当該品種あるいは系統のなかから任意に取り出した2個体間よりもより近い個体どうし間で行われる交配を内交配（inbreeding），逆に血縁関係が当該集団のなかから任意に取り出した2個体よりもより遠い個体どうし間で行われる交配を外交配（outbreeding）という．

7.1.2 無作為交配

任意交配（random mating）とも呼ばれ，集団のなかから無作為に取り上げた2個体間の交配であり，いずれの個体も等しい確率で交配の機会をもつような交配である．したがって，交配相手との間に，遺伝子型の点で特に似通いがあるとか，互いに共通祖先が特に多いとかという，特別な関係をもたない個体間での交配をいう．実際の交配においては，乱数表を用いるなどによって，無作為に雄と雌とを組にして交尾させる．

a. 十分大きい集団の場合

移住，突然変異および淘汰がなければ，ハーディー-ワインベルグの法則に従い，遺伝子型頻度も遺伝子頻度も世代から世代へ変わらない．このため，選抜実験における無選抜対照群では無作為交配が行われる．

b. 小集団の場合

移住，突然変異および淘汰がなくても，機会的遺伝浮動によって遺伝子の消失あるいは固定が起こる．また，平均近交係数が上昇する．

7.1.3 内 交 配

血縁関係の近い個体間で行われる内交配は集団における近交度を高める．交配される個体間の血縁関係が近ければ近いほど，近交度の高まりはより著しくなる．このように，血縁関係が近いか遠いかを計る血縁関係の遠近の尺度として血縁係数が，また近交度の尺度として近交係数が使われる．

a. 分子血縁係数

最も基本的な血縁関係は親Pと子Xである．子の任意の遺伝子座にある2つの相同遺伝子のうちの1つは父の相同遺伝子のどちらか一方の複製であり，他の1つは母の相同遺伝子のどちらか一方の複製である．これはどの遺伝子座についても当てはまるので，子Xは一方の親Pと同じ遺伝子を1/2共有している．次に祖父母GPと孫Xとの血縁関係については，孫Xは一方の親と同じ遺伝子を1/2共有し，その親はさらにその一方の親すなわち祖父母の1人GPと同じ遺伝子を1/2共有しているので，孫Xは祖父母の1人GPと同じ遺伝子を$1/4(=1/2\times 1/2)$共有している．さらに，曾祖父母の1人GGPと曾孫Xとの血縁関係になると，同じ遺伝子を$1/8(=1/2\times 1/2\times 1/2)$だけ共有していることになる．

このような個体間の血縁関係の遠近を表す尺度に分子血縁係数あるいは相加的血縁係数（numerator relationship, additive relationship, a_{XY}）が用いられる．2個体間の分子血縁係数は，一方の個体の任意の遺伝子座にある遺伝子が他方の個体の当該遺伝子座の1つの遺伝子と同じ遺伝子の複製である確率である．したがって，一方の親Pと子Xとの間の分子血縁係数a_{PY}は1/2，祖父母の一人GPと孫Xとの間の分子血縁係数

$a_{(GP)X}$ は 1/4 である．ただし，ここでは親も祖父母も近交係数は 0 であると見なしている．

分子血縁係数は分子血縁係数行列（4.5.3 項 Box 4.7 参照）の各要素に相当し，育種価予測や遺伝的パラメーターの推定などにおいても重要な役割をもっている．このような分子血縁係数は一般的には式(7.1)により求められる．

$$a_{XY} = \sum_{i=1}^{k}\sum_{j=1}^{l}\left[\left(\frac{1}{2}\right)^{n_{Xij}+n_{Yij}}(1+f_{A_i})\right] \quad (7.1)$$

これはちょうど血縁係数を求めるライト（Wright, 1923）の式[4](7.3)の分子部分に相当する．a_{XY} が分子血縁係数と呼ばれるゆえんもここにある．ここで，n_{Xij} は個体 X から i 番目の共通祖先 A_i までの j 番目の径路における世代数，n_{Yij} は個体 Y から i 番目の共通祖先 A_i までの j 番目の径路における世代数，f_{A_i} は i 番目の共通祖先 A_i の近交係数，$\sum_{i=1}^{k}$ はすべての共通祖先（$A_i, i=1,\cdots,k$，ただし k は共通祖先の数である）についての和，$\sum_{j=1}^{l}$ は各共通祖先についてすべての径路（$j=1,\cdots,l$，ただし l は径路の数である）の和である．

b. 近交係数

内交配が行われると共通の祖先遺伝子を相同遺伝子として対にもつ個体，すなわち同祖ホモ接合体（identical homozygote, autozygote）を生じる可能性がある．このようなある個体の任意の遺伝子座における相同遺伝子が共通の祖先遺伝子に由来する確率を近交係数（inbreeding coefficient）といい，これを f_X と表す．図 7.2 についていえば，近交係数とは個体 X における相同遺伝子 P_1 と P_2 がともに共通祖先 A のもつ 1 つの遺伝子，すなわち共通の祖先遺伝子の複製（identical by descent）である確率である．

相同遺伝子が共通の祖先遺伝子に由来する確率といっても，無限に世代をさかのぼればすべて共通の祖先遺伝子に由来するということにもなり，意味をなさない．そこで，通常は過去のある時点を特定し，それ以前の祖先をさかのぼらない，すなわちその時点におけるすべての相同遺伝子は共通の祖先遺伝子に由来しない，互いに独立のものであると見なす．この時点の集団を基礎集団（base population）と呼び，すべての個体の近交係数は 0 で，しかもそれらの個体間の血縁係数も 0 であると見なされる．したがって，ある個体について計算される近交係数は基礎集団と比べてのものであり，あくまで相対的なものである．その意味するところは基礎集団と比べて同一の遺伝子が相同遺伝子となる確率，すなわちホモ接合体の割合がどれだけ増加したかを表すものである．

一般に血統記録に基づき近交係数を計算するにはまず，当該個体の両親に共通な祖先，すなわち共通祖先から両親を通って当該個体に至る径路を矢印で図 7.2 のように示す．これを径路図（path diagram）と呼ぶ．次にこの径路図について，共通祖先から当該個体の両親に至るまでの血統をたどり，各段階で共通の祖先遺伝子を受け取る確率を計算すればよい．すなわち，個体 X の近交係数 f_X はライト（Wright, 1923）の式[4](7.2)により求められる．

$$f_X = \sum_i\sum_j\left\{\left(\frac{1}{2}\right)^{n_{Sij}+n_{Dij}+1}(1+f_{A_i})\right\} \quad (7.2)$$

ただし，n_{Sij} は片方の親 S から i 番目の共通祖先 A_i までの j 番目の径路における世代数，n_{Dij} は他方の親 D から i 番目の共通祖先 A_i までの j 番目の径路における世代数である．

c. 血縁係数

血縁係数（coefficient of relationship）は 2 個体の育種価間の相関係数に等しく，個体 X と個体 Y との間の血縁係数を R_{XY} のように表す．個体 X および Y のいずれも近交係数が 0 の場合は

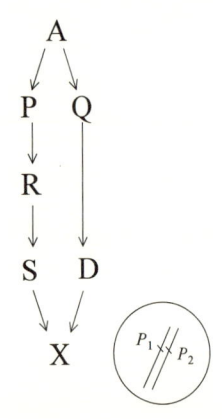

図 7.2 個体 X と両親 S と D の共通祖先 A との間の径路図

前述の分子血縁係数に等しい．したがって，血縁係数は0から1までの値をとる．一般に，血縁係数 R_{XY} はライト（Wright, 1923）の式[4] (7.3) により求められる．

$$R_{XY} = \frac{\sum_i \sum_j \{(1/2)^{n_{X_{ij}} + n_{Y_{ij}}} (1 + f_{A_i})\}}{\sqrt{(1 + f_X)(1 + f_Y)}} \quad (7.3)$$

ただし，$n_{X_{ij}}$ は個体 X から i 番目の共通祖先 A_i までの j 番目の径路における世代数，$n_{Y_{ij}}$ は個体 Y から i 番目の共通祖先 A_i までの j 番目の径路における世代数である．

なお，個体 Y が個体 X の祖先である場合，上述の式(7.3)は次式(7.4)のように簡略化することができる．

$$R_{XY} = \sum_j \left\{ \left(\frac{1}{2}\right)^{n_j} \right\} \sqrt{\frac{1 + f_Y}{1 + f_X}} \quad (7.4)$$

ただし，n_j は個体 X と個体 Y との間の j 番目の径路における世代数である．

d. 分子血縁係数，近交係数および血縁係数相互の間の関連

いま，ある個体 X の父および母をそれぞれ S および D としよう．個体の近交係数とは，さきに述べたようにある遺伝子座の相同遺伝子が1つの祖先遺伝子の複製である確率を示している．したがって，近交係数 f_X はその個体の両親 S および D が血縁でつながっている場合にのみ生じ，両親の血縁関係の遠近の尺度である分子血縁係数 a_{SD} との間に次式(7.5)が成り立つ．

$$f_X = \frac{1}{2} a_{SD} \quad (7.5)$$

また，ここでは述べなかったが，個体間の血縁関係を表すのに共祖係数（coancestry）あるいは近縁係数（coefficient of kinship）が用いられる場合もあり，これらはいずれも，それらの個体間に生まれる後代の近交係数に等しい．この式(7.5)からもわかるように交配される個体どうし間の分子血縁係数が高ければ高いほど，後代の近交係数は高くなる．

これらのことは，全きょうだい交配や半きょうだい交配を行った集団における近交係数の変化を示した図7.3を見るとよくわかる．血縁関係の近

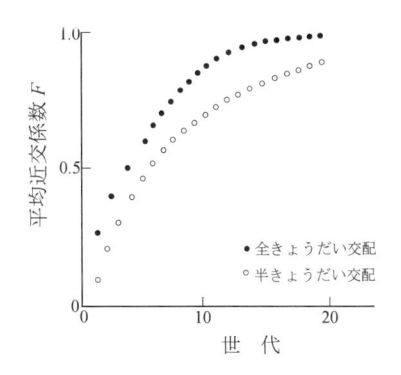

図7.3 きょうだい交配が行われている集団における近交係数の変化

い近親間で毎世代交配を繰り返すと集団の近交係数は急速に上昇している．しかも血縁関係がより近い全きょうだい交配の方が半きょうだい交配よりもさらに急速である．

また，式(7.2)および(7.3)より個体 X の近交係数 f_X と，父と母との間の血縁係数 R_{SD} との間には次の関係式(7.6)が成り立つことが導ける．

$$f_X = \frac{1}{2} R_{SD} \sqrt{(1 + f_S)(1 + f_D)} \quad (7.6)$$

ただし，f_S および f_D はそれぞれ S および D の近交係数である．この式(7.6)は，個体の近交係数がその両親間の血縁係数の1/2に等しいのは両親がともに非近交個体である場合に限られていることを示している．

e. 近親交配

内交配として分類される交配様式のうち，血縁関係の特に近い個体間で行われる交配様式を近親交配（consanguine mating）という．この交配には交配される個体の血縁関係により親子交配（offspring-parent mating），兄妹交配（full-sib mating, sister-brother mating）などがある．親子交配の場合ラット，マウスなどでは必ず若い方の親と子を交配する．また，兄妹交配という語は実験動物の分野で使われるのに対して，畜産の分野では全きょうだい交配（full-sib mating）が用いられることが多い．一方，片方の親だけが同じであるきょうだいの間での交配を半きょうだい交配（half-sib mating）という．

近親交配は劣性遺伝子に支配されている属性を発現させる機会を高めるので，家畜や家禽では一般的でないが，望ましくない劣性遺伝子を顕在化させたりあるいは有用遺伝子をホモ型化させるために近親交配を行うことがある．

一方，遺伝的な均一性が求められるラット，マウスなどの実験動物では近交系などの作出に一般的に用いられる交配様式である．たとえば，兄妹交配あるいは親子交配を20世代以上継続して行った系統を近交系（inbred line）と呼び，近交系ではほとんどの遺伝子座がホモ接合体となり，遺伝的に均一と見なされる．種々の特徴を備えた近交系が多数作出され，生物学の研究，生物検定，安全性試験などに利用されている．

これらの近交系を発展させたものに次のような近交系がある．

1) コンジェニック系　ただ1つの遺伝子座だけの遺伝子が違っていて，他の遺伝子座がすべて同じである2つの近交系は相互にコアイソジェニック（coisogenic）であるという．このような関係は，1つの近交系のある遺伝子座に突然変異が起き，その突然変異遺伝子を固定することによってできた近交系（これをコアイソジェニック系という）と，もとの近交系との間に認められる．

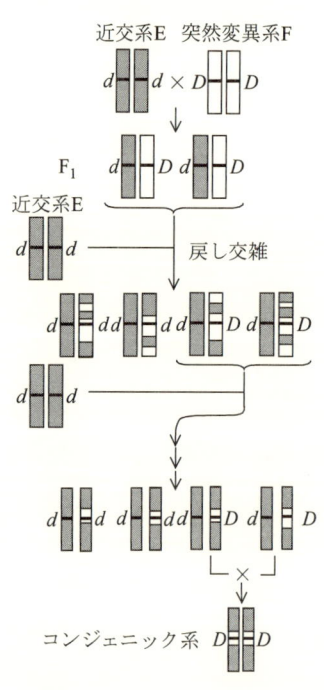

これに近いものとして，コンジェニック系（congenic strain）がある．コンジェニック系の作出は図7.4のとおりである．ある1つの近交系Eと，ある遺伝子座の遺伝子が異なる突然変異系F（これは必ずしも近交系でなくてもよい）との間のF_1を近交系Eに戻し交雑し，生まれた後代のうち当該遺伝子Dについて選抜した個体をもとの近交系に交配する．この選抜ともとの近交系への交配を繰り返し，最終的に得られた当該突然変異遺伝子についてはヘテロ型であるが，その他の染色体の大部分がもとの近交系のものに置き替わった個体間で交配を行う．生まれた後代のうち当該遺伝子Dをホモ型としてもつものがコンジェニック系である．コンジェニック系は，ある特定の遺伝子座だけでなく，その遺伝子座を含む染色体の一部が異なっている近交系であるという点で，厳密な意味で近交系Eとコアイソジェニックではない．しかし，コンジェニック系は，原因遺伝子の同定などのために作出され，利用されている．

2) リコンビナント近交系群　2つの近交系の間での雑種第2代（F_2）のなかから，雌雄多数のペアをつくり，各ペアを祖先としてそれぞれに兄妹交配を20世代以上続けて作出した近交系群をリコンビナント近交系群（recombinant inbred stains）という．これらは遺伝子のマッピングに利用される．

7.1.4　計画交配

家畜，特に大家畜集団の遺伝的改良を進める上で，父から息子への径路を通じての改良の，集団全体の改良への寄与が最も大きいことは6.3.2.c項で述べたとおりである．このことは優秀な種雄の作出が集団の遺伝的改良にとって非常に重要であることを示している．

特に人工授精・凍結精液の利用が普及しているウシの場合，1頭の雄牛が生産する子牛は莫大な数にのぼり，種雄牛は集団の遺伝的改良に対して機関車の役割を果たしている．したがって，最も

図7.4　コンジェニック系の作出

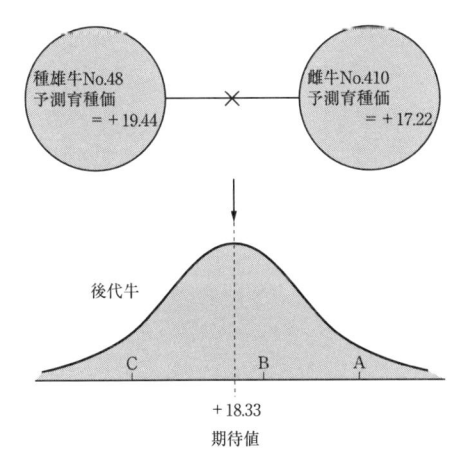

図7.5 種雄牛および雌牛の予測育種価とそれらの後代の期待値との関係

優れている既存の種雄をさらに凌駕する種雄を後代でより確実に作出するために計画交配を行う．計画交配などにおいて，種雄牛および雌牛の予測育種価とそれらの後代牛の期待値との関係を図示してみると，後代牛の実際の育種価は図7.5のように期待値のまわりに分布する．すなわち分離が起こる．生まれた1頭の後代牛の実際の育種価はAのように期待値より高いかもしれないし，Cのように低いかもしれない．このような期待値からのズレをメンデリアンサンプリング（Mendelian sampling）という．

計画交配による種雄作出においてもう1つの問題点はウシの場合通常1回の分娩により1頭しか子牛が生まれないことである．いくら優秀な種雄牛と雌牛との計画交配であっても生まれた後代牛が雌ではどうにもならない．そこで，優秀な種雄牛と雌牛から多数の後代を同時に生産することができれば，これらの問題を解決することができる．たとえば，計画交配した雌牛から多数の受精卵を回収し，それらを受卵牛に移植すると，同時に多数の後代を得ることができる．このなかには雄も半分含まれるし，それら雄子牛のなかに図7.5に示したAのような後代が含まれる可能性も高い．すなわち，計画交配の組み合わせから両親を凌駕するような種雄牛を作出できる可能性が高まる．

さらに，計画交配により生まれる後代の実際の育種価がAであるか，Bであるか，あるいはCであるかは，能力検定の結果を待たなければならない．乳牛の乳量とか肉牛の枝肉形質などのように後代検定を実施するとなると，結果が出るまでに長い年月を要する．そこで，いま注目されているのが，計画交配産子の遺伝子マーカー型から優秀な親の遺伝子をどれだけ受け継いでいるかを判定し，予備選抜するマーカーアシスト選抜（8.3節参照）である．

7.2 集団に対する近交係数上昇の影響と近交回避

7.2.1 近交係数上昇の影響

内交配が行われている集団，あるいは小集団においては近交係数が上昇する．このような近交係数の上昇は集団の遺伝子型頻度，集団平均および遺伝分散に影響を及ぼす．

a. 遺伝子型頻度の変化

ある集団がハーディー-ワインベルグ平衡にあると仮定し，対立遺伝子 A_1 および A_2 の遺伝子頻度をそれぞれ p_0 および q_0 とすると，遺伝子型頻度は表7.1の第2欄目初期に示すようになる．このような集団を基礎集団と見なして，その後内交配が行われたり，小さい集団となった場合，t 世代後に集団の近交係数が F になったとして，各遺伝子型頻度を求めてみよう．

表7.1 集団における遺伝子型頻度の変化と集団平均の算出

遺伝子型	遺伝子型頻度		遺伝子型値	遺伝子型頻度×遺伝子型値	
	初期	t 世代後		初期	t 世代後
A_1A_1	p_0^2	$p_0^2 + p_0q_0F$	a	$p_0^2 a$	$p_0^2 a + p_0q_0 aF$
A_1A_2	$2p_0q_0$	$2p_0q_0 - 2p_0q_0F$	d	$2p_0q_0 d$	$2p_0q_0 d - 2p_0q_0 dF$
A_2A_2	q_0^2	$q_0^2 + p_0q_0F$	$-a$	$-q_0^2 a$	$-q_0^2 a - p_0q_0 aF$
			集団平均	$M_0 = (p_0 - q_0)a + 2p_0q_0 d$	$M_F = (p_0 - q_0)a + 2p_0q_0 d(1-F)$

集団における t 世代後の近交係数が F になったということは，近交係数の定義からヘテロ接合体の遺伝子型頻度がその分だけ減少し，ホモ接合体の割合が増加したことを意味する．t 世代後におけるヘテロ接合体の遺伝子型頻度を H_t とすると

$$H_t = 2p_0q_0 - 2p_0q_0F = 2p_0q_0(1-F) \quad (7.7)$$

となる．ここで減少した $2p_0q_0F$ の半分がそれぞれ両ホモ接合体の遺伝子型頻度 P_t および Q_t の増加となる．すなわち

$$\begin{aligned} P_t &= p_0^2 + p_0q_0F \\ Q_t &= q_0^2 + p_0q_0F \end{aligned} \quad (7.8)$$

が導かれる．ただし，P_t および Q_t はそれぞれ t 世代における A_1A_1 および A_2A_2 の遺伝子型頻度である．これらの結果をまとめると表7.1のとおりとなる．

以上のように，近交係数の上昇に伴って，集団におけるヘテロ接合体の遺伝子型頻度は減少し，ホモ接合体の遺伝子型頻度が増加する．最終的に近交係数が1になった時には $1-F=0$ となり，集団はすべてホモ型となる．

ホモ接合体の割合が高まるということは，集団のなかに潜んでいた有害劣性遺伝子もホモ型になる機会が増え，有害形質が発現することになる．このことは，劣性遺伝子をもっている個体を共通祖先にもつ血縁個体間で交配を行うと，その遺伝子の発現頻度が著しく高まることからもわかる．たとえば，ある有害劣性遺伝子のキャリアーである雄の後代どうし，すなわち半きょうだいどうしで交配した場合，有害形質が1/16の割合で出現することになる．ちなみにこの雄の後代を一般の雌に交配すると，この劣性遺伝子の遺伝子頻度が0.01であると仮定すれば，わずか1/400（=0.25×0.01）の割合で有害形質が発現するにすぎない．すなわち，半きょうだい間で交配することにより有害形質の出現頻度が25倍にもなる．

この点を利用して逆にある個体が有害劣性遺伝子のキャリアーであるかどうかを検定するのに，6.1.b項で述べたように血縁個体との交配が行われる．このような検定を通じて有害劣性遺伝子が集団から除去される．

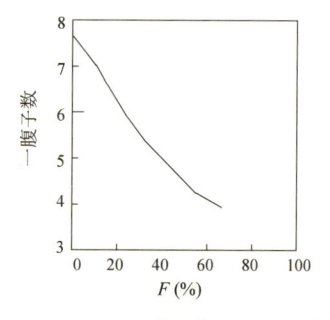

図7.6 マウスにおける一腹子数にみられる近交退化[1]

表7.2 近交係数の上昇量と近交退化

動物	形質	近交係数10%上昇当たりの低下量
乳牛	乳量	13.5 kg
肉牛	離乳時体重	4.4 kg
	産子率	1.1 %
	成熟時体重	13.0 kg
ブタ	一腹子数	0.38 頭
ヒツジ	毛長	0.12 cm
	1歳齢体重	1.32 kg
ニワトリ	産卵数	9.26 個
	孵化率	4.36 %
	体重	18.1 g

b. 集団平均への影響

次に，このように内交配により遺伝子型頻度が変化する際，集団平均がどのように変化するかを前述の表7.1に示した集団について考えてみよう．初期の集団における集団平均 M_0 および平均近交係数 F の集団における集団平均 M_F が，表7.1に示すように各遺伝子型値と遺伝子型頻度との積の和として求められる．これらから次式(7.9)が導かれる．

$$\begin{aligned} M_F &= (p_0-q_0)a + 2p_0q_0d(1-F) \\ &= M_0 - 2p_0q_0dF \end{aligned} \quad (7.9)$$

式(7.9)からもわかるように優性効果 d が正であるならば平均近交係数に比例して集団平均が低下する．このように近交係数の上昇に伴って表現型値の平均が低下する現象を近交退化（inbreeding depression）と呼ぶ．図7.6は近交退化の典型的な例を示している．これはマウスの一腹子数が近交係数の上昇とともに低下していく様子を示したものである．

近交退化の程度は式(7.9)からもわかるように優性効果の大きさ d に影響され，主として相加的遺伝子効果が関与しているような形質，たとえば枝肉形質などではその程度は低い．一方，優性効果の関与が大きいとされる繁殖性，生存性などの形質で近交退化が顕著である．各種動物について推定された近交退化の程度は表7.2のとおりである．

また，前述のようにホモ接合体の割合が上昇するのに伴い，集団のなかにかくれていた有害劣性遺伝子がホモ型となって発現する機会が多くなる．これら有害劣性遺伝子の発現も近交退化の原因であると考えられる．

c. 遺伝分散への影響

最後に近交係数の上昇が量的形質の遺伝分散に及ぼす影響について述べる．ここでは簡単のために優性効果が0であると仮定する．いま，初期の集団における遺伝子型分散を $\mathrm{Var}(g_0)$ とすれば，t 世代後の集団の平均近交係数が F になった時点での集団内の遺伝子型分散 $\mathrm{Var}(g_{w_t})$ は

$$\mathrm{Var}(g_{w_t}) = (1-F)\mathrm{Var}(g_0) \quad (7.10)$$

である．

式(7.10)は集団の近交係数が上昇するとともに集団内の遺伝分散が減少することを示しており，近交係数 F が1に近づくと遺伝分散は0に近づく．それに伴って一般に集団の均一化が進む．

一方，理想的なメンデル集団における多数の小集団を考えた場合，小集団間の遺伝子型分散 $\mathrm{Var}(g_{b_t})$ は $2F\,\mathrm{Var}(g_0)$ であり，平均近交係数 F に比例して増加する．したがって，集団全体の遺伝子型分散 $\mathrm{Var}(g_t)$ は集団内の分散と集団間の分散との和であるから $(1+F)\mathrm{Var}(g_0)$ である．

7.2.2 近交回避

近親交配を避け，近交係数が上がらないように交配を行うことを近交回避（avoidance of inbreeding）という．最もシンプルな近交回避が外交配である．しかし，集団が小さくなると，近交係数の上昇が避けられず，近交退化や有害劣性遺伝子の発現が起こり，集団の維持が難しくなる．また，家畜の場合でも，種雄の育種価が正確に予測され，その序列が明瞭になると，ある特定の種雄が集中的に供用されるようになる．その結果，供用される種雄の数が少なくなると，5.4.3項でも述べたように集団の有効な大きさが小さくなり，集団の近交係数が上昇する．そこで，近交係数の上昇を抑えた近交回避のための交配法の研究が進められている．家畜の場合は，近交回避だけでなく，遺伝的改良量を下げないことも要求されるので，それら両面からの研究が行われている．そのような交配法の1つが交配選抜である．

a. 最小血縁交配

交配相手間の血縁係数の平均値が集団全体として最小になるように交配相手を組み合わせる交配を最小血縁交配（minimum coancestry mating）という．これは次に述べる近交最大回避交配に準じた交配法で，遺伝資源としての保存集団だけでなく，家畜などの育種集団でも適用されている．

b. 近交最大回避交配

交配する総個体数が一定のとき，両性同数でそれぞれにペアをつくって交配し，各ペアから雄雌1頭ずつを残す交配を近交最大回避交配（maximum avoidance of consanguine mating）という．たとえば，個体数が4頭のときは図7.7(a)に示すように全きょうだい交配を避けた二重いとこ交

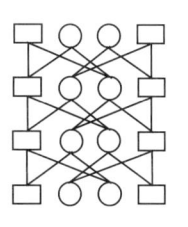

(a) 近交最大回避交配　　(b) 巡回交配

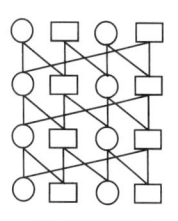

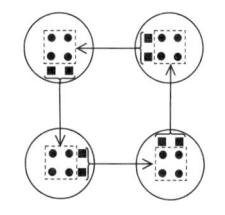

(c) 巡回型グループ交配

図7.7 近交回避のための交配様式

配となる．これは小規模な個体数で近交係数の上昇を最も抑えることができる交配である．ただ，15世代以上の長期になってくると，次に述べる巡回交配の方がより効果が大きい．

c. 巡回交配

毎世代雌雄ともに交配相手を変えて2回交配し，半きょうだいのみを残す交配を巡回交配（circular mating）という．個体数が4頭のときの交配は図7.7(b)のようになる．また集団全体をいくつかのグループに分割し，毎世代グループ間で雄（■）を図7.7(c)に示すようにローテーションさせる交配，すなわち巡回型グループ交配（circular group mating）も近交係数の上昇を抑えるのに有効な交配法である．マウスやラットなどでは巡回交配が用いられることが多いが，家畜や野生動物の保存集団の場合は施設や地域などをグループとした巡回型グループ交配が適用される．

d. 交配選抜

可能なすべての交配組み合わせのなかから，次世代における近交係数の上昇量を一定量以下にするという条件下で，次世代の遺伝的改良量を最大にすると期待される交配組み合わせを選んで行う交配を交配選抜（mate selection）という．ここで，遺伝的改良量の期待値は予測育種価から計算される．

7.3 交　　雑

遺伝的改良には，選抜のように望ましい遺伝子の遺伝子頻度を高めるアプローチと，望ましい遺伝子の組み合わせを創り出すアプローチとがある．後者のアプローチでは，遺伝的に異なっている集団間での交雑が利用される．このような交雑により遺伝的改良を図ろうとする育種を交雑育種（cross breeding）と呼ぶ．

本応用編の多くの部分で，集団内での選抜や交配による遺伝的改良について述べてきたが，ここでは交雑育種について述べる．交雑育種では選抜と違って遺伝的改良の成果を世代を越えて累積することはできないが，一方で生産環境の変化や市場動向に迅速に対応できるという利点がある．また，遺伝率の低い形質や近交退化現象の顕著な形質などの場合，交雑育種が有効であることが多い．

したがって，育種計画のなかでは選抜育種と交雑育種とを両者の利点が生かされるよううまく結合させる必要がある．

7.3.1 交雑のねらい

交雑のねらいにはヘテローシスや補完の利用，さらに優良遺伝子の導入などがある．

a. ヘテローシス

ヘテローシス（heterosis）は，雑種強勢

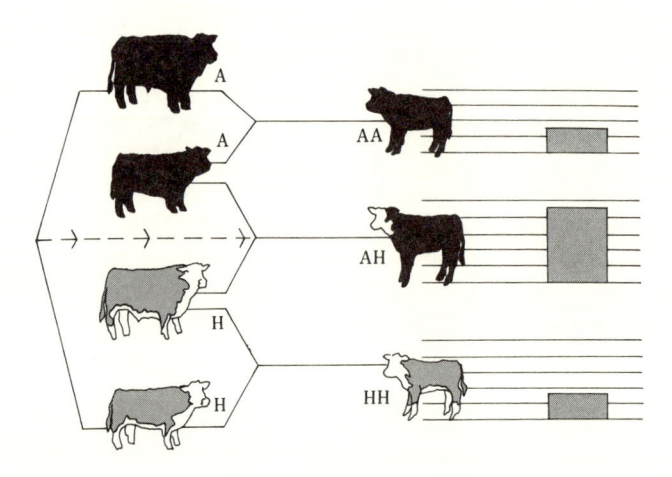

図7.8 ヘテローシスを示す図[2)]

(hybrid vigor) ともいい，交雑により生まれた後代の表現型値と両親の表現型値平均値との間の差と定義される．たとえば，図7.8では品種あるいは系統 A と他の品種あるいは系統 H との間の交雑により生まれた雑種第 1 代 F_1 を AH で，それぞれの品種あるいは系統内での後代を AA および HH で示してあり，右端の棒グラフの高さが表現型値を示している．すなわち，AH の表現型値が AA と HH の表現型値平均値より高く，これらの間にヘテローシスのあることがわかる．

このヘテローシスの大きさ H_{F_1} は，両親集団における遺伝子頻度の差を y とすると，

$$H_{F_1} = \Sigma d y^2 \qquad (7.11)$$

である(Box 7.1)．ただし，d は優性効果である．ちょうど，近交退化が優性効果に依存したように（式(7.9)），ヘテローシスも優性効果に依存し，優性効果がなければヘテローシスも近交退化も生じない．また，ヘテローシスは交雑を行った集団間の遺伝子頻度の差の 2 乗に依存し，その差がなければヘテローシスは生じない．一方，対立遺伝子の一方に固定した集団と対立遺伝子の他方に固定した集団との間では遺伝子頻度の差は最大の 1 であり，ヘテローシスも最大になる．

後代の表現型値に対して，後代自身の遺伝子型に加えて，母親の示す母性能力が関与する形質もある．このような形質について，交雑される両集団間に母性能力の点で差がある場合，どちらの集団を母親にするかによって後代の表現型値に差が生じる．そこで，ヘテローシスの大きさ H_c を調べるには，一方の集団を雄にした場合と，逆に雌にした場合の両方の交雑（これを正逆交雑（reciprocal crossing）という）を行う．それらによる F_1 の平均値と両親純粋種の平均値との間の差により，H_c は次式(7.12)のように推定される．

$$H_c = \frac{\{(A*H)+(H*A)\}/2 - \{(A*A)+(H*H)\}/2}{\{(A*A)+(H*H)\}/2} \times 100 \qquad (7.12)$$

ただし，A は一方の集団を，B は他方の集団を示し，（ * ）は * の前後に示す集団間で交配して生まれた後代の表現型値平均値を示す．

表7.3 家畜の重要な経済形質におけるヘテローシス推定値

動物	ヘテローシス (%) 個体自身	母親
肉牛		
離乳時生存率	+3.0	+6.4
離乳時体重	+4.6	+4.3
雌牛 1 頭当たりの離乳子牛重量	+8.5	+14.8
泌乳量（6 週間）		+7.5
泌乳量（29 週間）		+37.9
離乳後 1 日当たり増体量	+3.0	
枝肉等級（去勢牛）	+0.3	
初発情日齢（雌牛）	+9.8	
ブタ		
一腹子数	+3.0	+8.0
離乳時一腹子数	+6.0	+11.0
離乳時一腹子総体重	+12.0	+10.0
離乳時 1 日当たり増体量	+6.0	0
ヒツジ		
離乳時体重	+5.0	+6.3
繁殖率	+2.6	+8.7
生時から離乳時までの生存率	+9.8	+2.7
雌羊 1 頭当たりの離乳子羊頭数	+15.2	+14.7
雌羊 1 頭当たりの離乳子羊重量	+17.8	+18.0

各家畜について推定されたヘテローシスの実際例は，表7.3に示すとおりである．これらの推定値からもわかるようにヘテローシスは繁殖性，生存性，活力，哺育能力など，一般に遺伝率の低い形質に認められる．肉畜にとって最も重要な雌畜 1 頭当たりの離乳子畜重量でみると，ヒツジの場合 35% ものヘテローシスが認められている．逆に遺伝率の高い形質，たとえば枝肉等級などではあまりヘテローシスを期待することができない．

b. 補完

特徴とする形質が異なる品種あるいは系統間での交雑が，それぞれ単独の品種（系統）の場合よりも，複数の形質についての総合評価の点で優れていることを補完（complementarity）という．ヘテローシスが望ましい遺伝子の組み合わせにより生じるのに対して，補完は望ましい形質の組み合わせにより生じる．

たとえば，繁殖性の点で優れた品種を雌ブタとし，これに生産能力の点で優れた品種の雄ブタを交雑することによって，補完の効果が期待できる(Box 7.2)．また，肉牛の場合は，雌牛のサイズを小さくした方が生産費は低くなるので，小格の

Box 7.1 ヘテローシスの大きさは優性効果と遺伝子頻度の差に依存する

遺伝的に異なる集団Aと集団Hにおける，ある遺伝子座の一方の対立遺伝子 B_1 の遺伝子頻度をそれぞれ p と p'，他方の対立遺伝子 B_2 のそれぞれを q と q' とする．ここで，両集団間の遺伝子頻度の差 y は $p-p'=q'-q$ である．また，両ホモ接合体（B_1B_1 と B_2B_2）およびヘテロ接合体（B_1B_2）の遺伝子型値を $a, -a$ および d としよう．それぞれの集団がハーディー-ワインベルグ平衡にあるとすれば，集団Aおよび集団Hのそれぞれの集団平均 M_A および M_H は表7.1より

$$M_A = a(p-q) + 2dpq \tag{7.13}$$

$$\begin{aligned}M_H &= a(p'-q') + 2dp'q' \\ &= a(p-y-q-y) + 2d(p-y)(q+y) \\ &= a(p-q-2y) + 2d[pq+y(p-q)-y^2]\end{aligned} \tag{7.14}$$

である．したがって，両集団の平均値 $\bar{M}$ は

$$\begin{aligned}\bar{M} &= \frac{1}{2}(M_A + M_H) \\ &= a(p-q-y) + d[2pq+y(p-q)-y^2]\end{aligned} \tag{7.15}$$

となる．

一方，F_1 の遺伝子型頻度は，両集団からランダムに抽出された個体間で交配が行われるので，$B_1B_1 : p(p-y)$，$B_1B_2 : 2pq+y(p-q)$，$B_2B_2 : q(q+y)$ が導かれる．したがって，F_1 の遺伝子型値の平均 M_{F_1} は

$$\begin{aligned}M_{F_1} &= ap(p-y) + d[2pq+y(p-q)] - aq(q+y) \\ &= a(p-q-y) + d[2pq+y(p-q)]\end{aligned} \tag{7.16}$$

となる．

ある1つの遺伝子座におけるヘテローシスの大きさ H_{F_1} は式（7.16）および（7.15）を定義式に代入することにより

$$\begin{aligned}H_{F_1} &= M_{F_1} - \bar{M} \\ &= dy^2\end{aligned} \tag{7.17}$$

が導かれる．量的形質を支配する多くの遺伝子座について和をとることによって式（7.18）が導かれる．

$$H_{F_1} = \Sigma dy^2 \tag{7.18}$$

Box 7.2 補完の効果は純収益に現れる

純収益 P は一般に生産能力 w と繁殖性 v との関数で表される．特にこれを肉畜について見ると式（7.19）のようになる．

$$P = c - \gamma w - \frac{\delta}{v} \tag{7.19}$$

ただし，c は粗収益，γw は産肉あるいは肥育に関するコスト，δ/v は繁殖に関するコストである．この式からもわかるように繁殖性 v をよくすれば，δ は一定であるから繁殖に関するコストは少なくなり，生産性は上がることになる．

この関係をブタの場合を例にとってグラフで示せば図7.9のとおりである．ここでは生産能力として飼料要求率を，繁殖性として雌ブタ1頭当たりの子ブタ生産数を取り上げており，純収益の単位として d を用いている．すなわち，飼料要求率が低く，子ブタ生産数の多い右上の曲線ほど純収益が高いことを示している．

いま，繁殖性の点で優れた品種あるいは系統Dを雌親とし，これに生産能力の点で優れた品種あるいは系統Sの雄親を交雑する場合について考えてみる．後代SDの飼料要求率は両者の中間近く（X）となり，一方，子ブタ生産数については雌親のレベルがそのまま純収益に影響する．この場合の純収益は図7.9に示すように $1.0d$ となる．雄雌それぞれの品種あるいは系統内で純粋繁殖をした場合の純収益は $0d$，$-1.0d$ である．したがって，F_1 を利用した場合の純収益は両親のいずれよりも高くなっており，これが補完の効果である．

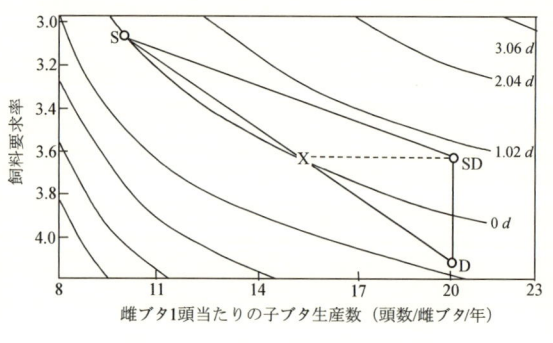

図7.9 ブタにおける純収益曲線と補完

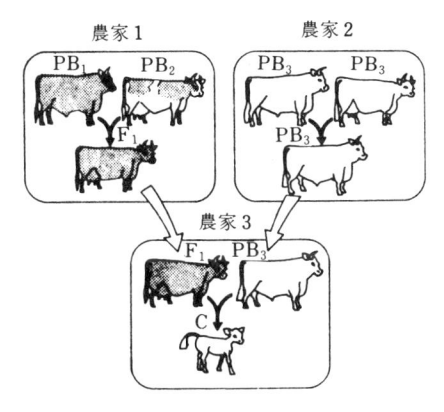

図7.10 末端交雑システム

式が創り出され,利用されている.それらを大別すると末端交雑システム,輪番交雑システムおよび遺伝子導入のための交雑になる.

a. 末端交雑システム

末端交雑システム (static crossbreeding system) は,特定の品種や系統間で交雑し,生まれた後代を実用畜として利用する交雑システムで,基本的に継代しない.末端交雑システムの概略は図7.10に示すとおりである.2つの純粋品種あるいは系統 PB_1 と PB_2 との間に生まれた雑種第1代(F_1)を実用畜として雌雄ともに利用すれば,これは二元交雑(single crossing)である.これら F_1 のうちの雌畜に,第三の品種あるいは系統 PB_3 の雄を交配し,それらの後代Cを実用畜として雌雄ともに利用するシステムを考えるならば,これは三元交雑(three-way crossing)となる.一方,これら F_1 と両親のいずれかとの間で交配することを戻し交雑(backcross),これら F_1 どうしでの交配をインタークロス(intercross)という.このインタークロスにより生まれた後代が雑種第2代(F_2)である.さらに,4つの品種あるいは系統が関与する,異なる2つの F_1 間での交雑を四元交雑という.

これら交雑のメリットの1つはヘテローシスが期待できることである.交雑により生まれた後代に対する親品種由来の対立遺伝子の構成を示したのが図7.11である.ヘテローシスはヘテロ接合性に依存し,ヘテロ接合性の減少とともに低下するので,F_1 や三元交雑では最大のヘテローシスを期待することができる.一方,戻し交雑や F_2 では期待できるヘテローシスの大きさは半分になる.したがって,同一品種内ではヘテローシスを期待することはできない.

末端交雑システムはヘテローシスを利用することができ,多様な育種素材を活用できるというメリットがある反面,交雑に用いる親畜をつねに補充しなければならないという難点がある.これらの点を考慮して次のような交雑システムが採用されている.

1) 近交系間交雑 組み合わせ能力の高い近交系を作出し,それらの間で交雑することにより

品種の雌牛に生産能力の点で優れた品種の雄牛を交雑するのがよい.さらに,抗病性があり,土着の環境に適応した在来家畜の雌に,生産能力の高い改良種の雄を交雑することによっても補完の効果を期待することができる.ここで注意しなければならない点は,これらの組み合わせを雌雄で逆にしてしまうと,補完が期待できないばかりか,単独の品種(系統)の場合よりも劣ることである.

c. 遺伝子導入

遺伝子導入(gene introgression)とは,発生工学的に外来遺伝子を個体に導入する遺伝子導入(gene transfer)ではなく,交雑により有用遺伝子を集団に導入することである.導入する目的には,選抜のための遺伝的変異の大きい基礎集団をつくる場合と,他の集団から有用な特定の遺伝形質あるいは優れた遺伝質の総体を取り込む場合とがある.前者は,植物の育種ではごく一般的であるが,動物では実験動物やニワトリなどの中小家畜・家禽に限られている.一般の家畜では後者の目的が主である.

7.3.2 交雑の種類

家畜・家禽においては,種間あるいは種内での品種間や系統間で交雑が行われる.しかし,種間の場合はその後代の一方の性が生殖不能であったり,いずれの性も生殖不能である場合がある.これまでに交雑のメリットを活かすために種々の方

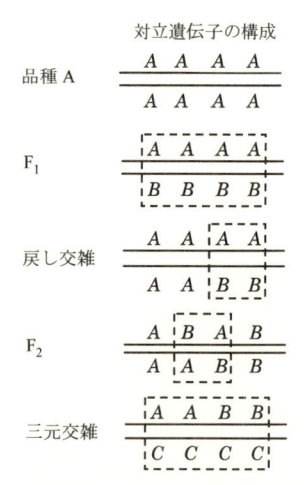

図7.11 末端交雑システムにおける対立遺伝子の構成[3]
A, BおよびC：それぞれ品種A, 品種Bおよび品種C由来の対立遺伝子である．破線の四角：ヘテローシスが期待される遺伝子の組み合わせを示す．

ヘテローシスを利用しようとするもので，トウモロコシの生産に利用されたのがはじまりで，ニワトリ，ブタ，実験動物などで多くの近交系が確立され，利用されている．しかし，大家畜であるウシなどでは近交系そのものの作出に多くの困難が伴い，あまり利用されていない．

これに属するものとして，同一品種内に属する近交系間交雑のことをインクロス（incrossing），また異品種に属する近交系間での交雑をインクロスブレッド（incrossbreeding）と呼ぶ．さらに近交系と非近交系との間での交雑はトップクロス（topcrossing）と呼ばれ，通常近交系側を雄として用いる．

2）品種間交雑　大・中家畜の場合はむしろ既存の品種と品種との間での交雑，すなわち品種間交雑（inter-breed crossbreeding）が一般的である．そのとき，ヘテローシスだけでなく，補完も重要なねらいどころである．また乳牛を利用した肉牛生産など，資源を有効に利用することも肝要である．

これらを考慮した品種間交雑システムの例として，ホルスタイン種雌牛と黒毛和種雄牛との間の二元交雑とランドレース種雌ブタと大ヨークシャー種雄ブタとの間のF_1雌ブタに，デュロック種雄ブタを交配する三元交雑が挙げられる．これらはいずれもわが国で採用されているシステムである．前者の二元交雑に用いられるホルスタイン種は代表的な大型の乳用種であり，牛乳生産のために多頭数飼育されている．それらの雌牛，中でも泌乳能力の点で劣るため後代牛が生まれても更新用として残さないことになっている雌牛に，肉質の点で優れている黒毛和種雄牛を交雑することによって，発育がよく，肉質もホルスタイン種より著しく改良された肥育素牛を得ることができる．さらに，このシステムには，雌牛を容易にしかも低コストで確保することができる上に，酪農家にも付加価値を提供するというメリットもあり，わが国の重要な肉用牛資源の生産システムとなっている．

一方，後者の三元交雑の組み合わせはわが国で最も一般的な豚生産システムである．このシステムが優れている点は以下の3点である．①繁殖性がとくに優れているランドレース種の雌に，発育のよい大ヨークシャー種を交雑することによって，補完の効果と発育性の能力を取り込んでいる．②これらの間のF_1雌はヘテロ接合性が100％であり，これを肥育素ブタの生産に利用することで，繁殖性や哺育能力を高めるのにヘテローシスをフルに利用している．③肥育素ブタには大ヨークシャー種から発育に関する育種価の1/4およびランドレース種から1/4，さらにデュロック種から肉質に関する育種価の1/2を受け継ぎ，質量兼備の子ブタ生産となっている．このような雑種生産を，生産性と斉一性のさらに高いものとするために，系統造成（strain development）が行われている．これは小集団の閉鎖群において遺伝的能力を高めるとともに，群としての遺伝的斉一性を高める育種手法である．

3）種間交雑　動物分類学上の属は同じであるが，種の異なるものどうしでの交雑を種間交雑（inter-species crossbreeding）という．一般に種が異なればそれらの間では交配できないか，交配はできても後代が不妊である．しかし，家畜・家禽として利用されているものは，いずれか一方の性のみが生殖可能であったり，両性とも生殖可能なものが多い．その代表的なのがヨーロッパ家

畜牛とインド牛との間の交雑である．この雑種は熱帯地方の環境によく適応し，しかも高い生産能力をもっている．

b. 輪番交雑システム

雌の産子率が低いウシやヒツジにおいては多数の更新用雌畜を毎世代導入するのは経営的に難しい．大規模経営においては更新用雌畜生産のための純粋品種あるいは系統群を維持することができたとしても，それらについては交雑育種のうまみを利用することができない．これらの点を考慮して考え出されたシステムが輪番交雑システム (rotational crossing) である．

その最も簡単なものが十字交雑システム (criss-crossing) である．これは二元輪番交雑システム (two-way rotational crossing) のことで，交雑に用いる品種あるいは系統をAおよびBとすると，Aの雌にはBの雄を，Bの雌にはAの雄を交配する．生まれた雑種第1代の雄を実用畜として用い，雌にはどちらかの雄親を戻し交雑する．次の世代の雌にはこの代で戻し交雑に用いなかった品種（系統）の雄を交配する．以下，同様にAおよびBの雄を順番に交配する．品種Aを父としてもつ雌には品種Bの雄を交配し，品種Bを父としてもつ雌には品種Aの雄を交配する．このように交配する雄の品種を順番に変えていく方法である．

この交雑法のねらいとするところは雌に充分なヘテロ接合性を持続させ，母親としての母性効果には毎世代ヘテローシスを利用しながら，優れた雄を交配させることにより生産能力を賦与していくことである．ところが，このシステムでは雌畜に残されるヘテロ接合体の割合はわずか66%である．

そこで，3つの品種あるいは系統を利用した三元輪番交雑システム (three-way rotational crossing) が考えられる．いま，3つの品種あるいは系統をA，BおよびCとする．まずAとBとの雑種第1代雌にCの雄を交配し，次いでその後代雌にはAの雄を交配する．その次の代の雌にはBの雄をというように雄のみを順番に変えていく方法が三元輪番交雑システムである．この場合は雌畜のヘテロ接合体の割合を87%と高く保つことができるが，このシステムでは雌畜が3群になり，大規模経営でないとそのメリットを充分発揮しにくい．

c. 遺伝子導入のための交雑

1) 累進交雑 望ましい品種あるいは系統（通常雄である）を未改良品種，あるいは，あまり能力の優れていない畜群に数代重ねて交配することを累進交雑 (grading-up) という．すでに当該地域に順化しているが，いまだその生産能力の劣る畜群（とくに雌）を急速に改良し，高い生産能力を賦与したいような場合に有効である．一般に最大の改良は一回雑種にみられ，それ以後の改良量はだんだん小さくなる．この一回雑種の改良量にはヘテローシス効果も含まれており，その割合はだんだん減少する．一方，選抜をうまく組み合わせて実施すれば，改良効果を持続させることができる．

2) 浸透交雑 生産能力は高いが，抗病性などの点で劣っている品種（あるいは系統）に，抗病性などの目的遺伝子を保持している品種（系統）を交雑し，その後代のうち目的遺伝子をもつ個体を選抜し，生産能力に優れた品種（系統）との戻し交雑を繰り返すことによって，目的遺伝子を生産能力に優れた品種（系統）に導入する交雑を浸透交雑 (gene introgression) という．最終的に得られた交雑個体間で交配を行い，目的遺伝子に関してホモ型の個体を選抜する．これは近交系のところで述べたコンジェニック系の作出とほぼ同様である．

この場合，目的遺伝子自体が同定されたり，あるいはそれと強く連鎖した遺伝子マーカーが発見されれば，遺伝子診断あるいはマーカーアシスト選抜により，遺伝子導入を確実かつ急速に行うことができる．

3) 合成品種 目的とする特性をあわせもつ既存の品種（系統）が存在しない場合，異なる特性をもつ品種（系統）の間で交雑することにより，目的とする特性を支配する多くの遺伝子が分離している集団をつくり出す．これを基礎集団として目的とする形質について選抜をすすめること

によって，新しい品種（系統）を作出する．このようにして作出されたものを合成品種（composite, synthetic breed）あるいは合成系統（synthetic strain）という．ブタの合成品種の例としてミネソタ1号がある．また，合成系統の例としてはトウキョウXがある．

この場合にも，目的とするそれぞれの特性を支配している遺伝子座と連鎖しているマーカーが発見されておれば，これらのマーカーを用いたマーカーアシスト選抜により合成品種（系統）を効率的に作出することができる．

7.3.3 特定組み合わせ能力の選抜

異なる集団（品種あるいは系統）間で交雑を行った場合にヘテローシス現象が認められることについて述べてきた．しかし，ヘテローシスは異なる集団であれば，どの集団間にも認められるかというとそうではなく，ある特定の集団間に認められる．また，ヘテローシスの程度が集団の組み合わせによって異なる．交雑育種を進めていく上で，特定組み合わせ能力の高い近交系の作出あるいは品種の探索が不可欠である．

a. ダイアレルクロス

多数の品種あるいは系統のなかからヘテローシスが最も強く現れるものを探すために，同じ品種あるいは系統を除く総当たり交配が行われる．このような交配をダイアレルクロス（diallel cross）という．

組み合わせ能力といった場合，どの組み合わせに対しても高い能力を示す一般組み合わせ能力（general combining ability, GCA）と，ある特定の組み合せの場合にとくに優れた能力を発揮する特定組み合わせ能力（specific combining ability）とがある．ヘテローシスは特定組み合わせ能力の高い品種（系統）間に現れる．

ダイアレルクロスは特定組み合わせ能力の高い系統対を確実に見つけ出すのに優れた方法であるが，親系統の間で総当たりに交雑を行うと，可能な組み合わせの数が膨大になってしまう．そこで，いくつかの組み合わせについてのみの交雑について能力検定を行い，それらの結果を利用して，未知の組み合わせも含めた最も高い組み合わ

Box 7.3 特定組み合わせ能力の推定

ニワトリの5系統（A, B, C, DおよびE）についてダイアレルクロスを行い，産卵数を調べた結果について特定組み合わせ能力を推定してみよう．母性効果が関与しない場合として，正逆交雑が行われていないので，$(1/2) \times 5 \times (5-1) = 10$の組み合わせの結果（表7.4）が得られている．

そこで，まず表7.4の結果について一般組み合わせ能力 GCA を推定してみよう．各系統について当該系統とそれ以外の系統の組み合わせの産卵数 X の和が T である．たとえば，系統Aの和を T_A とすると，系統AのGCAは

$$\frac{T_A}{n-2} - \frac{\Sigma T}{n(n-2)} = \frac{917}{3} - \frac{4924}{5 \times 3} = -22.6 \quad (7.20)$$

と推定される．ここで，n は交雑に用いた系統の数である．同様に，その他の系統についても GCA が表7.4最右欄のように推定される．その結果，系統Bの GCA が最も高いことがわかる．

いま，GCA のみの情報に基づけば，系統Cと系統Dの組み合わせの場合の産卵数は $11.7+7.1+246.2=265$ 個と期待される．ところが，実際にこれらの組み合わせから得られた産卵数は330個であった．したがって，この差 $330-265=65$ 個が特定組み合わせ能力である．同様にしてすべての組み合わせについて特定組み合わせ能力を推定すると，このCとDとの間の特定組み合わせ能力が一番高い．すなわち，この組み合わせで最も強くヘテローシスが現れており，最も望ましいことがわかる．

表7.4 ニワトリにおけるダイアレルクロスの結果

系統	産卵数 X（個）				和 T	GCA
	B	C	D	E		
A	271	205	228	213	917	−22.6
B		271	253	282	1077	30.7
C			330	214	1020	11.7
D				195	1006	7.1
E					904	−26.9
総和 全平均	$2\Sigma X = \Sigma T = 4924$ $\bar{X} = 246.2$					

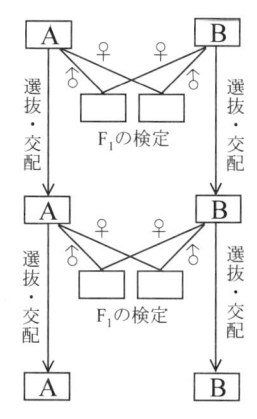

図7.12 相反反復選抜法

せ能力の系統対をBLUP法によって予測する研究が行われている．

b. 相反反復選抜法

ニワトリなど一腹子数の多い動物における組み合わせ能力の高い近交系を選抜・作出する方法として，相反反復選抜法（reciprocal recurrent selection, RRS）がある．これは図7.12に示すようにAおよびBの2系統間で正逆交雑を行い，生まれたF_1の改良対象形質について能力検定を実施する．これらの成績に基づいて，最も優れた組み合わせの親を選抜する．その他の親およびF_1はすべて淘汰する．これら選抜された親どうしをそれぞれの系統内で交配し，次代の親を生産する．再び，両系統間での交雑により生まれたF_1の能力検定を行う．このようにして組み合わせ能力の高い系統を選抜していく方法が相反反復選抜法である．

この方法はダイアレルクロスよりは経済的であるが，なお非常にコストがかかるので，ヒツジなどの中家畜では雌側については既存の品種などに固定し，それらに対して最も組み合わせ能力の高い雄系統を同様に選抜する方法が用いられる．

c. 分子遺伝学的方法による選抜

特定組み合わせ能力は実際に交配し，その後代の能力を調べてからでないとわからないところに育種改良上の問題がある．そこで，実際に交配を行わないでヘテローシスが現れる組み合わせを，マイクロサテライト，AFLPなどのDNA多型を利用して推定する研究が進められている．

〔佐々木義之〕

引用文献

1) Bowman JC, Falconer DS：Inbreeding depression and heterosis of litter size in mice. *Genetic Research*, **1**：262-274, 1960.
2) Cundiff LV, Gregory KE：Beef Cattle Breeding, Agriculture Information Bulletin Number 286, USDA-ARS, 1977.
3) Hammond K, Graser H.-U., *et al.*：Animal Breeding—The Modern Approach. Post Graduate Foundation in Veterinary Science, University of Sydney, 1992.
4) Wright S：Mendelian analysis of the pure breeds of livestock I. The measurement of inbreeding and relationship. *Journal of Heredity*, **14**：339-348, 1923.

III. 新しい展開編

　1970年代に登場したDNA組換え技術をはじめとして，今日までさまざまな分子生物学的手法がつぎつぎと開発されたことにより，遺伝現象をDNAやRNAレベルで解析することが可能になった．現在，遺伝学は生命科学のなかで主要な法則を構成する存在になっている．本編では，責任遺伝子の探索・同定，発生，免疫，遺伝性疾患ならびに動物バイオテクノロジーの分野を取り上げ，これらの分野において最新の動物遺伝学がどのように応用され，新たなアプローチが展開されているかを解説する．

　ところで，動物遺伝学の最終目標は，量的形質の遺伝子支配機構を含む生命現象の全容を分子レベルで解明することであろう．そのためには，今後実験科学と情報科学をいかに摺り合わせて統合させるかが課題であり，"ポストゲノム科学"で重要な役割を担うバイオインフォマティクスの現状を紹介する．

8. 責任遺伝子の探索と同定

8.1 QTL 解析

乳牛の乳量などの量的形質を支配している遺伝子座は，量的形質遺伝子座（quantitative trait loci, QTL）と呼ばれる．QTL 解析とは，量的形質の発現に関与しているQTL（あるいはQTLクラスター）の数やそれらの染色体上の位置を特定し，個々のQTLでの対立遺伝子の作用と効果の大きさなどを明らかにすることであり，この種の分析を行うための実験計画をも含む統計的方法の総称である．特に，QTLを探索し，それらの染色体上の位置を推定するための解析作業は，QTLマッピング（QTL mapping）と呼ばれる．

近年，分子生物学の飛躍的な進展により，RFLP, マイクロサテライト，ミニサテライト，RAPD, SSR, AFLP, SNPs などの多数のDNAマーカー，すなわちDNAレベルでの多型遺伝子マーカーが開発されており，現在では，ゲノムの全域にわたるDNAマーカーの高密度連鎖地図が作成されている．現在のQTL解析では，動物個体の形質情報（測定値・表型的変異のデータ）とともに，DNAマーカーの高密度連鎖地図の情報を利用することにより，DNAマーカー量的形質の表現型値との関連性の解析や量的形質の遺伝的変異に関与するQTLが存在する染色体領域の特定が可能となった．

QTL解析に利用される基本的な原理は，ある特定のマーカー座の近傍にQTLが位置し，強く連鎖していれば，そのQTLの対立遺伝子は，当該マーカー座のアリルと同時分離（joint segregation）し，個体間でのマーカー型の違いは，保有するQTL遺伝子の違いを反映して表現型値の違いに関係することである．したがって，QTL解析を行う上では，このようなマーカー-QTL関連（marker-QTL association）の利用が不可欠であり，たとえば実験動物でのQTL解析では，特定の量的形質の表現型が異なる近交系や遺伝的に分化している系統（divergent strain）などを利用して計画的に作出された遺伝的に分離している集団（segregating population）が利用される．QTL解析に利用されるこのような分離集団は，資源家系（resource family）あるいは資源集団と呼ばれる．

8.1.1 QTL解析における実験デザインと家系

マウスのような近交系が利用できる実験動物の場合には，バッククロス（backcross, 戻し交雑）やインタークロス（intercross）によるF_2集団，リコンビナント近交系（recombinant inbred lines, RIL）などが資源集団として利用される．バッククロス・デザインでは，特定の量的形質の表現型値のレベルが異なる近交系（親系統）が交配され，F_1集団がさらに親系統のうちの一方の系統にバッククロスされて作出されたF_2バッククロスが利用される．F_2バッククロスの個体は，各座位において2つの可能な遺伝子型のうちのいずれか一方をもっている．インタークロス・デザインによるF_2集団すなわちF_2インタークロスは，ヘテロ型のF_1個体どうしの交配によるF_2分離集団である（図8.1）．

一方，大中家畜の場合には，近交系の利用が不可能であるので，近交系の代わりに品種を用いて資源集団が作出されている．ブタの場合を例にとれば，タイプの異なる改良種の間や改良種と未改良種，すなわち，ミニブタあるいはイノシシとの間の交雑によるF_2分離集団が実験的に作出されている．さらに，ウシの場合には，品種内での人

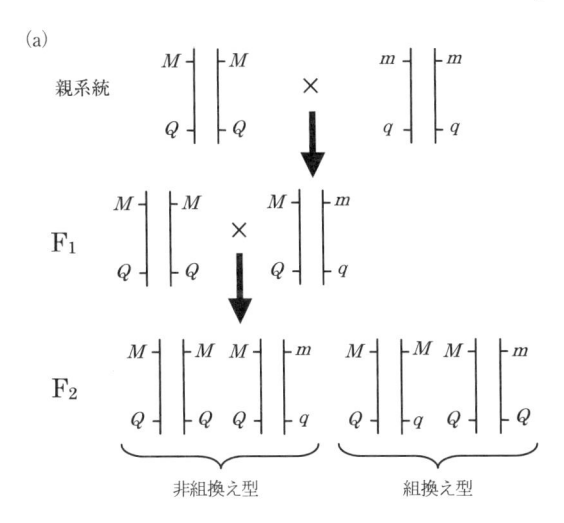

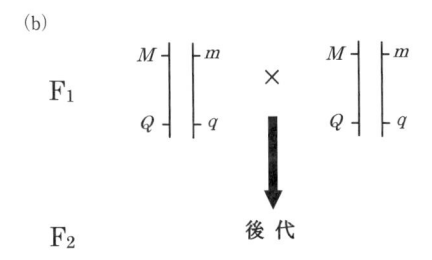

図 8.1 バッククロス・デザイン (a) とインタークロス・デザイン (b)
M と m はマーカーアリルを，Q と q は QTL 対立遺伝子を示す．バッククロス（戻し交雑）による F_2 は F_2 バッククロス，インタークロスによる F_2 は F_2 インタークロスと呼ばれる．

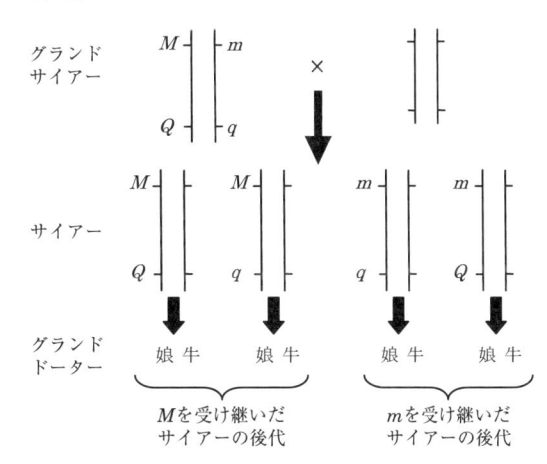

図 8.2 乳牛におけるグランドドーター・デザイン
M と m はマーカーアリルを，Q と q は QTL 対立遺伝子を示す．グランドサイアーではマーカーと QTL の遺伝子型がともにヘテロ型であり，たとえば Q が乳量に対して好ましい大きな効果をもつ対立遺伝子であるとすると，マーカー座が QTL と強く連鎖している場合には，グランドサイアーから M アリルを受け継いだ息牛（サイアー）の娘（グランドサイアーの孫すなわちグランドドーター）グループにおける乳量平均は，m アリルを受け継いだサイアーの娘グループの乳量平均よりも高くなると期待される．したがって，マーカーおよび QTL がヘテロ型のグランドサイアーについて，息牛のマーカー型をタイピングし，それら息牛の 2 つの娘グループにおける乳量平均を比較することによって，マーカーの近傍における QTL の有無を解析することができる．

人工授精を利用したハーフシブ・デザイン（half-sib design）やグランドプロジェニー・デザイン（grandprogeny design）と呼ばれるデザインにより，QTL 解析のために計画的に選定された家系が広く利用されている．ハーフシブおよびグランドプロジェニー・デザインは，乳牛の場合にはそれぞれドーター・デザイン（daughter design）およびグランドドーター・デザイン（granddaughter design）（図 8.2）と呼ばれる．また，ヒトの場合には，通常，多数の全きょうだい家系が解析に用いられる．

さらに，近年では，高度な解析法が急速に発展していることに伴い，家畜やヒトにおける一般の集団，すなわち複雑な血統構造の外交配集団を QTL 解析の対象とすることも可能となっている．その場合，形質情報（測定値）と DNA マーカーの情報の両方を備えている個体のみならず，形質情報のみしか備えていない多数の個体も解析に利用できるようになってきている．そのような QTL 解析では，分析に取り上げた個体間の遺伝的関係の情報やそれらの個体の父方配偶子および母方配偶子間などの遺伝的関係の情報が QTL 解析に利用され，重要な役割を果たしている．

8.1.2 QTL 解析における分析法

QTL 解析では，統計的方法として，分散分析法（analysis of variance (ANOVA) methods），回帰分析法（regression methods），最尤法（maximum likelihood (ML) methods），ベイズ法（Bayesian methods）などが利用される．ここでは，複数のマーカーを利用する方法の代表格である Lander と Botstein (1989) のインターバルマッピング（interval mapping, IM，区間マッピングともいう）法[1]を

取り上げて，その概要について述べる．また，近年において開発されている種々のより新しい解析法についても触れる．

a. インターバルマッピング法

インターバルマッピングでは，図8.3に示したように，隣接する2つのマーカー（M_1およびM_2）の間に1つのQTL（Q）が位置していると仮定する．これら2つのマーカーをフランキングマーカー（flanking markers, 隣接マーカーあるいは両側マーカーともいう）と呼び，マーカーによって挟まれた染色体領域をマーカー区間（marker interval あるいは marker bracket）と呼ぶ．ここで，d，d_1およびd_2は遺伝的距離（genetic map distance）を示し，r，r_1およびr_2は組換え価（recombination value）である．

IM法は，マーカー情報，形質情報およびマーカーと仮想QTLとの連鎖関係を利用して，マーカー区間内でQTLの探索を行う手法である．実際にIM法を適用するときには，仮想したQTLの位置をマーカー区間（一般に，10〜20 cM）の端から，順次，一定の間隔（たとえば，1 cM）で移動させ，各位置でのロッドスコア（lod score, LOD）の値が計算される．そして，その最大値があらかじめ適切に設定されている閾値を超える値であれば，マーカー区間内の当該位置にQTLが存在すると判定されることになる．有意性判定のためのロッドスコアの基準値を近似的に設定する場合には，従来の解析では3の値を採用する場合が多いが，ホールゲノムスキャンにおいて生じる偽陽性ピークの問題を考慮してきびしく基準値を設定する場合には，3.6や4の値を採用する．図8.4は，F_2バッククロスの集団についてのインターバルマッピングの結果を示したものである．この例の場合，マーカーM_1とM_2の間の区間，M_2とM_3の間の区間というように，各マーカー区間に対して順にIM法が適用された結果，M_5とM_6マーカーの区間内にQTLが検出されている．

なお，図8.3において，QTLがマーカー区間外にQM_1M_2（あるいはM_1M_2Q）のように位置していると仮想したときには，IM法は単一のマーカーを利用した分析に帰着する．マーカーとQTLとの関連性は，単一マーカー分析でも調べることができるが，その単一マーカーに十分な情報がなく（not fully informative），QTLからかなり離れて位置しているような場合には，QTLの検出力は低くなる．また，単一マーカーのみの利用では，QTLの効果と位置の推定があいまいとなり，それぞれのパラメーターの推定は不可能となる．しかし，2つ以上の複数のマーカーを利用した分析では，QTLの効果と位置の両方の推定が可能であり，QTLの検出力も相対的に高くなることが知られている．

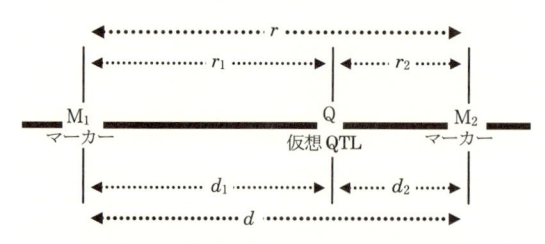

図8.3 仮想されたQTLとフランキングマーカー座との連鎖関係

2つのマーカー座（M_1とM_2）の間にQTL（Q）があると仮想されている．d，d_1およびd_2はそれぞれM_1とM_2の間，M_1とQの間およびQとM_2の間の地図距離であり，r，r_1およびr_2はそれぞれM_1とM_2の間，M_1とQの間およびQとM_2の間の組換え価を示す．

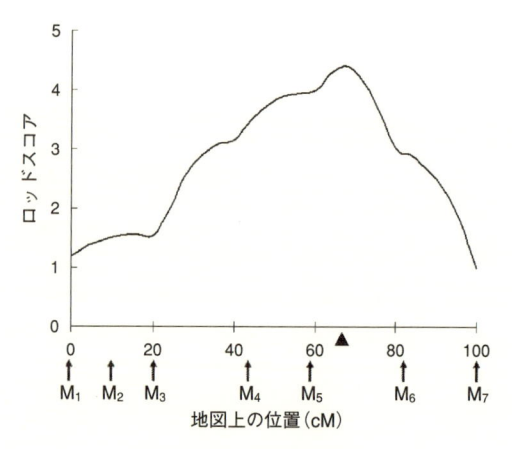

図8.4 F_2バッククロスのデータを用いたインターバルマッピングにおけるロッドスコアの様相

マーカー（M_i）は0〜100 cMの地図位置に10〜20 cM間隔で配置されており，QTLが▲印で示した位置に存在していることが示唆される．

Box 8.1　F_2 バッククロスにおける ML 法によるインターバルマッピング

インターバルマッピングの一例として，F_2 バッククロスを利用した解析を取り上げ，二重組換えがないと仮定して，ML 法による解析の概要を解説しよう[2]．ML 法の利用では，対象形質の表現型値は正規分布に従うと仮定される．また，ここでは，F_2 バッククロスにおける（8 つのうちの）6 つのマーカー–QTL クラス（図 8.5）のおのおのにおける分散は等しい（σ^2）と仮定する．4 つのマーカー型の情報が与えられた下での QTL 遺伝子型の条件付き確率と期待値は表 8.1 に示したとおりである．

ML 法は，所与のデータの下で，"もっともらしさ"の程度を表す尤度（尤度関数，likelihood function, L）を最大にするようなパラメーターの値を推定値として，データに最も適合するパラメーターの値を求める方法であり，本課題についての尤度関数は，

$$L = \frac{1}{(\sqrt{2\pi}\sigma)^N} \prod_{i=1}^{N} \sum_{j=1}^{2} p(Q_j|M_i) \exp\left\{-\frac{(y_i - \mu_j)^2}{2\sigma^2}\right\}$$

として与えられる．ここで，y_i は i 番目の個体の表現型値（$i = 1, 2, \cdots, N$），μ_j は j 番目の QTL 遺伝子型の個体群についての平均値（$j = 1, 2$），$p(Q_j|M_i)$ は所与のマーカー情報の下での QTL 遺伝子型の条件付き確率（表 8.1）である．表 8.1 の情報により，尤度関数をより具体的に表せば，

$$L_1 = \frac{1}{(\sqrt{2\pi}\sigma)^{n_1}} \prod_{i=1}^{n_1} \exp\left\{-\frac{(y_i - \mu_1)^2}{2\sigma^2}\right\}$$

	F_1		親系統
	$M_1m_1QqM_2m_2$	×	$M_1M_1QQM_2M_2$

F_2 バッククロス

遺伝子型	
$M_1M_1QQM_2M_2$	$M_1m_1QqM_2m_2$
$M_1M_1QqM_2m_2$	$M_1m_1QQM_2M_2$
$M_1M_1QQM_2m_2$	$M_1m_1QqM_2M_2$

図 8.5　F_2 バッククロス集団における遺伝子型の例（文献[2]を一部改変）

M_1 と m_1 および M_2 と m_2 は，それぞれ 2 つのフランキングマーカー座（M_1 と M_2）におけるアリルを示し，Q と q は単一 QTL（Q）における対立遺伝子を示す．ここでは，二重組換えは起こらず，$M_1M_1QqM_2M_2$ および $M_1m_1QQM_2m_2$ は生じないと仮定されている．

$$L_2 = \frac{1}{(\sqrt{2\pi}\sigma)^{n_2}} \prod_{i=1}^{n_2} \left[(1-\rho) \exp\left\{-\frac{(y_i - \mu_1)^2}{2\sigma^2}\right\} + \rho \exp\left\{-\frac{(y_i - \mu_2)^2}{2\sigma^2}\right\} \right]$$

$$L_3 = \frac{1}{(\sqrt{2\pi}\sigma)^{n_3}} \prod_{i=1}^{n_3} \left[\rho \exp\left\{-\frac{(y_i - \mu_1)^2}{2\sigma^2}\right\} + (1-\rho) \exp\left\{-\frac{(y_i - \mu_2)^2}{2\sigma^2}\right\} \right]$$

$$L_4 = \frac{1}{(\sqrt{2\pi}\sigma)^{n_4}} \prod_{i=1}^{n_4} \exp\left\{-\frac{(y_i - \mu_2)^2}{2\sigma^2}\right\}$$

として，$L = \prod_{t=1}^{4} L_t$ となる．パラメータ推定の実際の作業は，対数尤度（$\ln L$）の最大化によっ

表 8.1　F_2 バッククロス集団（図 8.5）におけるフランキングマーカー型情報が与えられた下での QTL 遺伝子型の期待頻度（文献[2]を一部改変）[*1]

マーカー型[*2]	個体数	期待頻度	QTL 遺伝子型の条件付き確率[*3]		期待値[*4]
			QQ	Qq	
$M_1M_1M_2M_2$	n_1	$0.5(1-r)$	1	0	μ_1
$M_1M_1M_2m_2$	n_2	$0.5\,r$	$1-\rho$	ρ	$(1-\rho)\mu_1 + \rho\mu_2$
$M_1m_1M_2M_2$	n_3	$0.5\,r$	ρ	$1-\rho$	$\rho\mu_1 + (1-\rho)\mu_2$
$M_1M_1M_2m_2$	n_4	$0.5(1-r)$	0	1	μ_2
平均		0.25	μ_1	μ_2	$0.5(\mu_1 + \mu_2)$

[*1] 二重組換えはないと仮定されている．
[*2] （M_1 と m_1）および（M_2 と m_2）：それぞれ単一 QTL（Q）を挟む 2 つのフランキングマーカー（M_1 および M_2）のアリルを示す．
[*3] ρ および $1-\rho$：それぞれ r_1/r および r_2/r であり，r，r_1 および r_2 は，それぞれ M_1 と M_2 の間，M_1 と Q の間および Q と M_2 の間の組換え価である．
[*4] μ_1 および μ_2：それぞれ QTL 遺伝子型が QQ および Qq の場合の集団平均を示す．

て行われ，仮想 QTL の位置が与えられた下で，対数尤度の最大値（$\ln L_f$）を与えるパラメーターの値を推定値とする．

QTL 効果の有意性は，対数尤度比（log likelihood ratio, LR）検定によって調べることができる．すなわち，QTL 効果がない（$\mu_1 = \mu_2$）とした帰無仮説の下での対数尤度の最大値を $\ln L_r$ として，

$$LR = -2(\ln L_r - \ln L_f)$$

が χ_1^2 分布（自由度が 1 のカイ 2 乗分布）に従うことを利用した検定が可能である．通常，インターバルマッピングでは，検定統計量としてロッドスコア（LOD）が使われるが，仮想 QTL の位置が与えられた下でのロッドスコアと LR とは，

$$LOD = \log_{10} \frac{L_r}{L_f} = \log_{10} L_r - \log_{10} L_f$$
$$= \frac{LR}{2 \ln 10} \approx \frac{LR}{4.61}$$

の関係にある．

b. パーミューテーションテストと有意水準

QTL 効果の有意性検定では，閾値を適切に設定することが重要であり，検定閾値の設定に利用される代表的な手法の 1 つにパーミューテーションテスト（permutation test, 並べ替え検定ともいう）がある．この手法では，ゲノム上のある特定の位置を対象とする単一検定の場合，N 個体についての形質データとマーカーデータの 2 種のデータについて，形質データのみを任意に並べ替えたデータセットを作成し，ゲノム上の特定の位置 P における尤度比検定統計量を計算する．このような作業を多数回繰り返し，位置 P について計算した多数の尤度比検定統計量の値の分布から，検定のための閾値を設定する．このようにして求められた閾値は，当該位置 P に関してのみ有効であり，"comparisonwise（pointwise ともいう）"の閾値と呼ばれる．対応する有意水準，すなわち comparisonwise の有意水準は，実際には位置 P に QTL が存在しないにもかかわらず，QTL は存在しないという仮説すなわち帰無仮説を誤って棄却してしまうこと（第一種の過誤（type I error）という）の確率である．一方，ゲノム上の複数の位置を対象とする反復検定では，それら複数の位置に対応する複数の仮説検定を同時に考慮に入れた"experimentwise"の検定閾値を設定する必要がある．通常のケースはこのような場合であり，comparisonwise のときと同じように形質のデータのみを任意に並べ替えたデータセットを作成し，一定の間隔で網羅したゲノム上の複数の位置のすべてについて尤度比検定統計量を算出し，それらのうちで最大の値を求める．このような一連の作業を多数回繰り返し，尤度比検定統計量の最大値の多数の値から検定閾値を決定する．その場合，ゲノムの全領域を網羅した場合には，"genome-wide"の検定閾値と呼び，対応する有意水準をゲノムワイド有意水準と呼ぶ．

なお，QTL の位置の区間推定では，信頼区間の計算にロッドドロップオフ（lod drop off）法やブートストラップ（bootstrap）法と呼ばれる手法が用いられる．

c. QTL マッピング法の発達

通常の IM 法は，1 つのマーカー区間のみを取り上げ，その区間内に単一の QTL の存在を仮定する方法であり，標的の形質に関与する当該区間外の QTL の効果は残差効果に含まれると仮定されている．このような単一 QTL モデル（single-QTL model）による分析では，形質に関与する QTL の数が多い場合ほど，QTL の検出効率は悪くなる．また，複数の QTL が近接して存在するような場合には，ロッドスコアのピークが重なり合って，個々の QTL の識別は難しくなることが知られている．

複合インターバルマッピング（composite interval mapping, CIM）法では，マーカー区間外の QTL の影響を，それらの QTL に連鎖しているマーカーを共変数として考慮した重回帰分析によって取り除き，その残差にインターバルマッピングを適用する．また，複数のマーカー区間を統計モデルに同時に取り上げた複数区間マッピング（multiple interval mapping, MIM）と呼ば

れる方法も開発されているが，この方法では各マーカー区間のそれぞれに単一QTLの存在を仮定する．

そこで，より精密な複数QTLモデル（multiple-QTL model）により，QTLの検出力と位置推定の精度を高めるためのさまざまな工夫を施した種々の複数QTLマッピング（multiple QTL mapping, MQM）法が利用されている．その他にも，QTL間の相互作用（上位性効果）をも含めたモデルによる解析法などが開発されており，マルコフチェーン・モンテカルロ（Markov chain Monte Carlo, MCMC）と呼ばれる算法などが利用される．

一方，個々のQTLではなく，QTLを含む染色体のセグメントをマッピングしようとする手法も提案されている．この種の染色体セグメントIM（chromosome segment interval mapping）法では，マーカー区間内の仮想QTLの数とそれらの位置についての仮定を必要とせず，標的の量的形質に対して有意な効果をもつ染色体領域がマッピングされる．したがって，マッピングされたマーカー区間に対して，前述のような個々のQTLのマッピング法が適用されることになる．

8.1.3 コストの低廉化と検出力の向上を図るための実験デザイン

通常，QTLの検出実験には多額の費用がかかり，特にジェノタイピングの実施には多くの経費を要する．したがって，タイピングの対象となる個体の数がより少なくて済む実験デザインや検出力がより高まると期待することのできるデザインも提案されている．この種の代表的なデザインには，選択的ジェノタイピング（selective genotyping）と選択的DNAプーリング（selective DNA pooling）がある．

a. 選択的ジェノタイピング

選択的ジェノタイピングはQTLマッピング法の１つであるが，通常，この方法では，分離世代における表現型値の分布における高低両末端の個体群のみについてマーカー型のタイピングを行い，マーカーとQTLとの連鎖解析を実施する．

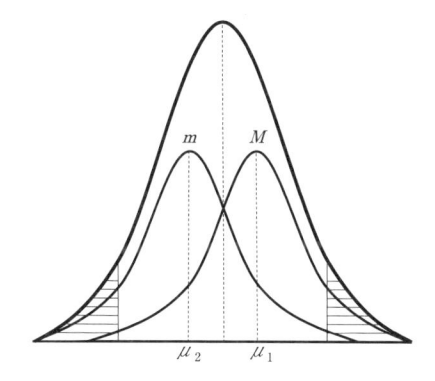

図8.6 ハーフシブ・デザインにおける選択的ジェノタイピングの説明図（文献[3]を一部改変）

この図は，マーカー座がヘテロ型（Mm）の父親から生まれた同父半きょうだい群の表現型値の分布を示す．選択的ジェノタイピングでは，表現型値が高低の両末端の個体（図中の横線部）のみを選択してマーカー型のタイピングが行われ，マーカーとQTLとの連鎖の有無が解析される．たとえば，父親がMQ/mqであり，Qが当の量的形質に対して好ましい大きな効果をもつQTL対立遺伝子であるとすると，父親からMアリルを受け継いだ後代の平均（μ_1）は，mアリルを受け継いだ後代の平均（μ_2）よりも高くなると期待される．その場合，極端な表現型値を示し，表現型からの遺伝子型の推測が容易な個体ほど連鎖解析のための多くの情報を備えているため，この方法でのQTL検出力は通常のハーフシブ・デザインの場合に比べて高くなる．

図8.6は，大家畜のハーフシブ・デザインにおける選択的ジェノタイピングを模式的に示したものである．両末端の個体のみの選択的なサンプリングは，二末端サンプリング（two-tail sampling）と呼ばれる．極端な表現型値を示し，表現型からの遺伝子型の推測が相対的に容易な個体の場合ほど，連鎖解析のための多くの情報を備えている．したがって，ジェノタイピングの対象となる個体数が一定であれば，このような方法によるQTLの検出力は通常の場合よりも高くなると期待される．ただし，個体の選択割合の決定に当たっては，表現型データへの異常値の混入に留意する必要があり，選択割合は極端に低い値にしない方がよいと考えられている．二末端サンプリングには，ジェノタイピングの対象個体数がより少なくて済む利点があるが，検出されたQTLでの遺伝子作用の種類の判定は不可能である．また，このような方法には，QTL効果が過大推定される欠点のあることが知られており，推定値の偏りを補正することも考えられている．高低両末端の

表8.2 ブタの生産形質に関与するQTL領域の推定例（文献[4]を一部改変，主な結果のみ記述）

染色体	マーカー区間	生産形質
1p	CGA-SW2185	発育速度
1q	S0056-SW1301	脂肪蓄積
2	IGF2 領域	枝肉重量，屠体長，赤肉割合，背脂肪厚，pH（最長筋）
3	Sw72-Sw251	1日当たり平均増体量（離乳後）
4	Sw35-Sw839	発育速度，肥育性，枝肉重量，背脂肪厚，pH（半膜様筋）
6	Sw316-S0003	枝肉重量，屠体長，背脂肪厚，pH・伝導率（最長筋）
7	MHC 領域	発育速度，肥育性，pH・伝導率（最長筋・半膜様筋）
8	Sw905-Sw1029	枝肉形質，屠体長
9	Sw983-Sw21	屠体長，背脂肪厚，pH（最長筋・半膜様筋）
10	S0070-Sw1041	発育速度，屠体長，伝導率（半膜様筋）
13	S0068-Sw398	初期発育速度，背脂肪厚

個体に加えて，表現型値が平均的なレベルの個体をもサンプリングする場合，三点サンプリング（three-point sampling）と呼ばれる．この場合には，より多くの個体のジェノタイピングを要するが，遺伝子作用の推定をも含めた分析を行う上では三点サンプリングが必要となる．

b. 選択的DNAプーリング

選択的DNAプーリングは，理論的には（家系当たりで）2つのプールのジェノタイピングのみを必要とする非常に魅力的なマッピング法である．後代群のうちで，対象形質の表現型値が高低両極の2つのグループから得られたゲノムDNAプールを分析し，マーカーと原因遺伝子との連鎖を検討する．すなわち，2つのグループのおのおのにおける少数個体から得られた2つのDNAプールについて親のマーカーアリルの分布を調べ，2群の間で異なるバンドを示すマーカーを検出してQTLの位置を推定する．ジェノタイピングは1回の実験ではごく少数でよいが，実際には分析の正確度を高めるための反復実験が必要であり，それに応じてジェノタイピングの数は増加することになる．また，現状では，その他にもいくつかの制約要因があることから，この方法は未だ発展途上の手法である[3]．

8.1.4 QTL領域の特定と解析の精度

以上のようなQTL解析は，量的形質を支配している遺伝子座の染色体上の位置の情報を与えるという点で，有用かつ強力な手法である．実際に，実験動物や大・中家畜，家禽をはじめとする種々の動物種について，QTLマッピングの結果が次々と報告されている．表8.2は，その一例として，ブタの生産形質に関して推定されたQTL領域を示したものである．この表に挙げているQTL領域は，これまでに種々の実験資源集団を用いて推定された領域であり，コマーシャル集団においても分離の認められた領域を含んでいる．

しかし，通常のQTL解析の場合，推定されたQTLの位置に関する信頼区間を求めれば，5～30cM程度の幅となる．通常，このようなサイズの領域には，実験的な機能の検証が困難なほど多数の候補遺伝子が存在するため，真に標的形質の表現型に関与する遺伝子を同定するためには，QTL解析の精度は充分ではない．そこで，ゲノムワイドなマッピングなどを通じてQTLの存在が疑われた領域を対象として，さらに高密度なマーカーの情報を利用した連鎖不平衡マッピング（linkage disequilibrium mapping, LD mapping）などのファインマッピング（fine mapping，後述）を適用することにより，QTLをより狭い領域に特定することが可能となっている．ただし，ファインマッピングによっても，原因遺伝子の同定が可能な程度まで候補遺伝子の絞り込みを行えない場合もあり，このような場合にはマッピングと遺伝子の同定との間のギャップを埋めていくことが必要である．

8.1.5 遺伝子発現情報を利用する QTL 解析

最近では，ポストゲノムにおける新規のテクノロジーの発達により，遺伝子発現，タンパク質および代謝のレベルでのさまざまな情報が蓄積されつつある．特に，マイクロアレイによって全ゲノムを通じての遺伝子発現を網羅的に観測した情報は，遺伝子を分類し，遺伝子間の制御関係を解明する上で有用な情報になると考えられている．現在，このような分子レベルでの異なるタイプのデータを同時に利用する解析手法が注目されており，遺伝子発現と多型情報とを組み合わせるケースでは，発現レベルを量的形質とみなした QTL 解析により，遺伝子発現に影響を与える QTL（expression QTL, eQTL）の検出を試みる新しい手法が提案されている．特に実験動物などのモデル生物の場合には，資源集団に対して eQTL 解析を実施することにより，QTL 遺伝子の探索が可能になると期待されている．実際のところ，遺伝子発現プロファイルは，DNA 配列から mRNA への転写，タンパク質への翻訳を通じて個体レベルの表現型に至る過程での"中間の表現型"であることから，eQTL 解析は QTL を同定する上での有効な一手段と考えられている．また，多型情報を介することなく，直接的に量的形質の表現型と遺伝子発現データとの関連を解析するために，両者を多形質として取り扱うタイプの分析手法も提案されている（図 8.7）．なお，eQTL 解析は，近交系が利用できる実験動物のみならず，ヒトや家畜の外交配集団にも適用が可能である．

eQTL 解析では，検出された eQTL が発現遺伝子そのもののプロモーター活性を規定するシス配列における変異であるのか，あるいは当該遺伝子のシス配列に作用するトランス因子をコードする配列における変異であるのかを区別することにより，転写レベルでのネットワークまたはパスウェイについての情報を得ることができる．すなわち，ある遺伝子の eQTL 領域内に発現に影響を与える原因遺伝子が同定されれば，この原因遺伝子から当該遺伝子への制御関係を示すリンクが示唆され，複数の遺伝子に対するこのような分析結果を統合することによってパスウェイが推定される（図 8.8）．ただし，eQTL 解析の対象形質で

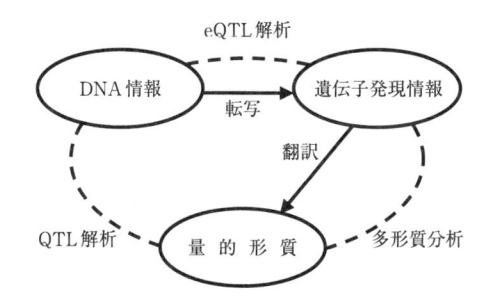

図 8.7 量的形質の遺伝的構造（genetic architecture）を解明する上での DNA 情報および遺伝子発現情報の利用戦略

		マーカー			
		A	B	C	D
発現遺伝子	1		○*		
	2	○*	○		
	3	○	○	*	
	4	○	○	○	○

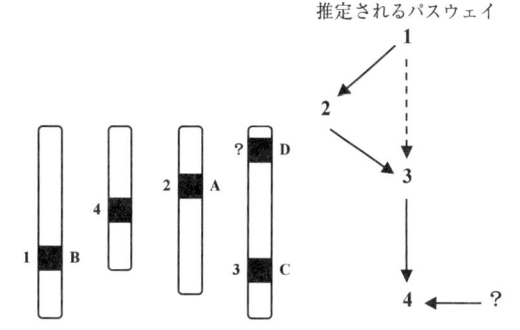

図 8.8 eQTL 解析の結果を利用したパスウェイ推定

事前に利用できる発現遺伝子とマーカーとの位置関係（表中のアスタリスクは両者が近傍にあることを示す）の情報と eQTL 解析によって有意に発現に関連するマーカー（表中の丸印）の情報とを組み合わせることにより，パスウェイが推定される．ここで，遺伝子 1 の発現は，この遺伝子の位置にあるマーカー B のみの影響を受け，他の遺伝子の影響を受けないことから，これら 4 つの遺伝子におけるパスウェイの最上流に遺伝子 1 が位置するものと考えられる．遺伝子 2 の発現は，遺伝子 1 と同位置にあるマーカー B および遺伝子 2 そのものの位置（プロモーター領域）にあるマーカー A の影響を受けることから，遺伝子 1 による遺伝子 2 の直接的な制御が示唆されている．遺伝子 2 の場合と同様にマーカー A および B の影響を受ける遺伝子 3 は，遺伝子 1 および 2 の下流に位置すると考えられるが，遺伝子 1 からの影響が直接的であるのか，あるいは遺伝子 2 を介した間接的なものであるのかの判別はできない．遺伝子 4 は，プロモーター領域における変異の影響を受けない遺伝子 3 およびマーカー D の領域にある未知遺伝子の制御を受けることが示唆される．

あるマイクロアレイの発現データについては，2色蛍光アレイの場合か，1遺伝子（または転写産物）に対して複数のプローブが存在するタイプのアレイの場合かを問わず，現状においてはそれぞれの技術に起因する数値の偏りを取り除く必要がある．また，従来のQTL解析ではパーミューテーションテストなどによってゲノムワイドな過誤の確率が低減されるが，eQTL解析においては，アレイ上の遺伝子数が数千から数万に上ることから，多重検定の問題が重要となる．

このような種々の課題はあるが，将来的には，eQTL解析を通じて遺伝相関の分子レベルでの理解が可能となり，パスウェイにおける遺伝子の制御関係のタイプに応じて遺伝子レベルで望ましくない相関反応をコントロールできるような，より有効な選抜システムの確立が期待できる．マイクロアレイによるデータは，通常はある細胞におけるある時点での遺伝子発現の一時的な現象として捉えられる．しかし，将来においては，さまざまな組織由来のサンプルを用いたマイクロアレイデータや発現プロファイルの経時的変化を追ったデータの解析により，個々の個体の詳細な遺伝的背景を考慮に入れた精密な育種が可能になると予想される． 〔祝前博明〕

引用文献

1) Lander ES, Botstein D : Mapping Mendelian factors underlying quantitative traits using RFLP linkage maps. *Genetics*, **121** : 185-199, 1989.
2) Liu BH : Statistical Genomics : Linkage, Mapping, and QTL Analysis, 611 pp., CRC Press, 1998.
3) Hayes BJ, Kinghorn BP *et al.* : Genome scanning for quantitative trait loci. Mammalian Genomics (Ruvinsky A, ed.), pp.507-538, Oxford University Press, 2005.
4) Evans GJ, Giuffra E *et al.* : Identification of quantitative trait loci for production traits in commercial pig populations. *Genetics*, **164** : 621-627, 2003.

8.2 責任遺伝子の検索と同定

家畜の経済形質など動物における特定の形質を支配する遺伝子を特定することは，効率的な育種を実現する上で重要な課題である．すなわち，遺伝子を特定することで，その遺伝子に着目した選抜育種や，その遺伝子の人為的改変により当該形質の効率的な改良が可能となる．また，ヒトや動物の遺伝性疾患の原因となる遺伝子を同定することは疾患の発生を予防する上で不可欠である．実際にヒトや動物の多くの遺伝性疾患においては原因となる遺伝子が同定されることで，疾患の発生を予防することが可能となっている．経済形質や疾患などの特定の形質を支配する未知の遺伝子は責任遺伝子あるいは原因遺伝子と呼ばれている．すでに説明しているように，家畜の経済形質は多くの場合，多数の遺伝子および環境的な要因に支配された量的形質であり，それらの遺伝子を一つ一つ同定することは決して容易なことではない．そこで，このような量的形質を支配する遺伝子を同定するためには，分子遺伝学的手法に加えて詳細な統計遺伝学的手法が要求される．このような量的形質の解析方法が前述のQTL解析であり，これまでに家畜のQTL解析から責任遺伝子がクローニングされた例として，乳牛の乳量および乳組成に関与するQTLとして同定された*DGAT1*遺伝子，ブタにおける筋肉の成長と脂肪蓄積に関与するQTLとして同定された*IGF2*遺伝子などが知られている．また，ヒトや実験動物では高血圧や糖尿病などの多因子性疾患に関するいくつかの責任遺伝子が同定されている．一方，単一の遺伝子に支配される形質の責任遺伝子のクローニングはQTLの場合に比べて比較的容易である．たとえば，家畜ではベルジアンブルー種のウシにみられる筋肉倍増形質（double muscle）は単一遺伝子に支配される経済形質の例であり，この形質はミオスタチンあるいはGDF8と呼ばれる成長因子の遺伝子に生じた突然変異に起因していることが明らかにされている（2章参照）．また，これまでに数多くの単一遺伝子に支配される遺伝性疾患の責任遺伝子がヒトや家畜で同定されている．以下にこのようなQTLあるいは単一遺伝子に支配される形質の責任遺伝子を同定するための方法について解説する．

8.2.1 責任遺伝子のクローニング

特定の形質を支配する未知の責任遺伝子を同定する方法としては，以下の2つの方法が知られている．1つは当該形質の機能的な解析から，その形質に関与している可能性のある生理的機能の変化を明らかにし，その生理的機能に関連する遺伝子の中から責任遺伝子を同定する方法であり，ファンクショナルクローニング（functional cloning）法と呼ばれている．もう1つは，このように機能から責任遺伝子を推測することが困難な場合に，遺伝子の染色体上の位置から責任遺伝子を同定しようとする方法であり，ポジショナルクローニング（positional cloning）法と呼ばれている．ポジショナルクローニング法では，ある特定の形質をもつ個体ともたない個体を含む家系を用いて行われる連鎖解析により責任遺伝子の染色体上の位置を明らかにし，そこから当該形質と関連する遺伝子を特定することになる．この方法では，多くの遺伝子の染色体上の位置が明らかにされていることが必要であるが，近年ヒトを含めた各種動物のゲノム解析が大きく進展した結果，染色体上の遺伝子の位置がかなりの精度で明らかにされ，ポジショナルクローニング法により責任遺伝子を効率的に同定することが可能になっている．

8.2.2 ポジショナルクローニングのための連鎖解析

単一遺伝子に支配される質的形質であっても，QTLのように多数の要因に支配される量的形質であっても，連鎖解析により責任遺伝子の染色体上の位置が正確に決まれば（これをマッピングという），ポジショナルクローニング法により遺伝子を特定し単離することが可能である．したがって，ポジショナルクローニングのためにまず必要とされるのは，詳細な染色体地図と，地図上への責任遺伝子の正確なマッピングである．

a. 染色体地図の作成

1) 遺伝的地図 染色体地図には遺伝的地図と物理的地図が知られている．遺伝的地図とは連鎖地図のことであり，特定の遺伝子座の間の組換え率から遺伝的距離を求めることにより作成する（2章を参照）．遺伝的距離を求めるに当たっては，実験的に任意の交配が可能な実験動物等では，特定の近交系の間での交配によりF_1を作製し，F_1とどちらかの親系統との交配により得られた戻し交雑個体か，あるいはF_1どうしの交配により得られたF_2個体を用いる．一方，家畜では実験動物ほど任意の交配が容易ではなく近交系も得られないため，特定の家系を基準家系（レファレンスファミリー）として用いることになる．このような家系を用いてマイクロサテライトDNA（2章参照）のように個体間で変異をもつ多数の連鎖マーカーの分離比から組換え率を求めることにより，染色体の広範な領域を網羅する連鎖地図を作成することができる．

2) 物理的地図 一方，物理的地図は，染色体（ゲノム）上で遺伝子がどのように物理的に配置しているかを表したものである．ヒトやマウスではすでに全ゲノムの塩基配列が決定されているが，全ゲノムの塩基配列は最も詳しい物理的地図ということができる．この物理的地図の範疇に入るもので，ポジショナルクローニングによく用いられているのが放射線雑種細胞（radiation hybrid, RH）パネルを用いた染色体地図（RH地図）である．RH地図の作成では，地図作成の対象とする動物の染色体の断片をもつ一連の雑種細胞のクローンが用いられる．すなわち，図8.9に示すように，対象動物の培養細胞に放射線を照射し染色体を小断片に切断した上で，げっ歯類の培養細胞と融合させることにより，げっ歯類の染色体に加えて対象動物の染色体の任意の小断片を含む多数の雑種細胞を得る．これら一連の雑種細胞の組み合わせをRHパネルといい，通常100程度の異なったクローンより構成されるが，対象動物の特定の遺伝子に着目したときに，RHパネルのなかにはこの遺伝子を含む染色体断片をもつクローンともたないクローンが存在することになる．そこで，もし2つの遺伝子が染色体上で近接しているとすると，その2つの遺伝子は同時に検出される確率は高くなるはずである．逆に離れていれば，その間で分断され同時に検出されない頻

(a)のウシ培養細胞の図、放射線照射による染色体の断片化、げっ歯類培養細胞との融合、放射線雑種細胞(RH)パネルの図

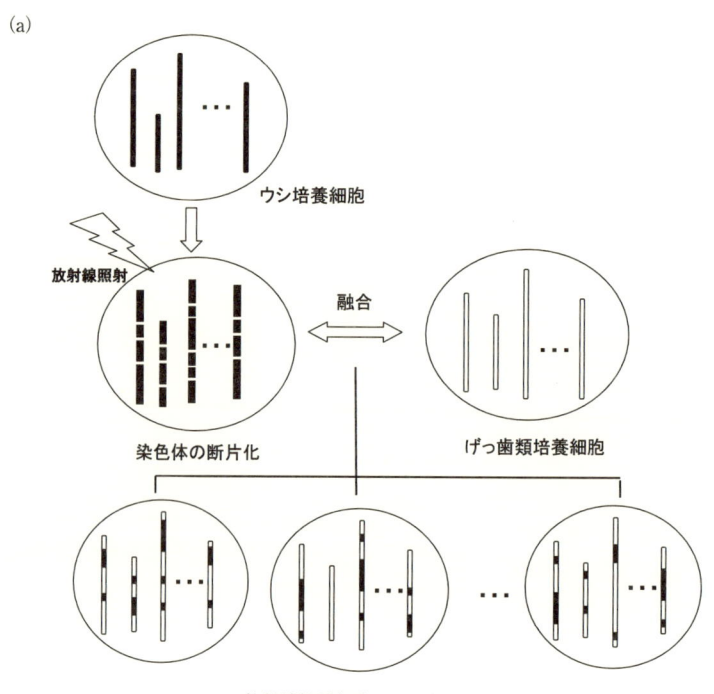

(b)のRHパネルのクローン1〜100の図

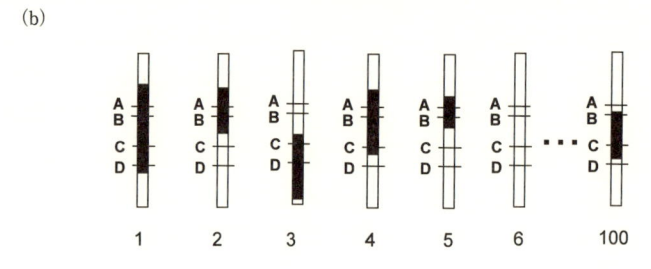

遺伝子座	RHパネルのクローン							分断された比率
	1	2	3	4	5	6	100	
A	+	+	−	+	+	−	−	> 10/100
B	+	+	−	+	+	−	+	> 30/100
C	+	−	+	+	−		+	> 20/100
D	+	−	+	−	−	−	−	

図 8.9 放射線雑種細胞 (RH) 地図の作成

(a)ウシの細胞に放射線を照射することで染色体を分断し，げっ歯類の細胞と融合させると，ウシ染色体の断片をもった雑種細胞ができる．このようなさまざまなウシの染色体の断片をもった雑種細胞クローンの1セットをRHパネルという．(b)同一染色体に存在するA，B，C，Dの4遺伝子間の距離がAB：BC：CD＝1：3：2の場合，それぞれ隣接する2つの遺伝子が分断される（上の表で隣接する2つの遺伝子が＋と−に分かれる）確率は同様に1：3：2となるはずである．たとえば1クローンでは4つの遺伝子は分断されておらず，2ではBとCの間，ウシではCとDの間で分断されている．したがって，表のようにRHパネルのなかで分断されている比率がそれぞれ，10％，30％，20％であれば，これらの遺伝子間の距離は10 cR，30 cR，20 cRと表される．cRはセンチレイといい，RH地図における距離の単位である．

ウシ第28染色体

GALNT2　0　NRA2G1
　　　　　　BMS2959
CH51
FLJ1035
ZNF33A*
CMHLK3　50
LOCI21003
ANM3　　　ETM1152
TACR2
MOC38851　IDVGA-13
KChMA1　　DM52658
ANOCAS1　120
FLJ13263
　　　　　　BMS2200
RGR
　　　　　　LST5088
DEPP
CXCL32
PARG

不明

▨ ヒト第1染色体
▦ ヒト第10染色体

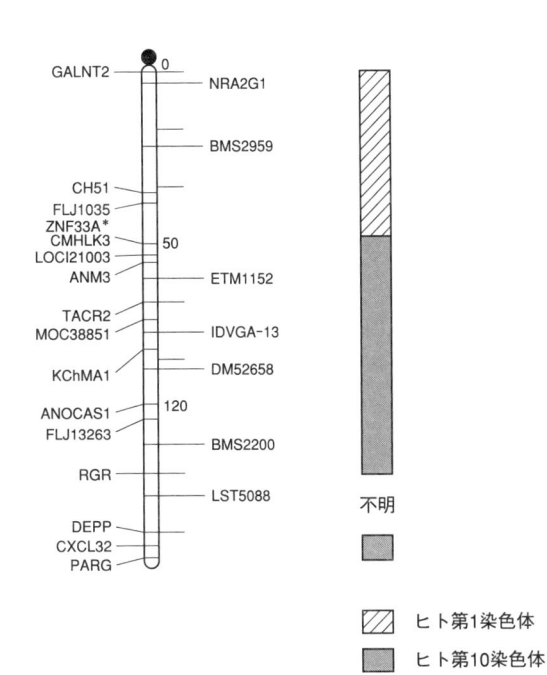

図8.10 ウシ第18染色体とヒト第16染色体の比較染色体地図
ウシの第18染色体の近位部分はヒト第16染色体の一部と対応している．

分とヒトの第1染色体の一部が対応し，遠位部分はヒト第10染色体の一部と対応していることがわかる．このように，哺乳類の種間で染色体のある限られた範囲では遺伝子の配置は保存され，近縁種であればあるほどより広い範囲にわたって保存されている．これは，進化の過程で共通の祖先種から異なった種に分化した後に，それぞれの種に転座や逆位などの染色体の構造的変化が独立して生じた結果と考えられる．このように種間で染色体上での遺伝子の配置が保存されていることから，ヒトなど正確な染色体地図が確立されている種の情報を他の動物に利用することが可能となる．たとえばウシ染色体の特定の領域と対応するヒトの染色体の領域が明らかになれば，ヒトの染色体地図上の多くの遺伝子が対応するウシ染色体上にも存在することが推測され，このような情報はポジショナルクローニングにおいてきわめて有用な情報となる．

b. 責任遺伝子のマッピング

このようにして得られた染色体地図上への特定の形質に関する責任遺伝子のマッピングは，対象とする形質をもつ個体を含む家系を用いて，その形質と連鎖地図上のマーカーとの間の連鎖を調べることにより行われる．すなわち，対象形質と連鎖地図上の各マーカーの間の分離比から責任遺伝子と連鎖するマーカーを特定し，さらにマーカーとの遺伝的距離を求めることで連鎖地図上の責任遺伝子の位置を特定することができる．このような連鎖解析に当たっても，実験動物では近交系どうしの任意な交配が可能であるため，連鎖解析にとって理想的な実験的家系を作成できるが，ヒトの場合は特定の形質をもつ個体を含む既存の家系を用いて連鎖解析を行うことになる．家畜においても多くの場合はヒトと同じように既存の家系を用いた連鎖解析が中心であるが，重要な生産形質を支配するQTL解析などでは，対象形質に明らかな違いのある品種間での実験的交配が行われる場合もある．このような特定の形質の連鎖解析を目的として作成された家系を資源家系（リソースファミリー，resource family）という．既存の家系を用いた連鎖解析の場合は，実験的な交配の

度が高くなる．したがって，パネル中の各クローンで2つの遺伝子が分断される頻度は，この2つの遺伝子の間の距離に対応していることになる．このようにして，RHパネルにおいて複数の遺伝子が分断される頻度から，これら遺伝子間の距離を求めて作成したのがRH地図である．RH地図は，一度対象動物のRHパネルが確立されれば，多数の遺伝子からなる物理的地図の作成が比較的容易であること，連鎖地図のように多型マーカーを必要とせず，どのような遺伝子でもマッピング可能なことから，染色体地図の作成に広く利用されている．

3) 比較染色体地図 各種動物の間で染色体地図に関する情報を共有するために用いられるのが，比較染色体地図（comparative chromosome map）である．比較染色体地図とは，複数の動物の染色体地図を比較したものであり，たとえばヒトとウシの染色体を比較したものを図8.10に示した．これを見るとウシの第28染色体の近位部

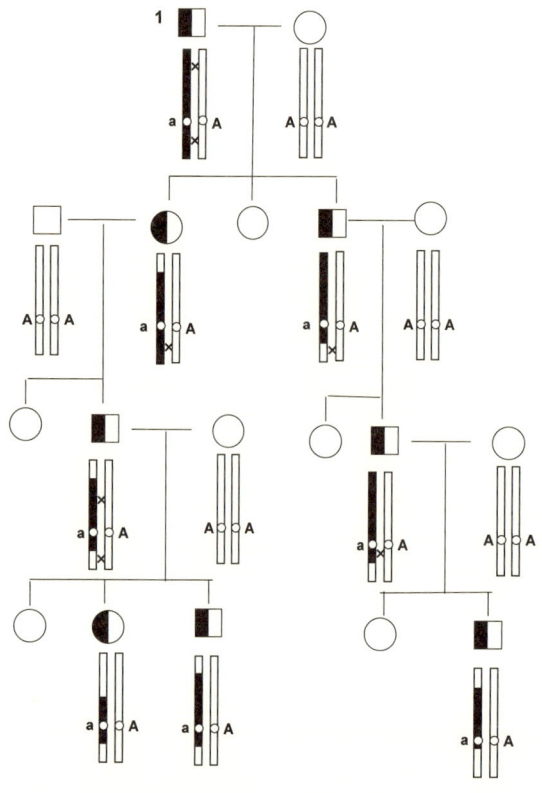

図 8.11 IBD によるハプロタイプの保存
共通の祖先1のもつ a 対立遺伝子を受け継いだ子孫は，染色体上で a 遺伝子座周辺の領域を共有している．このような場合を IBD といい，この領域に存在する遺伝子座のハプロタイプは保存されている．ただし，世代を経るごとに，ハプロタイプが保存されている領域は短くなる．

場合に比べて解析上のさまざまな制約があるため，家系から得られる連鎖に関する情報を最大限利用して正確なマッピングを行うには，以下に述べるようなさまざまな解析方法が用いられている．

1) ロッドスコアを用いた方法 ヒトや家畜の連鎖解析に一般的に用いられている方法はロッドスコア(LOD score)を用いる方法である．ロッドスコアとは，連鎖の有意水準を表す値であり，2つの遺伝子座が連鎖していない場合に対して連鎖している場合の尤度の比の対数 $Z(\theta)=\log_{10}[L(\theta)/L(0.5)]$ として表される．ここに，$L(\theta)$ は組換え率 θ で連鎖するとしたときの尤度，$L(0.5)$ は連鎖がないとしたときの尤度であり，$Z(\theta)$ はそのときのロッドスコアとなる．実際の

ロッドスコアの計算は家系の構造や利用可能な情報によっても異なってくるために複雑であり，連鎖解析のためのコンピュータープログラムを用いて計算される場合が多い．このようなプログラムとして，LINKAGE Package, MAPMAKER, GENEHUNTER などが知られている．ロッドスコア法の利点は，連鎖解析に用いる一つ一つの家系が十分に大きくなく，得られる情報が限られている場合でも，各家系より得られる値の総和としてロッドスコアが求められることから，多数の家系を用いることで連鎖の有無についてより正確な判定が可能なことである．このようにして得られたロッドスコアが3以上であれば2つの遺伝子座は連鎖し，−2以下であれば連鎖していないことになり，その間であればどちらとも断定できないことになる．

2) IBD を用いたマッピング法 ロッドスコアを用いた方法では，当該形質の遺伝様式や浸透率などの正確な情報が必要とされ，これらの情報が十分に得られない場合にはその精度は大幅に低下するという欠点がある．それに対し，以下に述べる罹患同胞対解析（affected sib-pair analysis）やホモ接合性マッピング（homozygosity mapping）等の解析方法ではこのような情報は必ずしも必要ではない．特定の遺伝的形質をもった複数の個体が共通祖先をもち，この共通祖先より対象とする形質の遺伝子が由来している場合，図8.11 に示すようにその遺伝子周辺のマーカーの対立遺伝子の組み合わせ（これをハプロタイプという）は同一となる場合が多い．そこで，特定の形質をもつ個体でハプロタイプが共有されている染色体上の領域を同定すれば責任遺伝子の位置を特定することが可能である．このように，ある対立遺伝子あるいはハプロタイプが共通祖先に由来する場合を IBD（identical by decent）という．ここで，共通の祖先から対象個体までの世代が離れるほど，その間に多くの減数分裂が介在することから，対象とする遺伝子周辺で組換えが生じる可能性が増え，その結果，先祖型のハプロタイプが保存されている領域は狭くなることになる．そこで，共通の祖先から解析に用いる個体までの世

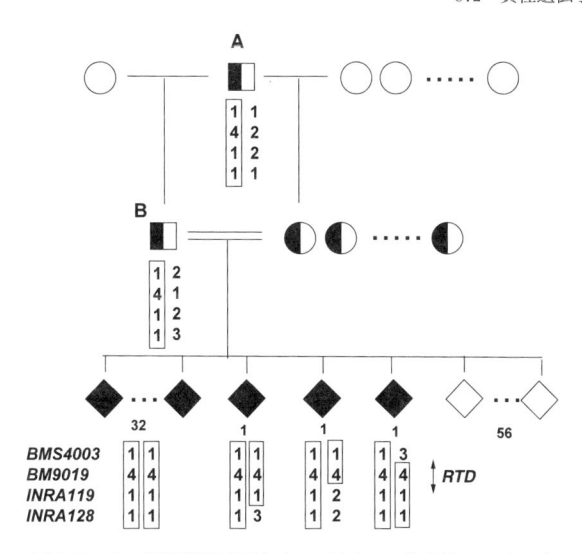

図 8.12 ウシ尿細管形成不全症におけるホモ接合性マッピング 種雄牛 A の子である種雄牛 B とその半きょうだいとの交配より得られた尿細管形成不全症個体の大部分（35個体中32個体）は第1染色体の4つの近接する連鎖マーカーのハプロタイプが同一でホモとなっている．しかし *BMS4003*, *INRA119*, *INRA128* では1個体ずつ組換え個体が存在することから, 疾患の責任遺伝子 *RTD* は *BMS4003* と *INRA119* の間に存在することになる．

代数に応じて，いくつかの解析方法が知られている．

罹患同胞対解析（affected sib-pair analysis）は，同一の親に由来する兄弟では，責任遺伝子は周辺のマーカーはともに親から伝達していることから，疾患などのある共通の形質をもつ兄弟の間で親のハプロタイプを共有している領域を特定することにより，その形質に関する責任遺伝子をマッピングする方法であり，2世代のサンプルからでも解析が可能である．ホモ接合性マッピング（homozygosity mapping）は，共通祖先をもつことが明確な個体間の交配により劣性の形質が出現している場合に有効な方法である．共通の祖先に由来する責任遺伝子の周辺領域は，父方，母方を経由して発症個体でホモ接合となっていることから，逆にハプロタイプが対象個体で共通にホモ接合となっている領域を検索し，責任遺伝子の位置を特定する方法である．図8.12にウシの尿細管形成不全症におけるホモ接合性マッピングの例を示した．この方法は数世代前に共通祖先をも

つ場合に有効な方法である．

3) 相関解析 対象個体から共通祖先がかなり離れている場合，あるいは共通祖先が不明である場合には相関解析法（association study），あるいは連鎖不平衡法（linkage disequilibrium）と呼ばれる方法が用いられる．相関とは，ある遺伝子座の対立遺伝子と他の遺伝子座の対立遺伝子との間の関係を表す概念であり，2つの遺伝子座について，ある特定の対立遺伝子の特定の組み合わせをもつ個体が，集団中でこれらの対立遺伝子の遺伝子頻度から考えられる割合より有意に多いときに，両対立遺伝子には相関があり，連鎖不平衡の関係にあるという．連鎖不平衡は両遺伝子座が近接していることから，祖先の対立遺伝子の組み合わせが多くの世代を介しても変化しにくいために生じると考えられる．したがって，ある形質の責任遺伝子が，集団の中である特定のマーカーの対立遺伝子と連鎖不平衡にあるとき，責任遺伝子はこれらのマーカーの近傍に存在していると推測される．すなわちこの責任遺伝子は集団のなかで創始者（founder）と呼ばれる共通の祖先に由来し，世代を通して祖先型のハプロタイプが維持されているものと推測されるからである．この方法では，共通祖先からの世代数が多いため共有されている染色体の領域は相当短くなるため詳細なマッピングが可能であるが，そのためには多くのマーカーよりなる詳細な連鎖地図が必要である．

c. 責任遺伝子のクローニング

上記のような方法により，責任遺伝子の染色体上の位置が正確に決定されたなら，そこから責任遺伝子を特定することが可能となる．連鎖地図上の1cM（組換え率1%）の距離は，染色体上の場所などによって異なるが，DNAの塩基配列でおよそ1Mb（100万塩基対）に対応しているといわれている．したがって，連鎖解析により責任遺伝子が存在する領域を1cM以下に特定することができれば，その遺伝子は数百kbの領域に存在することになる．従来，数百kbの領域に存在する遺伝子をすべて特定し，それらの遺伝子のなかから，特定の形質に関与する変異を同定することは容易なことではなかった．このような広い領

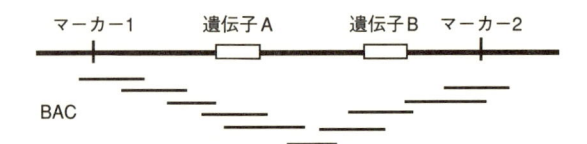

図8.13 BACコンティグの作成
目的とする形質の責任遺伝子が染色体地図上でマーカー1とマーカー2の間に存在することが推測される場合，その間をすべてカバーするBACクローンを単離し，整列地図（コンティグ）を作成し，その塩基配列を決定する．その結果，この領域に存在する候補遺伝子（A，B）が明らかとなる．

域の塩基配列を解析するには酵母人工染色体（YAC），細菌人工染色体（BAC）といった，巨大DNA分子のクローニングが可能なベクターを用いたゲノムライブラリーより，対象領域のゲノムDNAをもつクローンを単離し，さらにそのクローンと一部が重複する他のクローンを次々に単離することで，コンティグと呼ばれる当該領域をカバーする一連の整列されたクローンを得て，その全塩基配列を決定するという多大な時間と労力を要する作業が必要であった（図8.13）．しかし，ヒトをはじめとする各種動物のゲノムの全塩基配列が決定されたことで状況は大きく変化している．すなわち，染色体上での遺伝子の配置が正確に明らかとなり，それらの情報がデータベースとして公開されることで，対象とする染色体上の領域に存在するすべての遺伝子を容易に特定することが可能となっている．したがって，それらの遺伝子の中で目的の形質に関連すると予想される遺伝子を重点的に解析することで，責任遺伝子を特定することができる．

8.2.3　その他のクローニング方法
a. ファンクショナルクローニング

ファンクショナルクローニングは対象とする形質の機能的な解析から，特定の代謝経路などの対象形質に関与している生理的機能を明らかにすることで，責任遺伝子を特定する方法である．従来，ヒトの単一遺伝子に由来する遺伝性疾患の責任遺伝子は主にこの方法で同定されてきた．たとえば，ヒトの遺伝性代謝異常症であるフェニルケトン尿症やアルカプトン尿症，あるいはヒトやマウスをはじめとする多くの動物で知られているアルビノ（白子症）はいずれも，アミノ酸のフェニルアラニンおよびチロシンの代謝経路に関わる特定の酵素の遺伝子に生じた突然変異に起因している．図8.14にフェニルアラニンの代謝経路を示したが，フェニルケトン尿症ではフェニルアラニンをチロシンに変換するフェニルアラニン-4-モ

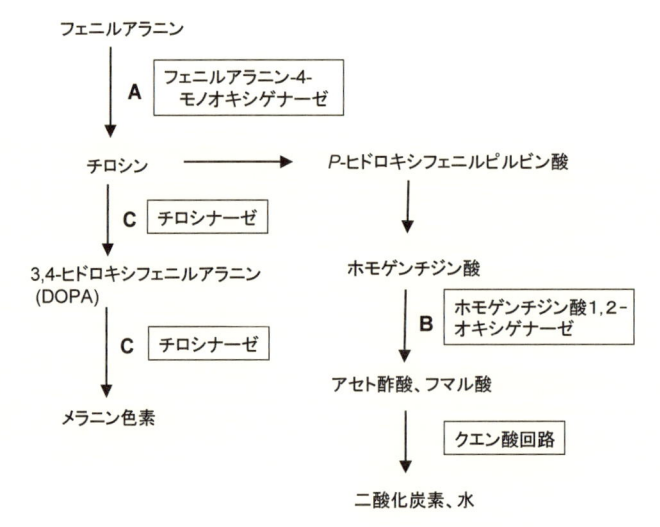

図8.14　フェニルアラニンの代謝経路と代謝異常症
フェニルアラニンの代謝経路のAの反応が阻害されるとフェニルケトン尿症に，Bの反応が阻害されると，アルカプトン尿症に，Cの反応が阻害されるとアルビノになる．

ノオキシゲナーゼ（A）の遺伝子欠損により，フェニルアラニンが代謝されない結果，血中にフェニルアラニンが異常に蓄積し，放置すれば重度の知能障害を引き起こすことになる．同様にホモゲンチジン酸1,2-オキシゲナーゼ（B）の欠損によりホモゲンチジン酸が代謝されず，組織への沈着や尿中への排泄が引き起こされるのがアルカプトン尿症である．一方，アルビノではチロシンからメラニンを生合成する経路に関わるチロシナーゼ（C）の欠損によりメラニン色素が合成されない結果，皮膚などの白色化を引き起こす．

　このようにフェニルアラニンの代謝経路において特定の酵素が欠損すると，固有の表現型を呈することになる．したがって遺伝性の代謝異常症では，欠乏あるいは蓄積する物質から，疾患に関わる代謝経路を明らかにし，欠損していることが推測される酵素の遺伝子を調べることで，疾患の原因となる変異を同定することが可能である．

　一方，ヒトやマウスなどでは，他の動物種に比べてはるかに多くの遺伝性疾患やミュータントの責任遺伝子が同定されている．ある動物種で見られる特定の遺伝的形質と類似した形質を示すヒトの遺伝性疾患やマウスのミュータントの責任遺伝子がすでに同定されている場合も多い．したがって，ある動物の形質について，ヒトやマウスでも類似した形質を示すことが知られている場合には，同じ遺伝子がその動物種でも責任遺伝子である可能性が高く，比較的容易に責任遺伝子を同定することが可能である．このようにヒトやマウスなどの他の動物種との比較により責任遺伝子を同定する方法も，家畜などではよく用いられている．

b. 遺伝子発現の網羅的解析

　近年，個々の遺伝子の発現量を網羅的に解析する方法が確立されている．その代表的な方法がDNAマイクロアレイ（DNA microarray）法である．この方法は，小さな基盤上に数千から数万の異なったDNA断片を塗布し，そのDNAと結合したRNAを専用機器により自動的に定量し，特定の細胞で発現しているほぼすべての遺伝子の発現量を測定する方法である．したがって，異なった形質を示す個体の間で遺伝子の発現量を網羅的に比較することにより，その形質に関わる可能性のある遺伝子を特定することが可能となる．もちろん，発現量が変化している遺伝子のなかには，その形質の原因ではなく，他の遺伝子の発現の変化の結果として発現量に変化が生じているものも多いことに注意が必要である．したがってこの方法で単純に特定の形質の原因となる遺伝子を特定できるわけではないが，少なくともその形質発現に関わる一連の経路に関与する可能性のある遺伝子を同定することは可能である．

8.2.4　遺伝子変異の同定と検出法の確立

　上記のような方法により特定の形質を支配する責任遺伝子あるいはその候補となる遺伝子が特定されたなら，その遺伝子を調べることで，目的の形質の原因となっている遺伝子の塩基配列上の変化（以下変異と略称）を同定することが可能となる．これは畜産などへの応用の上できわめて重要なことである．すなわち，変異を同定することで，ある特定の個体が目的の変異をもつか否かを判別することが可能となり，経済形質の場合は好ましい遺伝子をもつ個体を選抜することが，あるいは遺伝性疾患の場合はキャリアー個体の同定により疾患の発生を予防することが可能となる．もちろん，責任遺伝子が特定されていない場合でも，責任遺伝子の染色体上の位置が特定されていれば，後述の連鎖マーカーを利用したマーカーアシスト選抜（8.3節）が可能であるが，この方法はあくまでも間接的な選抜法であり，より確実な選抜のためには変異を直接検出することが必要とされる．したがって，ポジショナルクローニングの最終的な目標は，その形質発現の原因となる塩基配列上の変異を同定し，その変異を検出する方法を確立することである．

a. 変異の種類

　毛色や遺伝性疾患などの質的形質の多くは，特定の遺伝子の機能が完全に欠損していることにより生じる．したがって，その変異は2章で述べたようなナンセンス変異，フレームシフト変異，あるいはミスセンス変異の場合にはタンパク質にと

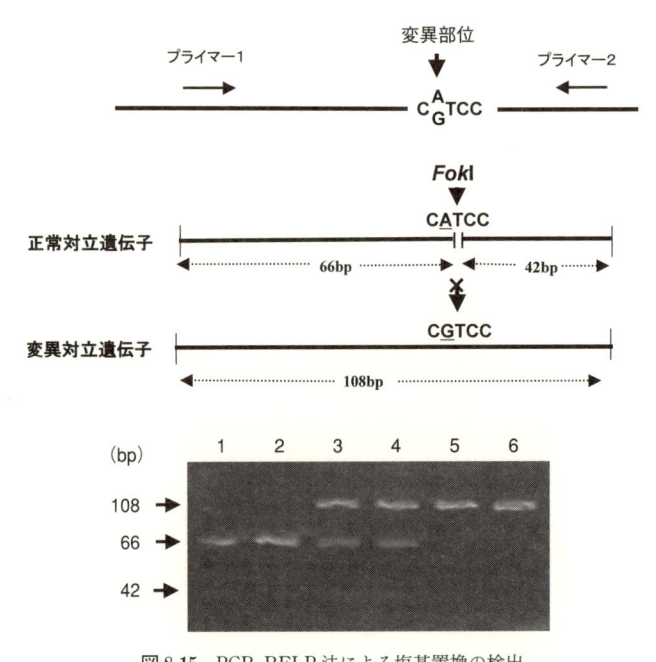

図 8.15 PCR-RFLP 法による塩基置換の検出
ウシのチェディアック-ヒガシ症候群において，疾患の原因となる塩基置換は FokⅠという制限酵素の認識部位（CATCC）にある．この変異部位を含む断片は正常対立遺伝子では FokⅠで切断され 66 bp と 42 bp の断片が検出されるが，変異対立遺伝子では A から G への塩基置換により切断されず，108 bp の断片が検出されるため，変異を容易に判別することができる．

って機能的に重要な部分における異なった性質のアミノ酸への置換など，遺伝子産物の機能に大きな影響を与える変異である場合が多い．このような変異は，対象とする遺伝子のうち直接アミノ酸配列を決定しているコード領域を中心に塩基配列を解析することにより同定が可能である．それに対し量的形質では，当該遺伝子の発現量の変化など，遺伝子の機能に比較的軽微な影響を与える変異であることも多く，単にコード領域におけるアミノ酸配列の変化だけでなく，プロモーターやエンハンサーなどの発現調節領域，あるいは特に機能の明らかとなっていない領域における塩基配列の変化が原因となっている場合も多い．たとえば，ブタにおける筋肉の成長に関わる QTL は IGF2 遺伝子の第 2 イントロンにおける 1 塩基の置換に起因していることが明らかにされている．したがって量的形質の変化の原因となる変異を特定するためには，質的形質の場合に比べてより多くの労力と，高度な戦略を必要とする．

b. 変異の検出法

前述のように特定の形質の原因となる変異が同定されたなら，その変異を検出することで，特定の経済形質に関与する遺伝子をもった個体や，遺伝性疾患のキャリアーの選抜などに応用することが可能となる．変異の検出は一般的には PCR 法により変異が存在する部位を増幅することにより行われる．変異が遺伝子の部分的な欠失や特定の配列の挿入の場合には，PCR 断片の長さが変化するので検出は比較的容易である．しかし，多くの変異は一塩基の置換であり，この場合は PCR 法による増幅だけでは変異を検出することはできない．そこで，塩基置換に対する特異的な変異の検出法として，いくつかの方法が用いられている．以下にその代表的なものを紹介する．

1) PCR-RFLP 法　塩基置換が特定の制限酵素の認識部位に存在する場合には，一般的に PCR-RFLP 法が用いられる．この方法は，変異を含む領域を PCR 法により増幅した後，増幅さ

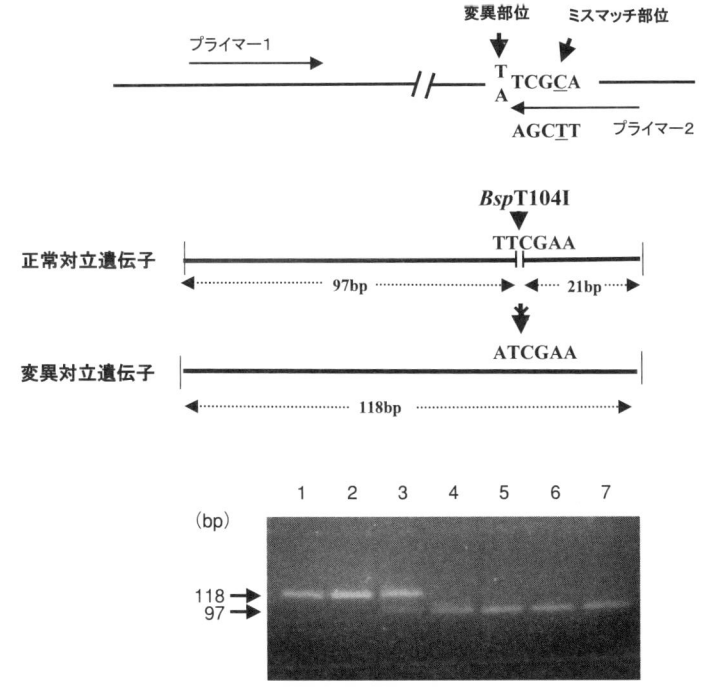

図8.16 ミスマッチ PCR 法による塩基置換の検出
ウシの血友病 A の原因となる塩基置換は制限酵素の認識部位にはないが，4塩基離れた位置の C を A に置き換えるようなミスマッチプライマーを用いて増幅された断片は BspT104I の認識部位をもつことになる．したがって BspT104I で切断することで遺伝子型を判別できる．

れた断片が制限酵素により切断されるか否かにより変異を検出する方法である．図8.15にウシに発生するチェディアック-ヒガシ症候群という遺伝性疾患における PCR-RFLP 法による変異の検出例を示した．この疾患は，LYST という遺伝子の2015番目のコドンにおける A から G への置換により引き起こされる．この塩基置換は制限酵素 FokI の認識部位であるため，この部位を含む PCR 断片は，正常な対立遺伝子では FokI により切断され短い2つの断片になるが，変異をもつ対立遺伝子では切断されずに長い断片のままである．したがって，長い断片が検出される個体は変異遺伝子をもつことになる．このように変異が適当な制限酵素の認識部位に存在する場合は，PCR-RFLP 法により比較的容易に変異を検出することが可能である．

2) ミスマッチ PCR 法 一方，変異が制限酵素の認識部位に存在しない場合には，より複雑な方法が必要である．ミスマッチ PCR 法は，標的となる配列と少し異なった配列をもつプライマーを用いて人為的に制限酵素の認識部位を PCR 断片中に導入することで PCR-RFLP 法を可能にする方法である．図8.16にウシの血友病 A におけるミスマッチ PCR 法の例を示した．この疾患は，血液凝固第 VIII 因子遺伝子の2134番目のコドンにおける T から A への置換により引き起こされる．この置換部位はいずれの制限酵素の認識部位でもないが，図8.16に示すように置換部位近傍の1塩基を C から A に変えると制限酵素 BspT104I の認識部位となる．そこでこの塩基を置換したプライマーを用いた PCR 法により，この部位に人為的に塩基置換を導入した PCR 断片は，正常な対立遺伝子では BspT104I より切断され短い断片になるのに対して，変異をもつ対立遺伝子では切断されずに長い断片となり，PCR-RFLP 法と同様に容易に変異を検出できるよう

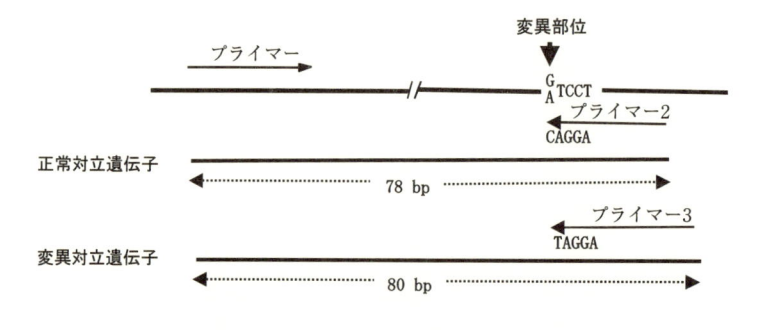

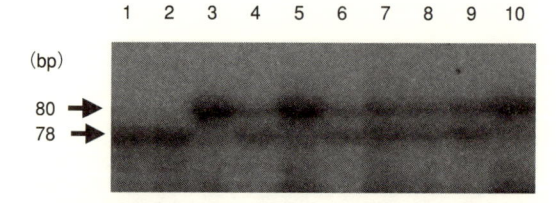

図 8.17 AS-PCR 法による塩基置換の検出
ウシのチェディアック-ヒガシ症候群の塩基置換部位をプライマーの 3′ 端に対応させることで，プライマー 2 はこの部位が G の場合のみに増幅し，プライマー 3 は A の場合のみに増幅するようになる．プライマー 2 は 3 に比べて 2 塩基長いため，正常対立遺伝子から増幅された断片は変異対立遺伝子より 2 塩基長くなることで，塩基置換が検出できる．1, 2 は発症個体，3, 10 は正常個体，4, 6〜9 はキャリアーとなる．

3) **AS-PCR 法**　制限酵素を用いずに塩基置換を検出する方法として，よく用いられているのが AS (allele specific)-PCR 法である．この方法では変異をもつ配列ともたない配列のそれぞれを特異的に増幅するプライマーを用いることで，対立遺伝子を検出する．前述のチェディアック-ヒガシ症候群における LYST 遺伝子の A から G への置換を検出する AS-PCR 法の例を図 8.17 に示した．プライマーの 3′ 端を置換部位に対応させ，正常対立遺伝子に対するプライマー 2 は 3′ 端を T に，変異対立遺伝子に対するプライマー 3 は C にすると，プライマー 2 は正常対立遺伝子が存在する場合にのみ標的断片を増幅し，逆にプライマー 3 は変異対立遺伝子が存在する場合にのみ増幅することになる．ここでプライマー 2 が 3 に比べて数塩基長い配列をもつようにすると，正常対立遺伝子から増幅された PCR 断片は変異対立遺伝子より増幅されたものに比べてわずかに長くなり，図に見られるように分離能の高い電気泳動法を用いることで変異対立遺伝子の検出が可能となる．

以上のような方法により責任遺伝子の塩基配列上の変化を直接検出することができれば，経済形質や遺伝性疾患などの特定の形質に関与する遺伝子をもつ個体を判別することが可能である．

〔国枝哲夫〕

8.3　マーカーアシスト選抜

これまで，家畜における量的形質の選抜による遺伝的改良では，形質情報（すなわち測定値や表現型値）と血統情報とを利用した選抜基準が利用されてきた．その結果，家畜の主要な経済形質では，遺伝的改良速度が明らかに上昇している．しかし，繁殖性のような遺伝率の低い形質や泌乳量のような限性形質，さらに，肉質のように一般に屠畜しないと表現型値の情報が得られない形質などの場合には，形質情報（および血統情報）に基づく従来の選抜法では選抜効率を高めるには限界

8.3 マーカーアシスト選抜

もつメジャージーン（major gene，主働遺伝子ともいう）であり，この種のQTLについての遺伝子型の効果，遺伝子頻度，個体の遺伝子型などの情報は，選抜のみならず計画交配に際しても有用である．

8.3.1 マーカーとQTLとの連鎖不平衡とその利用

MASは，通常，マーカー座とQTLとの連鎖不平衡（linkage disequilibrium, LD）に依拠した選抜法である．LDは，2つ（以上）の座位についての特定のハプロタイプ（図8.18参照）の頻度が，無作為交配下でチャンスによって期待される頻度から有意に異なっている状態をいう．

マーカー座とQTLとの集団レベルでのLD（図8.18(a)）は，標的のQTLでの突然変異，移入，遺伝的浮動などの歴史的現象（historical events）の結果によって生じ，両者が強く連鎖している場合には長期にわたって維持される．このような場合には，選抜をマーカー型に基づいて行うことができる．また，集団レベルでのLDは，近交系（あるいは品種）間の交雑によっても生じるし（図8.18(b)），集団レベルでは連鎖平衡（linkage equilibrium, LE）が期待される無作為交配集団の場合でも，選抜が行われているときには，強く連鎖したマーカーとQTL間にチャンスによって集団レベルでのLD状態が生じる場合がある．一方，マーカー座とQTLとが集団レベルでLEの状態では，マーカー型はQTL遺伝子型についての情報を与えないが，家系内では常にLDが存在するので（図8.18(c)），家系内のLDがMASに利用される．ただし，マーカー座とQTLとが集団レベルでLDのときでも，連鎖相（linkage phase）は集団ごとに異なっている可能性があるため，MASでは対象集団での連鎖相の把握が必要である．同様に，家系内のLDを利用したMASの場合には，対象家系における連鎖相の評価が求められる[1]．

MASは，QTLが精密にマッピングされている場合はもちろん，QTLの正確な位置が知られていなくても，マーカーによってQTLの存在す

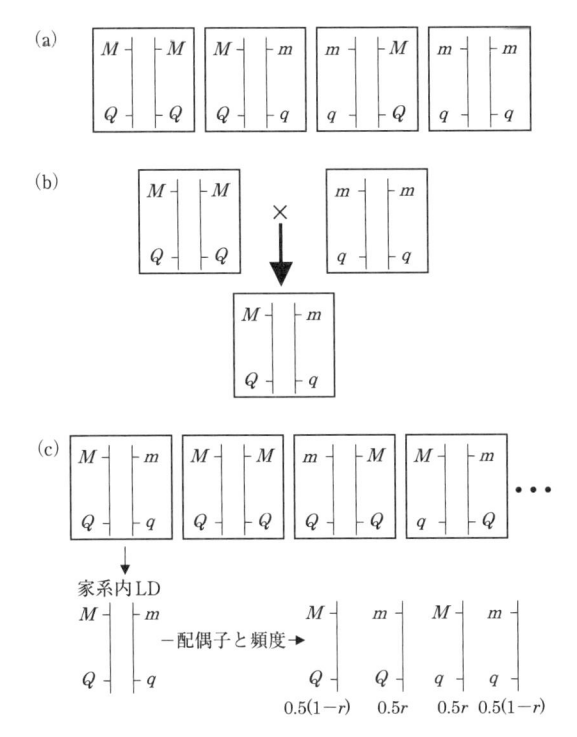

図8.18 マーカー座とQTLとのLDの説明図（文献[1]を一部改変）
(a) および (b) は集団レベルでLDの状態を示し，(c) はLE状態の集団での家系内LDを示す．M と m はマーカーアリル，Q と q はQTL対立遺伝子，r はマーカー座とQTLとの組換え価である．

がある．

前述したように，近年，種々の家畜でゲノムの全域にわたるDNAマーカーの高密度連鎖地図が作成されており，これらのマーカーの情報を利用したQTL解析により，マーカーの近傍に存在するQTLの検出とマッピングやQTL効果の推定が進められている．DNAサンプルには，個体の年齢や性を問わずに得られるという利点があり，QTLの指標となるマーカーの情報は，特に上述のような形質を対象とした遺伝的改良計画での選抜効率を高める上で有用と考えられる．DNAマーカーの情報を利用した選抜を総称して，マーカーアシスト選抜（marker-assisted selection, MAS）という．本節では，DNAマーカーを利用した量的形質のMASについて概説する．

QTL解析で実際にマッピングされるのは，通常は標的の量的形質に対して比較的大きな効果を

> **Box 8.2　LDの測度**
>
> いま，簡単に，マーカー座とQTLとが同一染色体上にあり，それぞれ2つのアリル（Mとm）および（Qとq）があるとしよう．この場合，4つのハプロタイプすなわちMQ，Mq，mQおよびmqの頻度をそれぞれp_{MQ}，p_{Mq}，p_{mQ}およびp_{mq}とし，M，m，Qおよびqアリルの頻度をそれぞれp_M，p_m，p_Qおよびp_qとすると，LDの測度には，
>
> $$D = p_{MQ}p_{mq} - p_{Mq}p_{mQ},$$
> $$r = \frac{D}{\sqrt{p_M p_m p_Q p_q}} \text{ および } r^2$$
>
> などがある．Dは連鎖平衡の状態からの偏差であり，各アリルの頻度に大きく左右される．相関係数rの2乗r^2はDよりもアリル頻度に依存しない測度であるが，一度に2つの座位しか考慮することができない．
>
> そこで，染色体上の多数のマーカー座やQTLを同時に考慮に入れることのできるLDの測度として，染色体セグメントホモ接合性（chromosome segment homozygosity, CSH）も定義されている．CSHは，染色体セグメント同祖性（chromosome segment identity）とも呼ばれる重要な概念であり，集団からランダムに抽出された2つの染色体セグメント（同一の位置にある同じサイズの2つのセグメント）が同祖的（identical by descent, IBD）である確率を示す．

る染色体領域がマークされている場合には実施できる．しかし，一言でMASといっても，検出されたすべてのQTLに対して同じ程度の利用が可能であるとは限らない．MASには，QTLの情報がどの程度正確にとらえられているかによって，3つのフェーズがある[2]．したがって，MASを実際に行う上では，その目的と期待すべき効果とを勘案して，適切な戦略を立てて取り組む必要がある．

まず，フェーズIはQTLが十分近くに位置していないマーカーによって位置づけられている段階であり，これは通常のQTLマッピングの結果をMASに用いる場合である．この段階では，通常，QTLとマーカーとが集団レベルではLEの状態にある．この意味で，このような段階でMASに用いられるマーカーをLEマーカーと呼ぶ（表8.3）．

次に，フェーズIIは，QTLが連鎖不平衡マッピングなどによって精細に位置づけられた段階であり，マーカーハプロタイプとQTLとの関連は家系を越えて集団に共通する．したがって，MASへの利用がいっそう有効なものとなる．このようなマーカーは，QTLと集団レベルでLDの状態にあり，LDマーカーと呼ばれる（表8.3）．

最後のフェーズIIIはマーカーがタンパク質のアミノ酸配列をコードしている領域における突然変異（functional mutation）をコードするような場合（マーカーがQTL内に位置している場合）であり，マーカーとQTLとの間の組換えが起こらず，マーカーが正確にQTL遺伝子の指標となる場合である．この場合には，マーカーの特定のアリルを識別することによって特定のQTL対立遺伝子を識別することができ，マーカー型は正確にQTL遺伝子型の指標となる．すなわち，生産能力をQTL遺伝子型によって直接評価する遺伝子診断となり，究極のMASともいえる．

家畜の経済形質に関与するQTLの場合，このようなマーカーとして，ブタのハロセン遺伝子の指標となるリアノジンレセプター遺伝子やウシの"豚尻"遺伝子の指標となるミオスタチン遺伝子などが同定されている．

8.3.2　遺伝的改良計画におけるMASの利用領域

家畜の遺伝的改良計画でのMASの利用場面として，図8.19に示したように，さまざまなケースが想定されている[1]．その際，改良計画の内容に応じて，選抜基準として，マーカー情報に基づく分子スコア（molecular score, マーカースコアともいう）の利用，分子スコアの利用とその後の形質情報の利用，分子スコアと形質情報の両者へ

8.3 マーカーアシスト選抜

表 8.3 家畜の実用群において MAS に利用されている遺伝子あるいはマーカー(文献[3])を改変)

形質のタイプ	責任遺伝子・直接マーカー[*1]	LD マーカー	LE マーカー
乳質	κ-Casein (乳牛) β-lactoglobulin (乳牛) FMO3 (乳牛)		
肉質	RYR (ブタ) RN/PRKAG3 (ブタ) >15 PICmarq (ブタ)	RYR (ブタ) RN/PRKAG3 (ブタ) A-FABP/FABP 4 (ブタ) H-FABP/FABP3 (ブタ) CAST (ブタ・肉牛) THYR (肉牛) Leptin (肉牛)	
飼料利用性	MC4R (ブタ)		
抗病性	Prp (ヒツジ) F18 (ブタ)	B blood group (ニワトリ) K 88 (ブタ)	
繁殖性	Booroola (ヒツジ) Inverdale (ヒツジ) Hanna (ヒツジ)	Booroola (ヒツジ) ESR (ブタ) PRLR (ブタ) RBP 4 (ブタ)	
発育と体組成	MC4R (ブタ) IGF-2 (ブタ) Myostatin (肉牛) Callipyge (ヒツジ)	CAST (ブタ) IGF-2 (ブタ) Carwell (ヒツジ)	QTL (ブタ) QTL (肉牛)
乳量と乳組成	DGAT (乳牛) GRH (乳牛) κ-Casein (乳牛)	PRL (乳牛)	QTL (乳牛)

[*1] フェーズ III におけるマーカー.

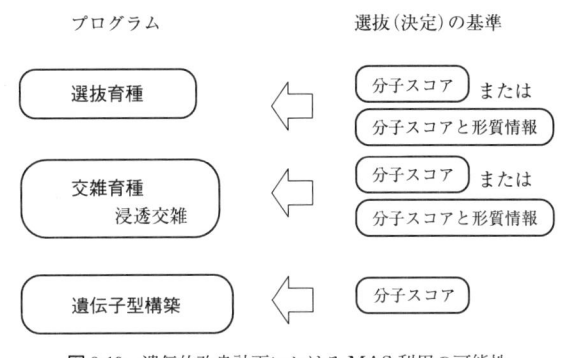

図 8.19 遺伝的改良計画における MAS 利用の可能性

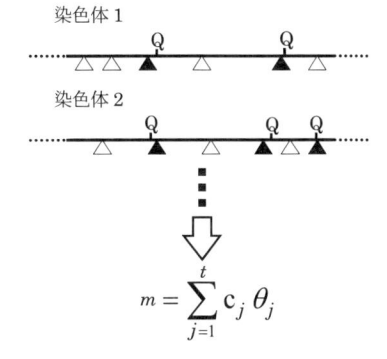

プログラム: 選抜育種 ← 分子スコア または 分子スコアと形質情報
交雑育種 浸透交雑 ← 分子スコア または 分子スコアと形質情報
遺伝子型構築 ← 分子スコア

図 8.20 典型的な分子スコアの説明図

$$m = \sum_{j=1}^{t} c_j \theta_j$$

Q は当該形質に関与する QTL を, △および▲はマーカーを示している. m は分子スコアであり, t は QTL に強く連鎖した"有意な"マーカー(すなわち▲のマーカー)の数, θ_j は当該個体における j 番目の"有意な"マーカーでのアリル数(すなわち 0, 1 あるいは 2), c_j は j 番目の"有意な"マーカーに関連した相加的効果である. c_j の値は, 通常, 表現型値のマーカーに対する重回帰分析によって求められる.

の適当な重み付けによる組み合わせ基準の利用が考えられている. 典型的な分子スコアは, マーカー-QTL 関連を利用して, 標的の量的形質に関与する各 QTL の効果をそれぞれの QTL と強く連鎖した"マーカーの効果"としてとらえ, QTL 効果の総和をマーカー効果の和として評価したスコアである(図 8.20). また, 個々の個体について, マーカーによってマークされた QTL に関するハプロタイプの効果や QTL での遺伝子型効果などの評価を行うための種々の方法論も急速に発達しつつある.

Box 8.3　MASの相対的選抜効率

マーカー座とQTLとが集団レベルでLD状態にある集団について，分子スコアと表現型情報とを利用した個体選抜の有効性について考えてみよう．この場合，分子スコアと表現型値を利用した選抜指数 I は，

$$I = b_y y + b_m m$$

と記述される．ただし，y は表現型値，m は分子スコアであり，2つの係数 b_y と b_m は個体の予測育種価の正確度が最大になるように決められる．ここでは，LandeとThompson (1990) に従い，理想的な状況として分子スコアが正味のQTL効果を正確に表す状況を仮定して，①両性で測定できる形質，②限性形質および③2段階選抜の場合を取り上げ，選抜指数 I によるMASの表型選抜に対する相対選抜効率（relative selection efficiency, RSE）について述べる[4,5]．

①の場合に期待されるMASのRSEは，

$$\sqrt{\frac{p}{h^2} + \frac{(1-p)^2}{1-h^2 p}}$$

として与えられる．ここで，h^2 は遺伝率，$p = \sigma_m^2/\sigma_A^2$ であり，σ_A^2 は相加的遺伝分散，σ_m^2 は分子スコアによって説明される相加的遺伝分散である．たとえば，分子スコアによって相加的遺伝分散の50%が説明される場合には，遺伝率が0.3のときのMASのRSEは1.32と期待される一方，遺伝率が0.5では1.12に減少することがわかる．このように，MASのRSEは，p 値が一定であれば遺伝率が高いときほどより1に近い値をとり，MASの相対的な利点はより小さくなる．なお，分子スコアのみに基づくMASのRSEは $\sqrt{p/h^2}$ と表され，p が h^2 より高い値をとる場合に1より大きくなる．

次に，②の場合に関して，MASでは両性についての分子スコアと雌の表現型情報とを利用すると仮定して，雌の表現型情報のみによる個体選抜の場合と比べてみよう．この場合のMASのRSEは，

$$\sqrt{\frac{p}{h^2} + \frac{(1-p)^2}{1-h^2 p}} + \frac{i_m}{i_f}\sqrt{\frac{p}{h^2}}$$

と表される．ただし，h^2 と p は①の場合と同様であり，i_m および i_f はそれぞれ雄および雌における選抜強度を示す．この式は，第1項と第2項との和からなるが，第1項はマーカー情報と表現型情報の両方を利用できる雌の選抜に関わる項であり，第2項はマーカー情報のみが利用できる雄の選抜に関わる項である．結果的に，この場合のRSEは，①のケースに比べて相対的に高い値となる．

③の2段階選抜の例として，幼齢段階で分子スコアに基づく個体選抜を行い，成熟動物となった段階でさらに表現型情報に基づく個体選抜を実施する場合を考えれば，このようなMASのRSEは，

$$\frac{1-p(1-\sigma_r^2/\sigma_m^2)}{\sqrt{1-h^2 p(1-\sigma_r^2/\sigma_m^2)}} + \frac{i_j}{i_a}\sqrt{\frac{p}{h^2}}$$

と記述される．$p(1-\sigma_r^2/\sigma_m^2)$ は幼齢時での第1段階の選抜による相加的遺伝分散の減少に関わる項であり，σ_m^2 および σ_r^2 はそれぞれ選抜前および選抜後の分子スコアの分散を示している．i_j および i_a は，それぞれ幼齢個体および成熟個体についての選抜強度である．この式の第1項は，1より小さな値をとり，幼齢時での予備選抜によって成熟段階での表型選抜の選抜効率が低下する点を説明している項である．

以上の式では，QTL効果が抽出誤差なしに推定される理想的な状況が仮定されており，したがって，十分に大きな集団において1世代のMASが行われた場合のRSEの上限値が示されている．$p=1$ のときは，形質を支配する"すべてのQTL"の効果が"既知"の場合の値となる．

a. 選抜育種

1) MASの有効性　品種内での選抜育種におけるMASでは，一般に，選抜の正確度の向上，選抜強度の増加あるいは世代間隔の短縮を通じて，遺伝的改良速度を速めることが可能である．マーカー情報（分子スコア）と形質情報とを利用したMASは，遺伝率の低い形質，泌乳量のような限性形質，性成熟に達する前の個体では測定値が得られないような繁殖性に関わる形質，屠畜しないと測定できないような枝肉形質などの場合に有効と考えられている．

MASの利用価値は，実際には，マーカーによってマークされているQTLの効果の大きさ，対立遺伝子の頻度，マーカーとQTLとの組換え

価，マークされた QTL 以外の QTL による遺伝分散の大きさ，選抜の世代数，集団構造などの要因のさまざまな状況によって異なってくる．そこで，コンピュータシミュレーションにより，種々の条件下で MAS を実施した場合の遺伝的改良量の様相と MAS の有効性が調べられている．一般に，対象形質の遺伝率が低いときには，マーカー情報を利用することによって育種価推定の正確度が向上し，MAS は有用と考えられている．しかし，分子スコアのみに基づく個体選抜での累積改良量は，選抜の初期世代では相対的に大きくなるが，後の世代では形質情報のみを用いた個体選抜による累積改良量の方が大きくなるという結果が得られている．すなわち，短期的選抜における最適な選抜基準が必ずしも長期的な選抜における最適基準ではないことに留意する必要がある．LD 状態の集団の場合でも，世代が進むにつれて組換えによって LD の程度が低下し，マーカー–QTL 関連の程度が徐々に低くなっていくので，MAS の有用性も低下していく．分子スコアによって形質を支配しているすべての QTL による遺伝的変異が説明されない状況下では，分子スコアのみによる選抜よりもマーカー情報と表現型情報とを組み合わせた基準による選抜の方が有効といえる．

図 8.21 は，シミュレーションにより，分子スコアのみに基づく選抜，形質情報のみに基づく通常の予測育種価による選抜および分子スコアと通常の予測育種価の両者を組み合わせた基準による選抜を比較した研究の一例である[6]．初期の世代では組み合わせ基準を用いた選抜が効果的である．しかし，世代が経過するにつれて，形質情報のみに基づく育種価予測値に基づく選抜との累積改良量の差が小さくなっていく現象がみられる．その理由は，選抜世代の経過に伴ってマークされた QTL による遺伝分散が減少し，徐々に当の QTL での選抜反応が小さくなっていくからである．したがって，MAS が長期にわたって有用であるためには，形質を支配している QTL が次々と新たに同定・マークされ，それらの QTL 情報が継続的に選抜に利用できる状況が不可欠と考えられている．また，マークされた QTL とそれ以外の QTL に対する選抜強度をコントロールすることにより，長期的な MAS の有効性を高めるための方法も提案されており，この種の研究も重要と考えられている．

2) 家系内での MAS　　集団レベルでは LE

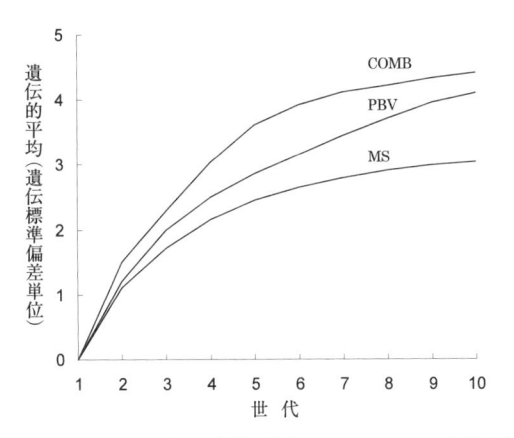

図 8.21　2 つの近交系間の交雑に由来する F_2 クロスから始められた繰り返し選抜のシミュレーションの結果（遺伝率が 0.25 の場合）（文献[6]を一部改変）
選抜基準：マーカー情報による分子スコア (MS)，形質情報に基づく通常の予測育種価 (PBV) およびこれら 2 つの情報を組み合わせた基準 (COMB)．

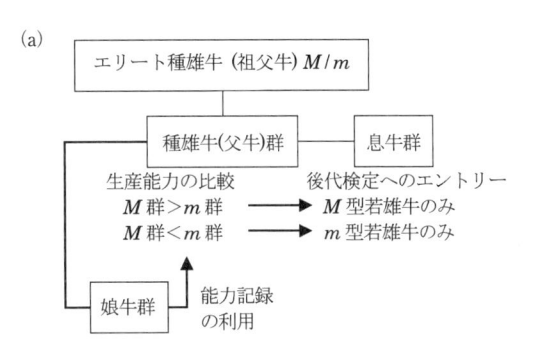

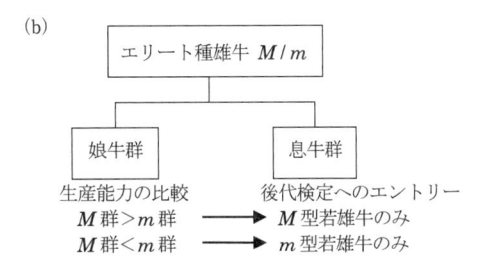

図 8.22　トップダウン方式 (a) とボトムアップ方式 (b)

である乳用牛や肉用牛の外交配集団を対象として，家系内でのLDを利用した比較的シンプルなMASの方式がいろいろと考えられている．

たとえば，乳用牛におけるこの種のMASは，マーカー情報の利用によって従来の雄牛後代検定プログラムを改変し，選抜効率の改善を図ろうとするものである．泌乳形質のような重要な経済形質は，雌でのみ発現し，しかも人工授精が広範に行われている雄に比べて雌が生涯において生産する後代数は限られているため，この種のMASは合理的な応用例の1つである．

乳用牛の雄牛後代検定において若雄牛の予備選抜にマーカー情報を利用するプログラムでは，トップダウン方式とボトムアップ方式とがある（図8.22）．トップダウン方式はグランドドーター・デザインに，ボトムアップ方式はドーター・デザインに基づいている．トップダウン方式では，エリート種雄牛（祖父牛）の家系に関して，当該種雄牛とその息子の後代検定済み種雄牛（父牛）についてDNAマーカーがタイピングされ，祖父牛がQTLについてヘテロ型であるかどうかが判定される．この点を識別するために，祖父牛から受け取ったマーカーハプロタイプに基づいて父牛が2つのグループに大別され，それらのグループの間で平均推定育種価（その父牛の娘群から求められた平均DYD（daughter yield deviations））に差があるか否かが調べられる．そして，差がある場合には，祖父牛からのQTL情報が孫雄牛のスクリーニング（予備選抜）と後代検定へのエントリーに利用される．その場合，父牛が祖父牛から望ましいQTL対立遺伝子（プラス遺伝子と呼ぶことにする）を含むハプロタイプを受け継いでいるときには，そのハプロタイプを受け取っている孫雄牛が選抜される．一方，父牛が望ましくない方のハプロタイプを受け継いでいるときには，そのハプロタイプが伝達されていない方の孫雄牛が選抜される．

一方，ボトムアップ方式では，後代検定の候補雄牛の父親である種雄牛とその娘牛群について，マーカーがタイピングされ，娘牛群のマーカー対比に基づいて，種雄牛が分離しているQTL対立遺伝子を保有しているか否かが評価される．そして，種雄牛についてのQTL情報が後代検定を受ける息牛の予備選抜に利用される．すなわち，娘牛は，父親である種雄牛から受け取ったハプロタイプに応じて2群に分けられ，それらの間の生産形質レベル（平均推定育種価など）の差の検定を通じて父親である種雄牛がQTLについてヘテロ接合性であるかどうかが評価される．ヘテロ型である場合には，プラス遺伝子を含むハプロタイプを受け継いだ息牛のみが後代検定にエントリーされることになる．

家系内でのMASのプログラムとして，これらの他にも，半姉妹牛の泌乳記録の情報とマーカー情報とによって後代検定を行わずに種雄牛を選抜するプログラムや多排卵と胚移植（multiple ovulation and embryo transfer, MOET）を利用した中核育種集団で供用する種雄牛をそれらの半姉妹牛の泌乳記録とマーカー情報とによって選抜するプログラムなども考案されている．

3） QTL効果を取り上げたモデルによる遺伝的評価　分離しているQTLがある場合，マーカー情報を用いてそのQTLでの育種価や遺伝子型効果を評価し，選抜に利用することができる．ここでは，複雑な血統構造の外交配集団を対象とし，ポリジーン効果に加えて，マークされたQTLの効果として配偶子効果の和あるいは遺伝子型効果を取り上げた混合線形モデルによるより一般的なアプローチについて触れる．QTL効果とポリジーン効果とを取り上げたモデルは，混合遺伝モデル（mixed inheritance model）と総称される[7]．

マーカーによってマークされた既知のQTL（あるいはQTLを含む染色体セグメント）の効果を2つの配偶子効果（マーカーハプロタイプ効果）の和として取り上げたモデルは，

$$y = Xb + Wv + Zu + e$$

のように記述される．この手法では，マークされたQTLでの対立遺伝子数は多数であるとの理論上の仮定が設けられている．ここで，yは測定値のベクトル，bは大環境効果のベクトルであり，vはマークされたQTLに関する父方配偶子の効

果と母方配偶子の効果を含むベクトル，u はポリジーン効果すなわち形質に関与しているその他のQTLについての個体レベルでの相加的効果のベクトルであり，e は残差のベクトルである．X，W および Z は，それぞれ y を b，v および u に関連づける計画行列である．この分析モデルでは，i 番目の個体の育種価 a_i は，

$$a_i = v_i^p + v_i^m + u_i$$

として，当のQTLについての父方配偶子の効果および母方配偶子の効果（それぞれ v_i^p および v_i^m）とポリジーン効果 u_i との和として定義されている．

この場合，b，v および u として取り上げられた各効果の値は，それらを未知変数とする次の連立方程式系（混合モデル方程式）

$$\begin{bmatrix} X'X & X'Z & X'W \\ Z'X & Z'Z+A^{-1}\alpha & Z'W \\ W'X & W'Z & W'W+G^{-1}\beta \end{bmatrix} \begin{bmatrix} \hat{b} \\ \hat{u} \\ \hat{v} \end{bmatrix} = \begin{bmatrix} X'y \\ Z'y \\ W'y \end{bmatrix}$$

を解くことによって得られる．ここで，A^{-1} は通常のBLUP法の場合と同様に，分子血縁係数行列（相加的血縁行列）の逆行列であるが，G^{-1} は配偶子関係行列（gametic relationship matrix）と呼ばれる行列 G の逆行列を表している．配偶子関係行列とは，対象となるすべての個体の父方配偶子および母方配偶子の相互の間でのマークされたQTL対立遺伝子のIBD確率を要素とする行列である．この種の手法は，従来のBLUP法のマーカー情報を利用した拡張であり，マーカーアシストBLUP（marker-assisted best linear unbiased prediction, MA-BLUP）法とも呼ばれる[8]．

一方，マークされたQTLでの対立遺伝子数が少数であることが既知の場合には，QTLの遺伝子型効果を取り上げたモデル

$$y = Xb + Wq + Zu + e$$

による遺伝的評価を行うことも考えられている．このモデルでは，当該QTLの遺伝子型効果がベクトル q として考慮されており，たとえば，2対立遺伝子（Q と q）で，遺伝子型が QQ，Qq および qq である場合には，q にはこれら3つの遺伝子型の効果が含まれる．W は，各個体の測定値をQTL遺伝子型に関連づける行列であるが，通常，この行列にはマーカー情報を用いて計算された各個体のQTL遺伝子型確率が含まれる．b，q および u における各効果の値は，先の場合と同様に，それらを未知変数とした適切な連立方程式系を解くことによって得られる．

b. 交雑育種

交雑育種計画によってヘテローシス（雑種強勢）を利用する上でも，マーカー情報が利用できる．ゲノムの全域にわたる多数のマーカー座でのアリル頻度から，分子スコアによって系統（品種）間の遺伝的距離を評価し，距離の離れた系統（品種）を親系統（品種）として選抜することが考えられている．また，分子スコアによってQTLでの遺伝子型効果を予測し，改良計画に利用することになる．その際，LDによるマーカー-QTL関連の様相は集団によって異なるため，マーカー情報は，由来の全く異なる集団間についてではなく，1集団から分化した系統間や血縁関係のある分集団間で交雑を行った場合に期待されるヘテローシス効果を事前に予測する際に利用でき

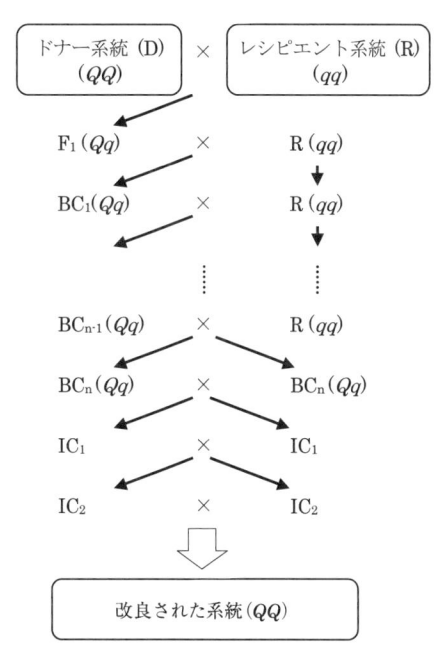

```
ドナー系統 (D)    ×    レシピエント系統 (R)
  (QQ)                      (qq)
   ↓                         ↓
 F₁(Qq)         ×         R(qq)
   ↓                         ↓
 BC₁(Qq)        ×         R(qq)
   ⋮                         ⋮
 BCₙ₋₁(Qq)      ×         R(qq)
   ↓                         ↓
 BCₙ(Qq)        ×         BCₙ(Qq)
   ↓                         ↓
 IC₁            ×         IC₁
   ↓                         ↓
 IC₂            ×         IC₂
         ⇓
    改良された系統(QQ)
```

図8.23 浸透交雑法による標的遺伝子の導入（文献[1]を一部改変）
F_1：F_1 クロス，BC_i：バッククロス，IC_i：インタークロス．Q および q：標的遺伝子（Q）とその対立遺伝子（q）．

図 8.24 MAI による"naked neck 遺伝子"の導入[1]
地鶏（ドナー系統，小さい方の 2 羽）から白色コーニッシュ系の実用鶏（レシピエント系統，大きい方の 2 羽）に導入された．

る[1]．

また，野生系統が保持している抗病性遺伝子や一系統で突然変異によって生じた生産性を高める上で有用な突然変異遺伝子などを標的遺伝子とした浸透交雑法にも，DNA マーカーの情報を利用することができ，マーカーアシスト浸透交雑 (marker-assisted introgression, MAI) 法と呼ばれている[1,9]．

浸透交雑法では，図 8.23 に示したように，ドナー系統（donor strain）とレシピエント系統 (recipient strain) とが交雑された後，レシピエント系統のゲノム割合の回復を図るために，6〜10 世代にわたってレシピエント系統へのバッククロス（戻し交雑）を繰り返す．この間，各世代では，標的遺伝子を保有し，レシピエント系統の形質の遺伝質をできるだけ保有している個体が親として選抜される一方，レシピエント系統では，繰り返し選抜による形質の改良が継続して進められる．バッククロスの反復過程によって，レシピエント系統のゲノム割合が十分に回復すると，インタークロスを行い，標的遺伝子についてホモ接合体の個体群が，最終的に改良された系統として選抜されることになる．その場合，マーカー情報は，バッククロスの繰り返し段階では，標的遺伝子を保有している個体の選別（foreground selection）とレシピエント系統の遺伝質の回復（background selection）の効率を高めるために用い，インタークロスの段階では，標的遺伝子についてホモ接合体である個体の選抜に利用する．MAI では，マーカー情報の利用により，バッククロスを行う世代数の減少が期待できるが，動物における MAI が実際に有効であるためには，一般に標的遺伝子がメジャージーンである必要があると考えられている[2]．

家畜における MAI の応用例には，ハロセン陽性遺伝子を高頻度で保有するブタのピートレイン種の一系統へのハロセン正常遺伝子の導入，実用鶏への地鶏の naked neck 遺伝子の導入（図 8.24），ヒツジの多胎に関するブールーラ遺伝子 (booroola gene) の乳用種への導入などがあり，ウシにおける抗病性遺伝子の MAI も試みられている．

c. 遺伝子型構築

将来的に多数の QTL が同定された結果，各 QTL でのプラス遺伝子が，異なる系統や品種で保有されているような場合には，マーカー情報を利用した遺伝子型構築（genotype building）の手法によって，それらの QTL について最も望ましい遺伝子型の個体の作出ができる可能性がある．対象となる複数の親系統（品種）を組み合わせた 2 系統間の交雑から出発して，それらの系統（品種）が個々に保有している異なる有用遺伝子を，順次，ホモ接合体で保有する個体を作り上げ，最終的にはすべての QTL でプラス遺伝子がホモ接合体である個体を作出しようとする遺伝子型構築の戦略は，特に遺伝子ピラミッド構築（gene pyramiding）と呼ばれている．遺伝子型構築での選抜指標には，標的遺伝子の有無を評価した分子スコアが用いられるが，将来においてフェーズ III の MAS の段階に到達すれば，動物の場合でも遺伝子ピラミッド構築の戦略が現実味を帯びてくるであろう．なお，前述の MAI は，遺伝子型構築の単純な例といえる[1]．

8.3.3 量的形質の MAS の展望

量的形質に関する MAS では，対象形質に関与する QTL の大半がマーカーによってマークされ，その遺伝的変異の大部分が説明されるような段階に至るまでの間は，未だマークされていない

多くのQTLの総合的効果が反映された指標である表現型情報の利用が重要であり，マーカー情報を形質情報と適切に組み合わせた基準による選抜を行っていく必要がある．特に，MASの有用性を長期にわたって維持していくためには，新規のQTLを継続的に同定し，利用していくことが不可欠であるが，マークされたQTLとその他のポリジーンQTLでの選抜強度を適切にコントロールしていくことも必要である．また，形質を支配している複数のQTLの個々における遺伝とQTL間の相互作用，遺伝と環境との相互作用などとをうまく調節していくことも重要になってくる．

現時点でのMASの利用は，既存の育種改良プログラムのなかに分子データを取り込むことによって，遺伝的改良の効率を高めていこうとする段階であるが，今後，分子データを有効に利用していく上では，改良プログラム自体の再構築が必要と考えられる．特に，将来において，分子レベルでのテクノロジーと繁殖関連の新しいテクノロジーとを高度に結合した育種改良のプログラムを発達させていくことができれば，MASの利用価値は大いに高まると予想されている．

今後，実際にMASを利用していく上では，従来の形質情報や血統情報と分子遺伝学的な各種の情報とを包括的かつ組織的に管理・分析し，改良目標や産業の目標に照らして，適切なリスク管理の下にMASを利用していく体制の構築が求められる．その場合，MASの信頼性とMASによって期待できる改良量の観点もさることながら，MASでは，QTL解析に要するコスト以外にも，対象個体群からのDNAサンプルの採取と保存，ジェノタイピング，関連データの分析などに多額の費用を要することから，それぞれの応用領域におけるMASの経済性がMASの利用と普及を大きく左右する要因となる． 〔祝前博明〕

引用文献

1) Dekkers JCM, Hospital F : Multifactorial genetics : The use of molecular genetics in the improvement of agricultural populations. *Nature Reviews Genetics*, **3** : 22-32, 2002.
2) Georges M : Recent progress in livestock genomics and potential impact on breeding programs. *Theriogenology*, **55** : 15-21, 2001.
3) Dekkers JCM : Commercial application of marker- and gene-assisted selection in livestock : Strategies and lessons. *Journal of Animal Science*, **82** (E Suppl) : E 313-E 328, 2004.
4) Lande R, Thompson R : Efficiency of marker-assisted selection in the improvement of quantitative traits. *Genetics*, **124** : 743-756, 1990.
5) Weller JI : Quantitative Trait Loci Analysis in Animals, 287 pp., CABI Publishing, 2001.
6) Zhang W, Smith C : Computer simulation of marker assisted selection utilizing linkage disequilibrium. *Theoretical and Applied Genetics*, **83** : 813-820, 1992.
7) Kinghorn BP, van der Werf J : Identifying and Incorporating Genetic Markers and Major Genes in Animal Breeding Programs, Course Notes, 157 pp., University of New England, Armidale, 2000.
8) Saito S, Iwaisaki H : Back-solving in combined-merit models for marker-assisted best linear unbiased prediction of total additive genetic merit. *Genetics Selection Evolution*, **29** : 611-616, 1997.
9) Whittaker JC : Marker-assisted selection and introgression. Handbook of Statistical Genetics (Balding DJ, Bishop M *et al.*, ed.), pp.673-693, John Wiley & Sons, 2001.

9. バイオインフォマティクス

近年,各種のゲノム解析プロジェクトが重点的に推進されたことにより,ヒトをはじめさまざまな生物種の全ゲノム配列(DNA塩基配列)が解読されてきている.家畜においても,主要家畜のゲノム解読が終了しつつあり,現在膨大な量のDNA塩基配列がデータベース化されている.ヒトではタンパク質をコードする遺伝子の数は約3万と推測されている.しかし,大部分のタンパク質の機能は未知のままであり,また,最近,マイクロRNAs(miRNAs)などの翻訳されないRNA(noncoding RNA, ncRNA)が遺伝子発現の制御に重要な役割を果たしていることが明らかになりつつある[1].したがって,全塩基配列の解析の次の課題,"ポストゲノム科学"は,これらのタンパク質やmiRNAsの機能を明らかにし,生命現象の全容を分子レベルで解明することである.その有効な手段として,バイオインフォマティクス(生命情報科学)による網羅的な解析が進められている.

バイオインフォマティクスはbiologyとinformaticsとが融合して1990年代に登場した学問で,図9.1に示すようなさまざまな分野が関連する.狭義には,遺伝子配列の解析や分類(ゲノミックス),ゲノムデータの解析,遺伝子発現解析や機能の予測,タンパク質アミノ酸配列,立体構造の解析,分類,予測,タンパク質機能同定のための実験的解析(プロテオーム解析など),生物種間の比較解析,遺伝子(分子)ネットワークの

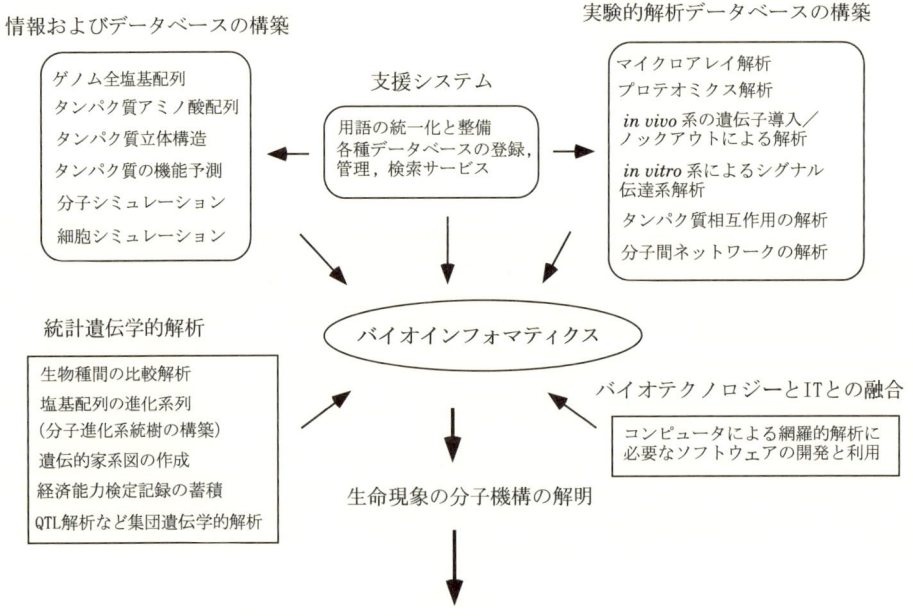

情報およびデータベースの構築
- ゲノム全塩基配列
- タンパク質アミノ酸配列
- タンパク質立体構造
- タンパク質の機能予測
- 分子シミュレーション
- 細胞シミュレーション

支援システム
- 用語の統一化と整備
- 各種データベースの登録,管理,検索サービス

実験的解析データベースの構築
- マイクロアレイ解析
- プロテオミクス解析
- in vivo系の遺伝子導入/ノックアウトによる解析
- in vitro系によるシグナル伝達系解析
- タンパク質相互作用の解析
- 分子間ネットワークの解析

統計遺伝学的解析
- 生物種間の比較解析
- 塩基配列の進化系列(分子進化系統樹の構築)
- 遺伝的家系図の作成
- 経済能力検定記録の蓄積
- QTL解析など集団遺伝学的解析

バイオテクノロジーとITとの融合
- コンピュータによる網羅的解析に必要なソフトウェアの開発と利用

→ バイオインフォマティクス
→ 生命現象の分子機構の解明
→ ヒトや動物における疾患や薬剤感受性に関係する遺伝子の解明
家畜における量的形質遺伝子支配の解明

図9.1 バイオインフォマティクスに関連する専門分野

解析（シグナル伝達系の解析や分子間の相互作用など），分子シミュレーション，細胞シミュレーションなどが含まれる．また，これらを支援する分野としては，遺伝子名や分子名などの用語の統一化や整備，遺伝子関連データベースの登録，管理，検索サービスなどがある．

現在，バイオテクノロジーにおける実験的技術は急速な勢いで進展しており，また，バイオテクノロジーとITとの融合が急速に進められている．しかしながら，実験的解析から得られた観測データを総合的に解析したり，解釈するための適切な方法，すなわちコンピューター解析に必要なソフトウェアの開発が追い付かないのが現状である．今後，バイオインフォマティクスを活用し生命のしくみの全容を分子レベルで解明するためには，気の遠くなるような網羅的解析が待ち受けており，実験科学とITとの融合と協調がますます重要となる．

現在，医学領域では，バイオインフォマティクスを駆使して，ヒトの疾患や薬剤感受性に関係する遺伝子の探索が精力的に進められている．家畜の場合は，長年にわたる登録事業の実績から家系図の作成や個体レベルの各種経済能力に関する記録が豊富に蓄積されている．また，交配実験が可能であり，生体から各種試料の採取も比較的容易である．したがって，将来，家畜でのゲノム解析，プロテオーム解析などが進めば，バイオインフォマティクスの利用により量的形質を支配する主要遺伝子群の同定が，ヒトを含む他の動物種に先じて成し遂げられる可能性がある．

本章では，新しい研究の進展を踏まえながら，バイオインフォマティクスのおもな分野を解説する．なお，章末には，バイオインフォマティクス関係のWWWサイトを示したので，参考にされたい（表9.1）． （東條英昭）

9.1 ゲノムデータベース

データベース（database）とはコンピューター上へ格納された大規模なデータ群を示す用語であるが，データの追加，更新，削除やデータの閲覧，検索，他のプログラムからのデータの利用などが，コストパフォーマンスよく実行できるような構造になっていなければならない．特に生物関係の情報は，データ間の関係が複雑であったり，文字情報以外の図形情報，画像，音声なども含むことがあり，それらの特性を十分に吟味した上でデータベースを設計する必要がある．

ゲノムデータベースとして総称されるものは一般に，DNAの塩基配列，タンパク質のアミノ酸配列，染色体地図に関する情報などである．また，それらに付随して文献情報，生物の種や系統に関する情報，遺伝子に関する情報，遺伝子発現に関する情報，cDNAライブラリなどのDNAリソースに関する情報，遺伝性疾患やノックアウトマウス，SNPsに関する情報など，さまざまな種類のデータとデータとの間のリンク情報から成り立っている．これらの情報は数多くのデータベースとして整理されるとともに，WWW（world wide web）の仕組みを使ってインターネット上で公開されていることが多い．

1982年ごろから，アメリカのGenbank（National Center of Biotechnology Information, NCBI）とヨーロッパのEMBL（European Bioinfomatics Institute, EBI）が，学術論文中に公表された塩基配列を収集し，データベース化する事業を開始した．これがゲノムデータベースの端緒である．その後，日本のDDBJ（国立遺伝学研究所）が加わり，これら3者が共同して塩基配列の収集とデータベース化を進めている．現在では，新規の塩基配列を決定し，論文に投稿する場合は，著者がインターネットを通じてこれらのデータベースに登録することが一般的である．現在，ほとんどの学術雑誌は，投稿前にGenbank/EMBL/DDBJのアクセッション番号を取得することを義務づけている．また，Genbank/EMBL/DDBJの3者は毎日，新規のデータを相互に交換し合っており，3者のデータベースの内容はほぼ同じになっている．

最近では，生物種単位の全ゲノムシーケンシングプロジェクトが盛んに実施されており，その結果，Genbank/EMBL/DDBJへの登録件数が飛

躍的に増加しており，2004年12月4日現在，40,583,945エントリー，44,416,752,273塩基のデータが格納されている．

その他，NCBIのサイトだけでも文献データベースのPubMed，各遺伝子に関する遺伝子機能や遺伝病，遺伝子ノックアウトマウスの表現型などを記述したOMIM，遺伝子ごとにDNAデータベース上のmRNAやESTへのリンクを網羅したUniGene，相同遺伝子群を集めたHomoloGeneなど多数のデータベースが格納されている．ここで，これらについて詳述することはできないが，ゲノムデータベースはそのデータ量だけでなく，その構造自体も日々進化しているので，つねに最新の情報に注意するとともに，WWW

Box 9.1　Genbank 塩基配列データベースの例

図9.2はNCBIのEntrezで検索した烏骨鶏のミトコンドリアの全塩基配列[2]のエントリーのページである．ACCESSIONがこの配列に割り当てられた固有番号で，論文等で引用するときはこの番号を用いる．LOCUSは他のエントリーと統廃合された場合などに変更される場合があるので，引用には用いない．FEATURESには実験に用いたDNAソースについての情報や配列上の遺伝子に関する情報などが記載されており，この図には示されていないがORIGINのところに実際の塩基配列が記述されている．

```
1: AB086102. Reports Gallus gallus mit...[gi:42558149]                    Links
features Sequence
LOCUS       AB086102               16784 bp    DNA     circular VRT 02-MAR-2004
DEFINITION  Gallus gallus mitochondrial DNA, complete genome, strain:silky
            chicken.
ACCESSION   AB086102
VERSION     AB086102.1  GI:42558149
KEYWORDS    .
SOURCE      mitochondrion Gallus gallus (chicken)
  ORGANISM  Gallus gallus
            Eukaryota; Metazoa; Chordata; Craniata; Vertebrata; Euteleostomi;
            Archosauria; Aves; Neognathae; Galliformes; Phasianidae;
            Phasianinae; Gallus.
REFERENCE   1
  AUTHORS   Wada,Y., Yamada,Y., Nishibori,M. and Yasue,H.
  TITLE     Complete nucleotide sequence of mitochondrial genome in silkie fowl
            (Gallus gallus var. domesticus)
  JOURNAL   J. Poult. Sci. 41, 76-82 (2004)
REFERENCE   2  (bases 1 to 16784)
  AUTHORS   Wada,Y.
  TITLE     Direct Submission
  JOURNAL   Submitted (03-JUN-2002) Yasuhiko Wada, Saga University, Faculty of
            Agriculture; Honjyo, Saga City, Saga Pref. 840-8502, Japan
            (E-mail:ywada@cc.saga-u.ac.jp, URL:http://genome.ag.saga-u.ac.jp/,
            Tel:81-952-28-8787, Fax:81-952-28-8787)
FEATURES             Location/Qualifiers
     source          1..16784
                     /organism="Gallus gallus"
                     /organelle="mitochondrion"
                     /mol_type="genomic DNA"
                     /strain="silky chicken"
                     /db_xref="taxon:9031"
                     /tissue_type="whole blood"
                     /dev_stage="adult"
     D-loop          1..1231
     tRNA            1232..1300
```

図9.2　NCBIのEntrez（http://www.ncbi.nlm.nih.gov//Entrez/）を利用したGenbankの塩基配列データベースの表示例（AB086102，烏骨鶏のミトコンドリア全塩基配列）

Box 9.2 Map Viewerの表示例

図9.3はNCBIのMap Viewerでヒトの第17染色体の甲状腺ホルモン受容体α（*THRA*）の近傍を表示させたものである．水色の縦線が各遺伝子の領域を示しており，小さな丸印がエキソンの位置を示している．このように*THRA*のセントロメア側には甲状腺ホルモン関連タンパク質遺伝子（*THRAP4*），q末端側には核内受容体クラス1D1遺伝子（*NR1D1*）が存在していることがわかる．それぞれの遺伝子に関するリンクをたどれば当該遺伝子に関するさまざまな情報を得ることができるようになっている．

たとえば，ここで*THRA*をクリックするとEntrez Geneの*THRA*のページが表示される．このページではスプライシングバリアントを含めたエキソン-イントロン構造，遺伝子機能を記述した論文へのリンク，PCR用のプライマーセットへのリンク，DNAデータベースやアミノ酸データベースへのリンクなどが記述されている．

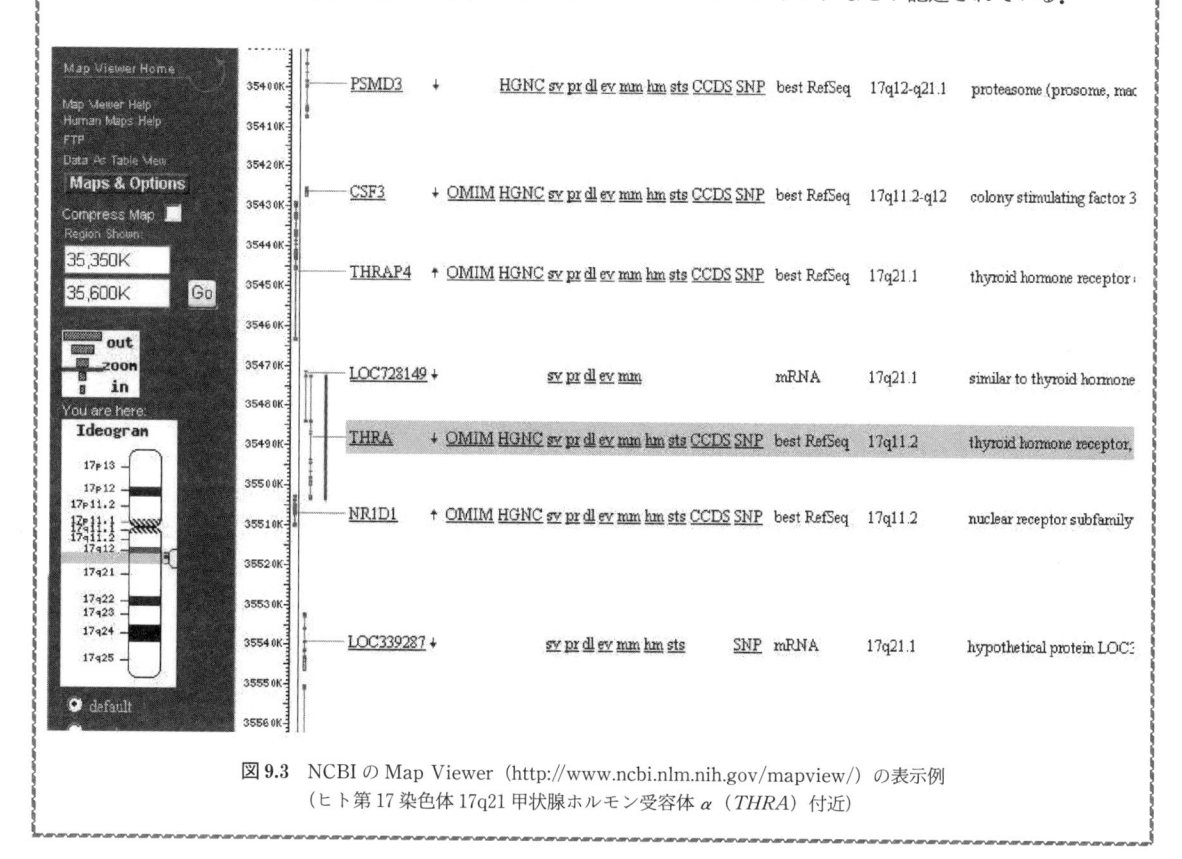

図9.3 NCBIのMap Viewer（http://www.ncbi.nlm.nih.gov/mapview/）の表示例
（ヒト第17染色体17q21甲状腺ホルモン受容体α（*THRA*）付近）

ページに書かれている説明をよく理解して，明確な目的意識をもって検索することが大切である．

家畜家禽におけるゲノムデータベースは章末の表9.1(c)に示した．UniGeneなどでは主要な動物種以外の動物種の遺伝子へのリンクがあるが，家畜家禽へのリンクは少なく，遺伝子記号や遺伝子名と動物種名を組み合わせて新たに検索しなおさなければならないことが多い．なお，家畜・家禽を対象としたデータベースとしてリンクされているものの1つに，動物の遺伝形質を網羅したOMIA（Online Mendelian Inheritance in Animals）がある．

9.2 配列アライメント

実験やデータベース検索から塩基配列やアミノ酸配列を入手したときに，最初に行わなければならない作業が配列アライメント（sequence align-

```
(1) A A G C T G A C T G      (2) A A G C T G A C T G      (3) A A G C T G A C T G
    A A C C T G C T G            A A C C T G C T G            A A C C T G - C T G
    * *   * * *                  * *   * * *                  * *   * * *   * * *
```

ment）である．アライメントとは整列という意味であるが，ここではできるだけ同じ塩基やアミノ酸が揃うように並列することをいう．たとえば，AAGCTGACTG と AACCTGCTG の2つの配列のアライメントをとることを考えてみる．

　塩基が一致しているサイトに＊印をつけた．左に寄せた（1）では＊が5個，右に寄せた（2）でも＊が5個であるが，7番目の塩基に―を入れた（3）では＊が8個あり，（3）が2つの配列の塩基が最も揃っているアライメント（最適アライメント）である．ただし，ギャップ（―）を無制限に入れられるようにすると，相同性の低い配列間では，ギャップばかりが入った意味のないアライメントになることが多い．そこで，塩基の一致数とギャップペナルティー（ギャップの数が増えると点数を減らす）からなる評価関数をつくり，その評価関数を最大化するようなアライメントを求める必要がある．実際にプログラムで最適アライメントを求める場合には，ダイナミックプログラミングを用いるのが一般的であるが，最尤法（maximum likelihood method）や遺伝的アルゴリズムなどを用いる方法もある．

　配列アライメントにおいて重要な概念は，配列全体に対するアライメントを最適化するか（global alignment，グローバルアライメント），配列の一部での一致でもいいから最適なアライメントを求めるのか（local alignment，ローカルアライメント）ということがある．また，2つの配列のみのアライメントをペアワイズアライメント（pairwise alignment），3つ以上の配列のアライメントをマルチプルアライメント（multiple alignment）と呼ぶ．

　アミノ酸配列のアライメントでは，単なる一致，不一致ではなくて，アミノ酸の間の類似度を考慮して評価することが多い．通常は，アミノ酸の間の類似度としては，Dayhoffら[3]がチトクロームなどの遺伝子の分子進化の研究から得たPAM 250 行列を用いる．

9.2.1 アライメントの方法

　配列データベースから類似性の高い配列を探し出すことを相同性検索（ホモロジーサーチ，homology search）と呼ぶ．これは理論的には配列データベースに格納されている全配列に対してローカルアライメントを求め，評価関数値の高いものから表示することで可能となる．このための検索手法としてはスミス-ウォーターマンのアルゴリズム[4]が有名であるが，配列データの増大に伴い，通常のコンピューターでは計算が困難となっている．現在では，超並列スーパーコンピューターかスミス-ウォーターマンのアルゴリズムを論理回路化した計算ボードを用いて計算が行われている．

　ローカルアライメントはいわゆる厳密解であるが，実際の分子生物学の研究においては必ずしも厳密解を必要とはしない．そこで実用的には，ハッシュテーブルを用いた高速化を行った FASTA アルゴリズム[5]や，一定の類似スコア以上の類似配列集合のみを検索する Blast[6] アルゴリズムを用いる．Blast は一般的なホモロジーサーチに，一方，FASTA は弱い類似性しかもたない配列を探し出したいときによく使用される．さらに微弱な類似性をもつ配列を抽出する必要がある場合には PSI-BLAST などのプロファイル法を利用したプログラムが利用できるが，遺伝子の同定などに利用する場合には，他から得られた情報を加味して検討する必要がある．

　研究者が通常のホモロジーサーチを行う場合は，NCBI などのサイトの Blast 検索ページを利用するのが一般的である．ただし，サイトによっては結果をメールでしか返さなかったり，処理に長時間を要したり，データベースの更新頻度が低かったりするので，サイトを選ぶときには注意しなければならない．また，外部のサイトを利用する場合はどうしても情報漏洩の危険があるので，創薬や特許にからむ場合は組織内に配列データベースを構築し，内部サーバーに Blast や FASTA

をインストールして利用するのが一般的である．

9.3 遺伝子探索と機能予測

近年，ヒトやマウスをはじめ多くの生物でゲノム全体の塩基配列を決定するプロジェクトが進行している．しかし，これらの塩基配列だけでは，そもそも，どこに遺伝子がコードされているのかといったことさえ判別するのが困難である．そこで，塩基配列から遺伝子領域を推定するプログラムの開発が盛んに行われている．

この場合，RepeatMasker[7]などで反復配列を除去した後に，EST解析などで得られた既知のmRNAの配列情報を塩基配列に当てはめるとともに，全塩基配列におけるGとCの比率といった，過去の研究で得られた遺伝子領域が存在しやすい塩基配列の条件などを加味して推定するのが一般的である．

ヒトやマウスなどのmRNAの情報が非常に豊富な生物では，遺伝子探索のプログラムでほぼ完全なエキソン-イントロン構造を推定することが可能であり，それらの成果はすでに全ゲノムの遺伝子地図として整備されている．

EST解析などのmRNAに関する情報が不十分な動物種では，ヒトやマウスのmRNAの配列でゲノム塩基配列についてホモロジー検索すれば，かなりの確率でその生物における同一遺伝子（オーソロガス遺伝子，orthologous gene）か遺伝子重複によってできた近縁遺伝子（パラロガス遺伝子，paralogous gene）を見つけることができる．塩基配列のホモロジーサーチで結果が得られない場合には，アミノ酸配列でのホモロジーサーチを実行すればヒットすることが多い．

これらの解析によりエキソン-イントロン構造を推定できたら，次にアミノ酸への翻訳領域を推定し，遺伝子の機能を予測する必要がある．この場合，すでに機能が知られている遺伝子の塩基配列やタンパク質のモチーフ（motif）やドメイン（domain）のアミノ酸配列との比較によって機能を予測したり（図9.4），アミノ酸配列のパターンからタンパク質の物理化学的性質を予測することが可能である（図9.5）．現在では，細胞内局在や膜貫通部位の予測，主要な遺伝子ファミリーに属する遺伝子の推定などはきわめて高い精度で可能となっている．

しかし，極端に長いmRNAでは部分的なモチーフはわかっても全体としての機能を推測することが困難な場合が多い．また，極端に短いmRNAはモチーフすら検出できないことが多く，機能が全く予測できていない遺伝子も多い．最近では，タンパク質に翻訳されない非翻訳RNA（non-coding RNA, ncRNA）[1]の存在も明らかになってきており，今後は検索配列をncRNAとしての機能についても検討する必要が

図9.4 NCBIのblastp（http://www.ncbi.nlm.nih.gov/BLAST/）で表示される保存ドメインの例（ブタの核内受容体CAR[8]）
左の太線（ZnF_C4）は4つのシステインで構成されるZinc fingerモチーフ（核内受容体のDNA結合領域）を示しており，右の太線（HOLI）は核内受容体（ステロイドホルモン受容体）のリガンド結合領域モチーフを示している．

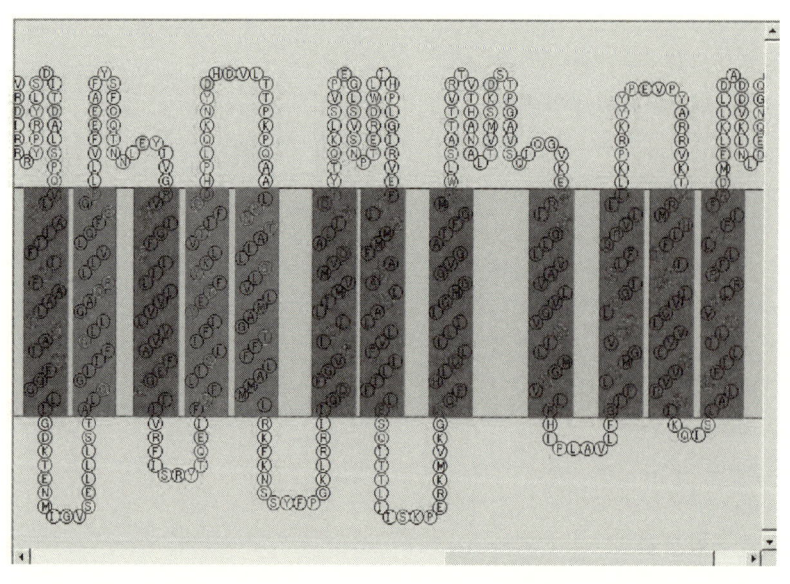

図 9.5 ウシのバンド3タンパク質（solute carrier family 4, anion exchanger, member 1 (SLC4A1)）の SOSUI (http://sosui.proteome.bio.tuat.ac.jp/sosuiframe0.html) による膜貫通ヘリックスの予測図

Box 9.3　細胞膜貫通部位の予測

タンパク質にはさまざまな種類があるが，細胞膜上に存在するタンパク質は細胞膜を貫通していることが多い．この場合，細胞膜貫通部位には疎水性のアミノ酸残基が，細胞外および細胞質中に出ている部分には親水性のアミノ酸残基が多く配置される．このことから，アミノ酸配列がわかれば細胞膜貫通部位を予測することができる．

図 9.5 はウシの遺伝性疾患の原因タンパク質として有名なバンド3のアミノ酸配列を SOSUI プログラムにかけて細胞膜貫通部位を予測したものである．12回も細胞膜を貫通することによって，（赤血球の）細胞膜を強化している様子がよくわかる．

細胞が外部と物質や情報を交換する場合には，細胞膜上の受容体を介することが多い．機能が未知のタンパク質や mRNA のアミノ酸配列に対して細胞膜貫通部位予測を実施することにより，いくつかの重要な受容体が発見されてきており，塩基配列やアミノ酸配列からタンパク質の機能を予測するリバースジェネティクス（reverse genetics）の好例となっている．

あろう．

9.4　タンパク質の立体構造予測

生命現象の主役はタンパク質であり，タンパク質のさまざまな相互作用を理解するにはタンパク質の立体構造を把握することが不可欠である．しかしながら，タンパク質の立体構造の決定には膨大な労力と予算が必要となり，すべてのタンパク質の立体構造が決定されるのはかなり先のことである．そこで，すでに立体構造が知られているタンパク質のデータから，立体構造を予測する試みが盛んに行われている．

ただし，塩基配列やアミノ酸配列の進化においては塩基間あるいはアミノ酸間の遷移確率のみを問題とすればよかったが，立体構造においては1つのアミノ酸の違いによって大きく構造が変化する場合もあって，塩基配列やアミノ酸配列のように簡単ではない．反対に，立体構造が似ていてもアミノ酸配列が大きく異なるアナロジー（相似

性，analogy）という現象もよく知られている．

実際にはアミノ酸配列レベルで30%程度のホモロジーがあり，しかも立体構造が既知のタンパク質と類似性があれば，その立体構造をもとに主鎖の構造を決めて，異なる側鎖については構造計算によってエネルギー的により安定な構造を求めていくことができる．この手法をホモロジーモデリング（homology modeling）と呼ぶ．この場合のホモロジーサーチにはPSI-BLASTなどの微弱な相同性でも検出できるプログラムを利用するのが一般的である．

9.5 マイクロアレイ解析とプロテオーム解析支援

9.5.1 マイクロアレイ解析

マイクロアレイを用いると一度に数千から数万のDNAプローブとのハイブリダイゼーションが可能である．マイクロアレイ上に既知の遺伝子のcDNAをスポットし，ターゲットとして調べたいRNAソースとハイブリダイゼーションさせれば，RNA集団中に存在する発現遺伝子のプロファイルを知ることができる．ただし，マイクロアレイ解析で得られる情報量は莫大である．たとえば，10000遺伝子をスポットしたアレイを20検体で解析すれば20万のデータが得られる．このようなデータを手作業で分析することは不可能であり，バイオインフォマティクスの技術を利用する必要がある．

マイクロアレイ実験で得られたデータは，サンプルのmRNAの濃度やプローブを蛍光標識する際の標識のばらつきなどを含むものである．そこで，これらのデータは補正（normalization）する必要がある．サンプル間の全mRNAの発現量に大きな差がないと考えられるときには，スポットされた全遺伝子のシグナル強度の平均や中央値でデータを補正する．これをグローバル補正（global normalization）と呼ぶが，スポット数が1000以上ないと偏った補正になりやすい．

スポット数が少ない場合には，ハウスキーピング遺伝子（house-keeping gene）などの，どの細胞でも同程度に発現していると考えられる遺伝子のシグナル強度を基準にして，他のすべての遺伝子のシグナル強度を補正する方法がある．ただし，すべての細胞，すべての条件下で絶対的に同一の発現をする遺伝子はありえないので，それぞれの実験の内容によって基準遺伝子を吟味する必要がある．また，蛍光標識のばらつきを補正する方法として，内部標準を用いる方法もある．

2つのサンプルを比較するマイクロアレイ実験の場合，どの程度の差があれば遺伝子の発現に有意な差があると見なすのかを決める必要がある．厳密には濃度勾配をつけたコントロールサンプルを使って実験を行い，補正後のデータを用いて有意差を検討する必要がある．これまでの研究では，おおよそ2倍（あるいは1/2）以内の差はばらつきの範囲内であると考えられている．

遺伝子発現の経時的な変化を検討する場合，マイクロアレイ解析は遺伝子数が膨大であるために，コンピューターを利用する必要がある．最もよく利用される手法はクラスター分析（cluster analysis）である．これは，同じような遺伝子発現をする遺伝子をグループにまとめる手法であり，発現パターンに基づく遺伝子間の距離をもとに，距離の近いものからまとめていく階層的クラスター解析法と，はじめに指定した数のクラスターに一定の基準で遺伝子を振り分けていく非階層的クラスター解析法に分けられる．

9.5.2 プロテオーム解析支援

ヒトやマウスでの全ゲノムの塩基配列の決定を受けて，個々の組織や個々の細胞で発現しているタンパク質を網羅的に解析するプロテオーム解析が脚光を浴びている．プロテオーム解析としてよく使われるのは，2次元電気泳動を行い，2次元ゲル上でのタンパク質スポットを分取し，トリプシンなどでペプチドに分解し，ナノエレクトロ（nano-electrospray, nano-ES）質量分析法やマトリクスレーザー脱離イオン化飛行時間型（matrix assistaed laser disorption ionization-time of flight, MALDI-TOF）質量分析法でペプチドの質量スペクトルを取得する．この場合，

2次元電気泳動の条件，電気泳動像，スポットの位置情報，スポットタンパク質の濃度，各ペプチドの質量などが情報として得られる．

すでに2次元タンパク質電気泳動スポットのデータベースが構築されており，データベース上のマスターパターンと比較することにより多くのタンパク質が同定可能となっている．ただし，これだけで同定可能なものはわずかであるので，ペプチドの質量スペクトルと，既知のタンパク質のペプチド分解後の質量の予測スペクトルを比較してタンパク質を同定するのが一般的である（peptide mass finger printing, PMF）．

PMFは非常に効率的で正確な方法であるが，質量の測定誤差やタンパク質の翻訳後修飾によるペプチド切断位置の変化などによって，この手法だけではタンパク質を同定できない場合も多い．タンデム質量分析計などでペプチドのアミノ酸配列が得られれば，アミノ酸配列データベースやEST配列データベースを検索することによってタンパク質を同定することが可能になる（ペプチド配列タグ法, peptide sequence tag, PST）．ただし，タンデム質量分析計は経費がかかり，測定誤差が出やすいという問題点がある．

9.6 パスウェイ解析と細胞シミュレーション

9.6.1 パスウェイ解析

生体内での生化学反応の経路をパスウェイ（pathway）と呼ぶ．このパスウェイは数多くの実験から得られた個々の生体内分子の相互作用の実験結果から得られるものである．近年，酵母ツーハイブリッド法（two-hybridization method）などの新しい技術の進歩によって，これらの相互作用に関する情報が膨大に蓄積されてきており，これらの情報はいくつかのグループによって生体内分子間相互作用データベースとしてまとめられている．これらのデータベースは単に情報を蓄積しているのみならず，関連するパスウェイを図示することが可能になっていることが多い（図9.6）．

さらに，新薬の開発などの創薬の場面では，単なるパスウェイの表示だけではなく，各種ゲノムデータベースへのリンクはもちろんのこと，パスウェイ上の各酵素とのホモロジー解析やアイソザイム解析，代替経路の探索などの機能が付加されていることが望ましい．これらを実現するには演繹データベースシステムや人工知能的な推論機構などが必要であるが，KEGG[9]などでは徐々に実用化に近づいている．

9.6.2 細胞シミュレーション

パスウェイ解析は静的な代謝経路などを解析するシステムであるが，反応速度論に基づいてすべての反応を微分方程式などで記述できれば，生体内での生化学反応を動的にシミュレートすることが可能になる．慶応大学のE-cellプロジェクト[10]などでは，このような細胞内の物質挙動の動的シミュレーションを目指しているが，反応速度定数などの各種パラメーターをどのように設定するのか，細胞内のどの程度の種類の物質までをシミュレーションの範囲に取り込めば実用的なシステムになるのかといった，さまざまな問題点が残されている．

9.7 遺伝子重複と多重進化

多くの遺伝子は進化の過程で，遺伝子重複（gene duplication）を起こしていることが知られている．1つの遺伝子がゲノム中で重複することによって，新たな機能をもつ新しい遺伝子へと進化することが可能になる．このようにして遺伝子重複によって生成された遺伝子のグループを遺伝子ファミリー（gene family）と呼ぶ．

たとえば核内受容体スーパーファミリー（nuclear receptor superfamily）は現在までにヒトゲノム中に48種の遺伝子の存在が知られているが，これらの多くはDNA結合領域（DNA binding domain）やリガンド結合領域（ligand binding domain）の塩基配列に相同性が認められることから，1つの祖先遺伝子から順次，重複によってつくり出されてきたものと考えられている（図9.7）．

9.7 遺伝子重複と多重進化

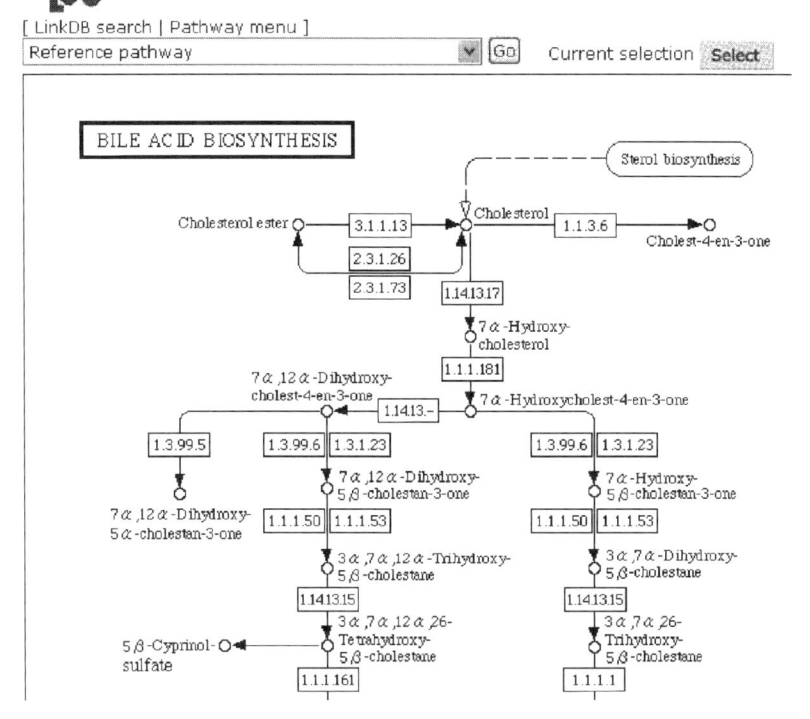

図 9.6 KEGG のパスウェイデータベース（http://www.genome.jp/kegg/pathway.html）によるコレステロールからの胆汁酸生成経路の表示例（一部）

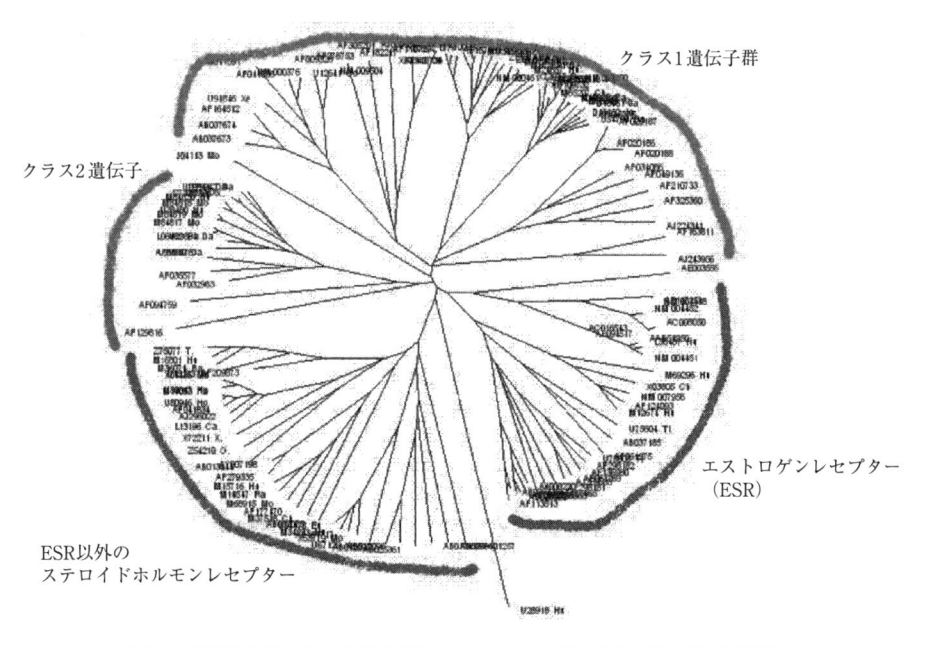

図 9.7 近隣結合法による核内受容体スーパーファミリー遺伝子群の分子系統樹

表 9.1 おもなバイオインフォマティクス関係の WWW サイト

(a) 核酸配列データベース

略称	URL	内容	コメント
NCBI	http://www.ncbi.nlm.nih.gov/	Genbank, PubMed, OMIM などの NIH が運営しているデータベース群へのポータルサイト	最も充実しているゲノムデータベース．生物ごとのゲノムプロジェクトの成果にも簡単にアクセスできる．
EMBL	http://www.ebi.ac.uk/embl/	EMBL の塩基配列データベースへのアクセスポイント	
DDBJ	http://www.ddbj.nig.ac.jp/Welcome-j.html	DDBJ の塩基配列データベースの検索と，アジアからの塩基配列データの入力ポイント	BLAST などはかなり処理が重い．
UniGene	http://www.ncbi.nlm.nih.gov/entrez/UniGene/	遺伝子ごとの重複のない配列データベース	遺伝子のクローニング時の必須サイト．
TIGR Gene Indices	http://www.tigr.org/tdb/tgi/	遺伝子ごとの重複のない配列データベース	見た目の割には使いにくい．

(b) アミノ酸配列データベース

略称	URL	内容	コメント
SWISS-PROT	http://www.ebi.ac.uk/swissprot/	アミノ酸配列データベース	最も信頼できるアミノ酸配列データベース．
PIR	http://pir.georgetown.edu/	アミノ酸配列データベース	データ量が多く，更新頻度も高い．
Pfam	http://www.sanger.ac.uk/Software/Pfam/	アミノ酸ドメインデータベース	擬陽性が少ない．
PROSITE	http://kr.expasy.org/prosite/	アミノ酸モチーフデータベース	非常に有名なデータベースだが擬陽性が多い．
InterPro	http://www.ebi.ac.uk/interpro/	ドメイン，モチーフ統合データベース	EMBL のデータベースで使いやすい．

(c) ゲノムプロジェクト関係

略称	URL	内容	コメント
Human Genome Resources	http://www.ncbi.nlm.nih.gov/genome/guide/human/	NCBI のヒトゲノムに関するポータルサイト	Map Viewer, LocusLink などの便利な機能が満載．
Cow Genome Resources	http://www.ncbi.nlm.nih.gov/genome/guide/cow/	NCBI のウシゲノムに関するポータルサイト	
Chicken Genome Resources	http://www.ncbi.nlm.nih.gov/genome/guide/chicken/	NCBI のニワトリゲノムに関するポータルサイト	
ZFIN	http://zfin.org/	ゼブラフィッシュのゲノムデータベース	
FlyBase	http://flybase.bio.indiana.edu/	ショウジョウバエのゲノムデータベース	
NAGRP	http://www.genome.iastate.edu/	アメリカ合衆国の家畜ゲノムプロジェクトのサイト	ウシ，ブタ，ニワトリ，ウマ，ヒツジの各プロジェクトへのリンクあり．
ArkDB	http://www.thearkdb.org/	イギリスのロスリン研究所が開発した家畜ゲノムデータベース	
Bovmap	http://locus.jouy.inra.fr/cgi-bin/bovmap/intro.pl	フランスの INRA のウシのマッピングのデータベース	

9.7 遺伝子重複と多重進化

略　称	URL	内　容	コメント
PiGBASE	http://www.genome.iastate.edu/maps/pigbase.html	ブタのマッピングのデータベース	
ChickBASE	http://www.genome.iastate.edu/chickmap/dbase.html	ニワトリのマッピングのデータベース	
AGP	http://animal.dna.affrc.go.jp/agp/index.html	日本のブタのゲノム研究プロジェクトのサイト	

(d) アライメント，ホモロジーサーチ

略　称	URL	内　容	コメント
NCBI Blastサーバー	http://www.ncbi.nlm.nih.gov/BLAST/	blastn, blastx, blastp, PSI-blast など	データの更新が早く，処理も速い．
clustalX	ftp://ftp-igbmc.u-strasbg.fr/pub/ClustalX/	マルチプルアライメント用のプログラム	Windows XP用やLinux用のバイナリファイルがある．近隣結合法の分子系統樹が作成できる．

(e) 遺伝子探索，機能予測

略　称	URL	内　容	コメント
RepeatMasker	http://www.repeatmasker.org/	反復配列の検索，除去	
GENSCAN	http://genes.mit.edu/GENSCAN.html	遺伝子領域の予測	
FGENESH+	http://www.softberry.com/berry.phtml?topic=fgenes_plus&group=programs&subgroup=gfs	遺伝子領域の予測	
SOSUI	http://sosui.proteome.bio.tuat.ac.jp/sosuiframe0.html	膜貫通ヘリックス予測	図9.4参照
SignalP	http://www.cbs.dtu.dk/services/SignalP/	シグナルペプチド予測	
PSORT	http://psort.nibb.ac.jp/	局在部位予測	

(f) タンパク質構造予測

略　称	URL	内　容	コメント
PDB	http://www.rcsb.org/pdb/	タンパク質立体構造データベース	
SCOP	http://scop.mrc-lmb.cam.ac.uk/scop/	タンパク質の立体構造を分類したデータベース	
PredictProtein	http://www.embl-heidelberg.de/predictprotein/	タンパク質2次構造予測	
GTOP	http://spock.genes.nig.ac.jp/~genome/gtop.html	予測された立体構造のデータベース	
Swiss-Model	http://swissmodel.expasy.org//SWISS-MODEL.html	ホモロジーモデリングのサーバー	
MODELLER	http://salilab.org/modeller/	ホモロジーモデリング用のソフト	UNIX用．

(g) パスウェイ解析，細胞シミュレーション

略　称	URL	内　容	コメント
KEGG pathway	http://www.genome.jp/kegg/pathway.html	パスウェイ解析システム	
E-cell	http://www.e-cell.org/	大腸菌内の代謝反応のシミュレーション	

(h) 分子系統樹の作成

略　称	URL	内　容	コメント
Phylip	http://evolution.genetics.washington.edu/phylip.html	分子系統樹作成のためのパッケージソフト	ソースファイルを公開している．
PAUP	http://paup.csit.fsu.edu/	分子系統樹作成のためのパッケージソフト	フリーソフトではない．

略　称	URL	内　容	コメント
MEGA	http://evolgen.biol.metro-u.ac.jp/MEGA/default_J.html	分子系統樹作成のためのパッケージソフト	DOS/V の英語版でのみ作動する.

(i) その他

略　称	URL	内　容	コメント
OMIM	http://www.ncbi.nlm.nih.gov/entrez/query.fcgi?db=OMIM	もともとはヒトの遺伝性疾患のデータベースであったが，現在では遺伝子ごとのクローニングの歴史や機能についても解説されている.	
OMIA	http://omia.angis.org.an/	動物の遺伝性疾患やその他の遺伝形質についてのデータベース	
PubMed	http://www.ncbi.nlm.nih.gov/entrez/query.fcgi?db=PubMed	フリーの文献データベース	
Molecular Biology Freeware for Windows	http://molbiol-tools.ca/molecular_biology_freeware.htm	分子生物学関係のフリーソフトへのリンク集	
JSABG	http://bre.soc.i.kyoto-u.ac.jp/~jsabg/	日本動物遺伝育種学会	
NLBC	http://www.nlbc.go.jp/	(独)家畜改良センターのサイト	
LIAJ	http://liaj.lin.go.jp/	(社)家畜改良事業団のサイト	
NucleaRDB	http://receptors.ucsf.edu/NR/	核内受容体に関するデータベース	
佐賀大学農学部和田研究室	http://genome.ag.saga-u.ac.jp/	筆者(和田)のホームページ	講義用レジメがあります.

Box 9.4　核内受容体スーパーファミリー

おもな脊椎動物の核内受容体のアミノ酸配列の近隣結合法による分子系統樹を図9.7に示した．この図のように近隣結合法による分子系統樹は無根系統樹となるが，脊椎動物の核内受容体はアミノ酸進化速度がほぼ一定であるために，きれいな円状の系統樹となっている．この系統樹の中心付近が核内受容体スーパーファミリーの祖先遺伝子と考えられ，そこから段階を追ってさまざまな遺伝子が進化していった過程を推察することができる．

遺伝子重複が起こると，もとの遺伝子Aが本来の機能を保持している限りは，新しくコピーされた遺伝子A'がアミノ酸の置換や挿入，欠失によって異なる機能をもつ遺伝子Bに進化したとしても，個体の生存や種の維持に悪影響を与えない．ここにおいて，遺伝子Aと遺伝子Bは異なる進化が可能となる．これを遺伝子の多重進化 (multiple gene evolution) と呼ぶ．

遺伝子重複が起きる原因については，染色体の倍数化や反復配列などの作用によるゲノム領域の複製化などが考えられているが，大きく分けると多数の遺伝子が一斉に重複される場合と，1つの遺伝子の重複が起きる場合がある．前者はグールド[11]が主張している断続平衡説の根拠になっており，後者としてはホモロジーの高い遺伝子群がゲノムの同一領域に存在しているタンデムリピート (tandem repeat) がよく知られている．

多くの遺伝子を起源の古い順にグループ分けすると，原核生物にも真核生物にも存在する基本遺伝子群，真核生物に共通に存在する遺伝子群，脊

椎動物共通の遺伝子群，免疫系などの哺乳動物において進化した遺伝子群に分けられる．たとえば，多くの脊椎動物共通の遺伝子群は脊椎動物出現以前に存在していたことがわかってきており，それらの重複遺伝子の存在が脊椎動物への進化の道筋を開いたと考えられている．

脊椎動物における多くの遺伝子はサブファミリーを擁しており，それらは発生時期特異的，臓器特異的あるいは組織特異的に発現することが知られている．これらの遺伝子群は遺伝子重複によって機能的制約が緩和され，重複した遺伝子がそれぞれの臓器や組織での機能に特化していったものと考えられている．

さらに脊椎動物における多くの遺伝子では選択的スプライシングや複数の転写開始点が存在し，多数のアイソフォームが存在していることが一般的である．それぞれのアイソフォームについての機能的な差異についての知見は不足しているが，ヒトでも3万数千程度の遺伝子しか存在していないにもかかわらず複雑な生命現象が滞りなく実行されているのは，このような多数のアイソフォームの存在に負っているのである．

家畜家禽の経済形質に関与する遺伝子を探索したり，ヒトやマウスで知られている遺伝子を家畜家禽でクローニングするときにも，遺伝子重複や選択的スプライシングなどについても十分に注意を払う必要があり，それらの検討においてバイオインフォマティクスの果たす役割も，ますます重要になっている．

〔和田康彦〕

引用文献

1) 塩見春彦：総論 non-coding RNA によるゲノム情報発現の時空間制御．蛋白質核酸酵素，**49**(16)：2503-2509，2004．
2) Wada Y, Yamada Y, et al.：Complete nucleotide sequence of mitochondrial genome in silkie fowl (*Gallus gallus* var. *domesticus*)．*J Poult Sci*, **41**：76-82, 2004.
3) Dayhoff MO, Schwartz RM, et al.：A model of evolutionary change in proteins. *In* Dayhoff MO (ed.)：Atlas of Protein Sequence, vol. 4, pp. 7-16. *Natl Bomed Res Found*, Silver Springs, M. D., 1978.
4) Smith TF, Waterman MS：Identification of common molecular subsuences. *J Mol Biol*, **147**：195-197, 1981.
5) Lipman DJ, Pearson WR：Rapid and sensitive protein similarity searches. *Science*, **227**：1435-1441, 1985.
6) Altschul SF, Gish W, et al.：Basic local alignment search tool. *J Mol Biol*, **215**：403-410, 1990.
7) http://www.repeatmasker.org/
8) Thadtha P, Yamada Y, et al.：Molecular cloning of the gene encoding pregnane X receptor (PXR；NR1I2) and the constitutive androstane receptor (CAR；NR1I3) in pigs. *J Anim Genet*, **34**(2)：3-10, 2005.
9) http://www.genome.ad.jp/kegg/
10) http://www.e-cell.org/
11) Gould SJ (著), 渡辺政隆 (訳)：ワンダフルライフ，pp. 524，早川書房，1993．

10. 動物遺伝学の挑戦

10.1 発生の遺伝学

　動物の発生を制御するプロセスには遺伝子発現，発現産物（タンパク質）のリガンドや受容体としての機能，シグナル伝達，標的遺伝子の活性化などがある．現在，これらのプロセスはアフリカツメガエルやショウジョウバエにおいて最も解明が進んでいる．本章では，それらの動物を中心に，発生に関与する遺伝子について解説する．

　動物の発生を制御する分子シグナルは，標的細胞の膜受容体に作用する液性タンパク質と，細胞膜を通過して核内に局在する転写因子に作用する脂溶性低分子とに分類される．個体発生の過程で，受精以前の卵子では vegT に代表される母性遺伝子の転写が引き金となり，一連の発生過程が誘導される．アフリカツメガエルでは，前卵黄形成期の細胞質内には多種類の mRNA が存在しており，それらは将来，受精卵での植物極を決定する．vegT mRNA は卵割が進み胞胚期になると転写因子として翻訳され，内胚葉決定因子として機能する．同様に Vg1 mRNA は母性で植物極皮質に局在し，中胚葉誘導の起点として機能する．この後，卵子由来の遺伝子 nodal, Derrière によってコードされている液性因子のノーダル（nodal）とデリエール（Derrière）が中胚葉の発生を誘導する．発生が進み，中期胞胚変移（mid-blastula transition，MBT）の発生段階で膨大な数のゲノム遺伝子の転写が開始する．それらのなかで代表的な遺伝子として知られているのは，次の発生段階である原腸陥入を誘導する goose-coid，中胚葉特異的遺伝子を活性化する brachyury，内胚葉特異的遺伝子を活性化する Mix1 と Sox17，さらにホメオボックス（homeobox）遺伝子である Vent1 と Vent2 である．

　これらの第一段階の遺伝子群の発現に続いて，遺伝子産物の細胞表面受容体との結合，シグナル伝達系の活性化，シグナル分子の核内受容体との結合，転写因子のシス調節エレメント（cis-regulatory element）への結合などの一連の反応

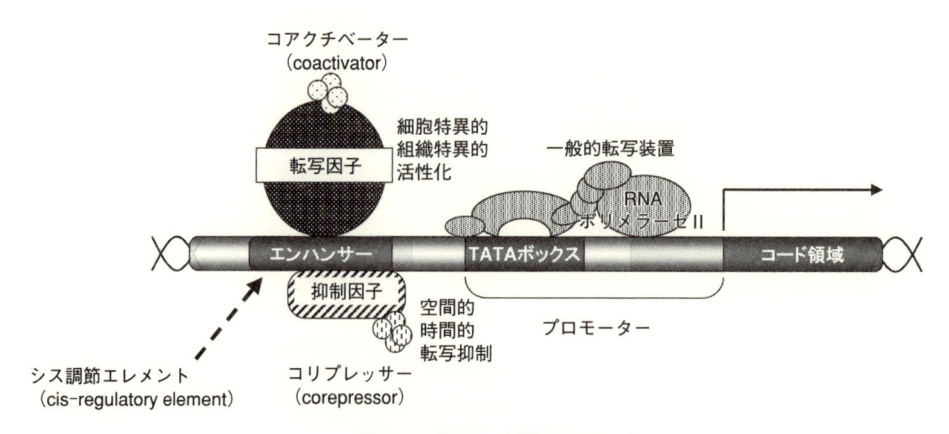

図10.1 遺伝子の活性化メカニズム

によって誘導される遺伝子の活性化が次々に起こり，特定な細胞系譜（cell lineage）の決定や細胞分化（cell differentiation）が誘導されて発生が進行する（図10.1）．

10.1.1 動物のパターン形成とホメオティック遺伝子

ベーツソンが1894年に出版した"Materials for the Study of Variation"のなかで，体のある正常な部位が他の部位と置き換わっている奇形をホメオティック形質転換（homeotic transformation）と表現したのが動物のパターン形成とホメオティック遺伝子の研究の始まりである．

ショウジョウバエの触角が脚に置き換わるホメオティック変異は，アンテナペディア遺伝子（*Antennapedia*, *Antp*）の機能変異により誘導される．また，退化した後翅の代わりに過剰な翅のセットが出現する変異は，ウルトラバイソラックス遺伝子（*Ultrabithorax*, *Ubx*）の変異が原因となる．これらのホメオティック遺伝子は当初，ショウジョウバエの成虫で観察された発生異常から発見されたが，その後，胚，幼虫，成虫での体節（body segment）決定に関与する遺伝子が総計8個同定された．これらの遺伝子はホックス（*Hox*）遺伝子と命名され，動物のみに存在することが知られている．ホックス遺伝子群は，それらの染色体上での配列順位から *labial* (*lab*)，*proboscipedia* (*pb*)，*Deformed* (*Dfd*)，*Sex combs reduced* (*Scr*)，*Antennapedia* (*Antp*)，*Ultrabithorax* (*Ubx*)，*abdominal-A* (*abd-A*)，*abdominal-B* (*abd-B*) と呼ばれている．これらの遺伝子はアンテナペディア複合体，ウルトラバイソラックス複合体の2つの複合体を形成しており，染色体上の配列順位に従い体の頭尾軸に沿って各体節で発現が見られる．たとえば，*Antp* は胸部体節，*Ubx* は胸部体節の後方，腹部体節の前方部分で発現している．ホメオティック形質転換の発見から始まった分子発生学の歴史的展開については，ゲーリングが1998年に出版した"Master Control Genes in Development and Evolution : the Homeobox Story"にて詳細に記述されている．特に，アンテナペディア複合体やウルトラバイソラックス複合体は，発生を制御する遺伝子のなかで最も重要な遺伝子でであるといっても過言ではない．

10.1.2 ホメオボックスと *Hox* 遺伝子群

ショウジョウバエの *Hox* 遺伝子は60アミノ酸残基からなるDNA結合ホメオドメイン（homeodomain，3個の α-ヘリックス）をもつ遺伝子調節タンパク質（転写因子）をコードしている．このホメオドメインをコードする180塩基対からなるDNA領域をホメオボックス（homeobox）という．このホメオドメインをもつ転写因子の多くは形態形成の制御に重要な役割を果たしている．ホメオボックス遺伝子群は菌類，植物，動物に共通して存在している

ショウジョウバエのホメオボックスを利用して，魚類，カエル，ニワトリ，マウス，ヒトの *Hox* 遺伝子を比較すると，高等動物で同定された遺伝子とショウジョウバエの *Hox* 遺伝子との間に非常に高い相同性が見られる．ホメオドメインのアミノ酸配列を比較すると，ショウジョウバエのDfdに相当するHoxb4では，ヒトとマウスとで完全に一致し，またニワトリのホメオボックスの60アミノ酸残基のうち59残基がヒトと同じである．さらに，脊椎動物の遺伝子物理地図では39個の *Hox* 遺伝子は4つの複合体（*HoxA*〜*HoxD*）として4つの染色体に存在している．ヒトの *Hox-A* 複合体は第7染色体，*Hox-B* 複合体は第17染色体，*Hox-C* 複合体は第12染色体，*Hox-D* 複合体は第2染色体にそれぞれ位置している．個々の複合体中の *Hox* 遺伝子の配列順位はショウジョウバエと同じであるが，各々の複合体がすべて8つの遺伝子に対応しているとは限らない．動物の進化の過程で遺伝子の重複や欠失が起こったためと考えられる（図10.2，Box 10.1参照）．このような *Hox* 遺伝子複合体は単一のゲノムの中で生じた遺伝子重複と欠損により生じたと考えられる．

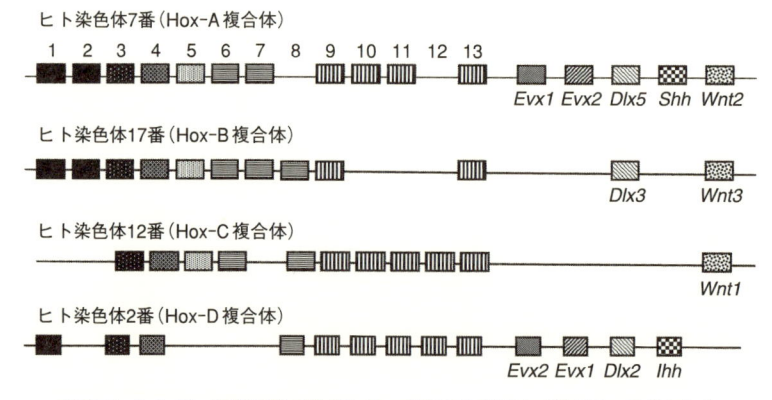

図10.2 ヒト Hox 遺伝子群の構成と Hox 遺伝子と隣接する遺伝子の重複と欠失

Box 10.1　Hox 遺伝子の進化と多様化

　Hox 遺伝子群の起源をさかのぼると，刺胞動物（cnidaria）と左右対称動物（bilatera）との共通祖先では，lab/Hox1 と Pb/Hox2 に相当する遺伝子と Abd-B/Hox9-13 に相当する遺伝子のみが存在しているが，進化の過程で中央の Hox 遺伝子の拡張，さらに後部の Hox 遺伝子の拡張が起こった．次いで，頭索類から無顎類のヤツメウナギに分岐する以前に4倍化が起こり，脊椎動物に見られる4つの Hox 遺伝子複合体が形成された．また，重複の過程で，Hox 遺伝子群のなかでいくつかの遺伝子が失われている．このクラスターでは Evx, En, Dix, Shh/Ihh, Wnt が重複や欠失が生じ，また，En（engrailed）では Hox-A 複合体の En2, Hox-D 複合体の En1，その他の複合体には En 遺伝子は存在しない．通常，遺伝子が重複すると染色体の欠失，突然変異などにより，一方のコピーが急速に失われるが，機能的な多様化が起これば，重複遺伝子が維持されることがある．遺伝子の重複はコーディング領域だけでなく，シス調節領域でも起こる．重複したシス調節領域に突然変異が起こった場合，発生過程における遺伝子の発現部位や発現時期などのパターンに変化が生じ，新しい機能が獲得され，その結果，多様化した遺伝子は存続することになる．

10.1.3　Hox 遺伝子群とボディープラン（体の設計）

　現在，脊椎動物では39個の Hox 遺伝子の機能が解明されている．それらの発現はショウジョウバエと同じく，頭尾軸に沿って起こり，その発現パターンにより動物の体軸パターンが決定される．たとえば，カエル，ニワトリ，マウス，ヒトでは，胚発生中における Hoxc6 遺伝子の発現部位の境界は，頸椎骨が胸椎骨へ移行する部分に対応している．同様に，胸椎骨から腰椎骨への移行は Hoxa9, Hoxb9, Hoxc9 遺伝子の発現が関連している．このように，動物胚での前後軸（anteroposterior axis, AP axis）に沿った Hox 遺伝子の発現順序は図10.3に示されるように各複合体における遺伝子の順序と同じである．しかしシス調節領域での突然変異の結果，Hoxd9 の発現部位は体軸後部に移動している．脊椎動物の四肢は，動物種の違いにより異なった体節（somite）から発生するが，前肢芽の発生はつねに頸椎と胸椎の境界部位で起こる．Hoxb8 遺伝子はニワトリでは体節番号19番後方で発現し，Hoxb8 タンパク質と線維芽細胞増殖因子（fibroblast growing factor, FGF）8 が Shh 遺伝子の発現を誘導する．その結果，15～20番体節領域から前肢芽が形成され，その成長により前肢（翼）が形成される．後肢は27～32番体節領域での後肢芽の形成と成長により形成される．前肢と後肢の特異性を決定するセレクター因子も転写因子である．T-

10.1 発生の遺伝学

マウス Hox 遺伝子複合体

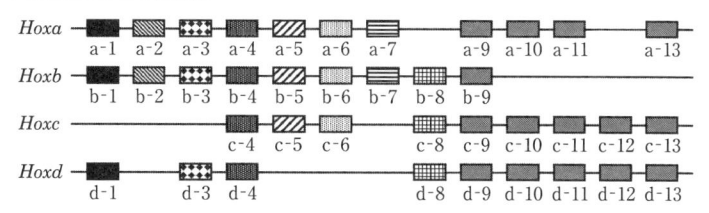

（図：Hoxa, Hoxb, Hoxc, Hoxd 遺伝子群の配列）

マウス胚における Hox 遺伝子発現部位

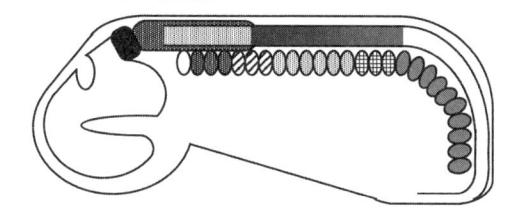

図 10.3 マウス染色体における Hox 遺伝子の配列順序とマウス胚における Hox 遺伝子の前後軸に沿った発現部位の関係[1]

box 遺伝子である Tbx5 は前肢の決定に関与し，一方，ペアードホメオドメインタンパク質遺伝子である Pitx-1 と T-box 遺伝子である Tbx4 は後肢の決定にそれぞれ関与している．

四肢形成には Hoxa 遺伝子群と Hoxd 遺伝子群の Hox9-13 が重要な役割を果たしている．これらの遺伝子の発現は四肢の遠近軸に沿った骨形成の時期と一致しており，その形成過程は3段階に分けることができる．第1期では，Hox9-10 の発現が最も体軸に近い上腕骨，大腿骨の形成に対応している．第2期では，Shh シグナルに応答した Hox9-13 の発現が橈骨や尺骨からなる前腕骨，脛骨と腓骨からなる下肢骨の形成に対応し，第3期では，Hox10-13 が手首，足首，手と足の骨の形成に関連している．これらの Hox 遺伝子群の機能はマウスでの遺伝子ノックアウトなどの実験方法により解明されている．第2期での橈骨と尺骨の形成は，Hoxa11 ないしは Hoxd11 のどちらか一方の変異では影響されないが，両遺伝子の同時変異は形成の欠損を引き起こす．同様に，Hoxa13 と Hoxd13 の同時変異でも形成の欠損が認められている．これらの所見は Hox 遺伝子が4倍化した後に，それに続く突然変異により遺伝子が多様化したことを証明している．

その他に，ショウジョウバエで知られている発生を制御するセレクター遺伝子には eyeless (ey) があり，ey 遺伝子の変異は複眼の欠損を生じ，変異 ey 遺伝子の発現は新しい部位での眼組織の形成を誘導する．脊椎動物での ey 遺伝子の相同遺伝子は Pax6 であり，ホメオボックスタンパク質ファミリーに属する DNA 結合タンパク質をコードしている．ショウジョウバエでの心臓形成は tinman (tin) と呼ばれるセレクター遺伝子によって制御されている．脊椎動物での相同遺伝子は Nkx2.5 と呼ばれ，心臓の形成に重要な役割を果たしている．膵臓の形成過程で，膵原基に存在する多分化能をもつ細胞は，アミラーゼとトリプシンを産生する外分泌細胞と内分泌細胞へと分化し，さらに内分泌細胞はインスリンを産生する β 細胞，グルカゴンを産生する α 細胞，ソマトスタチンを産生する δ 細胞へと分化する．この細胞分化のプロセスを誘導する最初の遺伝子群はホメオドメイン遺伝子である Pdx1, Isl1 であり，Pax4 は β 細胞と δ 細胞への分化，Pax6 は α 細胞への分化にそれぞれ関与している．このように，ホメオボックス遺伝子は脊椎動物の発生のさまざまな段階に関与している．

10.1.4 発生における転写因子とシグナル伝達の役割

発生に関与する遺伝子の多くは転写因子もしくはシグナル伝達系に関連するタンパク質をコードしており，他の遺伝子の発現を制御している．これらのなかで，転写因子はヘリックスターンヘリックス (helix-turn-helix, HTH) 構造（モチーフ）をもつホメオドメイン，ジンクフィンガー (zinc finger)，ロイシンジッパー (leucine zipper)，ヘリックスループヘリックス (helix-loop-helix, HLH) モチーフのいずれかを有している．脊椎動物ではホメオドメインモチーフをもつ *Hox* 遺伝子産物，ヘリックスループヘリックスモチーフをもつ筋肉調節因子などの転写因子が知られている．一方，シグナル伝達系関連のタンパク質としては，リガンド，リガンド受容体，細胞シグナル伝達に関与する構成要素がある．ショウジョウバエの胚発生では形質転換成長因子-β (TGF-β, transforming growth factor-β)，ウイングレス (Wingless)，ヘッジホッグ (Hedgehog)，ノッチ (Notch)，トール (Toll)，上皮細胞成長因子 (EGF, epidermal growth factor)，線維芽細胞成長因子 (FGF, fibroblast growth factor) などが関与するシグナル伝達系が存在し，それぞれのリガンド，受容体，活性化される転写因子が発生過程の制御に関与している．それらの中で，転写因子は核内で，遺伝子のエンハンサーであるシス調節DNA配列（図10.1参照）あるいはDNA結合タンパク質と結合し，標的遺伝子の発現を転写レベルで制御している（図10.4）．

動物の進化の過程において，無脊椎動物に比べ初期脊椎動物では遺伝子数が約4倍に拡張し，その結果，遺伝子の重複や多様化がボディープランを形成するのに重要な役割を担ってきた．これに加えて，遺伝子調節エレメントの進化が発生関連遺伝子における機能の多様化をもたらした．すなわち，1つの遺伝子が進化の過程で重複や変異を繰り返した結果，標的遺伝子が発生の異なる時期や異なる組織で発現するように発現調節領域が多様化したと考えられる．シス調節エレメントの進化には，機能のない配列からの進化，既存のエレメントにおける重複，欠失，置換，転位や多様化による進化，あるいは既存のエレメントにおける特別な修飾が関与していると考えられる．その結果，変異したシスエレメントが，新たに特異的な転写因子と結合できるようになり，このような変異を繰り返すことにより，標的遺伝子が発生学的に新しい機能を獲得しながら進化したと考えられる．

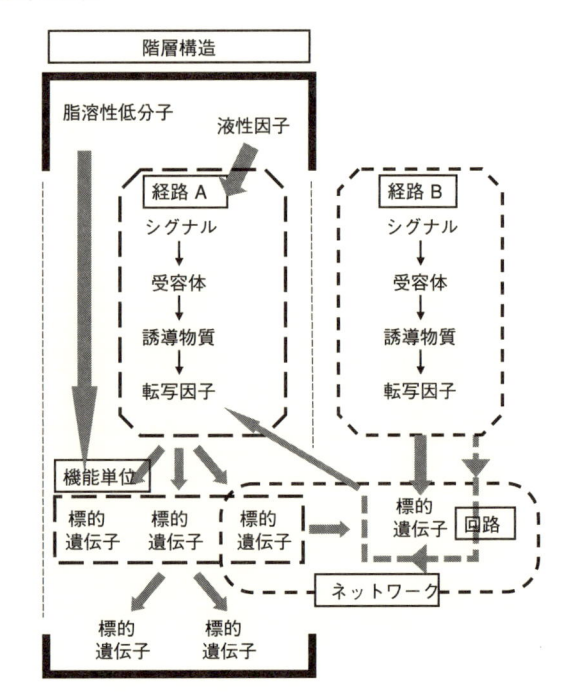

図10.4 発生を制御する遺伝子メカニズム
単一遺伝子の活性化だけでなく，階層構造，シグナル伝達経路，遺伝子相互作用回路，遺伝子グループによる機能単位，そして遺伝子ネットワークが関与して，きめ細かな制御システムを構築している．

10.1.5 発生を制御する遺伝子転写調節

RNAポリメラーゼIIの結合により遺伝子が転写されるためには，プロモーターやその他の制御領域に一連のモジュール（調節領域または調節配列の構成単位）が存在することが必要である．これらのモジュールはコアプロモーター (core promoter)，CAATボックス，GCボックスなどの共通配列，遺伝子のユビキタスな発現を制御する基本プロモーターエレメント (basal promoter element），c-AMP応答モジュール，血清応答モジュールなどの応答モジュール（response module）である．また，特定の細胞や組織での遺伝子発現を制御する細胞特異的モジュール（cell-specific module）や特定の発生段階で遺伝子を活性化させる発生調節モジュール（developmental module）などがある．たとえば，細胞特異的モジュールとしては，MyoDに認識される5′-CAACTGAC-3′配列を含む筋芽細胞モジュールとNF-κBに認識される5′-GGGACTTTCC-3′配列を含むリンパ系細胞モジュールが挙げられる．発生調節モジュールには5′-TCCTAATCCC-3′コンセンサス配列をもつビコイドモジュールと5′-TAATAATAATAATAA-3′コンセンサス配列をもつアンテナペディアモジュールがある．

これらのモジュール数は限られており，遺伝子の発現パターンはモジュールの組み合わせによって決定される．通常遺伝子の活性は基底状態であり，DNAタンパク質複合体であるクロマチンが調節エレメントに結合して転写を抑制している．モジュールを含むシス調節エレメントと各種DNA結合タンパク質との複合体に，さらに共役活性化因子（コアクチベーター，coactivator）が結合すると，クロマチンの抑制効果が解除され，転写が開始すると考えられている．個々のシス調節エレメントは，2〜300塩基対で構成され，通常，4つ以上の転写因子が異なるシス調節エレメントに結合し，それらの相乗作用により調節される．マウスの筋肉クレアチンキナーゼ遺伝子ではプロモーター上流の1256 bp領域にMDF，MEF2，Sp1，MDF，MDF，MEF2，TREX，AP2，SREの順番でモジュールが並び，MyoDとE2Aの二量体がMDFモジュールに結合し，さらにこの二量体と複合体を形成するMEFの二量体がMEF2モジュールに結合し，筋肉細胞特異的エンハンサーとして機能する．

発生のプロセスは，通常，遺伝子の転写活性化や発現などの正の制御によって進行するが，細胞の最終分化は負の制御の下に置かれている．細胞の分化は細胞周期からの離脱と深く関連しており，サイクリン，Cdkなどの細胞周期に関与するタンパク質遺伝子の発現は，細胞の分化を抑制する．もう1つの負の制御は阻害タンパク質によるものである．その一例として，DNA結合阻害因子（Id, inhibitor of DNA binding）がある．IdタンパクはDNAへの高い親和性をもち，MyoDとE2Aの二量体の形成を競合的に阻害し，MyoD遺伝子が発現しているにもかかわらず，エンハンサー効果を抹消する．これらの因子をドミナントネガティブレギュレーターと呼ぶ．

以上述べたような多種，多様な分子遺伝学的メカニズムにより，個体の発生，細胞や組織の特殊機能が誘導され発生が進行する．現在多くの種類の生物において，ゲノム解析，比較マッピング，プロテオニミック解析が急速に進展しており，高等動物のボディープラニングのメカニズムが解明される日も遠くないと思われる． 〔丸山公明〕

引用文献

1) Carroll SB : Homeotic genes and the evolution of anthropods and chordates. *Nature*, 376 : 479-485, 1995.

10.2 免疫の遺伝学

哺乳類などの高等動物は，ウイルス，細菌，寄生虫などの病原体から個体を防御するための不可欠な機構として免疫機能をもつ．免疫機構の基本的な機能は，自己と非自己とを正確に認識し，病原体などの外来の異物を非自己として排除することである．このような自己と非自己の認識は非常に複雑な分子機構によって成り立っている．

本章では，哺乳類の免疫系に関わる分子機構のうち，自己と非自己の認識に重要な役割を果たしている抗体の多様性獲得の機構と主要組織適合遺伝子複合体の機能について解説する．

10.2.1 抗体の多様性獲得機構
a． 免疫系の多様性，特異性，自己寛容，免疫記憶の獲得機構

免疫系は主にリンパ球により担われる獲得免疫

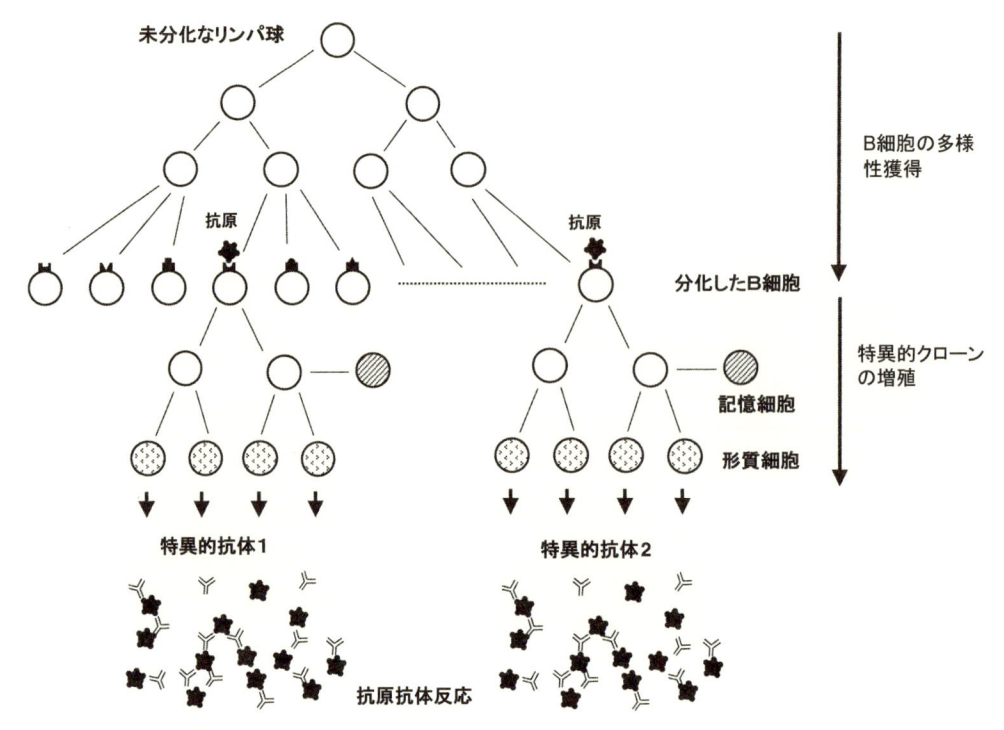

図10.5　B細胞分化におけるクローン選択
未分化なB細胞の幹細胞はそれぞれが異なった抗体を生産する多数のクローンに分化する．その後，特定の抗原の刺激により，その抗原に反応する特異的抗体を生産するB細胞のみが増殖，分化し形質細胞となって抗体を生産する．また，一部は記憶細胞となり，同じ抗原による次の刺激に対してより迅速な反応を可能とする．

（acquired immunity）とマクロファージ等の貪食細胞により担われる自然免疫（innate immunity）に分けられる．自然免疫は体内に侵入した微生物などの異物に対する生得的な一般的排除機構であるのに対し，獲得免疫は特定の異物に対する特異的な排除機構である．獲得免疫は，B細胞（Bリンパ球）により生産される抗体により担われる体液性免疫（humoral immunity）と，T細胞（Tリンパ球）による直接的な異物の排除機構である細胞性免疫（cellular immunity）よりなり，狭義の意味での免疫機構である．獲得免疫では，体内に侵入した異物は非自己である抗原（antigen）として認識され，その抗原と特異的に反応する抗体の生産やT細胞の活性化などの免疫応答（immune response）を引き起こす．個体を取り巻く環境には抗原となりうる物質は無数にあるにもかかわらず，免疫系は多様な抗原の一つ一つに対して特異的に結合する抗体を生産するこ

とが可能である．また，免疫系は自己免疫疾患（autoimmune disease）などの例外を除いて，自己を構成する分子を異物として排除することはない．さらに，一度体内に侵入した抗原は免疫記憶（immunological memory）と呼ばれる機構により，再度体内に侵入したときにより強い免疫応答を迅速に引き起こす．このような免疫系の際だった特徴である，多様性，特異性，自己寛容，免疫記憶がどのような機構で成り立っているのかについては長年の間不明であった．当初は，特定の抗原が体内に侵入した後にその抗原に対する抗体が新たにつくられると考えられていた．これは指令説と呼ばれている．しかし，現在では抗原となる可能性のあるあらゆる分子に対して，それぞれに特異的に反応する抗体を生産することが可能な無数のB細胞が生体中に存在し，抗原の侵入の後に，これらのB細胞の集団のなかから，標的の抗原に反応する細胞クローン（以下，クローンと

略称）が特異的に選択されて増殖し，抗体を生産すると考えられている．これをクローン選択説（clonal selection theory）という．

図 10.5 に示すように，胎生期に未分化な B 細胞の前駆細胞が増殖する過程で，それぞれが異なった抗原特異性をもつ抗体分子を生産する非常に多種類のクローンへと分化する．これらの細胞のうち自己抗原と反応するクローンは胎生期に排除されることで，自己に対する免疫応答を抑制する自己寛容（immune tolerance）が形成され，最終的に非自己の抗原のみと反応する抗体を生産する多数のクローンが形成される．ウイルスなどの異物の外部からの侵入により，その抗原と特異的に反応する抗体を生産するクローンが刺激され増殖して，形質細胞（plasma cell）へと分化することで目的の抗体が多量に生産され，免疫応答にあずかることになる．その結果異物が排除された後に，細胞数は再び減少するが，一部が記憶細胞として残ることで同一抗原の再度の侵入に対しては急速に免疫応答を引き起こすことが可能となる．以上がクローン選択による免疫系の多様性，特異性，自己寛容，免疫記憶の獲得機構である．なお，T リンパ球においても，特定の抗原と特異的に反応する細胞膜表面の分子である T 細胞受容体の多様性が同様の機構により獲得されることが知られている．

b. 免疫グロブリン遺伝子の再編成

クローン選択説の前提となるのが，多様な抗原に特異的に反応する 1 億をはるかに上回るといわれる多様な抗体がどのようにしてつくられるのかということである．もし，1 種類の抗体をつくるのに 1 つの遺伝子が必要とされるなら，このような多様な抗体をつくるには 1 億以上の遺伝子が必要なことになるが，哺乳類のゲノム中には全体で数万程度の遺伝子しか存在しないことから，このように多数の遺伝子をもつことは不可能である．このような矛盾に分子レベルで明確な解答を与えたのが DNA の再編成による抗体の多様性獲得機構の解明である．

抗体を構成するタンパク質は免疫グロブリンと呼ばれ，図 10.6 に示すように 2 本の重鎖（H

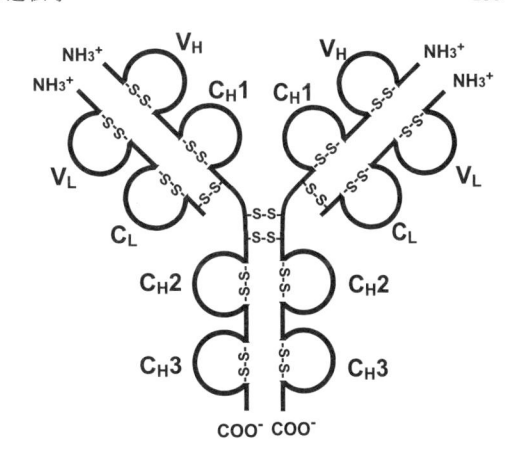

図 10.6 抗体（免疫グロブリン，IgG）の構造[1]
抗体は重鎖 2 本と軽鎖 2 本がジスルフィド結合により結合した四量体であり，抗体分子の N 末端部分は重鎖，軽鎖ともに変異に富む可変領域であり，その他の部分は定常領域となる．定常領域の違いにより，抗体はさらに IgM，IgD，IgE，IgA に分けられる．V_H：重鎖可変領域，C_H：重鎖不変領域，V_L：軽鎖可変領域，C_L：軽鎖不変領域．

鎖）と 2 本の軽鎖（L 鎖）がジスルフィド結合により結合した Y 字型の四量体を形成している．重鎖，軽鎖のいずれも N 末端側の約 110 個のアミノ酸は非常に多様性に富むことから可変部（variable region）といわれ，この部分が抗原との特異的な結合に関与している．それに対し，C 末端側は重鎖と軽鎖の間では構造が異なるが，可変部のような多様性は認められず定常部（constant region）といわれている．哺乳類のゲノム中には軽鎖の遺伝子は κ 鎖と λ 鎖の 2 個，重鎖の遺伝子は 1 組しか存在しないにもかかわらず，以下に述べる特殊な分子機構によりこれら少数の遺伝子から非常に多様な抗体分子が形成されることが明らかにされている．図 10.7 に示すように，免疫グロブリンの遺伝子は通常の遺伝子と比べてかなり特殊な構造をした遺伝子群を構成している．たとえば重鎖遺伝子群では，可変部に対応する領域は，V，D，J の 3 つの領域に分けられるが，1 つの重鎖遺伝子の中には，少しずつ塩基配列の異なった 200 以上の V 領域をコードする遺伝子が存在し，その間は介在配列により隔てられている．同様に D 領域は 20 以上の，J 領域は 4 つの隔てられた遺伝子よりなっている．しかも，

図 10.7 免疫グロブリン遺伝子の構造

重鎖遺伝子群は約 200 の V 遺伝子，20 以上の D 遺伝子，4 の J 遺伝子より構成されている．さらに重鎖遺伝子群では定常領域にも複数の遺伝子が存在し，これらは免疫グロブリンのクラスである IgM (C_μ), IgD (C_δ), IgG (C_γ), IgE (C_ϵ), IgA (C_α) に対応し，クラススイッチにより変化する．それに対して軽鎖（ここでは κ 鎖）遺伝子群では約 300 の V 遺伝子と 5 の J 遺伝子より構成されている．

B細胞以外の細胞ではこのような免疫グロブリン遺伝子群の構造が見られるにもかかわらず，抗体を生産する分化したB細胞では，免疫グロブリン遺伝子群の構造は大きく変化し，図10.8に示すように多数あるV, D, J領域をコードする遺伝子のうちそれぞれ1つずつが結合した配列となっているのである．さらに異なった抗体を生産するB細胞の各クローンではそれぞれV, D, J遺伝子の組み合わせが異なっている．このような免疫グロブリン遺伝子群の特徴的な構造から，B細胞の分化の過程で，免疫グロブリン遺伝子群のDNAに大きな再編成が起こり，その結果，抗体分子の多様性の生じることが明らかとなった．

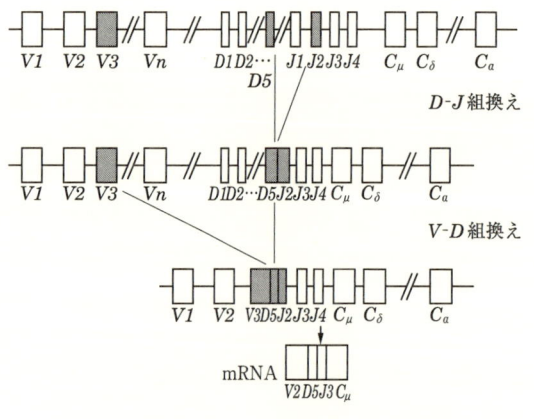

図 10.8 免疫グロブリン重鎖遺伝子群の再編成

Bリンパ球の分化の過程で，重鎖遺伝子群のなかで，まず任意の D 遺伝子の1つと J 遺伝子の1つの間の領域が欠失することで，D-J 間の組換えが生じる．引き続き V と D の間でも同様の組換えが生じることで，任意の V, D, J の組み合わせをもつ免疫グロブリン遺伝子が形成される．

図 10.8 に示すように，B 細胞の分化の過程で，まず，多数の D 遺伝子中の任意の1つと J 遺伝子の1つが選択され，その間にある配列が除去されることで，任意の1つの D 遺伝子と J 遺伝子が結合する．この過程は D 遺伝子と J 遺伝子に隣接する相補的な7塩基（ヘプタマー）と9塩基（ナノマー）の配列の間での組換えにより媒介される．続いて，V 遺伝子と D 遺伝子の間でも同様に介在配列が除去されることで，最終的に任意の V, D, J 遺伝子が結合した1つの配列が形づくられることになる．すなわち，1つのB細胞がもつ重鎖遺伝子は，200以上の V 遺伝子，20以上の D 遺伝子，4つの J 遺伝子から各1つを選んだ組み合わせとなり，計20000通り以上の組み合わせはが可能となる．軽鎖遺伝子の場合も多様性の獲得機構は，重鎖と基本的に同様であるが，重鎖に見られる D 遺伝子は存在せずに，可変部は300以上の V 遺伝子と4つの J 遺伝子から構成されているため，計1000通り以上の組み合わせとなる．したがって，重鎖と軽鎖の組み合わせにより，抗体分子は 2×10^7 以上の多様な分子の生産が可能となる．

c. 超可変領域と体細胞突然変異

上記の免疫グロブリン遺伝子群の再編成により，多様な抗体を生産することが可能となるが，これだけではまだ，あらゆる抗原に対応できるといわれる抗体の多様性を説明するには十分な数ではない．免疫グロブリン遺伝子の再編成の過程では，さらに V-D あるいは D-J の間の結合部位

に高頻度で変化が生じることにより多様性が増加することが知られており，その領域を超可変領域（hypervariable region）という．すなわち，組換えの境界では1から数塩基ずれて V と D あるいは D と J が結合することや結合部位に余分な塩基が挿入されることにより，この部位のアミノ酸配列に高い頻度で変化が生じるのである．さらに免疫グロブリン遺伝子の可変部は，V–D–J の再編成の後に高頻度でランダムな体細胞突然変異（somatic mutation）が起こり，これによっても可変部のアミノ酸配列が変化し，多様性が生じることが知られている．

以上のように，抗体の可変部の多様性は ① V，D，J 領域の組換えによる遺伝子の再編成，② 組換え部位での変異，③ 高頻度で生じる体細胞突然変異の3種類の機構により獲得され，その多様性は理論的には 10^9 をはるかに上回る莫大な値となる．このようにしてB細胞の分化の過程で，それぞれの細胞がもつ免疫グロブリン遺伝子は特異的な単一の抗体を生産する遺伝子へと変化し，その結果，分化した個々のB細胞はそれぞれが特定の抗原と反応する抗体のみを生産するクローンとなる．なお，これらクローンのかなりの部分は，自己を構成する分子と反応する自己抗体を生産するクローンであり，これらのクローンは発生の過程で排除されることになる．このようにして，最終的に体内に侵入したあらゆる異物を効率的に排除する免疫システムが形づくられるのである．

以上のように抗体の多様性獲得機構は，B細胞の分化の過程での免疫グロブリン遺伝子の非常に特殊なDNAの再編成により成り立っている．従来，体を構成している各細胞のゲノムDNAの配列は同一であり，細胞の分化により変化するのは遺伝子の発現パターンのみで，遺伝子自身の構造が変化することはないという考えが一般的であった．しかし，免疫グロブリン遺伝子の再編成は，特殊な例外であるとはいえ細胞の分化に伴ってゲノムの塩基配列自身が変化する場合があることを示す非常に貴重な例である．なお，免疫グロブリンはIgM，IgD，IgG，IgE，IgAの5つのクラスに分けられ，それぞれ免疫応答において異なる機能をもつが，B細胞分化の過程ではこれらのクラスにも変化が起きる．これをクラススイッチ（class switching）という．免疫グロブリンのクラスの違いは，重鎖の定常部の構造の違いに起因するが，重鎖遺伝子群にはこれらのクラスに対応したC遺伝子が存在し（図10.5），これらの組み合わせが変化することで，クラススイッチが調節されている．

10.2.2 主要組織適合抗原遺伝子複合体の多様性

移植抗原として知られる主要組織適合抗原遺伝子複合体（major histocompatibility complex, MHC）も，動物の免疫系にとって重要な役割を果たす遺伝子群であり，同一種内の個体間で高い多様性，すなわち多型性を示すことが知られている．MHCは，同種移植（homograft）において最も強い拒絶反応を引き起こす細胞表面抗原の遺伝子として発見された．前述のように，免疫系とは自己と非自己を認識し非自己を排除する機構であるが，MHCを構成する分子は細胞表面に存在し，自己と非自己を認識する上で重要な機能を果たしている．すなわち，MHC分子は外来の異物と結合し，それを抗原として免疫担当細胞に提示することにより，病原体などに対する免疫応答を引き起こす機能をもつ．したがって，MHC分子

表10.1 各種動物のMHC

動物種	MHCの名前
ヒ ト	HLA
アカゲザル	RhLA
ブ タ	SLA
ウ シ	BoLA
ヒツジ	OLA
ウ マ	ELA
ヤ ギ	GLA
イ ヌ	DLA
ネ コ	FLA
ウサギ	RLA
モルモット	GPLA
マウス	H-2
ラット	RT1
ニワトリ	B

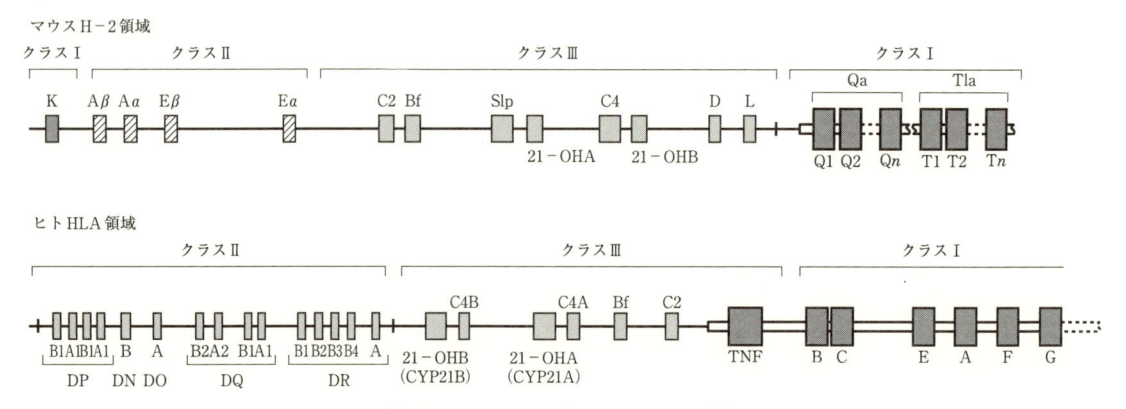

図10.9 マウスおよびヒトのMHCの構造

マウスのH-2およびヒトのHLA領域はそれぞれマウス第17染色体，ヒト第6染色体に存在し，クラスI，クラスII，クラスIIIの亜領域に分けられる．それぞれの亜領域には複数の遺伝子座が存在している．

の構造の違いは特定の抗原に対する免疫応答の強さの違いとなって現れ，感染症への感受性や疾患への罹患率に影響を及ぼすことになる．また，同一のMHC分子をもつ細胞は自己として認識されるが，異なるMHC分子をもつ細胞は非自己として認識されることから，MHCが一致しない限り個体間での組織の移植は拒絶されることになる．このように，MHCの多型性は免疫応答を考える上できわめて重要な要素である．

a. MHCの構造と機能

MHCは動物によって異なった名前が付けられ，ヒトでは*HLA*，マウスでは*H-2*と呼ばれている．それ以外の動物のMHCの名前は表10.1に示した．MHCには多数の遺伝子座が存在し，その数は動物種によって異なるが，たとえばヒトのHLAでは少なくとも30遺伝子座が存在し，それ以外にも多数の偽遺伝子（1.3.3項参照）が存在することが知られている．これらの遺伝子はクラスI, II, IIIの3遺伝子群に分類され，それぞれMHC領域のなかで特定の位置に存在している（図10.9）．これらのうち，MHCとして免疫応答の機能をもつのは主にクラスI，IIの遺伝子群であり，図10.9に示すようにクラスIにはヒトではB, C, E等の遺伝子座が存在し，クラスIIにはDP, DR, DQ等の遺伝子座が存在している．さらにクラスI領域とクラスII領域の間にはクラスIII領域が存在し，ここには

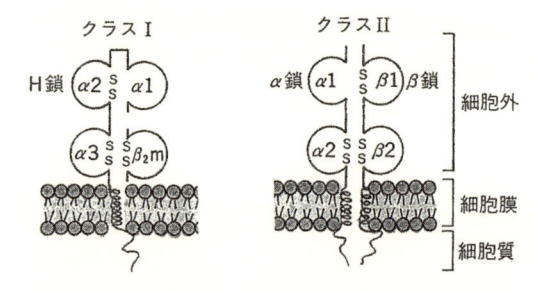

図10.10 MHC分子の構造

クラスI分子はH鎖とβ_2ミクログロブリンの，クラスII分子はα鎖とβ鎖の二量体であり，クラスI分子は$\alpha 1$, $\alpha 2$, $\alpha 3$, およびβ_2mの，クラスII分子は$\alpha 1$, $\alpha 2$および$\beta 1$, $\beta 2$の4つの免疫グロブリン様ドメインより構成される．

補体成分や腫瘍壊死因子などの遺伝子が存在している．

MHC分子は膜タンパク質であり，クラスI分子はα鎖とβ-2ミクログロブリンよりなる二量体，クラスII分子はα鎖とβ鎖よりなる二量体を構成している（図10.10）．これらの分子はいずれも4つの免疫グロブリン様ドメインからなり，細胞内に取り込まれた外来の抗原がペプチドに分解された後に，MHCクラスIあるいはクラスII分子のこれらのドメインと結合して細胞表面に提示される．この抗原提示により，T細胞受容体を介したT細胞による抗原認識が可能となる（図10.11）．MHC分子のなかでもクラスI遺伝子はすべての細胞に発現し，主にウイルス感染細胞や腫瘍細胞等の排除に関与している．たと

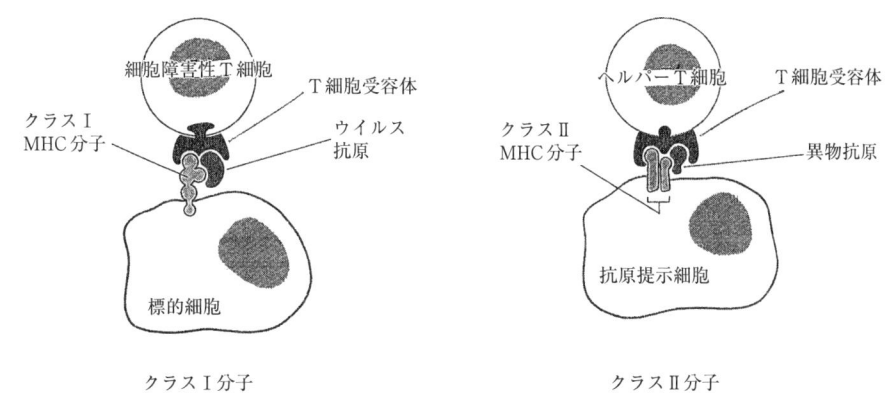

図 10.11 MHC クラス I およびクラス II 分子による抗原提示
細胞表面に提示された MHC 分子と抗原の複合体が T 細胞受容体により認識されることで，T 細胞による免疫応答が引き起こされる．

えばウイルス感染細胞では，ウイルスを構成するタンパク質が細胞内でペプチドまで分解され，クラス I 分子に結合することにより細胞表面に提示される結果，この抗原と MHC 分子の複合体と特異的に結合する T 細胞受容体（T cell receptor）をもつ細胞障害性 T 細胞（cytotoxic T cell＝killer T cell）がウイルス感染細胞を認識し排除する．一方クラス II 分子は主に B 細胞やマクロファージ等の抗原提示細胞（antigen presenting cell）に発現し，外来の抗原がマクロファージなどにより貪食された後，細胞内で分解されてクラス II 分子とともにこれらの細胞の表面に提示される．その結果，この抗原と MHC 分子の複合体と特異的に結合する T 細胞受容体をもつヘルパー T 細胞が刺激され，B 細胞による抗体生産等の当該抗原に対する特異的な免疫反応を惹起させることになる．以上のように MHC 分子は外来の抗原に対する特異的な免疫反応を引き起こす上で決定的に重要な役割を果たしている．

b. MHC の多型性および疾患との関連

ここで重要なことは，MHC はクラス I，クラス II 領域ともに多数の遺伝子座より構成され，さらに，それぞれの遺伝子座は多数の対立遺伝子をもつことである．表 10.2 に HLA の各遺伝子座と，これまでに知られている対立遺伝子を示した．それぞれの遺伝子座にこのように多数の対立遺伝子が存在することから，MHC 領域の全遺伝子座の対立遺伝子の組み合わせは理論的には莫大な数になる．実際には，MHC のように染色体上で近接して存在する遺伝子はともに子孫に伝えられることから，各遺伝子座の対立遺伝子の組み合わせは任意であるわけではなく，ハプロタイプ（haplotype，連鎖する遺伝子座の組み合わせ）と呼ばれる特定の対立遺伝子の組み合わせにより子孫に伝えられ，まれに MHC 領域内の遺伝子の間で組換えが起きた場合にのみ新たな組み合わせのハプロタイプが生じることになる．それでも各種動物には相当数の MHC ハプロタイプが存在し，たとえばヒトの骨髄移植では，拒絶反応を起こさないためにはこのハプロタイプが一致することが必要であるが，実際にハプロタイプが一致し移植が可能となるドナーとレシピエントの組み合わせは数万分の一といわれている．このように MHC 分子が非常に多型的である理由は何であろうか．MHC 分子のアミノ酸配列の違いは特定の抗原に対する MHC 分子の親和性の違いとなり，抗原提示能の違い，さらにはその抗原に対する免疫応答の違いとなる．MHC 分子がこのように抗原への感受性に関連していることが，脊椎動物の進化の過程で MHC の多型性が獲得された理由と考えられている．すなわち環境中に存在する多様な病原体に対して宿主の免疫系が有効に対処するためには，より多種類の MHC 分子をもつ方

表10.2 HLAの遺伝子座と対立遺伝子

A抗原	B抗原		C抗原	D抗原	DR抗原	DQ抗原	DP抗原
A1	B5	Bw50(21)	Cw1	Dw1	DR1	DQw1	DPw1
A2	B7	B51(5)	Cw2	Dw2	DR2	DQw2	DPw2
A3	B8	Bw52(5)	Cw3	Dw3	DR3	DQw3	DPw3
A9	B12	Bw53	Cw4	Dw4	DR4	DQw4	DPw4
A10	B13	Bw54(w22)	Cw5	Dw5	DR5	DQw5(w1)	DPw5
A11	B14	Bw55(w22)	Cw6	Dw6	DRw6	DQw6(w1)	DPw6
Aw19	B15	Bw56(w22)	Cw7	Dw7	DR7	DQw7(w3)	
A23(9)	B16	Bw57(17)	Cw8	Dw8	DRw8	DQw8(w3)	
A24(9)	B17	Bw58(17)	Cw9(w3)	Dw9	DR9	DQw9(w3)	
A25(10)	B18	Bw59	Cw10(w3)	Dw10	DRw10		
A26(10)	B21	Bw60(40)	Cw11	Dw11(w7)	DRw11(5)		
A28	Bw22	Bw61(40)		Dw12	DRw12(5)		
A29(w19)	B27	Bw62(15)		Dw13	DRw13(w6)		
A30(w19)	B35	Bw63(15)		Dw14	DRw14(w6)		
A31(w19)	B37	Bw64(14)		Dw15	DRw15(2)		
A32(w16)	B38(16)	Bw65(14)		Dw16	DRw16(2)		
Aw33(w19)	B39(16)	Bw67		Dw17(w7)	DRw17(3)		
Aw34(10)	B40	Bw71(w70)		Dw18(w6)	DRw18(3)		
Aw36	Bw41	Bw70		Dw19(w6)			
Aw43	Bw42	Bw72(w70)		Dw20	DRw52		
Aw66(10)	B44(12)	Bw73		Dw21			
Aw68(28)	B45(12)	Bw75(15)		Dw22	DRw53		
Aw69(28)	Bw46	Bw76(15)		Dw23			
Aw74(w19)	Bw47	Bw77(15)		Dw24			
	Bw48			Dw25			
	B49(21)	Bw4		Dw26			
		Bw6					

が有利であり，遺伝子重複によりMHCの遺伝子座の数が増えるとともに，各遺伝子座においても多数の対立遺伝子が獲得されたものと考えられている．したがって，MHCの多型性は宿主の病原体に対する反応の強弱に影響を与えることは当然であるが，それ以外にもMHCの多型性は自己免疫疾患などの多くの疾患の感受性にも影響を与えていることが知られている．たとえば，ヒトでは強直性脊椎炎や，睡眠発作を呈するナルコレプシーなどがMHCに強く関連することが報告されている．このように，MHCは動物においてさまざまな疾患に対する感受性を支配している主要な遺伝子であることから，動物遺伝育種学にとっては重要な研究対象となっている．　〔国枝哲夫〕

引用文献

1) Lodish H, et al.(著)，野田晴彦ほか(訳)：分子細胞生物学(下)，p.1017，東京化学同人，2001.

2) 荻田善一(監修)：医科遺伝学，南光堂，1990.

10.3　疾患と遺伝学

獣医療の対象となる伴侶動物や産業動物では，優れた形質を求めて極端な人為的交配が広く行われてきたし，現在も行われている．この過程で，優れた形質とともに従来隠れていた劣悪な形質（遺伝性疾患）が顕在化することは予想されてはいたが，実際に臨床で問題になることは少なかった．その理由として，致死性疾患など重症疾患は胎子期，あるいは新生児期に罹患動物が死亡することが多いため見過ごされ，あるいは忌むべきものとして隠されてきた．また，軽症疾患も遺伝性疾患と診断されなかったり，有用な形質を残すための育種過程で淘汰されてきたことなどが推測される．ヒトやマウスに続いて，獣医診療で対象とする動物においても全ゲノムの塩基配列が明らか

にされ，インターネット上で公開されるようになった．本節では，このような近年の急速な分子生物学の進歩をどのように日常の動物診療に取り入れてゆくかを論じてみたい．

10.3.1 動物医療における遺伝性疾患

遺伝性疾患の症例報告は古くからあるが，日常医療において重要な視点として教科書の中で大きく取り上げられるようになったのは 2000 年に出版された Ettinger 編 "*Textbook of Veterinary Internal Medicine* 5th ed." の第 1 章で，遺伝性疾患を取り上げたのが最初と思われる．その後，伴侶動物，産業動物いずれの教科書にも遺伝性疾患の項が設けられ，巻末に遺伝性疾患の詳しいリストが付けられるようになった．遺伝性疾患が注目されるようになった背景には，感染症など後天性疾患の制御が進み，相対的に先天性，体質性，遺伝性の疾患が伴侶動物医療の大きな部分を占めるようになったこと，精度の高い臨床検査や画像診断が導入されて診断能力が向上し，ヒトの疾患に近いレベルで遺伝性疾患が診断できるようになったこと，産業動物では人工授精や受精卵移植など繁殖技術の急速な進歩，伴侶動物では社会的地位の上昇などがある．

しかしながら，この十数年に起こった分子生物学的研究の著しい進歩がこれら遺伝性疾患の診断・治療に反映されているとはいいがたい．特にわが国の伴侶動物医療では歩みは遅く，むしろ産業動物への遺伝子型検査すなわち遺伝子診断の導入が先行して成果を挙げており，伴侶動物では，遺伝子診断が可能な疾患も少ない．

医学研究では，「単一遺伝子病や染色体異常の遺伝子変異（mutation）から，多因子性疾患の発症促進遺伝子である遺伝子変異（variation）の時代に移行しつつある．糖尿病，高血圧，高脂血症などのように，誰もが罹患する可能性のある common diseases（＝多因子性疾患）の解析は，誰にでも存在する variation がどのように各個人の発症に関与しているか，ゲノム情報とともに，まったく新しい解析方法，考え方が必要である」と指摘されている[1]．このような考え方の裏には，近親結婚が少ないため重度の単一遺伝子性疾患が蔓延することがなく，長寿社会で問題となってきた代謝性疾患を多因子性疾患ととらえて，その促進因子を遺伝に求めるというヒト特有の事情がある．ヒトとは異なり，大部分が人為的交配で繁殖される動物を対象とした獣医療では，まず，単一遺伝子性疾患への対応を第一に考えることが必要であり，ヒトとは異なる医療が研究面での貢献にもつながる．

10.3.2 遺伝性疾患への対応
a. ウシにおける対応

わが国では，伴侶動物に先駆けて乳牛と肉牛の遺伝性疾患に遺伝子型検査が導入され，現在，7 疾患の遺伝子型検査が（社）家畜改良事業団で行われている．ウシでは人工授精が広く行われている点で伴侶動物とは異なる面もあるが，遺伝性疾患への対応の過程，仕組みを検証することは伴侶動物の遺伝性疾患への対応を検討する上でも有用である．歴史的に見ると，次の①～③の 3 つの時期に大別される．

① 種雄牛淘汰の時代（～1970 年）：1960 年代に中国地方で発生した黒毛和種牛の心筋症の詳細な発生状況調査が行われ，その結果をもとにある系統が集団から淘汰（当該種雄牛の使用中止）され，その後の育種に大きな影響を与えたと考えられている．このような例として，他に黒毛和種牛の出血性疾患，眼球奇形，ホルスタイン種牛の心筋症がある．

② 臨床検査発達の時代（1970～1995 年）：1960 年代に，医学で中央検査室が導入されたのを追うように，動物医療に臨床検査が広く使われるようになり，1980 年代から 1990 年代前半にかけてホルスタイン種牛のウシ白血球粘着不全症（BLAD），黒毛和種牛のチェディアック-ヒガシ症候群（C-HS），バンド 3 欠損症，von Willebrand 病，第 XIII 因子欠損症，第 XI 因子欠損症の診断が確定した．これらの疾患は，いずれも常染色体性劣性の遺伝様式をとるため，キャリアー牛（保因牛）である種雄牛の精液を同系統の雌牛に交配しなければ，子牛の発症（劣性ホモ化）

③ 遺伝子型検査導入の時代（1995 年以降）：遺伝子解析技術の進歩に伴い，1990 年代半ばには，国内では黒毛和種牛のバンド 3 欠損症，第 XIII 因子欠乏症，海外ではホルスタイン種牛の BLAD の原因となる遺伝子変異が相次いで解明され，遺伝子型検査が確立された．遺伝子型検査によりキャリアー牛を特定できるようになると，臨床診断の段階で予想されたように，キャリアー種牡牛は年に 1 万頭以上の子牛を生産する「ビッグネーム」の種雄牛であり，繁殖牛群にも高率にキャリアー雌牛がいることが判明した．そして，このような臨床診断と遺伝子型検査の進歩を受けて，農水省に肉牛，乳牛の遺伝性疾患委員会が設置され，遺伝性疾患摘発，予防の枠組みが議論されて，現在では 7 疾患の予防体制がとられている．

ウシの遺伝性疾患への対応策は，1) 国による対応方針の決定，2) 家畜改良事業団による遺伝子型検査の開始，3) 登録協会による和牛登録システムの改正，4) 種雄牛（県，国，民間保有）遺伝性疾患情報の公開，5) 生産者への交配指導，6) 遺伝性疾患のモニタリングの順序で進んでいる．

1) 遺伝性疾患に対する対応方針　2001 年に農水省に「肉用牛遺伝性疾患専門委員会」が設置され，後に乳牛にも適用される方針が決定されたが，この段階で，国が直接管理する乳牛とは異なり，銘柄牛を抱え肉牛の分野で大きな影響力をもつ県の意向を反映する努力がなされた．対応方針は以下の 6 項目からなり，現在もウシの遺伝性疾患を扱う際の指針となっている．

ア　症状，遺伝様式の明らかな遺伝性疾患の公表
イ　経済的な影響の大きな遺伝性疾患の「特別な対処を必要とする遺伝性疾患」への指定
ウ　遺伝子型検査の実施および検査結果の公表
エ　雄牛を通じた疾患遺伝子頻度の低減
オ　特別な対処を必要とする遺伝性疾患の区分
カ　特別な対処を必要とする遺伝性疾患に対する具体的対応

2) 遺伝子型検査　臨床獣医師から大学等へ紹介された黒毛和種牛の遺伝性疾患は，臨床的に診断が確定された後，大学，（社）動物遺伝研究所などで原因遺伝子変異が解明されて遺伝子型検査が可能となった．これらの疾患について，肉用牛遺伝性疾患専門委員会は，致死性，生産への影響，発症時期などを検討し，経済的な損失が大きなものを「特別な対処を必要とする遺伝性疾患」に指定する．指定した疾患については，海外情報の収集，一定期間のモニタリング調査等を行って，原因遺伝子の遺伝子頻度を確認し，発症の可能性が低下した場合は，指定を解除する．現在までに，5 疾患が指定され，モニタリングが続けられているが，指定を解除されたものはない．また，症状が軽いなどの理由で指定されなかった疾患もある．一方，ホルスタイン種牛では，海外での情報に基づき 2 疾患が「特別な対処を必要とする疾患」に指定され，遺伝子型検査が導入されている．現在，「特別な対処を必要とする疾患」に指定されていないものも含めて，黒毛和種牛で 5 疾患，ホルスタイン種牛の 2 疾患の遺伝子型検査が，（社）家畜改良事業団で提供されている．遺伝子型検査の対象は主として種雄牛候補牛および種雄牛の母牛，受精卵用ドナー雌牛で，検体としては従来血液が使用されていたが，最近採取が容易な被毛に改められた．検査結果は，検査申込者に通知される．

3) 血統登録　牛の血統登録は，和牛（黒毛和種，褐毛和種，無角和種）については，（社）全国和牛登録協会が，一方，乳牛（ホルスタイン種，ブラウンスイス種，エアシャー種，ガーンジー種）は（社）日本ホルスタイン登録協会が行っている．分子生物学の進歩に伴い，個体識別が高い精度で可能となり，牛のトレーサビリティにも応用されるようになったが，すべての牛に個体識別の検査を行うことはできず，個体記録の根幹は血統登録であることに変わりはない．したがって，現在も血統登録は遺伝性優良，不良形質を考える上できわめて重要な役割を果たしている．2001 年

に国の「遺伝性疾患に対する対応方針」が策定されたことに対応して両登録協会とも「遺伝的不良形質の排除，発現の抑制」に関する規定を遺伝子型検査可能な疾患への対処を組み込んだものに改正した．その基本方針は，国の対応方針に示されているように，「優性遺伝性疾患についてはホモ型牛とヘテロ型牛，劣性遺伝性疾患については劣性ホモ型牛を登録しない」ということであった．

4) 情報公開 国の遺伝性疾患への対応方針では，①症状や遺伝様式が明らかなものについては，その概要を公表する，②遺伝子型検査が可能なものについては，種雄牛所有者あるいは精液供給機関が保有する種雄牛の遺伝子型検査を行うこと，③遺伝性疾患専門委員会は種雄牛所有者等の同意を得て，遺伝子型検査結果を取りまとめて公表すること，④登録団体は，公表された遺伝子型検査結果を関係者に周知徹底することと記載されている．この中で，①の条項は，人為的な交配が行われる動物では発症個体が発見された時点では既に多数のキャリアー個体が群の中にいることが想定され，発見後できる限り速やかに疾患情報を公表して予防に努めるべきであるとの考えから設けられた条項であるが，未だこれが適用されたことはない．②～④については，比較的短期間で実施にうつされ，遺伝性疾患の排除に貢献している．日本ホルスタイン協会のホームページには，国内ばかりでなく海外の種雄牛も含めてBLAD，複合脊椎形成不全症（CVM）の保因状況が掲載されており，これらの情報を活用すれば，常染色体性劣性遺伝の疾患の発症を防ぐことができるようになっている．

5) 交配指導 公表された遺伝子型検査の結果をフィールドで活用する際に重要なことは，遺伝性疾患発生の抑制と改良の推進・資源の有効活用の双方を考えた対応をすることである．現在，遺伝子型検査が行われている疾患は，すべて常染色体性劣性に遺伝するので，種雄牛がキャリアー（保因個体）であっても，交配する雌牛を選べば，発症個体（劣性ホモ型）は生まれない．キャリアー個体（劣性ヘテロ型）が生まれることはあるが，重症の遺伝性疾患であっても，遺伝子型検査を行わなければ劣性ヘテロ型牛と正常牛を見分けることはできず，生産面でも差はない．したがって，従来のようにキャリアー種雄牛を直接淘汰することはもちろん，拙速に種雄牛から排除する必要もない．このような考えのもとに，検定済のキャリアー種雄牛はそのまま残し，新しい候補種雄牛はキャリアーでないもののみを採用する方策がとられた．もし，短絡的に候補種雄牛からキャリアー個体を排除すれば，牛群の遺伝子資源に急激な変化を及ぼす可能性があるとの指摘がある．対象となる遺伝性疾患の数が徐々に増えていることを考えれば，この指摘は無視できない．しかし，キャリアー種雄牛を継続的に使用するためには，遺伝性疾患監視の体制を継続的に維持しなければならないことを考えれば，候補種雄牛からキャリアーを排除することは現実的な判断といわざるをえない．和牛では，種雄牛の遺伝的集団に急激な変化があったとしても，繁殖雌牛の交代が比較的遅いのでその変化は緩和される可能性がある．このような基本的な考えを踏まえて，実際には，①正常種雄牛の精液を使用すれば，子牛が発症することはない，②キャリアー種雄牛を利用する際には，キャリアーを父牛または母方祖父とする雌牛を避ける，あるいは遺伝子型検査で正常と判定された雌牛を使用する，③キャリアー子牛は生産上正常牛と差がないことなどについて，直接生産者と接する獣医師や人工授精師が懇切に指導する必要がある．

6) モニタリング 現在の戦略では，人工授精によって強い影響力を発揮する種雄牛からキャリアー牛をなくすことによって，短期的にはキャリアー子牛は生まれても発症牛が生まれない状態をつくり，長期的には牛群全体で遺伝性疾患の発生を完全になくすことを目指している．しかし，繁殖雌牛の中にキャリアーがなくならない限り，遺伝性疾患の発生が再燃する可能性は残る．繁殖雌牛のすべてに遺伝子型検査を課すことは現実的でない．おそらく，候補種雄牛の遺伝子型検査を継続することが最善の策と考えられるが，どのようなモニタリングを実施すれば遺伝性疾患を封じ込められるかは，今後の課題である．

b. 伴侶動物での取り組み

経済的な理由が優先し、繁殖も人工授精によって1頭の種雄牛から年間1万頭を超える子牛が生まれる牛と、家族同然に扱われ自然交配での繁殖が行われる伴侶動物の相違点は考慮に入れておかなければならない。しかし、遺伝性疾患を抑制するための体制がほぼ整った牛での経験は、伴侶動物の遺伝性疾患を考える上で貴重である。前述した牛での状況に準じて、伴侶動物の状況を考察し、今後の指針としたい。

歴史的に見ると、動物医療に臨床検査が導入された1970年代に、イヌの血友病やvon Willebrand病（vWD）など、動物の遺伝性出血性疾患を精力的に解明したW.J.Doddsの研究が、伴侶動物診療で遺伝性疾患が注目される先駆けとなった。特に、ドーベルマン種犬のコロニーにvWDが広く蔓延していることが明らかとなり、遺伝性疾患が繁殖上重要であることを再認識させた。その後、伴侶動物、産業動物にかかわらず臨床の教科書には、必ず遺伝性疾患のリストが掲載されるようになり、版を重ねるごとに詳しくなっていった（表10.3）。この間の診断技術の進歩は著しく、とくに画像診断技術は、X線単純撮影のみの時代から、超音波検査、各種内視鏡、X線CT、MRIと眼を見張らせるものがある。このような高い診断技術によって正確な診断が可能になると、先天性、体質性、遺伝性の疾患の区別が伴侶動物診療の中心として浮き上がってきた。近縁個体内交配の多い伴侶動物の繁殖形態がこの傾向の背景となっている。遺伝性疾患の発生を抑制するためには、この高い診断技術を基盤として、牛と同様に関係者（飼い主、獣医師、ブリーダー、登録協会、遺伝子型検査施設、研究施設等）を有機的につなぐシステムを構築する必要がある。

ここでは、ウシでの経験をもとにイヌの遺伝性疾患への対応策を考えてみたい。

1) 遺伝性疾患に対する対応方針　ウシでは国が主導して「遺伝性疾患に対する対応方針」を策定した。イヌでは、対応方針を策定する公正中立な主体をまず決める必要がある。この段階で、

表10.3　イヌとウシの臓器別遺伝性疾患

	ウシ	イヌ
体壁, 体表	11	6
骨, 関節	52	37
皮膚	23	27
眼	9	44
肝臓, 膵臓	2	10
泌尿器	5	17
呼吸器	4	9
循環器	15	13
内分泌, 代謝系	7	12
消化器	8	18
神経系	34	36
筋	6	6
血液リンパ系	3	29
免疫系	5	8
生殖器	20	12
染色体異常	21	5

関係者が、遺伝性疾患の発生を抑制することがきわめて重要であることを理解し、強い決意でシステムを構築・運営してゆくとの合意を得るために、十分な意見交換が必要である。ウシでの対応方針についてイヌの状況と合わせて検討しておきたい。

ア　症状，遺伝様式の明らかな遺伝性疾患の公表

イ　経済的な影響の大きい遺伝性疾患の「特別な対処を必要とする遺伝性疾患」への指定

遺伝性疾患は、症状が軽微で治療を要しないものから致死的経過をとるものまでさまざまである。その重要性は、産業動物のように経済的な尺度で測ることはできず、病気としての重症度、イヌの生活の質（QOL）に与える影響、犬種の特性との関係などを考慮する必要がある。今後、遺伝子診断可能な疾患が増加すれば、遺伝性疾患を排除することなく共生することも選択肢になると予想される。ウシでは、国の遺伝性疾患専門委員会が「特別な対処を必要とする遺伝性疾患」を指定し、この指定を登録協会が登録に反映している。イヌにおいても、公正中立な委員会が、遺伝性疾患の重要度を評価するシステムが妥当であろう。その対応としては、さらに以下のことが挙げられる。

ウ　遺伝子型検査の実施および検査結果の公表

エ　雄イヌを通じた疾患遺伝子頻度の低減
オ　特別な対処を必要とする遺伝性疾患の区分
カ　特別な対処を必要とする遺伝性疾患に対する具体的対応

2）遺伝子型検査　遺伝性疾患のなかで原因遺伝子が特定されて，遺伝子診断が可能となっている疾患は，現時点でイヌ・ネコ合わせて86品種38疾患であり，まだまだ少ないが，その数は研究の進歩とともに日々増加している（表10.4）．これらの情報は，検査センター，大学，ケンネルクラブなどによりインターネット上で公開されている（表10.5）．国内では，大学，民間検査センターで遺伝子型検査がようやく始まったが，遺伝子型検査はただ正確な結果を依頼者に返せばよいわけではない．遺伝子型検査に使用する検体（血液，被毛など）の注意深い管理や保存，登録機関との連携，国内外の情報収集と遺伝子型検査の導入，検査結果のフォローアップ，大学等研究機関との研究協力などが必要で，また信頼性の高い施設が望まれる．

わが国の犬種は，小型犬に偏った独特な構成となっているため，外国で開発された遺伝子型検査がそのまま適用できるとは限らない．和牛の場合がそうであったように，国内で発生している遺伝性疾患を丹念に研究し，遺伝子型検査を開発していかなければならない．

3）血統登録　遺伝子型検査の結果を遺伝性疾患の排除につなげるためには，血統登録制度の完備が不可欠である．確実な個体確認のもとに作成された血統書による家系調査が，遺伝性疾患の解明や予防の前提だからである．近年，イヌにおいても遺伝子レベルでの個体識別が可能となったことを受けて，ジャパンケンネルクラブでは種雄の登録にゲノム提出を義務付けるようになった．

遺伝子型検査実施機関で行った検査の結果が所有者に通知されるだけでなく，血統書に反映され，遺伝性疾患の発生抑制に活用されなければならない．1頭の種雄牛から，年間1万頭以上の子牛が生まれるウシと異なり，人工授精が行われず，産子数が少ないイヌでは雄の保因状況を把握するだけで遺伝性疾患をコントロールすることは現実的でなく，雌に対しても遺伝子型検査が必要かもしれない．登録機関内に委員会を設け，「遺伝性疾患への対応方針」に適合するシステムを構築する必要がある．おそらく，ウシの対応方針にある「優性遺伝性疾患についてはホモ型牛とヘテロ型牛を，また劣性遺伝性疾患については劣性ホモ型牛を登録しない」という原則は，犬においても変わらないであろう．

4）情報公開　ウシの遺伝性疾患への対応方針では，前述したように，5項目が記載されている．このなかで，①の条項は，ウシに比べて世代交代が早く，種雄の検定制度がないイヌでは，まれな遺伝性疾患であっても急速に広まる可能性があり，十分な検討の上でできる限り早期に公表することが望ましい．②では，種雄牛所有者あるいは精液供給機関が保有する種雄牛の遺伝子型検査を義務付けているが，遺伝子型検査の項で述べたように種雄犬だけの検査でよいか否かを検討する必要がある．③，④では，遺伝性疾患専門委員会が種雄牛所有者などの同意のもとに遺伝子型検査結果を公表し，登録団体は，公表された遺伝子型検査結果を関係者に周知徹底すること，としている．ウシでは，種雄牛所有者が国や県，そして限られた民間業者のみで少数であるのに対し，イヌでは，すべて民間業者であり，かなりの数に上る．遺伝子型検査結果の公表，登録団体による周知徹底をスムーズに進めるには，遺伝性疾患専門委員会や登録団体が，これらのブリーダーの信頼を得ていることが重要である．

5）交配指導　ウシの交配指導の項で述べた遺伝子型検査の結果をフィールドに適用する際の基本的な考え方は，ウシと変わらない．すなわち，「遺伝性疾患発生の抑制と改良の推進・資源の有効活用の双方を考えた対応をすること」である．しかし，繁殖の状況はウシとイヌで大きく異なるので，具体的な対応は異なる．まず，1つの犬種の頭数は少なく，ウシに比べて，遺伝子資源の保存や活用に十分に配慮し，雌雄とも優れたキャリアー犬を大切に使用する必要がある．また，検定制度が確立し，種雄牛を育成する段階で不良形質を排除できる可能性があるウシと比べて，イ

表 10.4(a) 遺伝子型検査が可能なイヌの遺伝性疾患

犬種	疾患名 (英名)	疾患名	検査法	検査施設
Alaskan Klee Kai アラスカン・クリー・カイ	factor VII deficiency	第VII因子欠乏症	D	PennGen
American Cocker Spaniel アメリカン・コッカー・スパニエル	phosphofructokinase (PFK) deficiency	ホスホフルクトキナーゼ欠損症	D	PennGen, OptiGen, Vetgen, HealthGene, GeneSearch
	progressive retinal atrophy (prcd)	進行性網膜萎縮 (prcd)	L	OptiGen
American Bulldog アメリカン・ブルドッグ	neuronal ceroid lipofuscinosis	セロイドリポフスチン症	D	University of Missouri
American Eskimo Dog アメリカン・エスキモー・ドッグ	progressive retinal atrophy (prcd)	進行性網膜萎縮 (prcd)	L	OptiGen
	pyruvate kinase (PK) deficiency	ピルビン酸キナーゼ欠損症	D	PennGen
Australian Cattle Dog オーストラリアン・キャトル・ドッグ	progressive retinal atrophy (prcd)	進行性網膜萎縮 (prcd)	L	OptiGen
Australian Shephard オーストラリアン・シェパード	ivermectin toxicosis	イベルメクチン感受性	D	Washington SU, HealthGene
	collie eye anomaly (choroidal hypoplasia)	コリー眼異常 (脈絡膜低形成)	D	OptiGen
Australian Stumpy Tail Cattle Dog オーストラリアン・スタンピー・ティル・キャトル・ドッグ	progressive retinal atrophy (prcd)	進行性網膜萎縮 (prcd)	L	OptiGen
Basenji バセンジー	pyruvate kinase (PK) deficiency	ピルビン酸キナーゼ欠損症	D	PennGen, OptiGen, Vetgen, HealthGene, GeneSearch
	Fanconi syndrome	Fanconi症候群	P	PennGen
Bassett Hound バセット・ハウンド	severe combined immune-deficiency (SCID)	重症複合免疫不全	D	PennGen
Beagle ビーグル	factor VII deficiency	第VII因子欠乏症	D	PennGen
	pyruvate kinase deficiency	ピルビン酸キナーゼ欠損症	D	PennGen
Bedlington Terrier ベドリントン・テリア	copper toxicosis	銅中毒	L	vetGen, AHT
Bernese Mountain Dog バーニーズ・マウンテン・ドッグ	von Willebrand disease	von Willebrand病	D	vetGen
Border Collie ボーダー・コリー	cobalamin mallabsorption	コバラミン吸収不良	P	PennGen
	Collie eye anomaly (choroidal hypoplasia)	コリー眼異常 (脈絡膜低形成)	D	OptiGgen
	neuronal ceroid lipofuscinosis	セロイドリポフスチン症	D	OptiGen, AHT
Boston Terrier ボストン・テリア	juvenile hereditary cataracts	若年性遺伝性白内障	D	AHT
Briard ブリアード	cogenital staitionary night blindness (CSNB)	先天性停在性夜盲症	D	OptiGen, AHT, HealthGene, GeneSearch
Bull Mastiff ブル・マスティフ	progressive retinal atrophy (dominant)	進行性網膜萎縮 (優性)	D	OptiGen
Cairn terrier ケアン・テリア	canien globoid cell leukodystrophy (Krabbe disease)	グロボイド細胞白質ジストロフィー (Krabbe病)	D	Jefferson MC
Cardigan Welsh Corgi カーディガン・ウェルシュ・コーギー	severe combined immune-deficiency (SCID)	重症複合免疫不全	D	PennGen
	progressive retinal atrophy (rcd 3)	進行性網膜萎縮 (rcd 3)	D	OptiGen, HealthGene, GeneSearch
Chesapeake Bay Retriever チェサピーク・ベイ・レトリーバー	progressive retinal atrophy (prcd)	進行性網膜萎縮 (prcd)	L	OptiGen
Chihuahua チワワ	pyruvate kinase (PK) deficiency	ピルビン酸キナーゼ欠損症	D	PennGen
Chinese Crested チャイニーズ・クレステッド・ドッグ	progressive retinal atrophy (prcd)	進行性網膜萎縮 (prcd)	L	OptiGen
Collie コリー	ivermectin toxicosis	イベルメクチン感受性	D	Washington SU, HealthGene
Coton de Tulear コトン・ド・テュレアール	canine multifocal retinopathy	多発性網膜症	D	OptiGen
	von Willebrand disease type I	von Willebrand病 Type I	D	vetGen
Dachshund ダックスフント	narcolepsy	ナルコレプシー	D	OptiGen
	neuronal ceroid lipofuscinosis	セロイドリポフスチン症	D	University of Missouri
	pyruvate kinase (PK) deficiency	ピルビン酸キナーゼ欠損症	D	PennGen
Doberman Pinscher ドーベルマン・ピンシャー	narcolepsy	ナルコレプシー	D	OptiGen
	von Willebrand disease type I	von Willebrand病 Type I	D	vetGen, GeneSearch
Drentsche Patrijshound ダッチ・パートリッジ・ドッグ	von Willebrand disease type I	von Willebrand病 Type I	D	vetGen

犬種	疾患 (英語)	疾患 (日本語)	L/D/P	検査機関
English Cocker Spaniel イングリッシュ・コッカー・スパニエル	progressive retinal atrophy (prcd)	進行性網膜萎縮 (prcd)	L	Optigen
English Cocker Spaniel (Benchbred & Fieldbred) イングリッシュ・コッカー・スパニエル	phosphofructokinase(PFK) deficiency familial nephropathy	ホスホフルクトキナーゼ欠損症 家族性腎症	D	vetGen OptiGen, AHT
English Setter イングリッシュ・セッター	neuronal ceroid lipofuscinosis	セロイドリポフスチン症	D	Univ of Missouri
English Springer Spaniel イングリッシュ・スプリンガー・スパニエル	fucosidosis phosphofructokinase(PFK) deficiency	フコース蓄積症 ホスホフルクトキナーゼ欠損症	D D	PennGen, AHT PennGen, Optien, Vetgen, HealthGene, GeneSearch, AHT
Entelbucher Mountain Dog エンテルブッフハー・マウンテン・ドッグ	progressive retinal atrophy (prcd)	進行性網膜萎縮 (prcd)	L	Opten
Finnish Lapphund フィニッシュ・ラップフンド	progressive retinal atrophy (prcd)	進行性網膜萎縮 (prcd)	L	Optigen
French Mastiff フレンチ・マスティフ	canine multifocal retinopathy	多発性網膜症	D	OptiGen
German Pinscher ジャーマン・ピンシャー	von Willebrand disease type I	von Willebrand 病 Type I	D	vetGen
German Shephard Dog ジャーマン・シェパード・ドッグ	mucopolysaccharidosis (MPS) type VII	ムコ多糖症 TypeVII	D	PennGen
German Shorthaired Pointer ジャーマン・ショートヘアード・ポインター	cone degeneration von Willebrand disease type II	錐体 (網膜) 変性 von Willebrand 病 Type II	D D	Optigen vetGen
German Wirehaired Pointer ジャーマン・ワイヤーヘアード・ポインター	von Willebrand disease type II	von Willebrand 病 TypeII	D	vetGen
Giant Schnauzer ジャイアント・シュナウザー	cobalamin mallabsorption cobalamin mallabsorption	コバラミン吸収不良症 コバラミン吸収不良症	D P	PennGen PennGen
Golden Retriever ゴールデン・レトリーバー	muscula dystrophy	筋ジストロフィ	D	HealthGene
Great Pyrenese グレート・ピレニーズ	glanzmann's thrombasthenia canine multifocal retinopathy	Glanzmann 血小板無力症 I型 多発性網膜症	D D	Auburn U OptiGen
Irish Red & White Setter アイリッシュ・レッド・アンド・ホワイト・セッター	canine leukocyte adhesion deficiency (CLAD) von Willebrand disease type I progressive retinal atrophy (rcd 1)	イヌ白血球粘着不全症 von Willebrand 病 進行性網膜萎縮 (rcd 1)	D D D	OptiGen, AHT AHT OptiGen
Irish Setter アイリッシュ・セッター	canine leukocyte adhesion deficiency (CLAD) progressive retinal atrophy (rcd 1)	イヌ白血球粘着不全症 進行性網膜萎縮 (rcd 1)	D D	OptiGen, AHT OptiGen, vetGen, HealthGene, GeneSearch, AHT
Kerry Blue Terrier ケリー・ブルー・テリア	von Willebrand disease type I factor XI deficiency	von Willebrand 病 Type I 第 XI 因子欠乏症	D D	vetGen PennGen
Kuvasz クヴァーズ	progressive retinal atrophy (prcd)	進行性網膜萎縮 (prcd)	L	OptiGen
Labrador Retriever ラブラドール・レトリーバー	hemophilia B cystinuria progressive retinal atrophy (prcd) narcolepsy	血友病 B シスチン尿症 進行性網膜萎縮 (prcd) ナルコレプシー	D D L D	HealthGene PennGen OptiGen OptiGen, HealthGene
Lancashire Heeler ランカシャー・ヒーラー	collie eye anomaly (choroidal hypoplasia)	コリー眼異常 (脈絡膜低形成)	D	OptiGen
Lapponian Harder ラポニアン・ハーダー	progressive retinal atrophy (prcd)	進行性網膜萎縮 (prcd)	L	OptiGen
Lhasa Apso ラサ・アプソ	hemophilia B renal dysplasia	血友病 B 腎形成不全症	D L	Health Gene vetGen
(English) Mastiff イングリッシュ・マスティフ	progressive retinal atrophy (dominant)	進行性網膜萎縮 (優性)	D	OptiGen
Manchester Terrier マンチェスター・テリア	von Willebrand disease type I	von Willebrand 病 Type I	D	vetGen, GeneSearch
Miniature Pinscher ミニチュア・ピンシャー	mucopolysaccharidosis (MPS) type VI	ムコ多糖症 Type I	D	PennGen
Miniature Schnauzer ミニチュア・シュナウザー	progressive retinal atrophy (type A) myotonia congenita mucopolysaccharidosis type VI	進行性網膜萎縮 (A 型) 先天性ミオトニー ムコ多糖症 Type VI	D D D	OptiGen PennGen, HealthGene PennGen
Newfoundland ニューファンドランド	cystinuria	シスチン尿症	D	PennGen, OptiGen, vetGen

犬種	疾患名（英）	疾患名（日）	P	検査機関
Norwegian Elkhound ノルヴィージアン・エルクハウンド	fanconi syndrome	Fanconi 症候群	P	PennGen
Nova Scotia Trolling Retriever ノヴァ・スコシア・トローリング・レトリーバー	progressive retinal atrophy (prcd)	進行性網膜萎縮 (prcd)	L	OptiGen
	Collie eye anomaly (choroidal hypoplasia)	コリー眼異常（脈絡膜低形成）	D	OptiGen
Old English Sheepdog オールド・イングリッシュ・シープドッグ	ivermectin toxicosis	イベルメクチン感受性	D	Washintou SU, HealthGene
Otterhound オッターハウンド	Glanzmann's thrombasthenia	Glanzmann 血小板無力症 I 型	D	Auburn U
Papillon パピヨン	von Willebrand disease type I	von Willebrand 病	D	vetGen
Pembroke Welsh Corgi ペンブローク・ウェルシュ・コーギー	severe combined immune-deficiency (SCID)	重症複合免疫不全	D	PennGen
	von Willebrand disease type I	von Willebrand 病 Type I	D	vetGen
Poodle プードル	von Willebrand disease type I	von Willebrand 病 Type I	D	vetGen
Poodle : Miniature & Toy プードル（ミニチュア、トイ）	progressive retinal atrophy (prcd)	進行性網膜萎縮 (prcd)	L	vetGen, GeneSearch
Portuguese Water Dog ポーチュギーズ・ウォーター・ドッグ	GM 1 gangliosidosis	GM 1 ガングリオシドーシス	D	HealthGene
	progressive retinal atrophy (prcd)	進行性網膜萎縮 (prcd)	L	OptiGen
Rough Coated Collie ラフ・コーテッド・コリー	Collie eye anomaly (choroidal hypoplasia)	コリー眼異常（脈絡膜低形成）	D	OptiGen
	cyclic neutropenia (Gray Collie syndrome)	周期性好中球減少症（グレーコリー症候群）	D	HealthGene
Samoyed サモエド	progressive retinal atrophy (x-linked)	進行性網膜萎縮（X 染色体性）	D	OptiGen
Schipperke スキッパーキ	mucopolysaccharidosis (MPS) type IIIB	ムコ多糖症 Type IIIB	D	PennGen
Scottish Deerhound スコティッシュ・ディアハウンド	factor VII deficiency	第 VII 因子欠乏症	D	PennGen
Scottish Terrier スコティッシュ・テリア	von Willebrand disease type III	von Willebrand 病 Type III	D	vetGen
Shetland Sheepdog シェットランド・シープドッグ	ivermectin toxicosis	イベルメクチン感受性	D	Washintou SU, HealthGene
	Collie eye anomaly (choroidal hypoplasia)	コリー眼異常（脈絡膜低形成）	D	OptiGen
	von Willebrand disease type III	von Willebrand 病	D	vetGen
Shih Tzu シー・ズー	renal dysplasia	腎形成不全症	L	vetGen
Siberian Husky シベリアン・ハスキー	progressive retinal atrophy (X-linked)	進行性網膜萎縮（X 染色体性）	D	OptiGen
Sloughi スルーギ	progressive retinal atrophy (rcd 1)	進行性網膜萎縮 (rcd 1)	D	Optigen, AHT
Smooth Coated Collie スムース・コーテッド・コリー	Collie eye anomaly (choroidal hypoplasia)	コリー眼異常（脈絡膜低形成）	D	OptiGen
	cyclic Neutropenia (Gray Collie syndrome)	周期性好中球減少症（グレーコリー症候群）	D	HealthGene
Soft Coated Wheaten Terrier アイリッシュ・ソフトコーテッド・ウィートン・テリア	renal dysplasia	腎形成不全症	L	vetGen
Spanish Water Dog スパニッシュ・ウォーター・ドッグ	progressive retinal atrophy (prcd)	進行性網膜萎縮 (prcd)	L	OptiGen
Staffordshire Bull Terrier スタッフォードシャー・ブル・テリア	cararacts (hereditary)	遺伝性白内障	D	AHT
Standard Poodle スタンダード・プードル	neonatal encephalopathy with seizures	新生児痙攣	D	University of Missouri
Swedish Lapphund スウェーディッシュ・ラップフンド	progressive retinal atrophy (prcd)	進行性網膜萎縮 (prcd)	L	OptiGen
Toy Fox Terrier トイ・フォックス・テリア	congenital hypothyroidism with goiter	先天性甲状腺機能低下症と甲状腺腫	D	HealthGene
West Highland White Terrier ウェスト・ハイランド・ホワイト・テリア	Glanzmann's thrombasthenia	Glanzmann 血小板無力症 I 型	D	Auburn U
	pyruvate kinase (PK) deficiency	ピルビン酸キナーゼ欠損症	D	PennGen, HealthGene, AHT
Whippet : Longhaired ウィペット	Collie eye anomaly (choroidal hypoplasia)	コリー眼異常（脈絡膜低形成）	D	OptiGen

D：直接遺伝子変異を検出する診断法，P：表現型（症状，検査結果等）に基づく診断法，L：原因遺伝子変異に連鎖する DNA マーカーによる診断法．

表10.4(b) 遺伝子型検査が可能なネコの遺伝性疾患

猫　種	疾　患	検査法	検査施設
Abyssinian アビシニアン	ピルビン酸キナーゼ欠損症	D	PennGen
American Shorthair アメリカン・ショートヘアー	多嚢胞腎	D	UC Davis
Domestic Shorthair ドメスティック・ショートヘアー	コバラミン吸収不良症	P	PennGen
	ピルビン酸キナーゼ欠損症	D	PennGen
	マンノシドーシス	D	PennGen
	ムコリピドーシス II	D	PennGen
	ムコ多糖症	D	PennGen
Himalayan ヒマラヤン	多嚢胞腎	D	UC Davis
Maine Coon Cat メインクーン・キャット	脊髄性筋萎縮症	D	Michigan SU
Norwegian Forest Cat ノルウィージアン・フォレスト・キャット	糖原病 IV 型	D	PennGen
Persian ペルシャ	多嚢胞腎	D	UC Davis
	マンノシドーシス	D	PennGen
Scottish Fold スコティッシュ・フォールド	多嚢胞腎	D	UC Davis
Siamese シャム	ムコ多糖症	D	PennGen
Somali ソマリ	ピルビン酸キナーゼ欠損症	D	PennGen

表10.5 遺伝性疾患に関するデータベース

(a) 遺伝子型検査を行っている施設のホームページなど

アメリカ
(1) 検査機関
　Optigen
　　http://www.optigen.com/opt9_test.html
　vetGen
　　http://www.vetgen.com/canine-services.html
　PennGen
　　http://www.vet.upenn.edu/research/centers/penngen/services/alldiseases.html
　HealthGene
　　http://www.healthgene.com/canine/genetic_dna_testing.asp
　GeneSearch
　　http://www.genesearch.net
(2) 大　学
　UCDavis Center for Companion Animal Health
　　http://www.vetmed.ucdavis.edu/CCAH/Genetis/Testing-caninetests.htm
　Washington State University
　　http://www.vetmed.wsu.edu/announcements/ivermectin/ownerinfo.asp
　Jefferson Medical College
　　David.wenger@mail.tju.edu
　Auburn University Boudreaux Laboratory
　　http://www.vetmed.auburn.edu/index.pl/boudreaux_mk
　Cornell University Comparative Coagulation Section
　　http://www.diaglab.vet.cornell.edu/coag/test/hemopwh.asp
　New York University Neurogenetics Laboratory
　　http://www.pwdca.org/GMlapp.html
イギリス
　Animal Health Trust
　　http://www.aht.org.uk/sci.diag.disc.genetics.dna.html#canine

(b) イヌとネコの遺伝病に関するデータベース

CHIC (Canine Health Information Center)…アメリカン・ケンネルクラブほか
　http://www.caninehealthinfo.org/
CIDD (Canine Inherited Disorders Database)…カナダ
　http://www.upei.ca/~cidd/intro.htm
LIDA (Listing of Inherited Disorders in Animals)…シドニー大学
　http://www.vetsci.usyd.edu.au/lida/
OMIA (Online Mendelian Inheritance in Animals)…NCBI
　http://www.angis.org.au/Databases/BIRX/omia/

ヌでは，遺伝子型検査ができない疾患については，注意深く産子の状態を観察する必要がある．

遺伝性疾患を抑制するためには，繁殖に従事するブリーダーの役割が大きいことはいうまでもない．ブリーダーには，昔伝染病に立ち向かったように，遺伝性疾患と正面から向き合うことがこの問題の唯一の解決策であることを認識し，不幸な犬，飼い主を作らないために遺伝性疾患への対応を怠らないよう求め続けなければならない．「遺伝病は恐ろしい」との認識を変えるために，登録団体，大学，検査施設を通じた情報の伝達が重要である．たとえば，遺伝病の症状として胎子死があるが，産子数の減少，死産などを遺伝性疾患と結びつけて考えるブリーダーはいない．したがって，個別の問題に対しても相談窓口が必要である．

6) モニタリング　わが国では，飼育犬種に大きな流行があり，犬種ごと消えてしまうことさえある．同時に遺伝性疾患も消えてしまうことになるかもしれないが，そうでなければ，遺伝性疾患の摘発・除去には，犬種内での発生状況の把握が欠かせない．頭数の少ない犬種では，全頭の遺伝子型検査ができれば，問題はたちどころに解決

する．しかし，頭数の多い犬種では全頭検査は不可能で，雄のみの検査では発生状況を知ることは難しい．遺伝性疾患をなくすためには，犬種ごとに戦略をねり，実践する必要がある．遺伝性疾患の動向を知るためのモニタリングをどのように実施するかは，今後の課題である．

単一遺伝子性疾患について述べてきたが，イヌでは，股異形成（股関節形成不全）のように，遺伝性は認められるが遺伝様式から多因子性遺伝性疾患と考えられる疾患が多くある．股異形成では形質（股関節の形態）をX線検査で評価し，その評価を基に繁殖が行われている．

既に明らかになっている単一遺伝子性疾患の発生をなくすことのできる体制をつくること，解明されていない単一遺伝子性疾患の原因遺伝子変異を明らかにすること，多因子性疾患に対して現実的な対応をしながら，研究を深めてゆくことを同時並行的に進めていく必要がある．　　（小川博之）

引用文献

1) 三木哲郎：ゲノム解析と臨床医学,現代医療 32：198-203, 2000.

10.4　バイオテクノロジーの応用

バイオテクノロジーの用語が汎用される以前に，家畜の世界では精液の凍結保存，人工授精，体外受精，胚移植などの技術が次々と開発され，家畜の増殖や改良に大きく貢献した．特に，第二次大戦後のウシにおける人工授精の世界的な普及は，各種品種における飛躍的な遺伝的改良に大きな役割を果たした．

ここでは，以上のような技術の開発以後に進展した動物バイオテクノロジーを中心に紹介したい．

10.4.1　雌雄の生み分け

家畜で人為的に雌雄を生み分ける技術が確立されれば，家畜の遺伝的改良を促進するだけでなく，家畜産業の経済効率を高めることができる．

哺乳類の性は雄（精子）が決定権を有しており，古くから，精子を対象にさまざまな方法によりX精子とY精子の分離が試みられた．たとえば，X，Y精子の比重差を想定して，密度勾配遠心分離法による分離やX，Y精子における荷電の違いを想定した電気泳動法による分離が試みられたが，いずれも信頼性のある方法としては確立されていない．これらに対して，X染色体とY染色体とのDNA量の差を想定して，ヘキスト33342で精子DNAを染色しレーザー光線の照射により精子内のDNA量の差を検出するフローサイトメーター（細胞分取装置）を用いた分離法が開発されている．この分離法は，最初，Johnsonら（1989）がウサギの精子を用いて開発したものである[1]．その後，精子分離専用の高速フローサイトメーターの開発や種々の改良がなされ，分離精子の人工授精により性比の確率が85～95％の成績が得られている．欧米では1999年以後の5年間で，分離，凍結・融解精子の人工授精により雌雄を生み分けられた約30000頭のウシが生産されている．現在のところ，分離用精液には新鮮精液が必要である．

現在の分離機の性能は10000精子/秒が限界である．種々の分離作業の過程で，約3/4の精子が失われる．通常の精子に比べ，凍結・融解に対する抵抗性がかなり劣る．人工授精の際には，子宮深部に精液を注入する必要があるなどの種々の課題が残されている．しかし，生まれてくる家畜の性比が85～95％と判別の精度がきわめて高いので，将来，分離機の性能が画期的に向上すれば，商業的に利用できる可能性がある．

一方，発生中の胚の一部細胞を顕微鏡下で採取（バイオプシー）し，Y染色体に特異的なDNAマーカーを標的にPCR法を利用した胚の性判別法が開発されている．この方法による性判定用キットが国内でも市販されているが，バイオプシーによる胚への損傷が大きく，また，凍結・融解後の胚の生存性が低い難点がある．

10.4.2　発生工学的技術の利用

発生工学的技術を利用して作製された自然界には存在しない動物が，生命科学研究のモデル動物

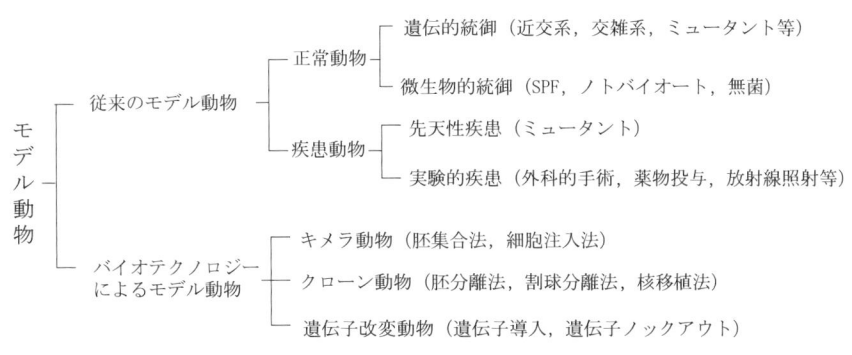

```
                              ┌─ 遺伝的統御（近交系，交雑系，ミュータント等）
                 ┌─ 正常動物 ─┤
                 │            └─ 微生物的統御（SPF，ノトバイオート，無菌）
  ┌─ 従来のモデル動物 ─┤
  │              │            ┌─ 先天性疾患（ミュータント）
モ │              └─ 疾患動物 ─┤
デ │                           └─ 実験的疾患（外科的手術，薬物投与，放射線照射等）
ル ┤
動 │                     ┌─ キメラ動物（胚集合法，細胞注入法）
物 │                     │
  └─ バイオテクノロジー ─┼─ クローン動物（胚分離法，割球分離法，核移植法）
     によるモデル動物    │
                        └─ 遺伝子改変動物（遺伝子導入，遺伝子ノックアウト）
```

図10.12 発生工学的技術を利用した新しいモデル動物の開発

として利用されている（図10.12）．

ところで，地球環境の悪化に伴い，希少種や絶滅危惧種の数が年々減少しているが，このような野生動物（遺伝資源）の保護に，家畜の増殖や改良に利用されてきた配偶子（精子や卵子）および胚の凍結保存，人工授精，体外受精，胚移植などの技術が応用されている．たとえば，イエネコとヤマネコ，ヤギとヒツジ，ウマとシマウマなどの間で，異種間胚移植により産子が生産されている．

a. 顕微授精

顕微鏡下で1個の精子を卵子に注入する顕微授精（intracytoplasmic sperm injection, ICSI）により，1988年以後，ウサギを初めてとして，ブタやウシで産子が得られている．ICSIは死滅した精子の注入でも産子が得られていることから，動物園動物や野生動物の保護に応用されることが期待されている．

b. 核移植技術（クローン技術）の利用

1） クローン動物の作製法 哺乳類において全く同じ遺伝的構成をもつ個体が自然界で生じる例としては，一卵性双生児が相当する．クローン動物を作製する方法には大別して2通りある（図10.13）．1つは，発生途中の胚の割球を分離し，おのおのを独立に体外で後期胚にまで発生させ，仮親の子宮に移植する方法である．単一割球の全能性（個体に発生する能力）が，胚の発生のどの時期まで維持されているかは，動物種によって異なるが，割球の全能性維持には限界がある．4細胞期胚の割球から4子のクローンヒツジが生産された報告はあるが，それ以上に発達した胚の割球から個体の生まれた例はない．もう1つは，核移植を利用する方法である．哺乳類で核移植によりクローン動物を作製することは当分不可能であろうと考えられていたが，1997年にイギリスのロスリン研究所において，成体ヒツジの乳腺組織から採取した細胞の核を除核未受精卵に移植する方法により，世界で初めてクローンヒツジが作製さ

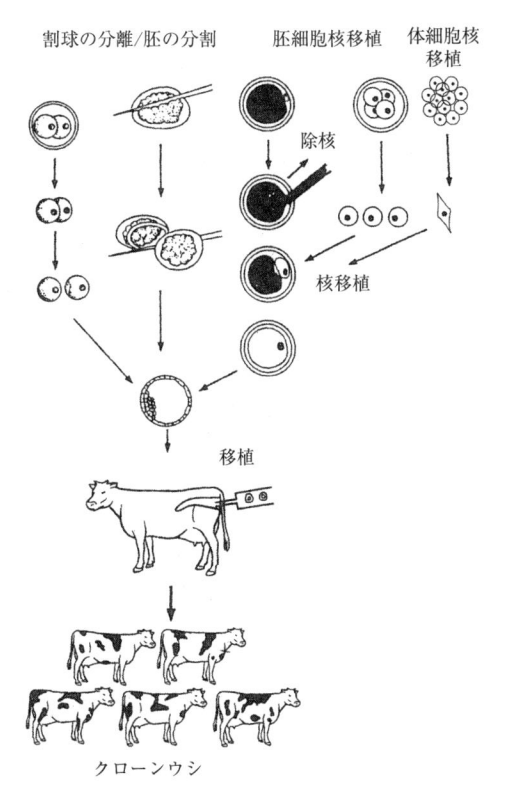

図10.13 クローンウシ作製の各種方法

れた．核移植法には，初期胚の細胞の核を利用して受精卵クローンを作製する場合と，体細胞の核を利用し体細胞クローンを作製する場合とがある．

2) 希少動物および絶滅危惧種の保護　死亡した直後のガウル牛（*Bos gaurus*，ウシ科の希少種，$2n=58$）の皮膚細胞を採取し，いったん液体窒素で凍結保存した．一方，屠場ウシ卵巣（*Bos taurus*，$2n=60$）から卵子を採取し，体外で成熟させ，染色体を除去した卵子にガウル牛の細胞核を移植し，さらに体外で発生させたのちに，レシピエント雌牛の子宮に移植した．この方法で，1頭のクローンガウル牛を生産することに成功している．中国では，体細胞核移植技術を利用してパンダの増産が計画されている．

3) 家畜への利用　家畜の改良目標は，繁殖能力（受胎率，産子数など），飼料効率（飼料要求率など），生産能力（泌乳能力，産肉能力など），強健性（抗病性など）の経済形質を遺伝的に向上させることである．遺伝的改良の基本的な手段は，優良形質をもつ雌雄を交配し，両親よりも優れた経済能力をもつ子孫を選抜することである．しかし，得られた子孫のすべてが両親を上回る形質をもつとは限らず，両親からの染色体（遺伝子群）の組み合わせによっては，かえって両親よりも劣る子孫の生まれることがある．クローン技術を利用すれば，雌雄の交配による遺伝的変異を回避して，優秀な個体と遺伝的に同一の子孫を多数生産できる．同一の遺伝的構成をもつ子孫（クローン個体）を多数生産できるので，種畜の能力を直接検定により早期に検定できる．また，遺伝的構成が同じであるために供試数を軽減できるので，試験や研究用のモデルとしてきわめて有用である．ただし，留意すべきことは，遺伝性疾患の原因遺伝子を保有している種畜から多数のクローン子孫を生産して，それらを種畜として利用すると，病因遺伝子をもつ個体を特定の家畜集団に拡散させることになる．また，クローン技術は，同じ優良形質をもつ個体を多数生産する手段に有効であるが，家畜の遺伝的改良の基本は，交配（受精）により雌雄染色体の新たな組み合わせを期待することにある．欧米では，家畜における核移植技術は，有用物質を乳汁に分泌するトランスジェニック家畜を大量に生産するための手段として主に用いられている．

ところで，クローン家畜の作製効率はきわめて低く，また，ウシでは核移植胚を仮親に移植した場合，流産，異常胎児や過大子などの例が報告されている．したがって，クローンウシを通常の農家で飼育する家畜として利用するにはさらなる技術の改善が必要である．なお，クローンウシの牛乳や肉製品に関して各種の食品安全試験が実施されたが，特に問題は報告されていない．

10.4.3　遺伝子改変技術の利用

遺伝子改変技術は，実験動物ならびに家畜においてさまざまな目的で利用されている（図10.14）．

a. モデル動物としての利用

基礎生物学の分野においては，新規に単離した標的遺伝子をマウスに導入し，過剰に発現させたり（図10.15），遺伝子ターゲティングにより標的遺伝子をノックアウトした遺伝子改変動物を作製すれば，それらの表現型の変化を正常なものと比較することにより，標的遺伝子の機能を探ることができる．

また，遺伝子の組織特異的発現や時期特異的な発現を制御している非転写DNA領域に存在するプロモーター，エンハンサーなどの発現調節領域を解析するために，それらの制御領域とレポータ

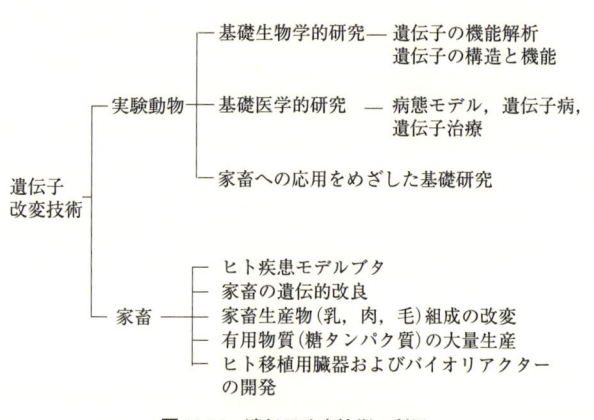

```
                    ┌─ 基礎生物学的研究 ─ 遺伝子の機能解析
                    │                    遺伝子の構造と機能
         ┌─ 実験動物 ─┼─ 基礎医学的研究 ── 病態モデル，遺伝子病，
         │           │                    遺伝子治療
遺伝子    │           └─ 家畜への応用をめざした基礎研究
改変技術 ─┤
         │           ┌─ ヒト疾患モデルブタ
         │           ├─ 家畜の遺伝的改良
         └─ 家畜 ────┼─ 家畜生産物（乳，肉，毛）組成の改変
                     ├─ 有用物質（糖タンパク質）の大量生産
                     └─ ヒト移植用臓器およびバイオリアクター
                        の開発
```

図10.14　遺伝子改変技術の利用

図10.15 全身性に乳清酸性タンパク質（WAP）遺伝子を発現するトランスジェニック（Tg）マウスの乳腺[2]
上が妊娠10日目の通常マウスの乳腺（乳管と乳腺胞がよく発達している）．下が全身性にWAPを高発現するTgマウス（乳腺胞の発達は悪いが，乳管は太いのが特徴）．この結果から，WAPが組織特異的に乳腺の発達を制御していることが判明した．

図10.16 全身に緑色蛍光を発するトランスジェニックマウス[3]
CAG/EGFP融合遺伝子を導入した生後3日目のTgマウス（右側に通常マウスがいる）．GFP（緑色蛍光タンパク質，蛍光クラゲで生産され，暗室で紫外線照射により緑色蛍光を発する）．CAG：サイトメガロウイルスのエンハンサーとニワトリのβ-アクチンのプロモーターを連結した制御領域．EGFP：enhanced green fluorescent proteinのコード領域．

一遺伝子とを連結した融合遺伝子を導入したトランスジェニックマウスが利用されている（図10.16）．

さらに，基礎医学領域では，ヒトの病因遺伝子を導入したトランスジェニックマウスや遺伝子ノックアウトマウスが，ヒトの遺伝病やがんなどの発症機構を遺伝子レベルで解明するためのモデルだけでなく，それらの予防法や治療法の開発研究に利用されている（表10.6～10.8）．

また，ウイルス病の原因遺伝子を導入したトランスジェニックマウスは，ウイルス性疾患の病態モデルとして有用である（表10.9）．

各種ウイルスのレセプター遺伝子が単離されたことから，ウイルスのレセプター遺伝子をマウスに導入し，霊長類にしか感染が成立しないヒトウイルスをトランスジェニックマウスに自然感染させることができるようになった．その他にも，糖尿病や血管障害に関連した遺伝子などを導入したトランスジェニックマウスが成人病研究に利用されている．

今後，各種成人病に関連する候補遺伝子が新たに単離されてくれば，それらを導入したトランスジェニックマウスやノックアウトマウスの利用に

Box 10.2　ウシの"ダブルマッスル"と遺伝子ノックアウトマウス

ウシでは古くから，"ダブルマッスル（double muscle, DM）"と呼ばれ，骨格筋の筋肥大症により筋重量が正常なウシに比べ20～40%も多い遺伝形質が知られていた．遺伝子ノックアウトマウスの研究とDMが出現するベルギアンブルーウシの遺伝子解析から，このDM形質がTGF-βスーパーファミリーに属するミオスタチン（*MSTN*）遺伝子の機能欠損によることが明らかとなった．DMウシの雌は，正常な分娩が困難であったり，乳量が少ないなどの欠点がある．そこで，Georges *et al.* (2004) は，DM形質を雄ウシだけで発現させることを考え，マウスによる実験を行った．すなわち，*MSTN*遺伝子の機能を阻害する*MSTN trans-inhibitor*遺伝子を，DNA相同組換えとCre/loxP系を利用してY染色体に導入し，雄マウスだけでDM形質を発現するトランスジェニックマウスの作製に成功した．この技術を実際にウシに応用できれば，雄だけでDM形質を発現するウシを生産することができる．

表10.6 遺伝性疾患(ミュータント)マウスに正常遺伝子を導入したトランスジェニックマウス

疾患マウス(遺伝子型)	導入遺伝子[*1]	効 果	研究者(発表年)
小人症(lit/lit)	マウスメタロチオネイン/ラット成長ホルモン	小人症の回避,巨人症の出現	Hammer et al. (1984)
性腺不全(hyg/hyg)	マウス性腺刺激ホルモン放出因子	各種性腺ホルモン濃度の正常化,不妊の回避	Manson et al. (1986)
貧血症(Hbb^{th-1}/Hbb^{th-1})	マウス β-グロビン	貧血の回避	Costantini et al. (1986)
I 型糖尿病 (NOD)[*2]	マウス MHC クラス II (E$^d\alpha$)	自己免疫性ランゲルハンス島炎の発生の回避	Miyazaki et al. (1987)
震戦(shi/shi)	マウス塩基性ミエリンタンパク質	震戦発現の回避	Readhead et al. (1987)

[*1] プロモーター/構造遺伝子またはゲノム遺伝子.
[*2] Non-obese diabetes (非肥満型糖尿病).

表10.7 各種がん遺伝子を導入したトランスジェニックマウス

導入遺伝子(プロモーター/がん遺伝子[*1])	発生した腫瘍	研究者(発表年)
ネズミ乳腺腫瘍ウイルス[*2]/c-myc	乳腺がん	Stewart et al. (1984)
マウスメタロチオネイン I/SV40[*3] 初期領域	肝がん,膵がん	Messing et al. (1985)
マウスインスリン/SV40 初期領域	膵臓 β 細胞腫	Hanahan (1985)
マウス免疫グロブリン (μ, κ)/c-myc	B 細胞腫	Adamus et al. (1985)
マウスエラスターゼ I/c-Ha-ras	膵臓腺房細胞腫	Oriniz et al. (1985)
マウス αA-クリスタリン/SV40 初期領域	水晶体腫瘍	Mahon et al. (1987)
マウス心房 Na 排出因子/SV40 初期領域	右心房の過形成	Field (1988)
マウスホエー酸性タンパク質/活性化 c-Ha-ras	乳腺がん	Bailleul et al. (1990)

[*1] 構造遺伝子.
[*2] エンハンサー.
[*3] SV40, Simian virus 40.

表10.8 がん抑制遺伝子ノックアウトマウスでの発がん[4)]

がん抑制遺伝子	表現型		研究者(発表年)
	ヘテロ	ホモ	
p53	まれに乳腺腫瘍	悪性リンパ腫,血管腫瘍など	Donehower et al. (1992)
Wt-1	腫瘍形成なし	胎生致死	Kreidberg et al. (1993)
RB	脳下垂体腫瘍	胎生致死	Lee et al. (1992)
APC	腸管でポリープ	胎生致死	Fodde et al. (1995)
NF-1	褐色細胞腫	胎生致死	Brannan et al. (1997), Jacks et al. (1997)
NF-2	骨肉腫	胎生致死	McClatchey et al. (1997)
BRCA1	腫瘍形成なし	胎生致死	Hakem et al. (1996) 他
BRCA2	腫瘍形成なし	胎生致死	Sharan et al. (1997), Suzuki et al. (1997)

表10.9 各種ウイルス遺伝子を導入したトランスジェニックマウス

導入遺伝子[*1]	症 状	研究者(発表年)
マウスメタロチオネイン I/SV40-T	脳(脈絡叢)腫瘍,胸腺過形成	Palmiter et al. (1985)
ヒトインスリン/SV40-T	膵臓 β 細胞の腫瘍	Hanahan (1985)
ウシパピローマウイルス[*2]	皮膚線維肉腫	Lacy et al. (1986)
マウス乳がんウイルス LTR/v-Ha-ras	乳がん,唾液腺がん,ハーダー腺癌	Sinn et al. (1987)
ヒトエイズウイルス[b]	稗臓発育不良,膵臓肥大,皮膚肥厚	Leonard et al. (1988)
ヒトエイズウイルス LTR/tat-3	カポジ肉腫様腫瘍	Vogel et al. (1988)
マウスエラスターゼ/SV40-T	膵臓腺房細胞の腫瘍	Orinitz et al. (1985)
B 型肝炎ウイルス[*2]	ウイルスが肝,心,腎臓で複製,一部肝炎発生	Araki et al. (1989)

[*1] エンハンサー,プロモーター/構造遺伝子.
[*2] ウイルスゲノム遺伝子.
SV40-T: SV40-large T.

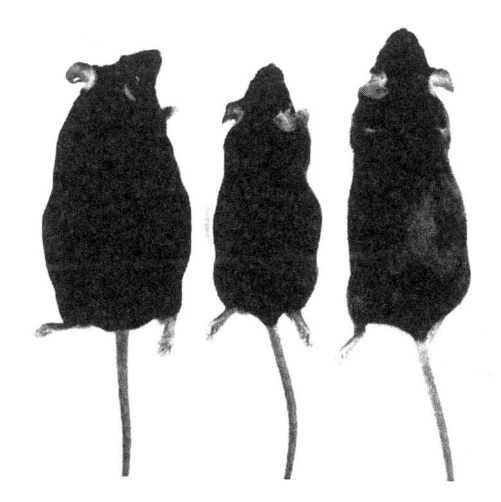

図10.17 血液中にヒト成長ホルモン（hGH）が多く分泌されたトランスジェニック（Tg）雌マウス

（左右がTgマウスで体重は72gと58g），同じhGH遺伝子の発現であっても，右のTgマウスは筋肉質のスーパーマウスであるのに対し，左のTgマウスは肥満マウスになっている．中央が同腹の通常マウス（体重34g）．雌Tgマウスの血液中のhGH濃度は125 ng/ml（マウス自身のGH濃度は平均15 ng/ml）．

より，それらの発症機構を遺伝子レベルで解明する研究の進展が期待される．

一方，トランスジェニックマウスは有用なトランスジェニック家畜を開発するためのモデル動物としても利用されている．

b. 遺伝子改変家畜の利用

1) 品種改良

(1) 成長関連遺伝子の導入： 1980年以後に，ラットやヒトなどの成長ホルモン（GH）遺伝子を，主に肝臓で発現するマウスメタロチオネイン-I（MT-I）遺伝子のプロモーターに連結して導入したトランスジェニックマウスが，通常マウスの2倍以上の体重に成長し，この表現形質は，次世代にも伝達されることが確認された（図10.17）．家畜での同様な効果を期待し1985年から1993年にかけて，GH，GHRF（growth hormone releasing factor，成長ホルモン放出因子．視床下部で発現），さらにはインスリン様成長因子-I（IGF-I：成長ホルモンの作用により肝臓で発現）などの成長に関連した遺伝子を，肝臓で発現

表10.10 各種の成長関連遺伝子を導入して作製されたトランスジェニック家畜[5]

導入遺伝子の種類（プロモーター/構造遺伝子）	家畜の種類	研究者（発表年）
マウスアルブミン/ヒトGHRF	ブタ	Pursel *et al.* (1989)
サイトメガロウイルス（LTR）/ブタ成長ホルモン	ブタ	Ebert *et al.* (1990)
マウス乳腺腫瘍ウイルス（LTR）/ウシ成長ホルモン	ウシ	Roshlau *et al.* (1989)
マウスメタロチオネイン/ヒト成長ホルモン	ブタ	Brem *et al.* (1985)
マウスメタロチオネイン/ヒト成長ホルモン	ブタ，ウサギ，ヒツジ	Hammer *et al.* (1985)
マウスメタロチオネイン/ウシ成長ホルモン	ブタ	Pursel *et al.* (1987)
ヒツジメタロチオネイン/ヒツジ成長ホルモン	ヒツジ	Rexroad *et al.* (1989)
ヒトメタロチオネイン/ブタ成長ホルモン	ヒツジ	Murray *et al.* (1989)
マウスメタロチオネイン/ヒトGHRF	ブタ	Vize *et al.* (1988)
マウスメタロチオネイン/ヒトGHRF	ブタ	Brem *et al.* (1985)
マウスメタロチオネイン/ヒトGHRF	ヒツジ	Rexroad *et al.* (1989)
マウスメタロチオネイン/ヒトIGF-I	ブタ	Pursel *et al.* (1989)
モロニ白血病ウイルス（LTR）/ラット成長ホルモン	ブタ	Ebert *et al.* (1988)
モロニ白血病ウイルス（LTR）/ブタ成長ホルモン	ブタ	Ebert *et al.* (1990)
マウス肉腫ウイルス（LTR）/ニワトリSki	ブタ	Pursel *et al.* (1992)
ラットPEPCK/ウシ成長ホルモン	ブタ	Wieghrt *et al.* (1990)
ウシプロラクチン/ウシ成長ホルモン	ブタ	Polge *et al.* (1989)
ニワトリ骨格筋アクチン/ヒトエストロゲンレセプター	ウシ	Massey *et al.* (1990)
ニワトリ骨格筋アクチン/ヒトIGF-I	ウシ	Hill *et al.* (1992)
マウストランスフェリン/ウシ成長ホルモン	ウシ	Bondioli-Hammer (1992)
マウストランスフェリン/ウシ成長ホルモン	ブタ	Pursel *et al.* (1992)
マウストランスフェリン/ウシ成長ホルモン	ヒツジ	Rexroad *et al.* (1991)
マウストランスフェリン/ヒト成長ホルモン	ブタ	Pursel *et al.* (1992)

GHRF：成長ホルモン放出因子，IGF-I：インスリン様成長因子-I，PEPCK：フォスホエノルピルベイトカルボキシキナーゼ，TPA：組織プラスミノーゲン活性化因子．

するトランスフェリン（*TF*）や *MT-I* 遺伝子のプロモーターに連結して導入した多くのトランスジェニック家畜が作製された（表 10.10）. *GH* 遺伝子導入トランスジェニックブタのなかには，通常のブタに比べ飼料効率（体重増/飼料摂取量）が向上し，筋肉内脂肪や背脂肪の厚さの減少が見られた．また，タンパク質含量の高い飼料を与えた場合には，通常のブタに比べ体重が 30〜50 kg も増加し，成長速度も 11〜16% 速い効果が認められた．また，*GH* 遺伝子導入ブタの肝臓では IGF-I の生産が増加し，血液中の IGF-I 濃度が正常の 3〜4 倍に達していた．ところが，ほとんどのトランスジェニックブタは，胃潰瘍，腎炎，心嚢炎などの疾患を伴う虚弱な体質を示し，*GH* 遺伝子導入ブタの約 80% が 6 ヶ月以内に死亡し，特に，離乳前に約 20% のトランスジェニック子ブタが死亡したという結果も報告された．

このような *GH* 遺伝子導入ブタで観察された代謝ならびに種々の異常の原因は，正常な雄動物では GH は脳下垂体からパルス様に分泌されるのに対して，*GH* 遺伝子導入動物では，外来 GH が肝臓から非パルス様に分泌されるため，代謝異常を誘発したものと考えられている．

(2) 抗病性関連遺伝子の導入：　ウイルス感染に対し抵抗性の高い家畜を作製する目的で，マウス免疫グロブリン遺伝子やインフルエンザウイルス *Mx1* タンパク質遺伝子が導入されたが，導入遺伝子の発現が低かったり，産生された免疫グロブリンの抗原への結合能が低いトランスジェニック個体しか得られていない．さらに，雌ヒツジの不妊の原因となる進行性肺炎の病因ウイルスの外被タンパク質遺伝子がヒツジに導入され，標的細胞であるマクロファージにおいて外被タンパク質を発現したトランスジェニックヒツジが作製されたが，ウイルスの感染に対する抵抗性の評価はなされていない．最近，乳房炎に対する抵抗性を高める目的で，その主要な要因である *S. aureus*（ブドウ球菌）に対し抗菌性を示すリソスタフィン遺伝子を導入したトランスジェニックウシが作製されている．このウシでは，乳腺でのリソスタフィン遺伝子の高い発現により，*S. aureus* の感染に対する抵抗性が向上している．

以上のように，成長性や抗病性を遺伝的に向上させる目的で，各種遺伝子を家畜へ導入する研究が精力的に試みられたが，いずれも，当初に期待したような経済的に有用なトランスジェニック家畜は作製されず，単一遺伝子の導入により，家畜の遺伝的改良を図ることの難しさが示された．今後産業動物として有用なトランスジェニック家畜を作製するためには，導入する遺伝子の構造と機能に関するいっそうの基礎的研究が必要である．

(3) 生産物組成の改変：　遺伝子導入により家畜の生産物（乳，肉，毛）の成分組成を改変できれば，より有用な生産物の得られる可能性があるが，実際に乳汁成分を改変する目的でトランスジェニック家畜が作製された例はない．実験的には，ヒツジの β-ラクトグロブリン遺伝子を導入したり，β-カゼイン遺伝子をノックアウトしたマウスが作製されており，それらの乳汁を解析した結果から，乳汁中のタンパク質成分が著しく変化することがわかっている．また，ヒトの健康によい飽和脂肪酸量の少ない豚肉の生産を目指して，植物の脂肪酸不飽和化酵素遺伝子を導入したトランスジェニックブタが作製されている．

(4) 家畜を利用した有用物質生産：　ヒトの血液や臓器から抽出・精製された生理活性物質がヒト遺伝病や疾患の治療や発症予防に利用されている．これらの物質のほとんどは血液中に微量にしか含まれていないために，非常に高価である．

有用タンパク質を，大腸菌，酵母，動物培養細胞，昆虫，植物などを宿主として大量に生産させる技術が開発されている．生理活性物質を大腸菌などの原核生物で生産させる場合，翻訳後のタンパク質の修飾（糖鎖の付加や高次構造の構築など）が不可能である．さらには，菌体成分と生成物との分離が困難であるなど，多くの難題がある．また，細胞培養系やその他の生産系では，培養システムの繁雑さや生産効率に難点がある．そこで，生理活性物質をコードする遺伝子を家畜に導入して，それらの有用物質を家畜の乳汁に分泌させる手段が考えられた．乳腺で特異的に発現し

ている遺伝子のプロモーターと各種有用物質の構造遺伝子を連結した融合遺伝子を導入したトランスジェニック家畜が作製されている（表10.11）．

(5) 臓器移植用遺伝子改変ブタの開発：
1980年代に，シクロスポリンAやFK506などの強力な免疫抑制剤が開発されたことから，ヒトの臓器移植の成績は飛躍的に向上した．そのため，臓器移植手術を希望する患者の数は年々増加しており，移植用臓器の必要性がますます高まっている．一方，臓器提供者の数は頭打ちの状況にあり，世界的に移植用臓器が不足している．このような臓器不足は，今後ますます深刻化することが予想される．

この問題を解決するための対策の1つとして，遺伝子改変ブタを利用した異種臓器移植の研究が進められている．

表10.11 トランスジェニック家畜の乳汁中に分泌されたヒトの各種有用物質

プロモーター	ヒト遺伝子（構造遺伝子）	家畜種	研究者（発表年）
ヒツジ β-ラクトグロブリン	血液凝固第IV因子（血友病治療剤）	ヒツジ	Simons et al. (1988)
ウシ β-ラクトグロブリン	血液凝固第IX因子（血友病治療剤）	ヒツジ	Clark et al. (1989)
ウサギ β-カゼイン	インターロイキン2（抗がん作用）	ウサギ	Buhler et al. (1990)
ウシ α-カゼイン	ラクトフェリン（抗細菌作用）	ウシ	Krimpernfort et al. (1991)
ヒツジ β-ラクトグロブリン	α1-アンチトリプシン（血栓溶解作用）	ヒツジ	Wright et al. (1991)
〃	組織プラスミノーゲン活性化因子（血栓溶解作用）	ヤギ	Ebert et al. (1991)
マウスWAP	活性化プロテインC（血栓溶解作用）	ブタ	Velander et al. (1992)
〃	組織プラスミノーゲン活性化因子	ウサギ	Riega et al. (1993)
〃	血液凝固第VIII因子（血友病治療剤）	ヒツジ	Halter et al. (1993)
ウシ α-カゼイン	インスリン様成長因子-I（細胞増殖作用）	ウサギ	Brem et al. (1994)

プロモーター/構造遺伝子の融合遺伝子が導入された．WAP：乳清酸性タンパク質．

Box 10.3 α-1,3-ガラクトース転移酵素ホモ型ノックアウトブタの作製

体細胞核移植を利用しても，ライフスパンの長い家畜の場合，ホモ型ノックアウト個体を得るまでには，相当な月日が必要となる．Ayaresのグループ[6]は，体細胞の段階でα-1,3-ガラクトース転移酵素（α-1,3-GT）遺伝子をホモ型に欠損したノックアウトブタを作製するのに成功した．彼らは異なった種類の抗生物質耐性遺伝子を組み込んだ2種類のターゲティングベクターを作製し，両方の相同染色体でそれぞれ相同組換えを起こさせた．2種類の抗生物質に対して耐性をもつ細胞が標的遺伝子をホモ型にノックアウトされた細胞である．この細胞の核を除核未受精卵に核移植し，さらに仮親に移植してα-1,3-GT遺伝子がホモ型にノックアウトされた子ブタを生ませたのである．

ところで，体細胞におけるDNA相同組換えの起こる確率は，ES細胞を標的にした場合の0.1〜8.1％ときわめて低い．また，ターゲティングベクターに抗生物質耐性遺伝子を組み込んでいるために，生まれた遺伝子ノックアウト動物は，抗生物質が効きにくいことになる．そこで，考えられたのが，細菌が生産する毒素のトキシンAを利用した方法である．トキシンAはα-1,3-GTと親和性があり，この酵素を生産している細胞に対し毒性を示し死滅させる．かれらは，α-1,3-GT遺伝子の第9エキソン内のチロシンをコードするATAの塩基配列をAGA（アスパラギン酸）に一塩基置換しただけのターゲティングベクターを構築した．チロシンはα-1,3-GTの活性に必須のアミノ酸残基であることがわかっており，このアミノ酸の変換により酵素活性を失ったα-1,3-GTが生産される．このターゲティングベクターは全遺伝子配列のうちで1塩基しか違わないので，宿主α-1,3-GT遺伝子との相同組換え効率が高い．体細胞に対し一塩基置換α-1,3-GT遺伝子のトランスフェクションとトキシンAを含む培養液での培養を繰り返し，最終的に生存した細胞を選別すれば，α-1,3-GTを生産しない（α-1,3-GT遺伝子ホモ型ノックアウト）細胞が得られことになる（図10.18）．他の遺伝子に関してもα-1,3-GTとトキシンAのような関連が見つかれば，より有効な遺伝子ノックアウト法を開発できる．

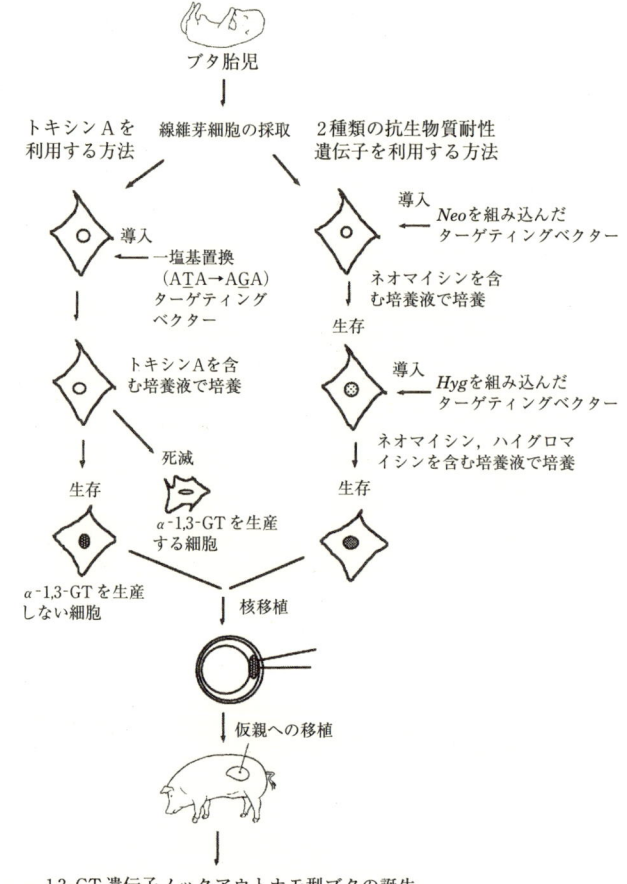

図10.18 α-1,3-ガラクトース転移酵素（α-1,3-GT）遺伝子をノックアウト（KO）したホモ型 KO ブタの作製
Neo：ネオマイシン耐性遺伝子，*Hyg*：ハイグロマイシン耐性遺伝子．

① 補体活性化の制御： 異種移植での最大の課題は，移植後に起こる超急性拒絶反応（hyper acute rejection, HAR）の克服である．この HAR を制御する1つの手段として，補体活性化反応の制御が考えられている．この目的で，ヒトの補体制御膜タンパク質遺伝子である DAF，CD46，CD59 などを導入したトランスジェニックブタが作製され，霊長類に移植する実験が実施されている．たとえば，DAF を導入したトランスジェニックブタの心臓をヒヒに移植した実験では，移植臓器の拒絶反応時間が延長している．しかし，補体制御膜タンパク質遺伝子の導入だけでは，なお，HAR を十分に制御することは不可能である．

② α-1,3-ガラクトース抗原の制御： ヒトや類人猿，旧世界ザル以外の動物には α-1,3-ガラクトース転移酵素（α-1,3-galactosyltransferase：α-1,3-GT）と呼ばれる糖転移酵素が存在しており，この酵素により α-1,3-ガラクトース分子（α-1,3-Gal）がブタの血管内皮細胞膜上で合成される．この α-1,3-Gal 分子は糖鎖抗原として強力な抗原性を示し，ヒトに移植された異種臓器は α-1,3-Gal 分子に対する超急性拒絶反応によって拒絶される．α-1,3-GT 遺伝子をノックアウトすると HAR が減少することがマウスの解析から確認されている．そこで，ブタの α-1,

N-ethyl-N-nitrosourea (ENU)

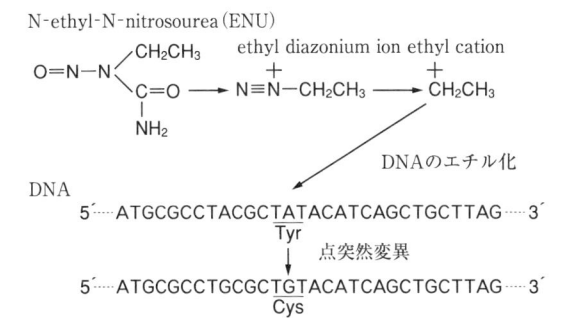

```
        CH₂CH₃          ethyl diazonium ion   ethyl cation
O=N-N                        +                   +
        C=O      ⟶    N≡N-CH₂CH₃      ⟶    CH₂CH₃
        |
        NH₂
```

                                  DNAのエチル化
DNA
5′⋯⋯ATGCGCCTACGCTATACATCAGCTGCTTAG⋯⋯3′
                       ―――
                       Tyr
                        ↓ 点突然変異
5′⋯⋯ATGCGCCTGCGCTGTACATCAGCTGCTTAG⋯⋯3′
                       ―――
                       Cys

図10.19 N-エチル-N-ニトロソウレア（NEU）による点突然変異の誘発

3-GT遺伝子そのものをノックアウトする必要がある．家畜では，ES細胞が樹立されていないことから，遺伝子ノックアウトが不可能であったが，体細胞核移植によるクローンヒツジの誕生により，体細胞における遺伝子ターゲティングと体細胞核移植とを組み合わせる方法により家畜における遺伝子ノックアウトが可能となった（図10.18）．

10.4.4 ランダムミュータジェネシスの利用

これまでに発見された多くの自然発生ミュータント系（突然変異系）マウスの解析から，機能遺伝子内にアミノ酸の置換（塩基置換）が生じた結果，表現型に大きな変化の見られる例が知られている．マウスゲノムの解読が進んだことから，塩基レベルの変異と表現型の変化との関連を比較的容易に解析できるようになった．そこで，考えられたのが，化学変異原N-エチル-N-ニトロソウレア（N-ethyl-N-nitrosourea，ENU）をマウス個体に投与することにより，人為的に点突然変異（塩基置換）を誘発して遺伝子突然変異個体を多数作製し，それらの表現型の変化と遺伝子変異との関係を調べ，遺伝子の種類と機能を同定する方法である（図10.19）．ENUはアルキル化剤の一種で，生体内に取り込まれると，その分解過程で生じるエチルカチオンがDNAのグアニン6位の酸素をエチル化し，その結果，塩基対のミスマッチ修復（C：G → C：C）を引き起こし，高率に点突然変異を誘発すると考えられている．この変異の誘発は，自然界で生じる割合の100～1000倍である．ENUは減数分裂期以前の精原細胞に対して最も強い突然変異誘発作用を示すので，これを投与した雄を交配して生産される700～1000個体の子孫に平均1個体の頻度で何らかの異常を示す突然変異個体が得られると推定されている．このENUによるマウスミュータジェネシス計画は，イギリス，ドイツ，アメリカ，日本で進められている．

〔東條英昭〕

引用文献

1) Johnson LA, Flook JP, Look MV：Flow cytometry of X- and Y-chromosome-bearing sperm for DNA using an improved preparation method and staining with Hoechst 33342. *Gamete Res*, **17**：203-212, 1987.
2) Nukumi N, Ikeda K, Osawa M, *et al*.：Regulatory function of whey acidic protein in the proliferation of mouse mammary epithelial cells *in vivo* and *in vitro*. *Dev Biol*, **274**：31-44, 2004.
3) Kubo J, Yamanouchi K, Naito K, *et al*.：Expression of the gene of interest fused to the EGFP-expressing gene in transgenic mice derived from selected transgenic embryos. *J Exp Zool*, **293**：712-718, 2002.
4) Ghebranious SH, Donehower LD：*Oncogen*, **17**：3385-3400, 1998.
5) Pursel VG, Pinkert CA, Miller KF, *et al*.：Genetic engineering of livestock. *Science*, **244**：1281-1288, 1993.
6) Dai Y, Vaught TD, Boone J, *et al*.：Targeted disruption of the α-1,3-galactosyltransferase gene in cloned pigs. *Nature Biotec*, **20**：251-255, 2002.

Box 10.4　家畜での遺伝子修復モデル

　家畜の遺伝的改良には，優れた経済形質をもつ個体を選抜するとともに，生産上有害な遺伝形質を遺伝的に除去することも重要である．各種の家畜において遺伝性疾患の原因遺伝子が同定されつつあるが，特にウシにおいては，単一遺伝子の変異による遺伝性疾患が多数見出されている（表2.2を参照）．それら遺伝子欠損の原因は，遺伝子内の一塩基置換が起因している例が多い．わが国の肉用種和牛においても，出血性遺伝性疾患，尿細管形成不全症，軟骨異形成性矮小体躯症などのいくつかの遺伝性疾患の病因遺伝子（単一遺伝子支配）が同定され，優秀な種雄牛のなかにこれら原因遺伝子のキャリアーが存在することが確認されている．キャリアー種雄牛の精液が限られた地域で利用された場合には，原因遺伝子が和牛集団に広く伝播する．

　これらの遺伝性疾患に対しては遺伝子診断法が確立されているので，キャリアー個体どうしの交配を避ければ，ホモ型個体が生産されないが，病因遺伝子を和牛集団から除去することは困難である．今後とも，優秀な経済形質を有しながら病因遺伝子を保有する種雄候補牛の出現することが予想され，キャリアーの理由で淘汰することは，和牛生産上経済的にも大きな損失である．しかし，現在の育種法では，種雄牛自身から病因遺伝子を除去や修復することは不可能である．

　そこで，キャリアー種雄牛の体細胞を用いて，体細胞でのDNA相同組換えと体細胞核移植を利用すれば，キャリアー牛自身の原因遺伝子を修復できる可能性がある（図10.20）．なお，修復された遺伝子には，loxP配列（35塩基からなるバクテリオファージのDNA配列）が挿入されているが，ヒトを含め動物ゲノムには，生物進化の過程で膨大なウイルス由来のDNA配列が組み込まれているので，loxP配列の挿入は食品安全上特に問題はない．

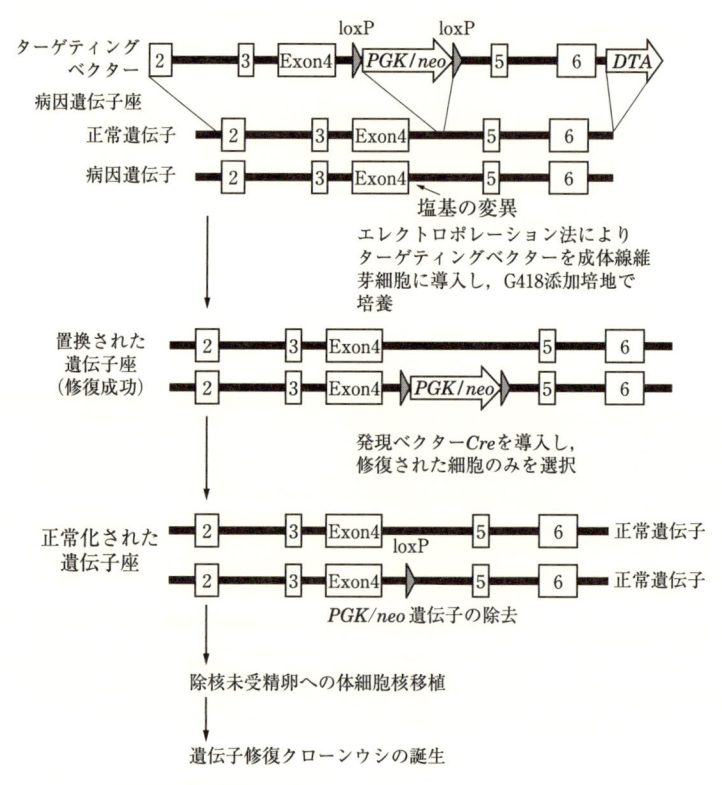

図10.20　体細胞でのDNA相同組換えを利用した原因遺伝子修復の手順（関原図）
DTA：ジフテリア毒素遺伝子，PGK：酵素遺伝子のプロモーター，neo：ネオマイシン耐性遺伝子．

参 考 文 献

1 章
Nirenberg MW, Matthaei JH：The dependence of cell-free protein synthesis in *E. coli* upon naturally occurring or synthetic polyribonucleotides. *Proc Nat Acad Sci USA*, **47**：1588-1602, 1961.
Nishimura S, Jones DS, *et al.*：The *in-vitro* synthesis of a copolypeptide containing two amino acids in alternating sequence dependent upon a DNA-like polymer containing two nucleotides in alternating sequence. *J Mol Biol*, **13**：302-324, 1965.
Alberts B, Bray D, *et al.*（著），中村桂子，松原謙一（監訳）：細胞の分子生物学，教育社，1987.
Brown TA（著），村松正實（監訳）：ゲノム，メディカル・サイエンス・インターナショナル，2000.
Watson JD (ed.), Baker T, *et al.*：Molecular Biology of the Gene, 5 th ed., The Benjamin-Cummings Publishing, 2003.
Lewin B（著），松原謙一，小川英行（訳）：遺伝子，上・下，東京化学同人，1986.

2 章
Tamarin RH（著），木村資生（監訳）：タマリン遺伝学，上・下，培風館，1988.
Crow JF（著），木村資生，太田朋子（共訳）：クロー遺伝学概説，培風館，1991.
岡田育穂（編）：アニマル・ジェネティクス，養賢堂，1995.
柏原孝夫，河本 馨，舘 鄰（編）：動物遺伝学，文永堂，2000.

3 章
Murray AW, Szostak JW：Construction of artificial chromosomes in yeast. *Nature*, **305**：189-183, 1983.
Adams MD, Kelley JM, *et al.*：Complementary DNA sequencing：expressed sequence tags and human genome project. *Science*, **252**：1651-1656, 1991.
Shizuya H, Birren B, *et al.*：Cloning and stable maintenance of 300-kilobase-pair fragments of human DNA in Escherichia coli using an F-factor-based vector. *Proc Natl Acad Sci USA*, **89**：8794-8797, 1992.
Henning KA, Novotony EA, *et al.*：Human artificial chromosomes generated by modification of a yeast artificial chromosome containing both human alpha satellite and single-copy DNA sequences. *Proc Natl Acad Sci USA*, **96**：592-597, 1999.
Iannou PA, Amemiya CT, *et al.*：A new bacteriophage P 1-derived vector for the propagation of large human DNA fragments. *Nature Genet*, **6**：84-89, 1994.

4 章
Henderson CR：Sire evaluation and genetic trends. *Proc Anim Breeding and Genetics Sym* in Honor of Dr.J.L.Lush, pp.10-41, A.S.A.S. and A.D.S.A., Champaign, 1973.
Henderson CR：Applications of Linear Models in Animal Breeding, University of Guelph, 1984.
Falconer DS, Mackay TFC：Introduction to Quantitative Genetics, 4 th ed., Longman Group Ltd, 1996.
佐々木義之（編著）：変量効果の推定と BLUP 法，京都大学学術出版会，2007.

5 章

Zeuner FE（著），国分直一，木村信義（訳）：家畜の歴史，法政大学出版局，1983．
加茂儀一：家畜文化史，1058 pp., 法政大学出版局，1973．
Nei M（著），五條堀孝，斎藤成也（訳）：分子進化遺伝学，培風館，1990．
野澤 謙：動物集団の遺伝学，名古屋大学出版会，1994．
Scherf BD：World Watch List for Domestic Animal Diversity, Food and Agriculture Organization of the United Nations, 2000.

6 章

Lush JL：Animal Breeding Plan, 3 rd ed., Iowa State University Press, 1945.
Henderson CR：Sire evaluation and genetic trends. *Proc Anim Breeding and Genetics Sym* in Honor of Dr.J.L.Lush, pp.10-41, A.S.A.S. and A.D.S.A., Champaign, 1973.
Henderson CR：Applications of Linear Models in Animal Breeding, University of Guelph, 1984.
Falconer DS, Mackay TFC：Introduction to Quantitative Genetics. 4 th ed., Longman Group Ltd, 1996.
佐々木義之（編著）：変量効果の推定と BLUP 法，京都大学学術出版会，2007．

7 章

Van Vleck LD, Pollak EJ, *et al.*：Genetics for the Animal Sciences, W.H.Freeman and Company, 1987.
Falconer DS, Mackay TFC：Introduction to Quantitative Genetics, 4 th ed., Longman Group Ltd, 1996.

8 章

Lynch M, Walsh B：Genetics and Analysis of Quantitative Traits, Sinauer Associates, 1998.
鵜飼保雄：ゲノムレベルの遺伝解析―MAP と QTL，東京大学出版会，2000．
動物遺伝育種シンポジウム組織委員会（編）：家畜ゲノム解析と新たな家畜育種戦略，シュプリンガー・フェアラーク東京，2000．
Hoeschele I：Mapping quantitative trait loci in outbred pedigrees. *In* Balding DJ, Bishop M, *et al.*(ed.)：Handbook of Statistical Genetics, pp.599-644, John Wiley & Sons, 2001.
Strachan T, Read AP（著），村松正實，木南 凌（監修）：ヒトの分子遺伝学，メディカル・サイエンス・インターナショナル，2005．

9 章

Nei M（著），五條堀孝，斎藤成也（訳）：分子進化遺伝学，培風館，1990．
加藤茂明：核内レセプターと情報伝達，羊土社，1994．
金久 實：ゲノム情報への招待，共立出版，1996．
長谷川政美，岸野洋久：分子系統学，岩波書店，pp.257, 1996．
宮田 隆：ゲノムから進化を考える 1 DNA からみた生物の爆発的進化，岩波書店，1998．
村松正明，那波宏之（監修）：DNA マイクロアレイと最新 PCR 法，秀潤社，2000．
Durbin R, Eddy SR, *et al.*（著），阿久津達也，浅井 潔，他（訳）：バイオインフォマティクス，医学出版，2001．
Mount DW：Bioinformatics, Cold Spring Harbor Laboratory Press, 2001.
高木利久（編）：ゲノム医科学と基礎からのバイオインフォマティックス．実験医学（増刊），**19**(11)：192, 2001．
佐賀大学・生涯学習ネット授業：くらしの中の生命科学―ゲノムインフォマティクスあらかると（http://net.pd.saga-u.ac.jp/llstudy/）．

10 章

荻田善一（監修）：医科遺伝学，南江堂，1991．

多田富雄（監訳）：免疫学イラストレイテッド，南江堂，1995．

American Society of Animal Science(ed.)：Miller RH, Pursel VG, *et al.*：XX Biotechnology's role in the genetic improvement of farm animals. Beltsville Symposia in Agricultural Research, Savoy, 1996．

東條英昭：動物をつくる遺伝子工学，講談社ブルーバックス，1996．

水間 豊，猪 貴義，他：新家畜育種学，朝倉書店，1996．

Cold Spring Harbor Sympsia on Quantitative Biology, Vol. LXII：Pattern formation during development, Cold Spring Harbor Laboratory Press, 1997.

Gehring WJ：Master Control Genes in Development and Evolution：the Homeobox Story, Yale University Press, 1998.

Carroll SB, Grenier JK, Weatherbee SD：From DNA to Diversity—Molecular Genetics and the Evolution of Animal Design—, Blackwell Science, 2001.

岩倉洋一郎，佐藤英明，他（編著）：動物発生工学，朝倉書店，2002．

Gilbert SF：Developmental Biology, 7 th ed., Sinauer Associate Inc, 2003.

東條英昭：シリーズ〈応用動物科学／バイオサイエンス〉8　トランスジェニック動物，朝倉書店，2004．

索 引

欧 文

α-1,3-ガラクトース抗原　222
λ ファージ　50

ABO 式血液型　24
AS-PCR 法　168

BLAD　205
Blast　182
BLUE　84,122
BLUP　83,122
BLUP 法　83,122,123

cDNA ライブラリー　54
CpG アイランド　12
Cre/loxP 系　60
CSH　170

D ループ　20
DDBJ　179
DNA　2
　——のメチル化　12
DNA 組換え技術　48
DNA 顕微注入法　59
DNA マイクロアレイ　165
DNA メチルトランスフェラーゼ
　12

EGFP　217
EMBL　179
EPD　123
eQTL 解析　157
ES 細胞　59

F_{ST}　101
FASTA　182

G_{ST}　101
Genbank　179
GFP　217

$\bar{H}$　100
HomoloGene　180

IBD　162

LINE　16
LTR　16
Lyonization　32

MA-BLUP　175
Map Viewer　181
MARs　10
MAS　169
ML 法　153
MN 式血液型　68
MOET　174
MPPA　117
mRNA　4,5,7
mtDNA　19

N-グリコシド結合　2

OMIM　180
ORF　6

P_{poly}　100
PAGE　54
PCR 法　56
PCR-RFLP 法　166
PD　122
PEV　82
PubMed　180

QTL　150
QTL 解析　150,158
QTL マッピング　150

REML 法　84
RepeatMasker　183
RFLP　43
RH 地図　159
RLS 法　83
RNA　2
RNA 干渉　63
RNA スプライシング　8
RNA ポリメラーゼ II　6
rRNA　5,7

SARs　10
scRNA　7
SINE　16
snoRNA　7
snRNA　7
SRY/Sry　33

T 細胞受容体　203
T 細胞受容体遺伝子　201
TATA ボックス　11
tRNA　5,7

UniGene　180

von Willebrand 病　205

X 染色体　30
X 不活性化センター　32

Y 染色体　30
YAC　52

ア 行

アイベックスヤギ　92
アセチル化　6
アニマルモデル　123
アミノアシル tRNA　9
アルガリ　91
アルビノ　164
アロマターゼ遺伝子　36
アンチコード鎖　6
アンチコドン　10
安定性遺伝子発現系　58

育種価　71,73
育種計画　124
育種目標　124
移住　97
異種臓器移植　221
異数性　37
一時的環境効果　75
一過性遺伝子発現系　58
一般化最小 2 乗方程式　83
一般組み合わせ能力　146
遺伝子　2
　——の多面作用　81
遺伝子改変技術　216
遺伝子型　22
　——と環境との間の相互作用　76
遺伝子型検査　205,209
遺伝子型効果　71
遺伝子型構築　176
遺伝子型値　70
遺伝子型頻度　66
遺伝子修復　224
遺伝子重複　186
遺伝子ターゲティング　61
遺伝子探索　183
遺伝子導入　143
遺伝子内遺伝子　19
遺伝子ノックアウト　61
遺伝子ピラミッド構築　176
遺伝子頻度　66
遺伝子量補正　32

索　引

遺伝性疾患　204
　　——に対する対応方針　208
　　イヌの——　208
　　ウシの——　206, 209
　　特別な対処を必要とする——　208
遺伝相関係数　81
遺伝的改良速度　126
遺伝的改良量　111
　　——の推定　127
　　——の予測式　112
遺伝的距離　152
遺伝的結合度　123
遺伝的趨勢　122, 128
遺伝的多型　42
遺伝的地図　44
遺伝的パラメーター　76
遺伝的変異性　98
遺伝方眼法　121
遺伝率　78
　　狭義の——　79
　　広義の——　79
異類交配　132
インクロス　144
インクロスブレッド　144
インスレーター　10
インタークロス　143, 150
インターバルマッピング　151
インテイン　10
インプリント遺伝子　15

ウイルス性疾患　217
ウエスタン法　57
ウシ白血球粘着異常症　205
ウズラ　96
ウリアル　91

永続的環境効果　75
エクステイン　10
エピジェネティックス　16
エピスタシス　26
エピスタシス効果　66
塩基　2
塩基置換　39
塩基転移　40
塩基転換　40
エンハンサー　10

横斑プリマスロック種　35
岡崎フラグメント　4
親子交配　135
オーロックス　90

カ　行

回帰最小2乗法　83
外交配　133

開始コドン　10
外貌審査　108, 115
化学分解法　55
化学変異原　223
核移植技術　215
核型　31
核小体低分子 RNA(snoRNA)　7
核内受容体スーパーファミリー　186
核内低分子 RNA(snRNA)　7
家系選抜　108
家系内選抜　108
過大子　216
家畜　86
家畜化　86
　　——の要因　87
環境共分散　81
環境効果　74
環境相関係数　81
環境分散　77
環境偏差　70
干渉　46
間性　34
間接検定　118
間接選抜反応　114
完全優性　65
がん抑制遺伝子　218

偽遺伝子　15
機会的遺伝子浮動　98
基準家系　159
希少種　215
基礎集団　134
期待後代差　123
期待選抜差　128
機能獲得型変異　29
機能消失型変異　28
機能予測　183
希望改良量　121
逆位　37
キャップ部位　6
キャリアー　69
矯正交配　133
共祖係数　135
共通環境　75
共通環境相関　118
共分散　76
共優性　23
近縁係数　135
近交回避　139
近交系　88, 136
近交系間交雑　143
近交係数　133, 134
近交最大回避交配　139
近交退化　138
筋ジストロフィー症　6
近親交配　135

組み合わせ選抜　108
組換え　43
組換え価　152
グランドドーター・デザイン　151
クローニング　52
クローニングベクター　49
グローバルアライメント　182
グロビン遺伝子群　17
クローン技術　215
クローン検定　119
クローンヒツジ　215
群仲間比較法　122

計画行列　122
計画交配　133, 137
経済形質　116
形質転換　48
系統　88
系統樹　103
兄妹交配　135
径路図　134
血縁係数　133, 134
欠失　37
血友病　34
ゲノミクス　178
ゲノム　2
　　——の構造　15
ゲノムインプリンティング　14
ゲノムデータベース　179
ゲノムライブラリー　52
原因遺伝子　158
原牛　90
減数分裂　45
限性形質　116
顕微授精　215
顕微操作　59

コアイソジェニック系　136
股異形成　214
交叉　44
交雑　132
交雑育種　140
合成系統　146
合成品種　146
後代検定　117
交配　132
交配選抜　140
交配様式　132
酵母人工染色体　52, 164
抗ミュラー管ホルモン　34
股関節形成不全　214
コスミドベクター　50
個体選抜　108
個体モデル　123
コドン　10
混合遺伝モデル　174
混合モデル方程式　83, 122

コンジェニック系　136
コンティグ　53, 164

サ 行

最確生産能力　117
細菌人工染色体　164
最小血縁交配　139
最適化　125
最適年齢構造　127
細胞質低分子RNA(scRNA)　7
細胞シミュレーション　186
細胞膜貫通部位の予測　184
在来種　89
最良　123
最良線形不偏推定値　122
最良線形不偏推定量　84
最良線形不偏予測量　83, 122
最良線形予測式　83
最良予測式　82
サイレンサー　10
サイレント変異　38, 40
作為交配　132
サザン法　55
雑種強勢　140
雑種第1代　22
サテライトDNA　18
差別重複供用　123
三元交雑　143
三点交雑法　46

色覚異常　35
色盲　35
資源家系　150, 161
資源集団　150
自己複製　4
資質　116
シスエレメント　6
実現遺伝率　112
実験動物　89, 96
質的形質　27
ジデオキシ法　54
ジデオキシリボヌクレオチド三リン酸　55
種　88
雌雄鑑別　35
十字交雑システム　145
終止コドン　5
従性遺伝　37
集団　100
　──の有効な大きさ　106
集団平均　70
重複　37
種間交雑　144
主働遺伝子　169
種分化　101
種雄指数法　121

主要組織適合抗原遺伝子複合体　201
巡回型グループ交配　140
巡回交配　140
順ぐり選抜法　119
小環境　75
条件的遺伝子ターゲティング　62
常染色体　30
常染色体性劣性遺伝の疾患　207
食品安全試験　216
進化　193
審査標準　115
真正クロマチン　31
伸長　10
浸透交雑　145

スイギュウ　94
ステーション検定方式　116

正確度　80, 82
正逆交雑　141
制限付き最尤法　84
制限付き選抜指数　121
性染色体　30
成長関連遺伝子　219
性の決定　32
生命情報科学　178
セキショクヤケイ　93
責任遺伝子　158
世代間隔　126
切断型選抜　111
絶滅危惧種　105, 215
絶滅種　105
前核期胚　59
全きょうだい交配　135
染色体　30
染色体異常　205
染色体セグメントホモ接合性　170
選択的DNAプーリング　155
選択的ジェノタイピング　155
選択的スプライシング　9
選抜　108
選抜基準　108, 114
選抜強度　112
選抜限界　130
選抜効率　125
選抜個体群　111
選抜差　111
選抜指数法　120, 121
　ヘーゼル型の──　120
選抜反応　111
選抜率　111

相加的遺伝共分散　81
相加的遺伝子効果　65
相加的遺伝分散　77
相加的血縁係数　133

相関解析法　163
相関係数　81
相関反応　114
臓器移植　221
総合育種価　120
相互作用効果　66
創始者効果　106
相対選抜効率　172
相同染色体　30
相反反復選抜法　147
速羽性　35

タ 行

第XI因子欠乏症　205
第XIII因子欠乏症　205
ダイアレルクロス　146
大環境　75
体型審査　116
体細胞突然変異　37
代替育種計画　125
多因子性疾患　205, 214
多型サイトの割合　100
多型座位の割合　100
多排卵と胚移植　174
ダブルマッスル　217
タルパン　93
単一遺伝子性疾患　205, 214
断続平衡説　190
タンパク質の立体構造予測　184
短腕　31

遅羽性　35
チェディアック-ヒガシ症候群　205
致死遺伝子　25
父親モデル　123
超優性　24, 65
長腕　31
直接検定　117
直接選抜反応　114
直接能力検定　117

デオキシリボ核酸　2
デオキシリボース　2
デザインマトリックス　122
転座　37
転写　5, 6
転写調節タンパク質　11

同期牛　121
同義置換　38, 40
同期比較法　83, 121
同群比較法　122
統計遺伝学　64
同祖ホモ接合体　134
動物遺伝資源　86
同類交配　132

特定組み合わせ能力　146
独立淘汰水準法　119
独立の法則　22
突然変異　37, 97
トップクロス　144
トップダウン方式　174
トランジション　20
トランスエレメント　11
トランスファーRNA(tRNA)　5, 7
トリソミー　37
トリプレット　10

ナ　行

内交配　133
ナンセンス変異　40

二元交雑　143
2次元電気泳動　185
二重交叉　46
乳房炎　220
任意交配　133

ヌクレオシド　2
ヌクレオチド　2

農用動物　89
能力検定　116
ノーザン法　57

ハ　行

バイオインフォマティクス　178
バイオテクノロジー　214
配偶子関係行列　175
倍数性　37
胚性幹細胞　59
配列アライメント　181
パスウェイ解析　186
バッククロス　150
発現ベクター　58
発生　192
発生工学的技術　214
ハーディー-ワインベルグの法則　68
ハーディー-ワインベルグ平衡　68
母方祖父モデル　123
ハーフシブ・デザイン　151
ハプロタイプ　162, 203
ハプロ不全　28
パーミュテーションテスト　154
半きょうだい交配　135
伴性遺伝　24, 35
バンド3欠損症　205
バンド模様　30
反復配列　15

反復率　117
半保存的複製　4
半優性　23
伴侶動物　89, 96

比較染色体地図　161
ヒストンタンパク質　31
非相加的効果　65
非翻訳領域　6
表現型相関係数　81
表現型　22
表現型共分散　81
表現型値　64
表現型分散　76
標準化選抜差　112
瓶首効果　106
品種　88
品種間交雑　144

ファンクショナルクローニング　159, 164
フィールド検定方式　116
複対立遺伝子　25
物理的地図　159
不等交叉　42
部分優性　65
不偏　123
父母モデル　123
プラスミドベクター　49
フランキングマーカー　152
プルツェワルスキーウマ　93
フレームシフト変異　41
フローサイトメーター　214
プロテオーム解析支援　185
プロモーター　10
分散　76
分子系統樹　187
分子血縁係数　133
分子血縁係数行列　84
分子スコア　171
分染法　30
分離の法則　22

平均ヘテロ接合率　100
併用検定　119
ベゾアールヤギ　92
ヘテロクロマチン　31
ヘテローシス　140
ヘテロ接合体　22
ヘミ接合体　25
ベルギアンブルーウシ　217
ヘンダーソンの方法　84

哺育能力　116
保因者　69
放射線雑種細胞　159
補完　141

ポジショナルクローニング　159
母性遺伝　21, 27
母性効果　75
補体活性化　222
ホックス遺伝子　193
ボトムアップ方式　174
ホメオティック遺伝子　193
ホメオティック形質転換　193
ホメオティック変異　193
ホメオボックス遺伝子　192
ホモ接合体　22
ホモロジーモデリング　185
ポリジーン　72
ポリジーン説　72
翻訳　5, 10
翻訳後修飾　6

マ　行

マイクロアレイ　58, 157
マイクロアレイ解析　185
マイクロサテライトDNA　40
マイクロサテライト配列　18
マイクロマニピュレーター　59
マーカーアシストBLUP　175
マーカーアシスト浸透交雑法　176
マーカーアシスト選抜　169
マーカー区間　152
末端交雑システム　143
マルコールヤギ　92
マルチプルアライメント　182

ミオスタチン　217
ミスセンス変異　40
ミスマッチPCR法　167
ミスマッチ修復　223
ミトコンドリアDNA(mtDNA)　19
ミニサテライト　18

無作為交配　132, 133
無選抜対照集団　128
ムフロン　91

メジャージーン　169
5′-メチルシトシン　12
メッセンジャーRNA(mRNA)　4, 5, 7
免疫系　197
免疫抑制剤　221
メンデリアンサンプリング　137
メンデル集団　100
　理想的な——　101

モデル動物　215
戻し交雑　26, 143, 150
モノソミー　37

モルガン単位　46

ヤ 行

野生型遺伝子　97

有効選抜差　128
有効な後代数　123
優性効果　65
優性の形質　23
優性分散　77
優性偏差　71,73
優劣の法則　22

溶菌サイクル　50
予測誤差分散　82

四元交雑　143

ラ 行

ランダムミュータジェネシス　223

リコンビナント近交系群　136
リバースジェネティクス　184
リボ核酸　2
リボース　5
リボソーム RNA(rRNA)　5,7
量的形質　27,64
量的形質遺伝子座　150
隣接領域　6
輪番交雑システム　145

累進交雑　145
劣性の形質　23
レファレンスサイヤー　123
レポーター遺伝子　58
連鎖　26,43
連鎖地図　44
連鎖不平衡　169
連鎖不平衡法　163
連鎖不平衡マッピング　156
連鎖平衡　169

ローカルアライメント　182
ロッドスコア　152
ロバートソン型転座　38

編集者略歴

とうじょうひであき
東條英昭

1943年　兵庫県に生まれる
1975年　九州大学大学院農学研究科
　　　　博士課程修了
現　在　東京大学名誉教授
　　　　日本獣医生命科学大学客員教授
　　　　農学博士

さ さ き よしゆき
佐々木義之

1942年　徳島県に生まれる
1970年　京都大学大学院農学研究科
　　　　博士課程修了
現　在　京都大学名誉教授
　　　　農学博士

くに えだ てつ お
国枝哲夫

1955年　東京都に生まれる
1981年　東京大学農学部畜産獣医学科卒業
現　在　岡山大学大学院自然科学研究科
　　　　教授
　　　　農学博士

応用動物遺伝学　　　　　　　　　　　　　　定価はカバーに表示

2007年4月25日　初版第1刷
2014年1月20日　　　第4刷

　　　　　　　　編集者　東　條　英　昭
　　　　　　　　　　　　佐　々　木　義　之
　　　　　　　　　　　　国　枝　哲　夫
　　　　　　　　発行者　朝　倉　邦　造
　　　　　　　　発行所　株式会社　朝倉書店
　　　　　　　　　　　　東京都新宿区新小川町6-29
　　　　　　　　　　　　郵便番号　162-8707
　　　　　　　　　　　　電　話　03 (3260) 0141
　　　　　　　　　　　　F A X　03 (3260) 0180
〈検印省略〉　　　　　　　http://www.asakura.co.jp

© 2007 〈無断複写・転載を禁ず〉　　　　　　真興社・渡辺製本

ISBN 978-4-254-45023-1　C 3061　　　　Printed in Japan

JCOPY　〈(社)出版者著作権管理機構 委託出版物〉
本書の無断複写は著作権法上での例外を除き禁じられています．複写される場合は，そのつど事前に，(社)出版者著作権管理機構(電話 03-3513-6969, FAX 03-3513-6979, e-mail: info@jcopy.or.jp)の許諾を得てください．

山内　亮監修　大地隆温・小笠　晃・金田義宏・
河上栄一・筒井敏彦・百目鬼郁男・中原達夫著

最新 家畜臨床繁殖学

46020-9 C3061　　　　B 5 判 336頁 本体14000円

実績ある教科書の最新版。〔内容〕生殖器の構造・機能，生殖子／生殖機能のホルモン支配／性成熟と性周期／各家畜の発情周期／人工授精／繁殖の人為的支配／胚移植／受精・着床・妊娠・分娩／繁殖障害／妊娠期の異常／難産／分娩後の異常

前北大 菅野富夫・農工大 田谷一善編

動　物　生　理　学

46024-7 C3061　　　　B 5 判 488頁 本体15000円

国内の第一線の研究者による，はじめての本格的な動物生理学のテキスト。〔内容〕細胞の構造と機能／比較生理学／腎臓と体液／神経細胞と筋細胞／血液循環と心臓血管系／呼吸／消化・吸収と代謝／内分泌・乳分泌と生殖機能／神経系の機能

日獣大 今井壯一・岩手大 板垣　匡・
鹿児島大 藤﨑幸藏編

最新 家畜寄生虫病学

46027-8 C3061　　　　B 5 判 336頁 本体12000円

寄生虫学ならびに寄生虫病学の最もスタンダードな教科書として多年好評を博してきた書籍の全面改訂版。豊富な図版と最新の情報を盛り込んだ獣医学生のための必携教科書・参考書。〔内容〕総論／原虫類／蠕虫類／節足動物／分類表／他

東大 明石博臣・麻布大 木内明夫・岩手大 原澤　亮・
農工大 本多英一編

動　物　微　生　物　学

46028-5 C3061　　　　B 5 判 328頁 本体8800円

獣医・畜産系の微生物学テキストの決定版。基礎的な事項から最新の知見まで，平易かつ丁寧に解説。〔内容〕総論（細菌／リケッチア／クラミジア／マイコプラズマ／真菌／ウイルス／感染と免疫／化学療法／環境衛生／他），各論（科・属）

東大 久和　茂編

獣医学教育モデル・コア・カリキュラム準拠

実　験　動　物　学

46031-5 C3061　　　　B 5 判 200頁 本体4800円

実験動物学のスタンダード・テキスト。獣医学教育のコア・カリキュラムにも対応。〔内容〕動物実験の倫理と関連法規／実験のデザイン／基本手技／遺伝・育種・繁殖／飼育管理／各動物の特性／微生物と感染病／モデル動物／発生工学／他

前東大 佐々木義之編

動物遺伝育種学実験法

45016-3 C3061　　　　B 5 判 160頁 本体4200円

先端分野も含め全体を網羅した実験書。〔内容〕形質の評価および測定／染色体の観察／血液型の判定／DNA多型の判定／遺伝現象の解明／集団の遺伝的構成／育種価の予測法／選抜試験／遺伝子の単離と塩基配列の解析／データの統計処理

岡山理大 福田勝洋編著

図説 動　物　形　態　学

45022-4 C3061　　　　B 5 判 184頁 本体4500円

動物（家畜）形態学の基礎的テキスト。図・写真・トピックスを豊富に掲載し，初学者でも読み進めるうちに基本的な知識が身につく。〔内容〕細胞と組織／外皮系／骨格系／筋系／消化器／呼吸器／泌尿器／循環器／脳・神経／内分泌系／生殖器

佐藤衆介・近藤誠司・田中智夫・楠瀬　良・
森　裕司・伊谷原一編

動　物　行　動　図　説
―家畜・伴侶動物・展示動物―

45026-2 C3061　　　　B 5 判 216頁 本体4500円

家畜・伴侶動物を含む様々な動物の行動類別を600枚以上の写真と解説文でまとめた行動目録。専門的視点から行動単位を収集した類のないユニークな成書。畜産学・獣医学・応用動物学の好指針。〔内容〕ウシ／ウマ／ブタ／イヌ／ニワトリ他

東北大 佐藤英明編著

新　動　物　生　殖　学

45027-9 C3061　　　　A 5 判 216頁 本体3400円

再生医療分野からも注目を集めている動物生殖学を，第一人者が編集。新章を加え，資格試験に対応。〔内容〕高等動物の生殖器官と構造／ホルモン／免疫／初期胚発生／妊娠と分娩／家畜人工授精・家畜受精卵移植の資格取得／他

農工大 梶　光一・酪農学園大 伊吾田宏正・
岐阜大 鈴木正嗣編

野生動物管理のための 狩　猟　学

45028-6 C3061　　　　A 5 判 164頁 本体3200円

野生動物管理の手法としての「狩猟」を見直し，その技術を生態学の側面からとらえ直す，「科学としての狩猟」の書。〔内容〕狩猟の起源／日本の狩猟管理／専門的捕獲技術者の必要性／将来に向けた人材育成／持続的狩猟と生物多様性の保全／他

前東大 髙橋英司編

小動物ハンドブック（普及版）
―イヌとネコの医療必携―

46030-8 C3061　　　　A 5 判 352頁 本体5800円

獣医学を学ぶ学生にとって必要な，小動物の基礎から臨床までの重要事項をコンパクトにまとめたハンドブック。獣医師国家試験ガイドラインに完全準拠の内容構成で，要点整理にも最適。〔内容〕動物福祉と獣医倫理／特性と飼育・管理／感染症／器官系の構造・機能と疾患（呼吸器系／循環器系／消化器系／泌尿器系／生殖器系／運動器系／神経系／感覚器／血液・造血器系／内分泌・代謝系／皮膚・乳腺／生殖障害と新生子の疾患／先天異常と遺伝性疾患）

上記価格（税別）は 2013 年 12 月現在